全国技工院校3D打印技术应用专业教材
（中/高级技能层级）

产品三维建模与结构设计
（UG）

人力资源社会保障部教材办公室　组织编写

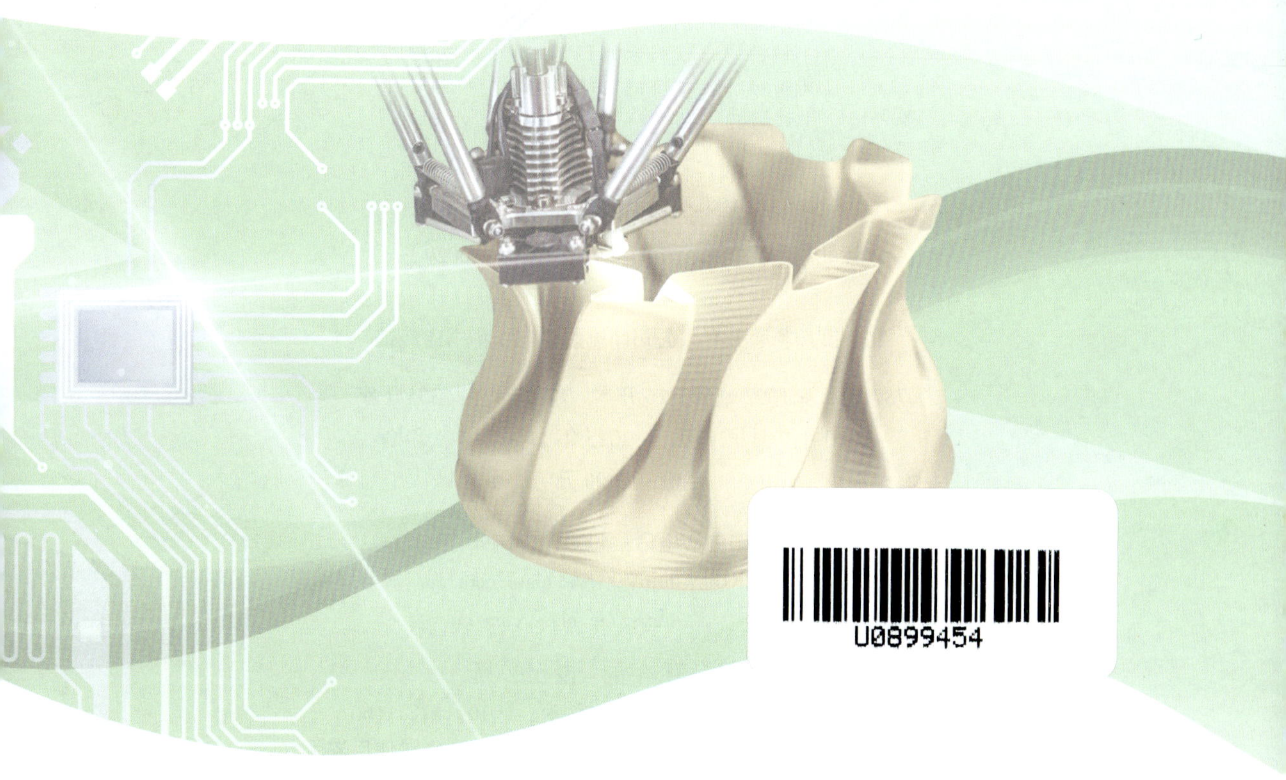

中国劳动社会保障出版社

简介

本书是全国技工院校 3D 打印技术应用专业教材，主要内容包括二维图形的绘制、实体建模、曲面建模、组件装配、工程图的绘制等项目。

本书由朱勤惠主编，沈建峰、王阳、周晨栋参与编写，王继武、马翠龙审稿。

图书在版编目(CIP)数据

产品三维建模与结构设计 . UG / 人力资源社会保障部教材办公室组织编写 . -- 北京：中国劳动社会保障出版社，2020

全国技工院校 3D 打印技术应用专业教材 . 中 / 高级技能层级

ISBN 978-7-5167-4260-0

Ⅰ. ①产… Ⅱ. ①人… Ⅲ. ①机械设计 – 计算机辅助设计 – 应用软件 – 技工学校 – 教材 Ⅳ. ①TH122

中国版本图书馆CIP数据核字(2020)第077783号

中国劳动社会保障出版社出版发行

(北京市惠新东街 1 号 邮政编码：100029)

*

北京市鑫霸印务有限公司印刷装订 新华书店经销

787 毫米 ×1092 毫米 16 开本 17.75 印张 355 千字

2020 年 7 月第 1 版 2025 年 11 月第 9 次印刷

定价：49.00 元

营销中心电话：400-606-6496

出版社网址：http://www.class.com.cn

http://jg.class.com.cn

技工院校 3D 打印技术应用专业
教材编审委员会名单

编审委员会

主　　任：刘　春　程　琦

副 主 任：刘海光　杜庚星　曹江涛　吴　静　苏军生

委　　员：胡旭兰　周　军　徐廷国　金君堂　张利军　何建铵
庞恩泉　颜芳娟　郭利华　高　杨　张　毅　张　冲
郑艳萍　王培荣　苏扬帆　杨振虎　朱凤波　王继武

技术支持：国家增材制造创新中心

本书编审人员

主　　编：朱勤惠

参　　编：沈建峰　王　阳　周晨栋

主　　审：王继武　马翠龙

前言
PREFACE

2015 年，国务院印发《中国制造 2025》行动纲领，部署全面推进实施制造强国战略，提出要坚持“创新驱动、质量为先、绿色发展、结构优化、人才为本”的基本方针，解决“核心基础零部件（元器件）、先进基础工艺、关键基础材料和产业技术基础”等问题，以 3D 打印为代表的先进制造技术产业应用和产业化势在必行。

增材制造（Additive Manufacturing）俗称 3D 打印，是融合了计算机辅助设计、材料加工与成形技术，以数字模型文件为基础，通过软件与数控系统将专用的金属材料、非金属材料以及医用生物材料，按照挤压、烧结、熔融、光固化、喷射等方式逐层堆积，制造出实体物品的制造技术。当前，3D 打印技术已经从研发转向产业化应用，其与信息网络技术的深度融合，将给传统制造业带来变革性影响，被称为新一轮工业革命的标志性技术之一。

随着产业的迅速发展，3D 打印技术应用人才的需求缺口日益凸显，迫切需要各地技工院校开设相关专业，培养符合市场需求的技能型人才。为了满足全国技工院校 3D 打印技术应用专业的教学要求，人力资源社会保障部教材办公室组织有关学校的骨干教师和行业、企业专家，开发了本套全国技工院校 3D 打印技术应用专业教材。

本次教材开发工作的重点主要体现在以下几个方面：

第一，通过行业、企业调研确定人才培养目标，构建课程体系。

通过行业、企业调研，掌握企业对 3D 打印技术应用专业人才的岗位需求和发展趋势，确定人才培养目标，构建科学合理的课程体系。根据课程的教学目标以及学生的认知规律，构建学生的知识和能力框架，在教材中展现新技术、新设备、新材料、新工艺，体现教材的先进性。

第二，坚持以能力为本位，突出职业教育特色。

教材采用项目—任务的模式编写，突出职业教育特色，项目选取企业的代表性工作任务进行教学转化，有机融入必要的基础知识，知识以够用、实用为原则，以满足社会对技能型人才的需要。同时，在教材中突出对学生创新意识和创新能力的培养。

第三，丰富教材表现形式，提升教学效果。

为了使教材内容更加直观、形象，教材中使用了大量的高质量照片，避免大段文字描述；精心设计栏目，以便学生更直观地理解和掌握所学内容，符合学生的认知规律；部分教材采用四色印刷，图文并茂，增强了教材内容的表现效果。

第四，开发多种教学资源，提供优质教学服务。

在教学服务方面，为方便教师教学和学生学习，配套提供了制作素材、电子课件、教案示例等教学资源，可通过技工教育网（http://jg.class.com.cn）下载使用。除此之外，在部分教材中还借助二维码技术，针对教材中的重点、难点内容，开发制作了微视频、动画等，可使用移动设备扫描书中二维码在线观看。

在教材的开发过程中，得到了快速制造国家工程研究中心的大力支持，保证了教材的编写质量和配套资源的顺利开发，在此表示感谢。此外，教材的编写工作还得到了河北、辽宁、江苏、山东、河南、广东、陕西等省人力资源社会保障厅及有关学校的大力支持，在此我们表示诚挚的谢意。

人力资源社会保障部教材办公室

2019 年 6 月

目录

CONTENTS

项目一 认识 UG

项目二 二维图形的绘制

项目三 实体建模

项目四 曲面建模

项目五 建模综合实训

项目六 组件装配

项目七 工程图的绘制

项目一

认识 UG

任务 1　认识 UG NX12.0 工作界面

学习目标

1. 掌握开启和关闭 UG NX12.0 软件的方法。
2. 熟悉 UG NX12.0 软件的基本模块及选择方法。
3. 熟悉 UG NX12.0 软件的窗口界面。
4. 掌握 UG NX12.0 软件中的窗口操作方法。
5. 掌握 UG NX12.0 用户界面的设定方法。

任务描述

认识如图 1-1 所示 UG NX12.0 软件窗口界面，并对软件系统进行参数设置。

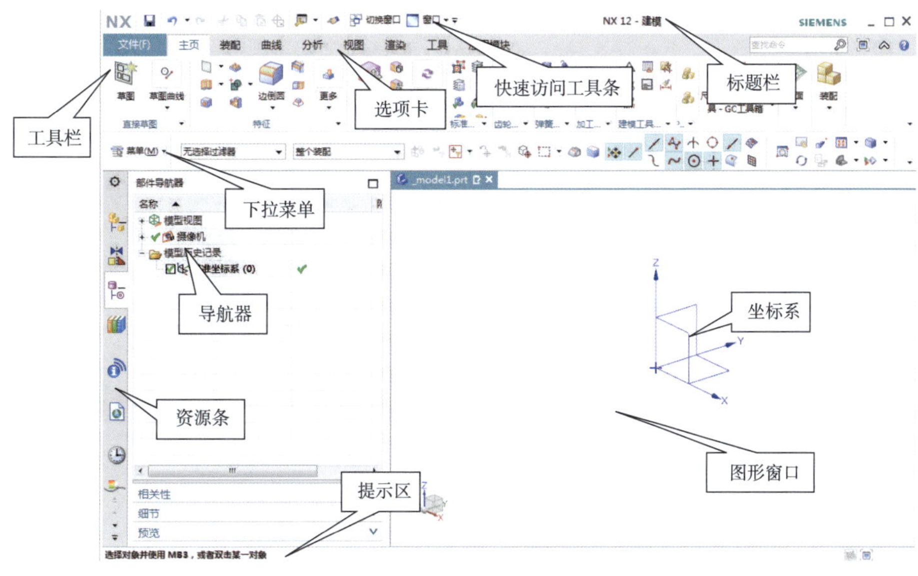

图 1-1　UG NX12.0 软件工作界面

任务实施

1. 启动 UG NX12.0

（1）通过快捷图标启动

双击如图 1-2 所示桌面快捷图标，显示如图 1-3 所示的软件启动画面，稍后进入如图 1-4 所示的欢迎页面。

图 1-2　软件快捷图标

单击欢迎页面中的“模板”“部件”“应用模块”等功能按钮，出现相应功能的解释。图 1-4 中显示的是“部件”的功能解释。

图 1-3　软件启动画面

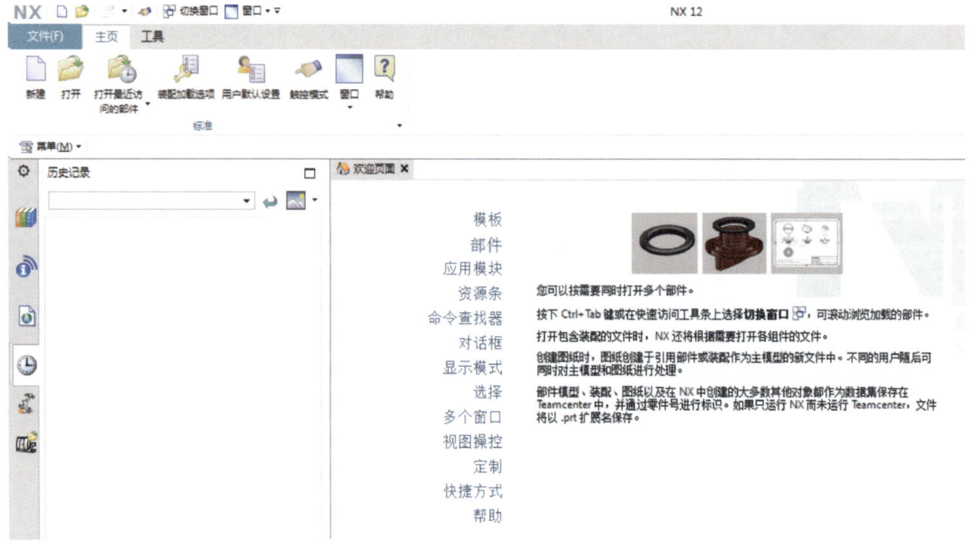

图 1-4　软件启动后的欢迎页面

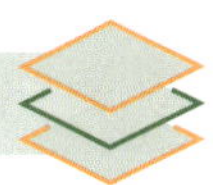

（2）通过开始菜单启动

单击 [开始] / [所有程序] / [UG NX12.0] / 也可进入如图 1-4 所示的欢迎界面。

提示

为方便阅读，所有菜单栏命令均用带“[　　]”的文字表示，如“[开始]”“[程序]”等。

2. 进入 UG NX12.0 相应模块工作界面

单击如图 1-4 所示界面中的 [文件（F）] / [新建（N）…] 或直接单击界面中的新建按钮“ ”，弹出如图 1-5 所示“新建”对话框。在对话框上方有“模型”“DMU”“图纸”“机电概念设计”等 15 个选项卡，单击其中的“模型”选项卡，在“过滤器”选项区中将出现“模型”“装配”“外观造型设计”等功能选项，选中“模型”，选择“单位 毫米”作为工作单位，再单击“确定”按钮，即可进入如图 1-1 所示的实体或曲面建模工作界面。

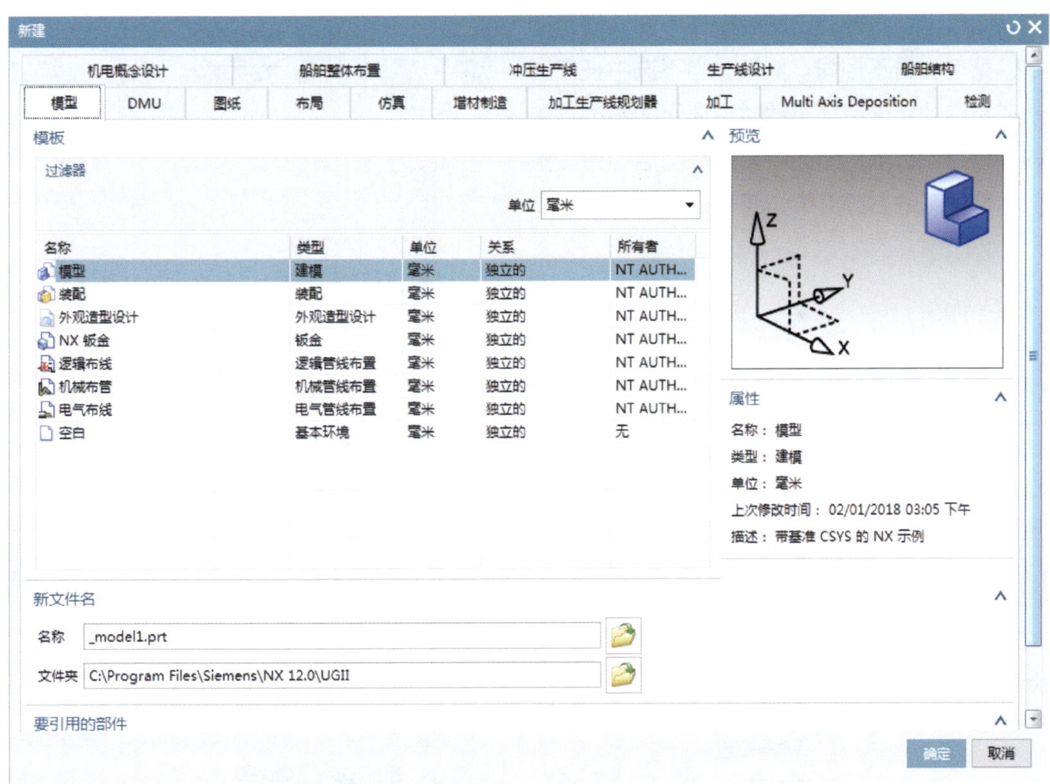

图 1-5 “新建”对话框

3. 认识 UG NX12.0 窗口界面

如图 1-1 所示为软件“建模”模块的窗口界面，该界面主要包括标题栏、下拉菜单、工具栏、坐标系、导航器、图形窗口、资源条等。

（1）标题栏

UG NX12.0 窗口界面的最上方为标题栏。主要用于显示 UG 版本、当前工作模块、当前工作文件的修改状态等信息。

（2）下拉菜单与右键菜单

UG NX12.0 中的下拉菜单与所有 Windows 软件的下拉菜单相同，单击［菜单（M）］即可显示如图 1-6 所示下拉菜单，单击其中的某一个命令后即可显示该命令的下一级子菜单。UG NX12.0 的各种功能命令都能在菜单栏中找到。

在图形窗口单击鼠标右键时，会显示相应的右键菜单。右键单击的目标体不同，显示的右键菜单也各不相同。例如：当不选中任何图素在空白处单击鼠标右键时，显示的右键菜单如图 1-7a 所示；而选中实体表面后，单击鼠标右键显示的右键菜单如图 1-7b 所示。

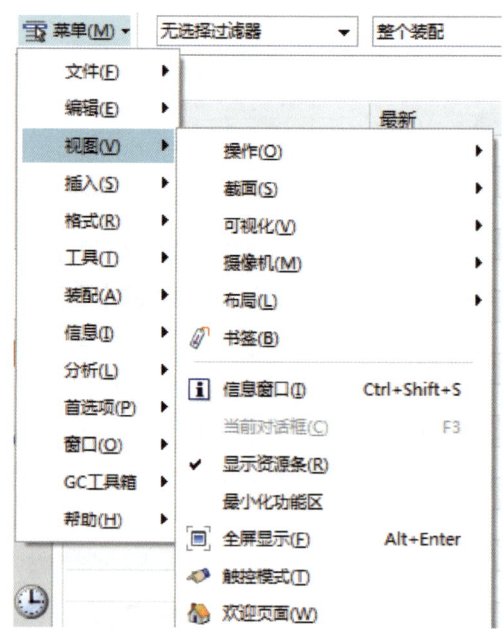

图 1-6　下拉菜单

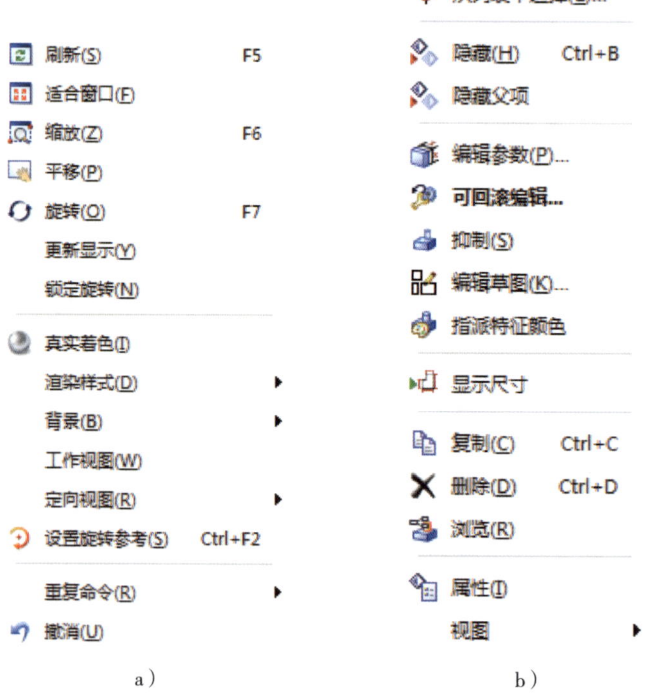

图 1-7　右键菜单

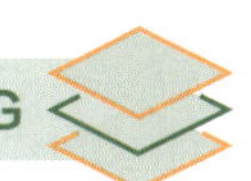

（3）工具栏

UG NX12.0 的工具栏如图 1-8 所示，单击对应的选项卡按钮，如“文件（F）”“主页”“装配”等即可显示对应的工具栏，图中显示的是“曲线”选项卡工具栏。

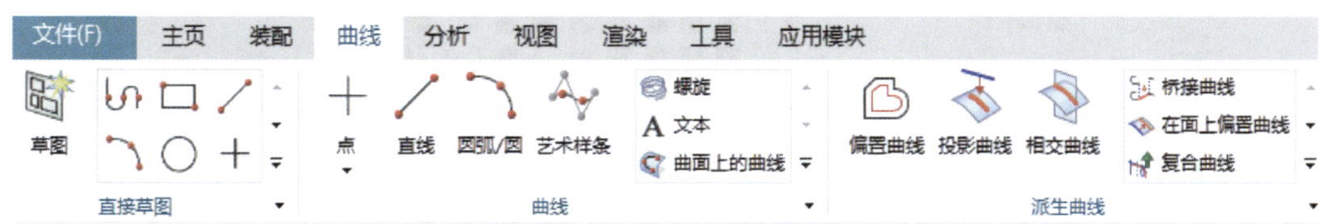

图 1-8　选项卡按钮及工具栏

（4）其他窗口界面

快速访问工具条用于记录前期执行的一系列操作或使用的工具按钮。

导航器用以记录各项特征操作的次序及操作过程，通过导航器也可对特征进行修改等操作。

提示区显示操作过程中的相应提示，有些命令的操作结果也在该区域显示。

资源条为用户提供快速导航工具。

坐标系为用户建模提供设计参照。

图形窗口用于显示模型及相关对象。

4. 系统设置

（1）改变图形窗口底色

在初始状态下，系统图形窗口底色为灰色渐变色，可通过以下操作来改变图形窗口底色。

方法一：在图形窗口空白处单击右键，显示如图 1-7a 所示右键菜单，选择 [背景（B）]，在弹出的展开菜单中选中 [白色背景（W）]，背景色即可变成白色。

方法二：单击 [菜单(M) ▾] / [首选项(P) ▸] / [背景(A)...]，出现如图 1-9a 所示“编辑背景”对话框，在“着色视图”和“线框视图”选项中选择“◉ 纯色”，单击“普通颜色”栏，出现如图 1-9b 所示的“颜色”对话框，选择“基本颜色”为“白色”，此时相应的“颜色 |纯色 (0)”栏中显示为白色，单击“确定”按钮，回到“编辑背景”对话框，再单击“确定”按钮，背景色也可变成白色。

（2）设定工具栏

UG NX12.0 的工具栏若全部打开，工作界面将会变得非常混乱。因此，在设计工作界面时，通常在工作界面中只显示常用的工具栏，而关闭一些不常用的工具栏，打开和关闭工具栏的方法如下：

方法一：单击 [菜单（M）] / [工具（T）] / [定制(Z)...　Ctrl+1]，弹出如图 1-10 所示“定制”对话框，选中“选项卡 / 条”选项卡，在相应的选项前打“☑”，即可在窗口中显示该选项卡及其工具栏，反之则不显示。

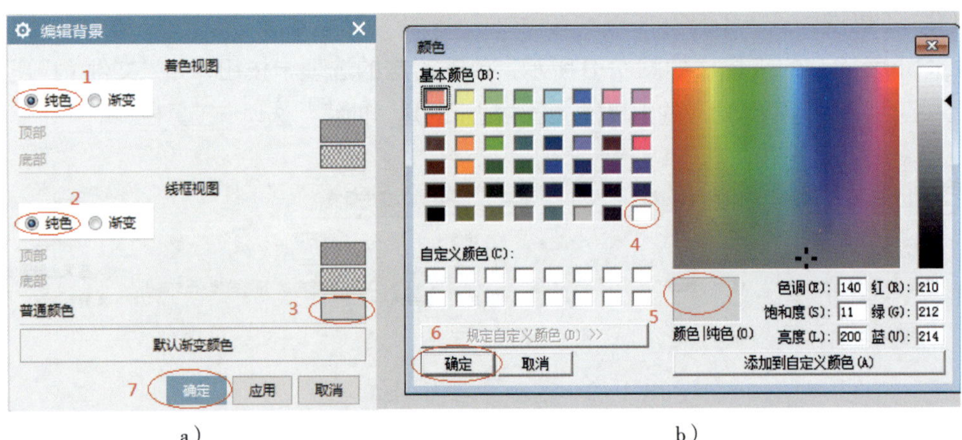

a）　　　　b）

图 1-9　改变图形窗口背景

方法二：对准已有工具栏的任一位置单击鼠标右键，在弹出的菜单中单击选中［ 定制(Z)...　Ctrl+1 ］，即可进行相应操作。

图 1-10　“定制”对话框

5. 窗口操作

对于某个实体或曲面零件，操作者通常要在各个位置进行观察，这时就要对零件进行视角切换、旋转、平移、放大或缩小等操作，这些操作统称为窗口操作。如图 1-11 所示为“视图”工具栏及其对应的展开选项，其主要按钮的含义见表 1-1。

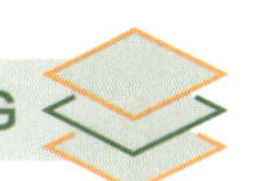

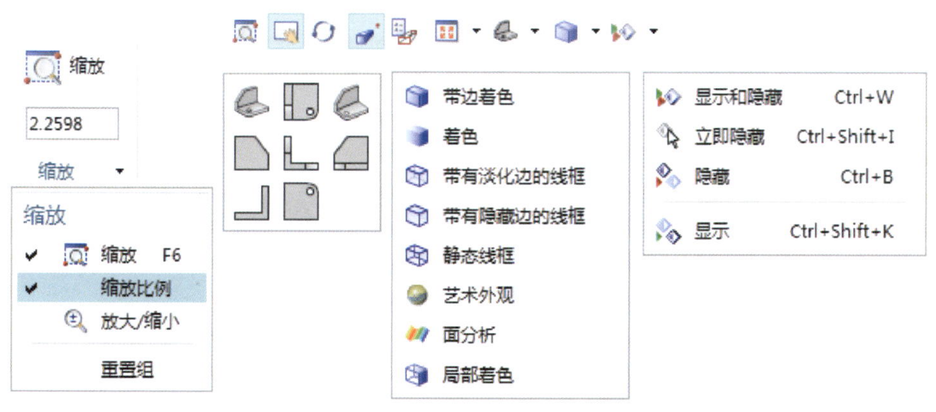

图 1-11 “视图”工具栏

表 1-1 “视图”工具栏中各主要按钮的含义

按钮	名称	含义
	放大 / 缩小	单击该按钮，按住鼠标左键拖曳鼠标可以对视图进行缩放
	平移	单击该按钮，按住鼠标左键拖曳鼠标可以使视图平移
	旋转	单击该按钮，按住鼠标左键拖曳鼠标可以使视图旋转
	透视	将工作视图从平行投影更改为透视投影
	透视选项	控制从摄像机到透视图中目标的距离
	适合窗口	单击该按钮，使视图自动适合窗口的大小
	视图方位	单击该按钮右侧小箭头，可选择 8 种不同的视角
	着色	单击该按钮右侧小箭头，可选择 8 种不同的着色方式
	显示和隐藏	单击该按钮右侧小箭头，可选择 4 种不同的显示和隐藏方式

此外，运用三键鼠标可以完成视图窗口的放大或缩小、旋转和平移，具体操作方法见表 1-2。

表 1-2 利用三键鼠标操作视图窗口

功能	操作方法
缩放视图	将鼠标置于图形界面中，滚动滚轮对视图进行缩放 同时按住鼠标滚轮和“Ctrl”键，然后上下移动鼠标对视图进行缩放 同时按住鼠标滚轮和鼠标左键，然后上下移动鼠标对视图进行缩放
旋转视图	将鼠标置于图形窗口中，按下鼠标滚轮，移动鼠标
平移视图	同时按下鼠标滚轮和鼠标右键，然后移动鼠标 同时按下鼠标滚轮和“Shift”键，然后移动鼠标

6. 退出 UG NX12.0

单击［文件］/［退出］，系统将弹出如图 1-12 所示“退出”提示对话框，单击“是 - 保存并退出”，保存文件并退出 UG NX12.0。

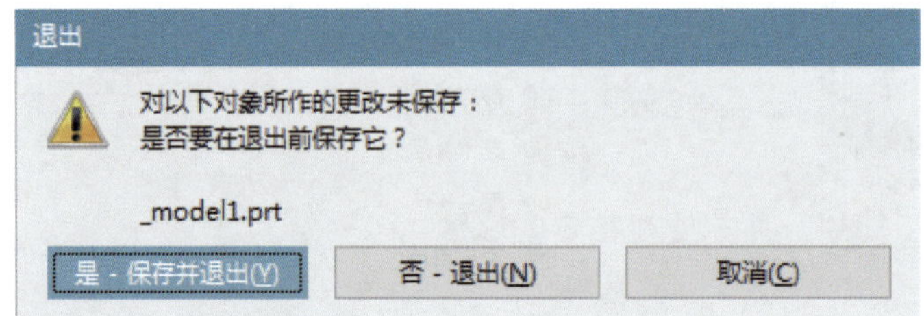

图 1-12 “退出”提示对话框

知识与技能拓展

本节主要以 UG NX12.0 中的模型模块为例介绍软件的窗口界面以及系统参数的设定方法。关于系统参数及用户界面的设置，还有很多内容，读者可针对［菜单（M）］/［首选项（P）］下的功能按钮对用户界面逐一进行设置。例如：

1. 设置经典用户界面

UG NX12.0 的用户界面跟 UG NX8.0 及以前版本的用户界面有很大的区别，如果用户喜欢老版本的用户界面，可以通过设置经典用户界面来实现。

单击［菜单（M）］/［首选项（P）］/［用户界面（I）］或直接按“Ctrl”+“2”键，弹出如图 1-13 所示“用户界面首选项”对话框，依次选中［主题］/［类型］/［经典］/［应用］，即可设置经典用户界面。

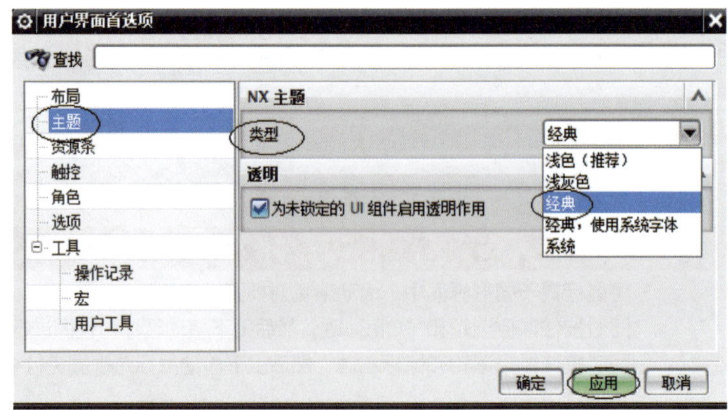

图 1-13 “用户界面首选项”对话框

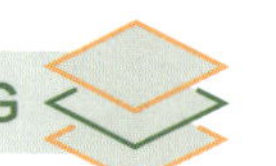

提示

在 UG 软件的相应对话框中，单击“确定”和“应用”的区别在于：单击“应用”时，功能生效但对话框不关闭，可继续进行其他功能的设置；单击“确定”，则在功能生效的同时关闭对话框。

2. 设置自定义工具栏

对于一些常用的工具按钮，为了使用方便，可自定义设置成工具栏，并安放在特定的区域，操作过程如下：

（1）自定义工具按钮显示

单击相应工具栏下方向下箭头“▼”，弹出如图 1-14 所示“特征”菜单，在相应的工具按钮前打“√”，则该工具按钮显示，否则不显示。

（2）重置工具按钮

选中自定义的工具按钮单击右键，在弹出如图 1-15 所示的对话框中可选择该工具按钮的放置区域，如选定“添加到右边框条”，则重置后的工具栏如图 1-16 所示。

图 1-14 自定义工具按钮显示

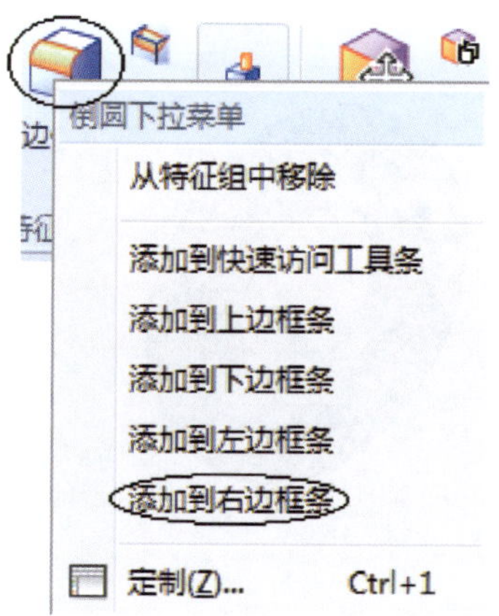

图 1-15 重置工具按钮对话框

图 1-16 重置后的工具条

拓展练习

1. 进入“制图”模块工作界面，进行用户界面设置。
2. 单击 [文件（F）]/[实用工具（U）]/[用户默认设置（D）]，进行用户默认参数设置。

3. 单击 [菜单（M）] / [首选项（P）] / [对象（O）]，进行“常规”“分析”“线宽”等对象首选项设置。

任务 2　体验用 UG NX12.0 建模及绘制工程图

学习目标

1. 体验绘制草图。
2. 体验实体拉伸建模。
3. 体验绘制工程图。

任务描述

用 UG NX12.0 软件完成如图 1-17 所示垫片零件的建模并绘制工程图。

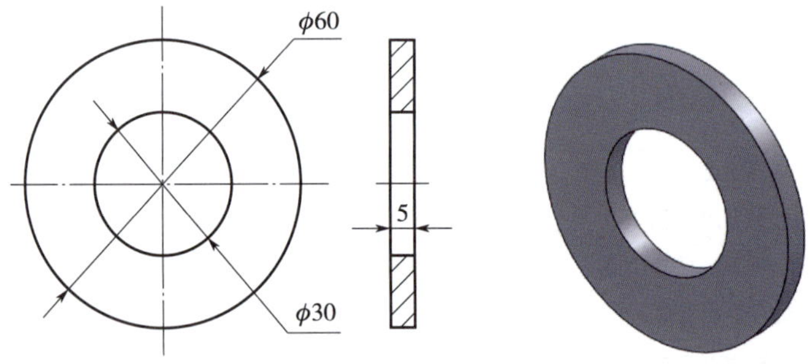

图 1-17　垫片零件

任务实施

1. 实体建模

（1）进入草图工作界面

1）双击计算机桌面上“UG NX12.0”快捷方式图标，进入其工作界面。

2）单击 [文件（F）] / [新建（N）…] 或直接单击界面中的“新建”按钮“ ”，

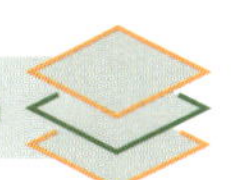

弹出“新建”对话框，选择“模型”功能选项，选择“单位 毫米 ▾”作为工作单位，设定如图 1-18 所示文件名及文件夹名，单击“确定”按钮进入实体建模工作界面。

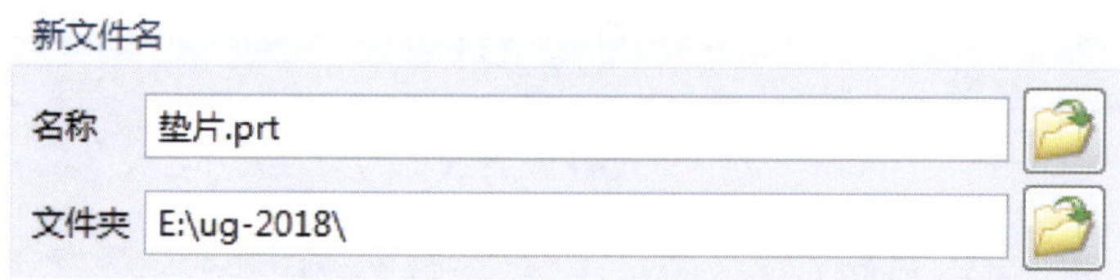

图 1-18　文件及文件夹名称

提示

UG NX12.0 以前的版本均不支持中文文件名和文件夹名，而 UG NX12.0 既支持中文文件名，也支持中文文件夹名。

3）单击“直接草图”工具栏中的“草图”按钮“ ”，进入如图 1-19 所示的“创建草图”对话框，选择默认设置，此时草图平面为深色显示的“*XY*”平面。

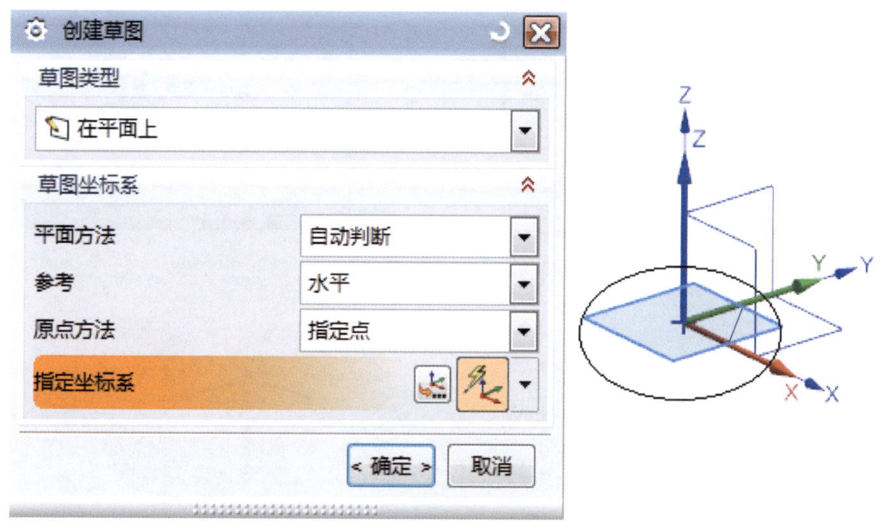

图 1-19　“创建草图”对话框

4）单击“确定”按钮进入草图工作界面，同时自动转换为如图 1-20 所示“正视”视图。

（2）绘制草图

1）单击如图 1-21 所示的展开按钮“ ”，在弹出的“曲线”工具栏中单击“圆”按钮“○”。

图 1-20 “正视”*XY* 平面　　图 1-21 “曲线”工具栏

2）此时工作界面中的显示如图 1-22 所示，左侧显示画圆方式对话框，默认选中“圆心和直径定圆”方式，单击坐标原点，在右侧显示“快速选取”对话框，选中“1 ＋ 现有点 - 草图原点”，移动鼠标，此时在“绘图区”显示如图 1-23a 所示，输入直径值“60”，按回车键，再按“Esc”键退出，完成如图 1-23b 所示大圆绘制。

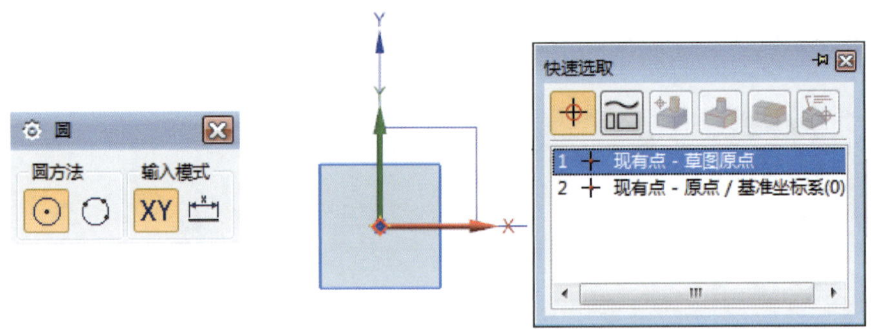

图 1-22　画圆设置

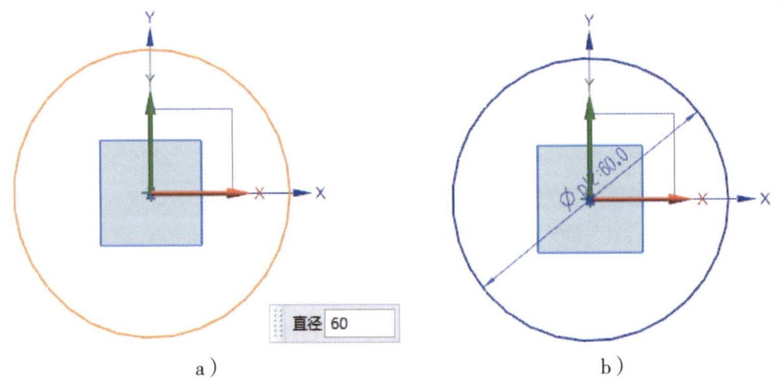

图 1-23　绘制直径 60 的圆

3）采用同样方式绘制直径为“30”的圆，然后单击“完成草图”按钮“”，完成草图绘制，如图 1-24 所示（本书中，除特别注明外，所有涉及的长度尺寸单位皆为 mm）。

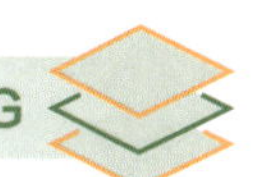

(3) 拉伸建模

1) 单击图形窗口上方的“视图”组中视图方位按钮右侧箭头“ ”，弹出如图 1-25 所示的展开工具栏，选择“正三轴视图 ”，滚动鼠标滚轮调整视图大小，单击“视图”工具栏中的平移按钮“ ”，按下鼠标左键不松开，移动视图，将草图放置于合适位置，结果如图 1-26 所示。

2) 单击“特征”工具栏中的拉伸实体按钮“ ”，弹出如图 1-27 所示“拉伸”对话框，深色显示“✱ 选择曲线 (0)”提示选择用于拉伸的曲线，选中绘制的其中一个圆，显示如图 1-28 所示。

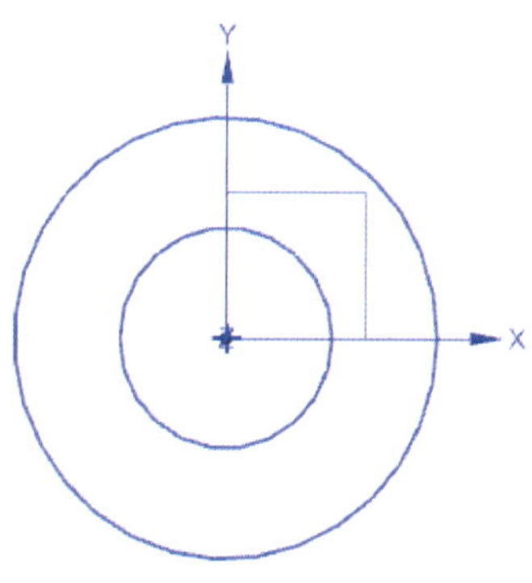

图 1-24 完成草图绘制

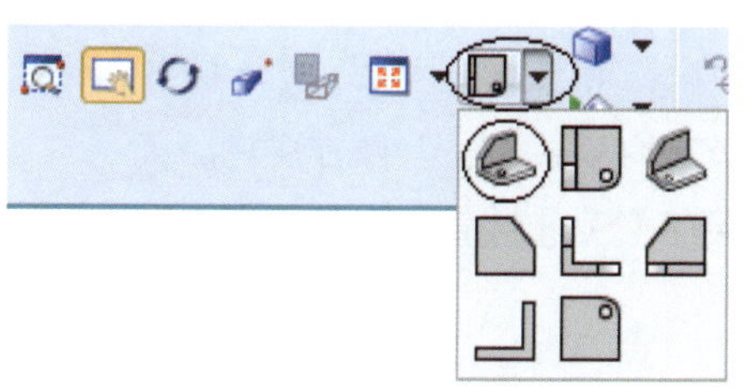
图 1-25 视图方位工具栏

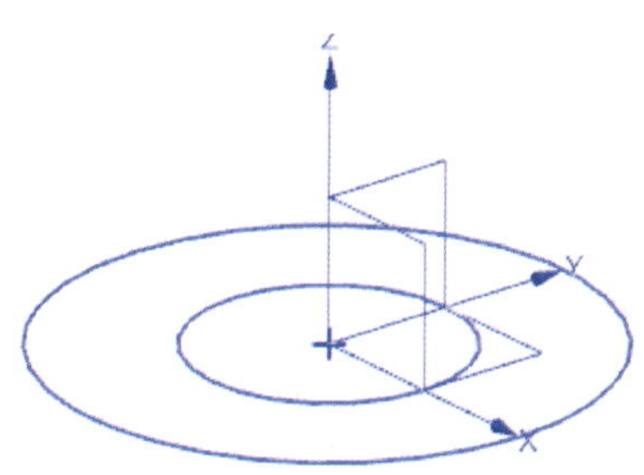

图 1-26 草图正三轴视图

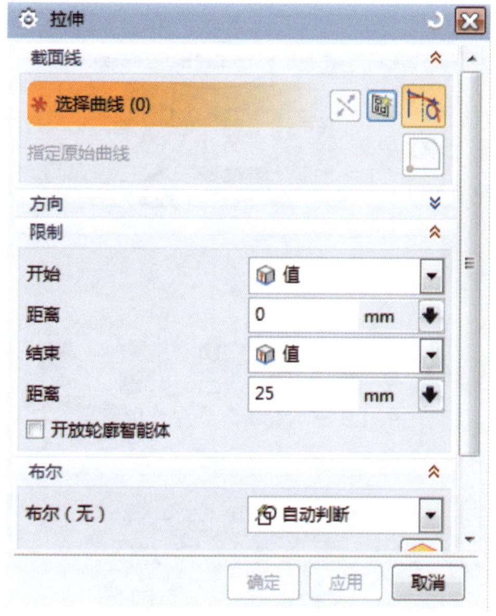

图 1-27 “拉伸”对话框

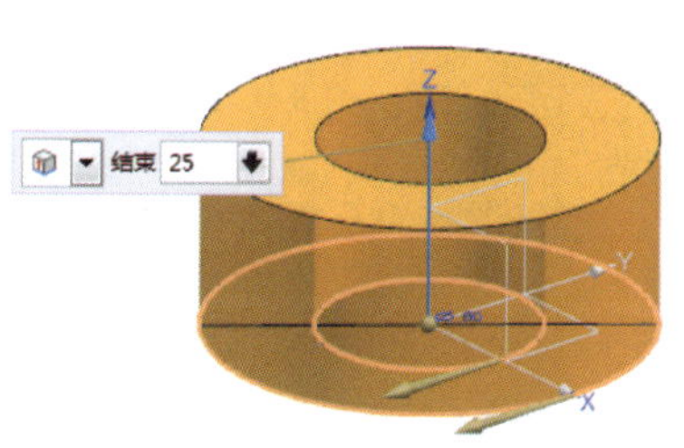

图 1-28 选择拉伸曲线

3）修改拉伸对话框中的“开始 值”下方的“距离”为“0”，“结束 值”下方的“距离”为“5”，单击“确定”按钮完成实体拉伸，完成后的实体如图 1-29 所示。

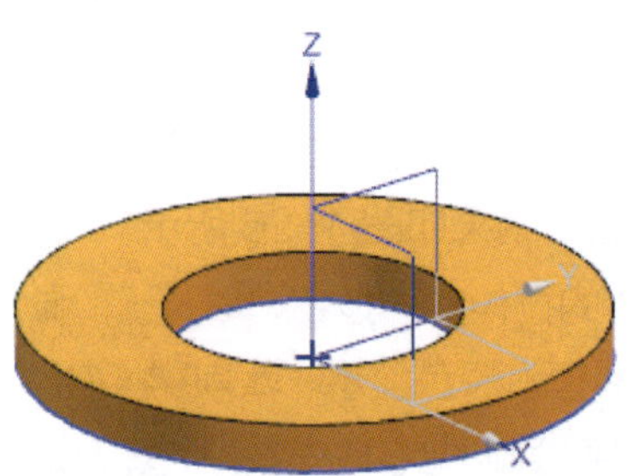

图 1-29　完成实体拉伸

提示

当前的拉伸方向为向上拉伸，如要改变拉伸方向，则单击“拉伸”对话框中的的方向右侧箭头“ ”，在弹出的“指定矢量”按钮中选择反向按钮“ ”即可实现。

4）单击 [文件（F）] / [保存（S）] / [保存（S）] 或直接单击工具栏中的“保存”按钮“ ”，完成零件保存。

2. 绘制工程图

（1）单击如图 1-30 所示“应用模块”选项卡，弹出对应的“应用模块”工具栏，单击其中的“制图”按钮“ ”，展现如图 1-31 所示的“制图”工具栏。

图 1-30　“应用模块”工具栏

图 1-31　“制图”工具栏

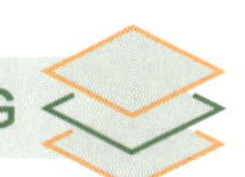

（2）单击工具栏中的“新建图纸页”按钮“ ”，弹出如图 1-32 所示“工作表”对话框。

（3）选中对话框中的“ 标准尺寸”，并在“大小”选项中选择“A4 - 210 x 297”，单击“确定”按钮，进入如图 1-33 所示“视图创建向导”对话框。在该对话框中选中“ 垫片.prt ”，其余保持默认设置。

（4）单击“下一步”按钮，进入“ 选项选项”设置对话框，在“预览样式”选项中选中着色“ ”或采用默认设置。

（5）再次单击“下一步”按钮，进入“ 方向方向”设置对话框，在“方向”选项中选中“前视图”或采用默认设置。

（6）再次单击“下一步”按钮，进入“ 布局”设置对话框，在“布局”选项中选择“主视图”和“俯视图”或采用默认设置。

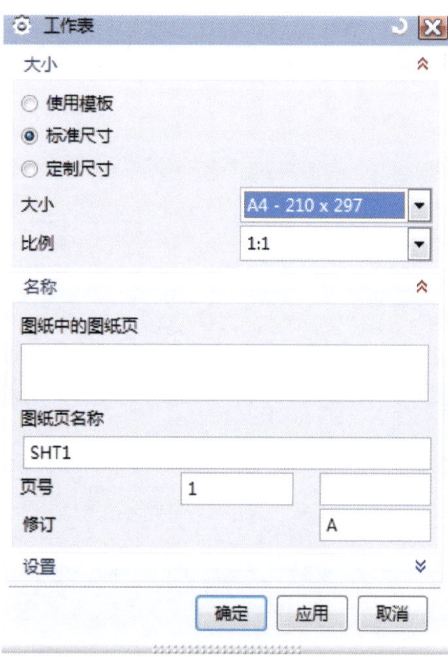

图 1-32 “工作表”对话框

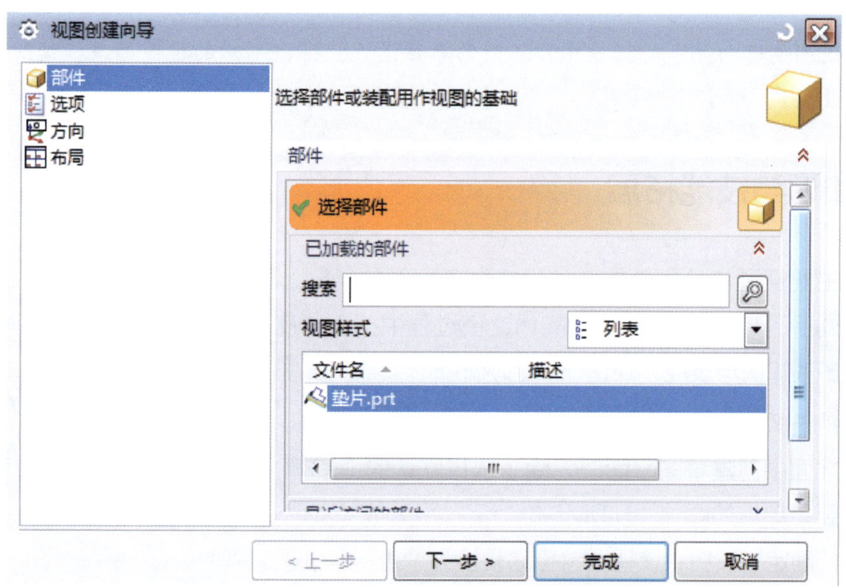

图 1-33 “视图创建向导”对话框

（7）单击“完成”按钮，完成工程图的绘制，结果如图 1-34 所示。

（8）单击工具栏中的“保存”按钮“ ”，完成工程图的保存。

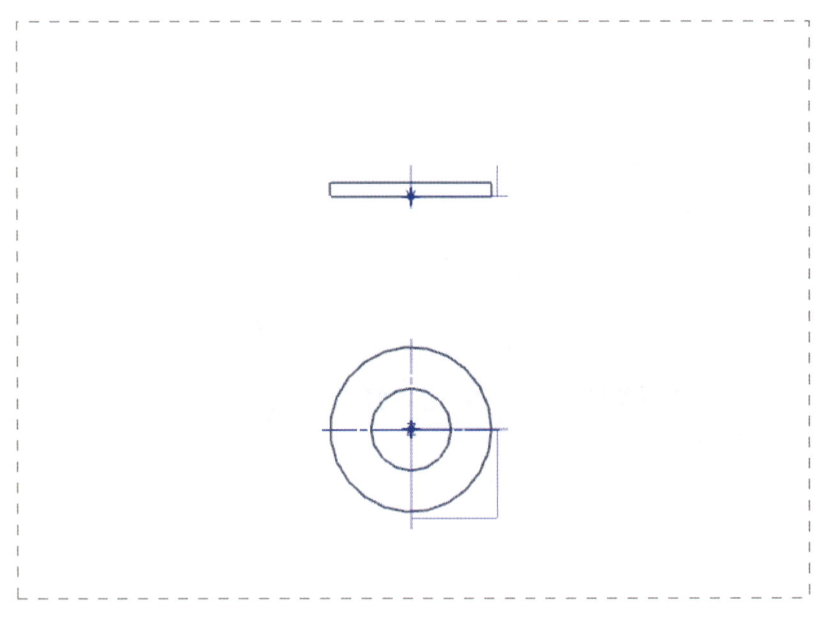

图 1–34　完成工程图

在“视图创建向导”对话框中，不同的参数设置，得出不同的视图结果，读者可根据需求，自行设置。

知识与技能拓展

本节主要通过垫片零件的实体建模与工程图的绘制，让读者初步体验 UG NX12.0 的“模型”功能和“制图”功能。在实体建模过程中，还涉及基本基准面的选择、部件导航器的应用等多项知识与技能，现进一步说明如下：

1. 基准面的选择

在基准面中创建草图平面时，除了选择默认的“*XY*”平面创建草图平面外，还可根据绘图的需要，单击如图 1–35 所示的“*YZ*”平面或“*ZX*”平面来创建草图平面。创建完成后，单击“确定”按钮，该视图将自动转换为“正视”视图。

2. 部件导航器的应用

单击资源条中“部件导航器”按钮“”，显示如图 1–36 所示的“部件导航器”窗口。“部件导航器”主要用于管理已完成的特征、草图等操作。

（1）鼠标右击“✔ 图纸”，弹出如图 1–37 所示右键菜单，单击“单色”将其前的“✔”去除，此时工程图的底色变成白色。

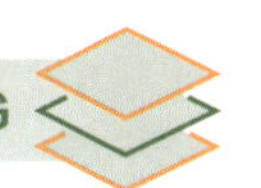

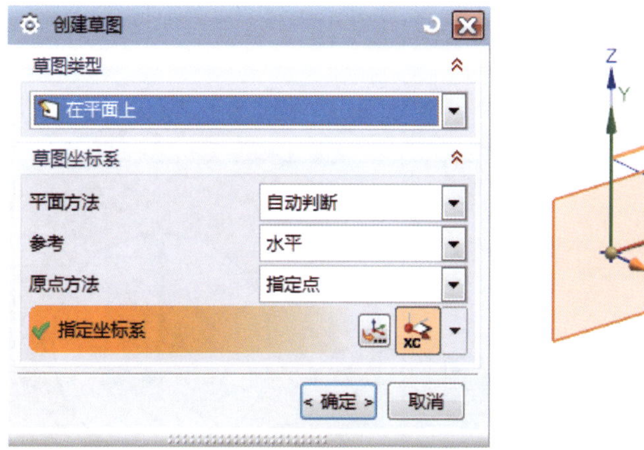

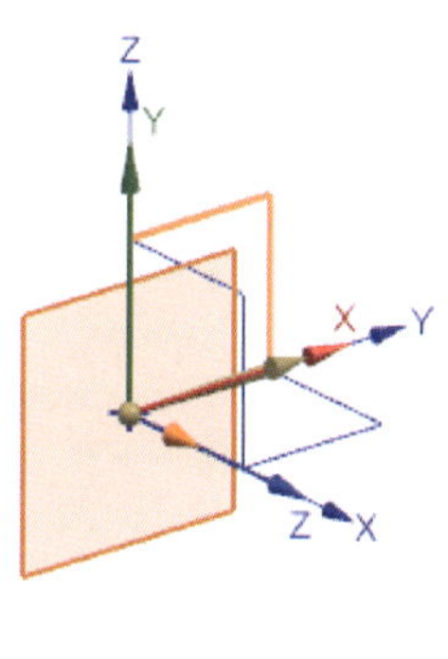

图 1-35　基本基准面的选择

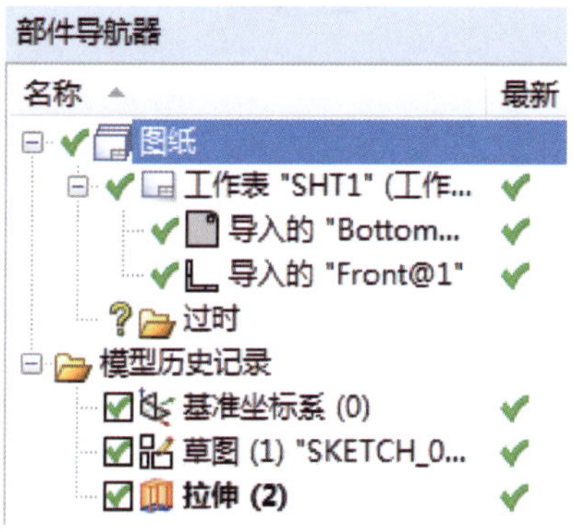

图 1-36　“部件导航器”窗口

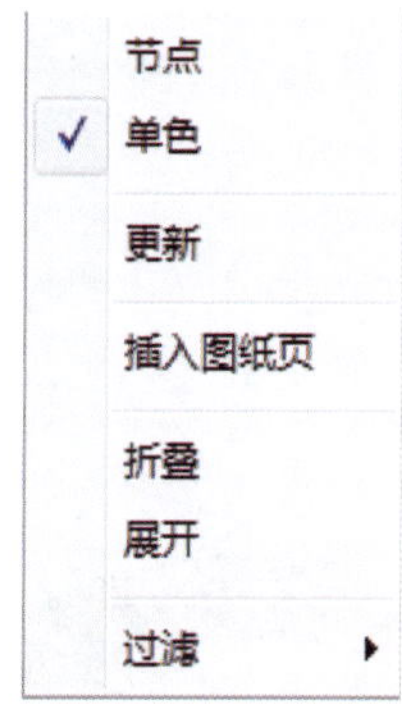

图 1-37　右键菜单

（2）单击“应用模块”工具栏中的“建模”按钮“ ”，重新返回建模应用模块。双击“部件导航器”窗口中的“**草图 (1) "SKETCH_0.."**”，返回草图绘制，双击 ϕ60 外圆的尺寸标注线，弹出如图 1-38 所示“径向尺寸”对话框，修改外圆直径为“40”，单击“关闭”按钮，单击“完成草图”按钮“ ”，零件显示如图 1-39 所示。

（3）双击“部件导航器”窗口中的“**拉伸 (2)**”，弹出如图 1-27 所示“拉伸”对话框，修改“结束 值”下方的“距离”为“20”，单击“确定”按钮，完成后的实体显示如图 1-40 所示。

拓展练习

1. 完成如图 1-41 所示零件建模及工程制图。

解题思路：本练习的操作步骤如图 1-42 所示。

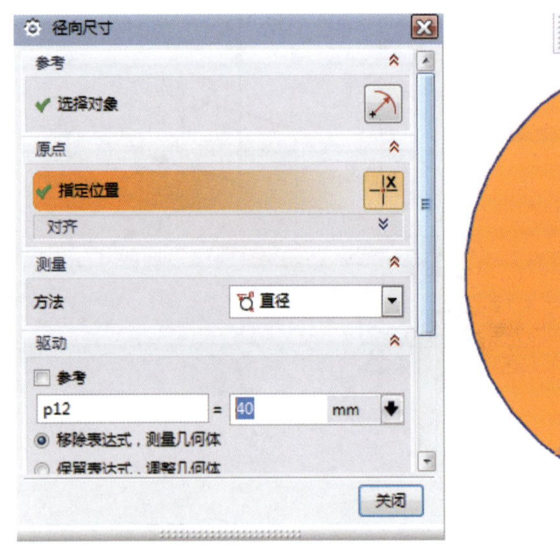

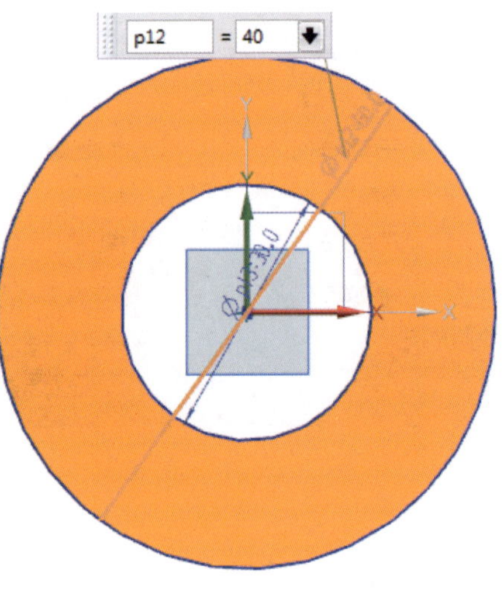

图 1-38 “径向尺寸”对话框

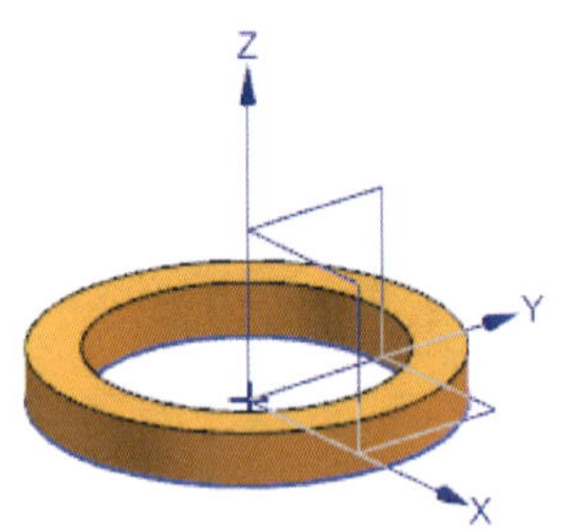

图 1-39 修改草图后的实体显示

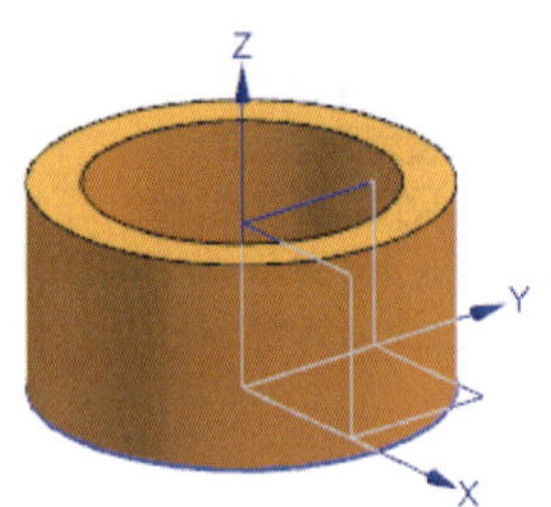

图 1-40 修改拉伸参数后的实体显示

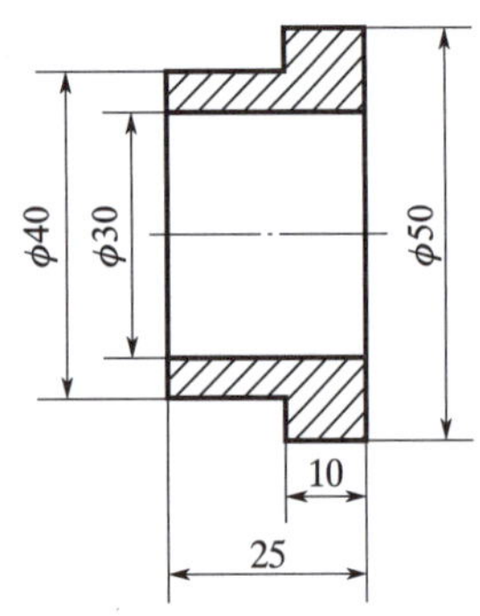

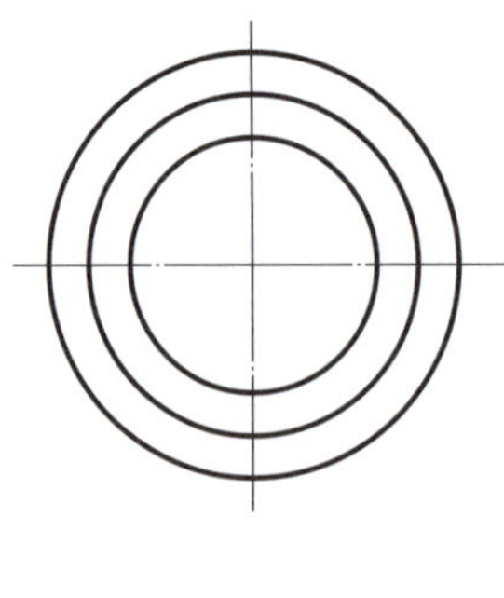

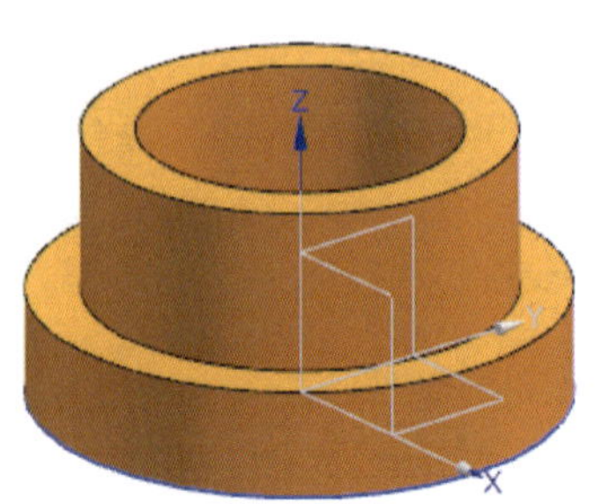

图 1-41 拓展练习 1

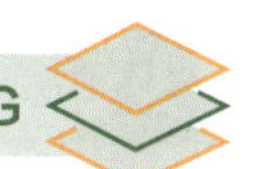

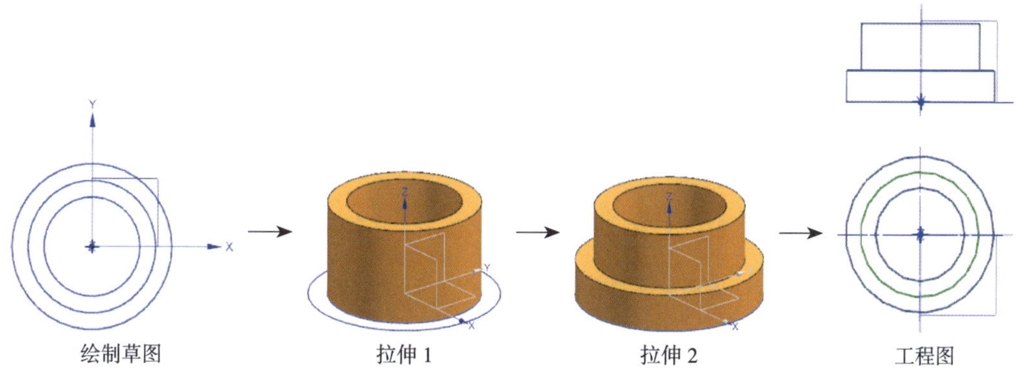

图 1-42　拓展练习 1 解题思路

2. 完成如图 1-43 所示零件建模及工程制图。

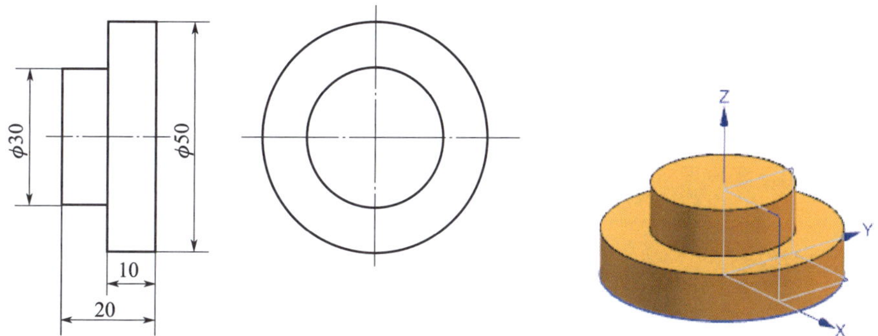

图 1-43　拓展练习 2

项目二

二维图形的绘制

任务1 直线、椭圆及多边形的绘制与修整

学习目标

1. 掌握直线的多种画法。
2. 掌握线型的转换方法。
3. 掌握多边形及椭圆的画法。
4. 掌握曲线修剪的方法。
5. 掌握添加及修改尺寸约束的方法。

任务描述

绘制如图 2-1 所示二维图形中的中心线和实线轮廓，省略尺寸标注。

任务实施

1. 绘制外轮廓

（1）进入草图工作界面

1）单击“新建”按钮“ ”，弹出“新建”对话框，选择“模型”功能选项，选择“单位 毫米”作为工作单位，设定保存文件名及文件夹名，单击“确定”按钮进入建模工作界面。

2）单击“直接草图”工具栏中的“草图”按钮“ ”，进入“创建草图”对话框，选择默认设置，此时草图平面为深色显示的“*XY*”平面。

3）单击“确定”按钮进入草图工作界面，“*XY*”平面自动转换为“正视”视图。

（2）绘制矩形

1）单击“曲线”工具栏中的“矩形”按钮“ ”，弹出如图 2-2 所示的“矩形”类型选择对话框，选择“ ”和“XY”。

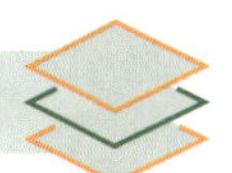

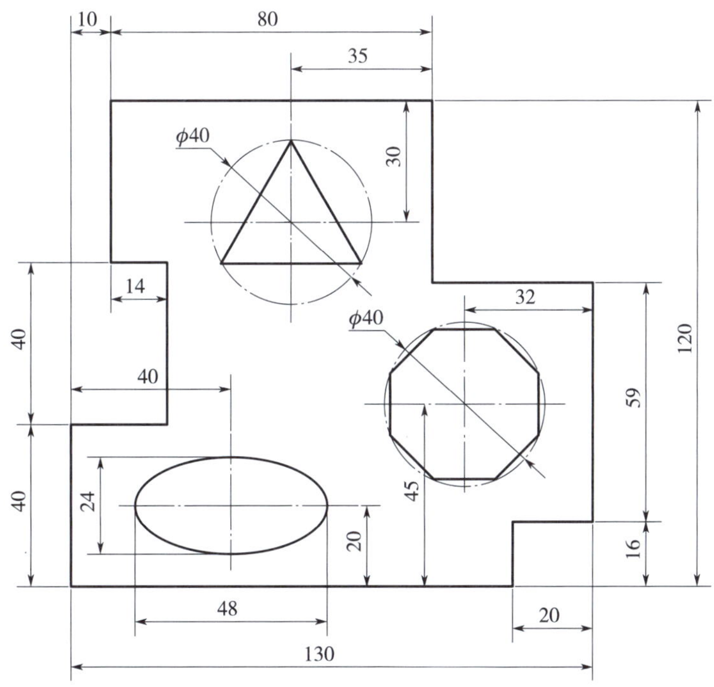

图 2-1　基本曲线绘制

2）鼠标左键单击坐标原点后向右上角拖动鼠标至任意位置，弹出如图 2-3 所示宽度和高度设定对话框。在“宽度”中输入“130”按回车键，在“高度”中输入“120”按回车键，单击鼠标左键，完成矩形绘制，结果如图 2-4 所示。

图 2-2　“矩形”类型选择对话框

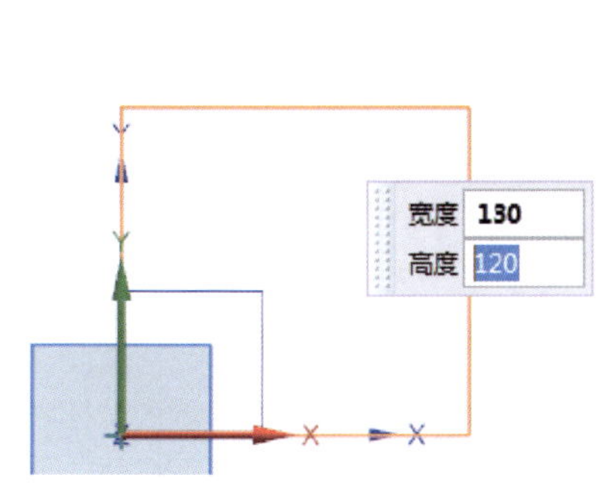

图 2-3　设置矩形“宽度”和“高度”

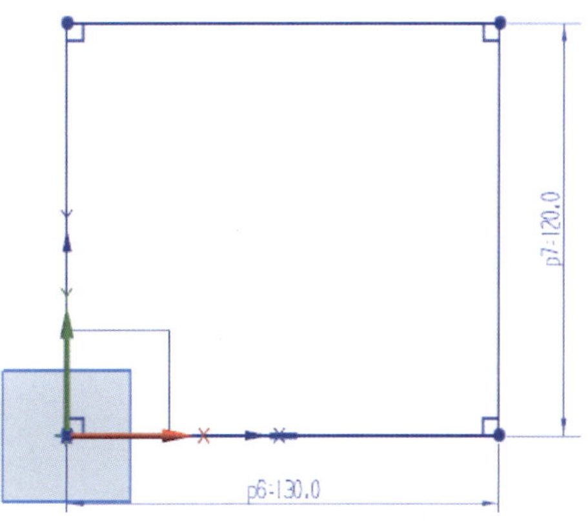

图 2-4　完成矩形绘制

3）双击图中的尺寸约束“P7=120.0”，弹出如图 2-5 所示“线性尺寸”对话框，修改“p7 = 120 mm”值可改变矩形的尺寸。

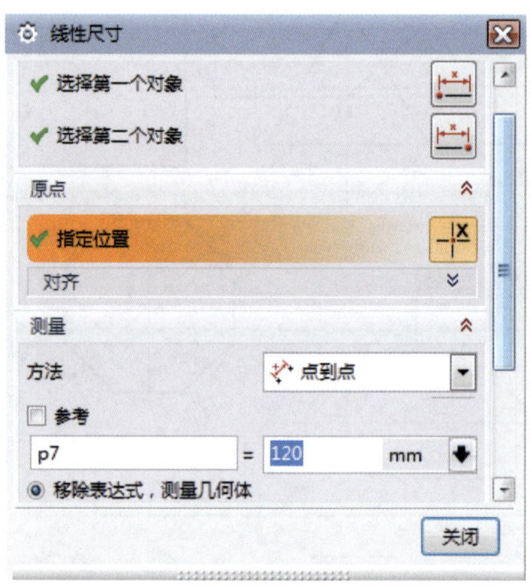

图 2-5　修改矩形参数

（3）绘制外轮廓草图直线

1）单击“曲线”工具栏中右侧箭头“”，弹出如图 2-6 所示曲线展开工具栏，包括“曲线”“编辑曲线”“更多曲线”等多个工具栏。

2）单击“直线”按钮“”，在矩形上方直线的相应位置单击左键，此时显示如图 2-7 所示。垂直向下拖动鼠标，显示如图 2-8 所示的画垂直线提示，至任意位置再次单击左键，画出垂直线。单击垂直线下方端点，向右拖动鼠标，显示画水平线提示，在右侧矩形边上单击，完成水平线绘制，如图 2-9 所示。

图 2-6　曲线展开工具栏

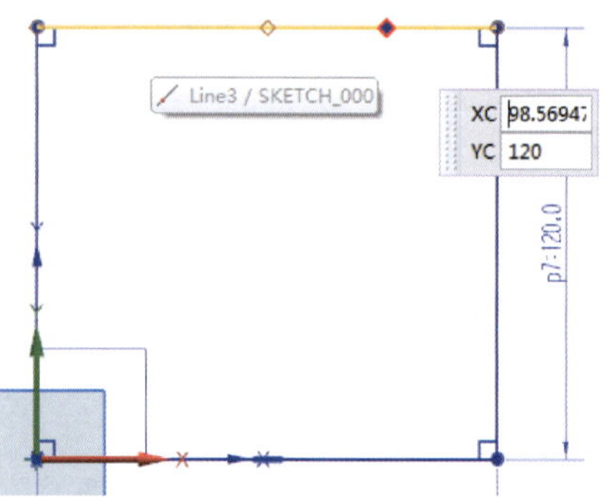

图 2-7　在直线上选取点

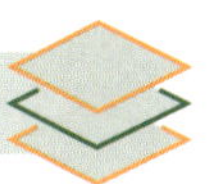

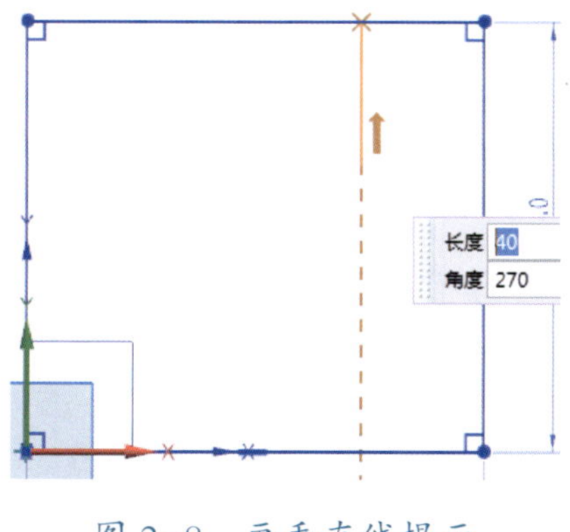

图 2-8　画垂直线提示

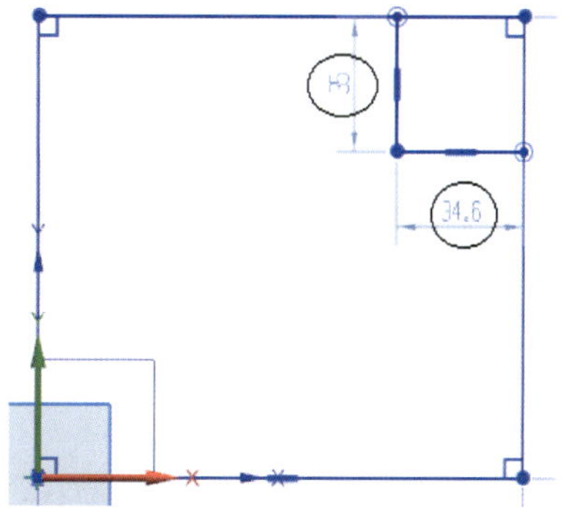

图 2-9　画水平直线

3）双击图中垂直方向的尺寸“35”，弹出“线性尺寸”对话框，修改“p8 = 45”值为“45”。双击图中水平方向的尺寸“34.6”，修改“p9 = 40”值为“40”。单击“关闭”按钮，修改后的尺寸如图 2-10 所示。

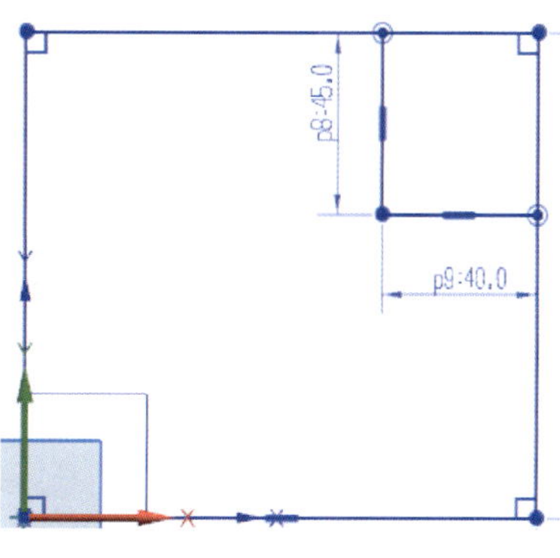

图 2-10　修改尺寸约束

4）单击“直线”按钮“／”，采用绘制垂直线和水平线的方法绘制如图 2-11 所示右下方直线，按“Esc”键退出画直线。双击图中的垂直方向的尺寸“31”，修改“p10 = 16”值为“16”。双击水平方向的尺寸“30.9”，修改“p11 = 20”值为“20”。单击“关闭”按钮，完成尺寸修改，结果如图 2-12 所示。

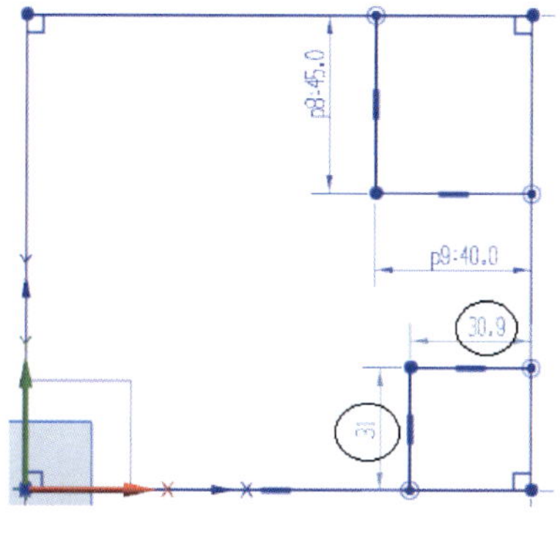

图 2-11　绘制右下侧直线

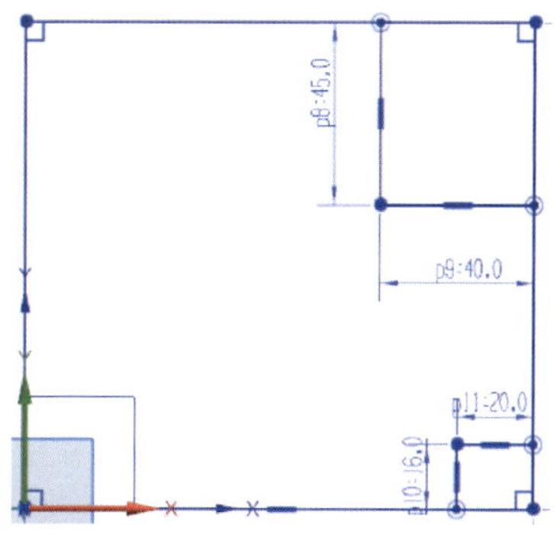

图 2-12　修改尺寸

提示

选中相应尺寸标注按住鼠标左键，尺寸线呈黄色显示，移动鼠标即可移动尺寸线标注位

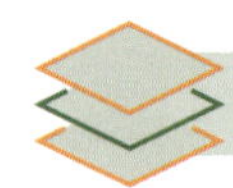

置。对已正确标注的尺寸，可单击鼠标右键，在弹出的右键菜单中选择“隐藏(H)”，将该尺寸标注隐藏。

5）单击“直线”按钮“”，采用绘制垂直线和水平线的方法绘制如图 2-13 所示左侧直线，按“Esc”键退出画直线。根据图 2-1 所示尺寸要求，修改尺寸标注，直至符合要求。

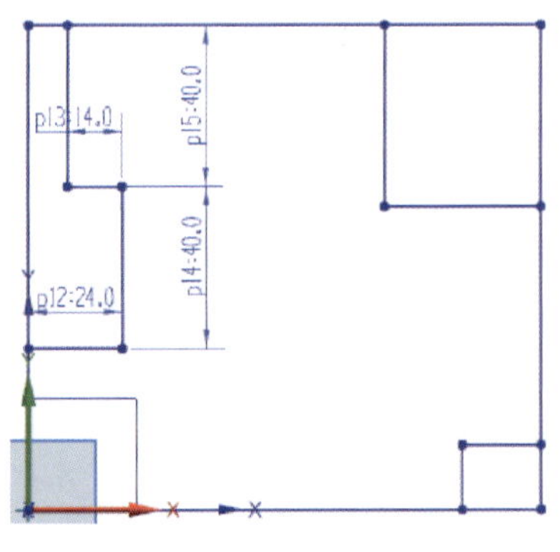

图 2-13　绘制左侧直线

绘制中间水平线向左侧移动鼠标时，会显示捕捉到下方水平线中点位置的提示，避开中点单击左键，以避免相关约束。

6）依次单击所有尺寸标注，单击鼠标右键，在弹出的右键菜单中选择“隐藏(H)”，隐藏尺寸标注线。

（4）修剪外轮廓

1）单击“编辑曲线”工具栏中的“快速修剪”按钮“”，弹出如图 2-14 所示的“快速修剪”对话框，不选边界曲线即为默认所有曲线均为边界曲线。

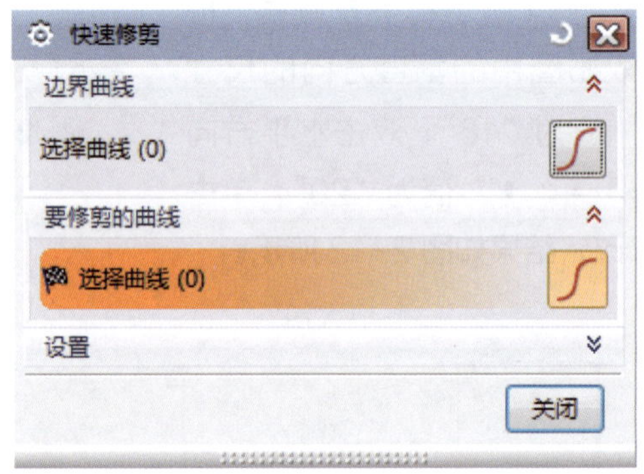

图 2-14　“快速修剪”对话框

2）依次单击如图 2-15 所示 1、2、3、4、5、6 处位置，然后单击“关闭”按钮完成修剪，完成后的轮廓如图 2-16 所示。单击选中右上角和右下角的点，按下键盘上的“Delete”键将其删除。

2. 绘制中心线

（1）设置线型

1）单击 [菜单（M）] / [首选项（P）] / [对象（O）]，弹出如图 2-17 所示“对象首选项”对话框。

2）单击“线型”右侧箭头“▼”，选择中心线“|—-—-—|▼”；单击“宽度”

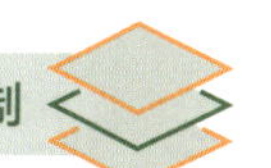

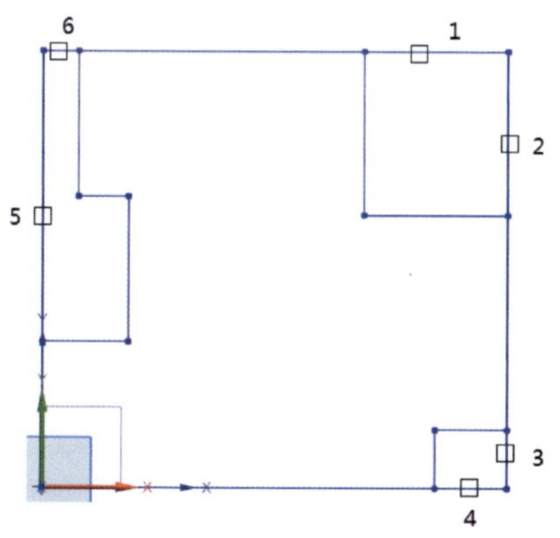

图 2-15　选择要修剪的曲线

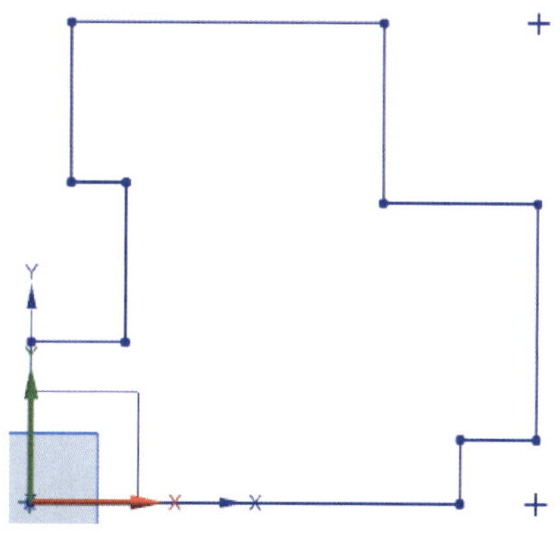

图 2-16　完成修剪后的轮廓

右侧箭头“▼”，选择线宽为“━━━ 0.35 mm”；在“工作层”中输入“2”。单击“确定”按钮退出。

3）单击“更多”按钮“”下方箭头“▼”，弹出如图 2-18 所示的展开菜单，深色显示的是正在执行的选项，单击“连续自动标注尺寸”使其关闭。

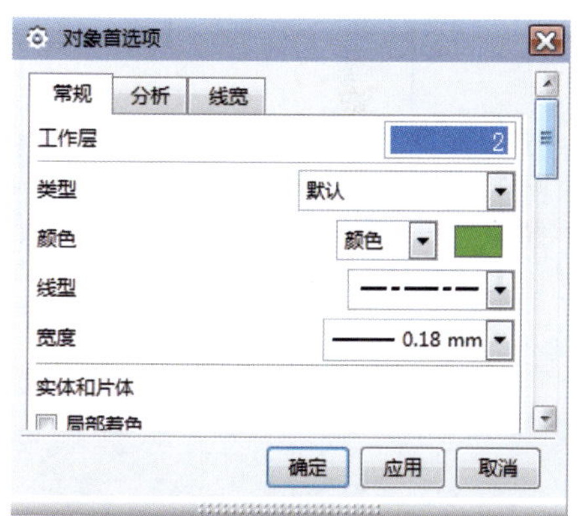

图 2-17　“对象首选项”对话框

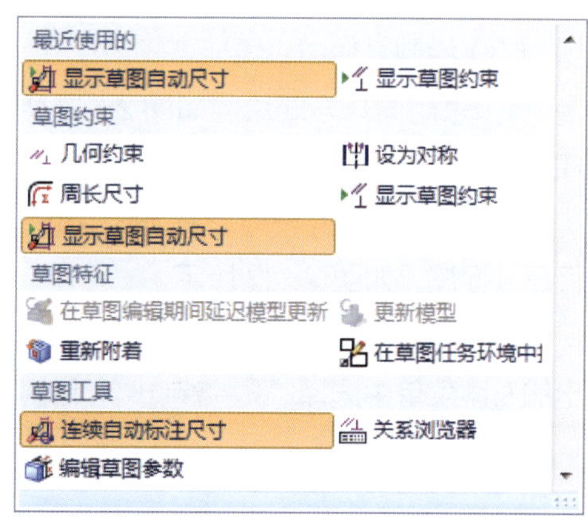

图 2-18　约束展开菜单

提示

特别注意：在本书后续的所有草图操作中，一般都将“显示草图自动尺寸”和“连续自动标注尺寸”的选项关闭了。

（2）绘制椭圆中心线

1）单击“直线”按钮“╱”，采用绘制垂直线和水平线的方法绘制如图 2-19 所示左下方垂直相交线。

2）单击“快速尺寸”按钮“”，弹出如图 2-20 所示“快速尺寸”对话框。

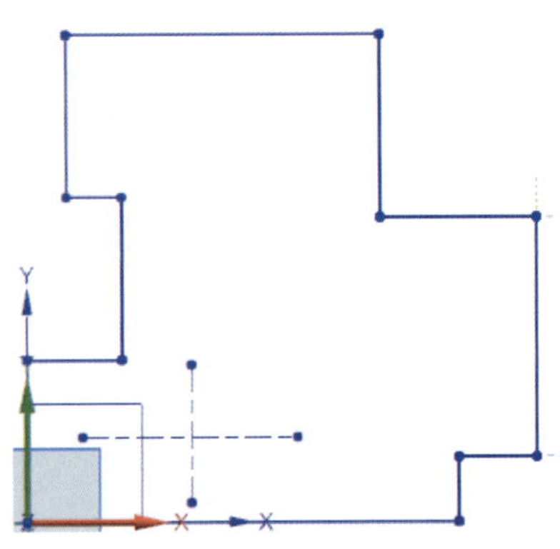

图 2-19　绘制左下方中心线

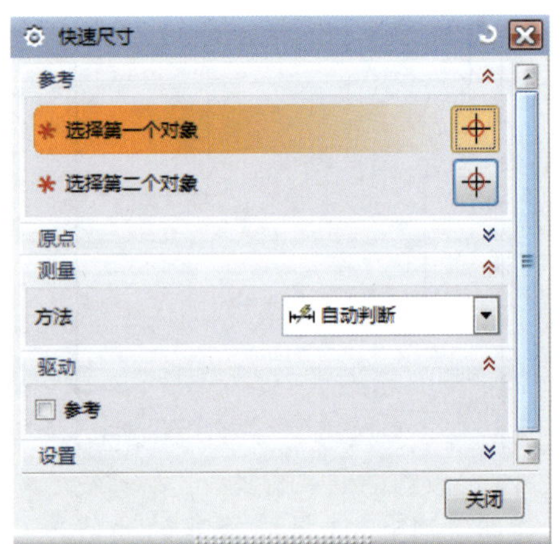

图 2-20　“快速尺寸”对话框

3）鼠标单击水平中心线，再单击外轮廓底边，直接输入“p16 = 20”按回车键确认。单击垂直中心线，再单击左侧外轮廓，输入“p17 = 40”按回车键确认。单击“关闭”按钮完成添加尺寸约束，结果如图 2-21 所示。

（3）绘制其他中心线

1）采用同样方式绘制如图 2-22 所示三角形和正八边形的中心线。

2）单击“快速尺寸”按钮“”，对中心线进行尺寸标注，如图 2-23 所示。

3）依次单击所有尺寸标注，单击鼠标右键，在弹出的右键菜单中选择“隐藏(H)”，隐藏尺寸标注。

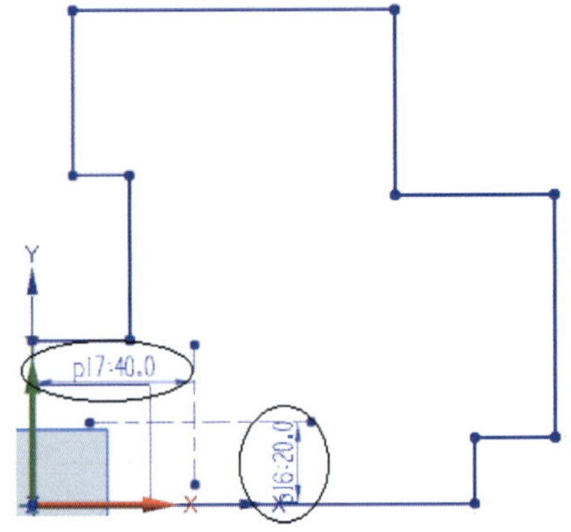

图 2-21　添加尺寸约束

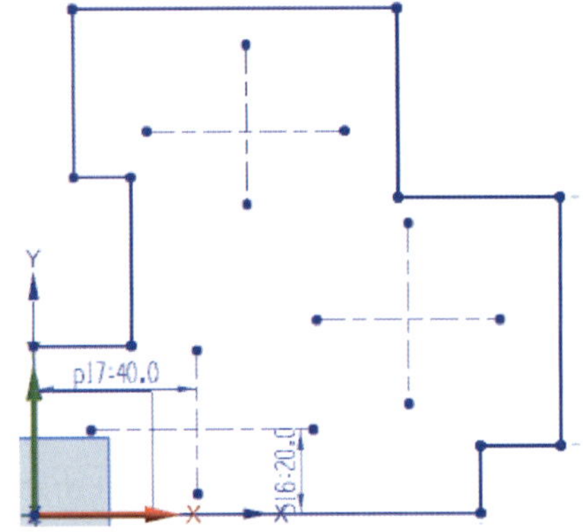

图 2-22　绘制其他中心线

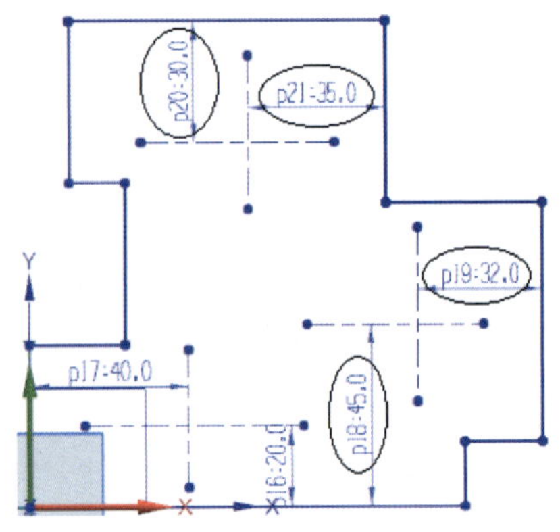

图 2-23　完成尺寸标注

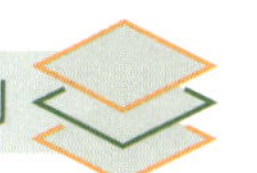

3. 绘制内部轮廓

（1）绘制椭圆

1）单击 [菜单（M）] / [首选项（P）] / [对象（O）]，弹出“对象首选项”对话框，选择实线“————”、线宽“━━ 0.70 mm”作为绘图线型，在“工作层”中输入“1”，单击“确定”按钮退出。

2）单击“更多曲线”工具栏中的“椭圆”按钮“⊙”，弹出如图 2-24 所示“椭圆”对话框。单击对话框中“✱ 指定点”右侧箭头“▼”，在弹出的展开菜单中选择交点“个”，分别单击左下方两条中心线，椭圆中心自动定位至两条线的交点处。

3）修改对话框中的参数“大半径 24”“小半径 12”，单击“确定”按钮完成如图 2-25 所示椭圆绘制。

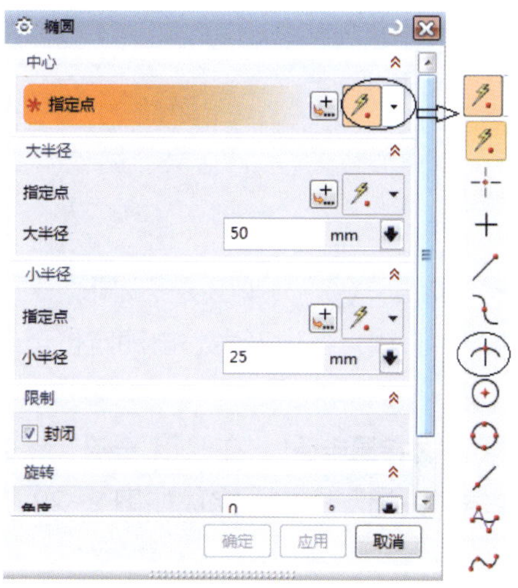

图 2-24 “椭圆”对话框

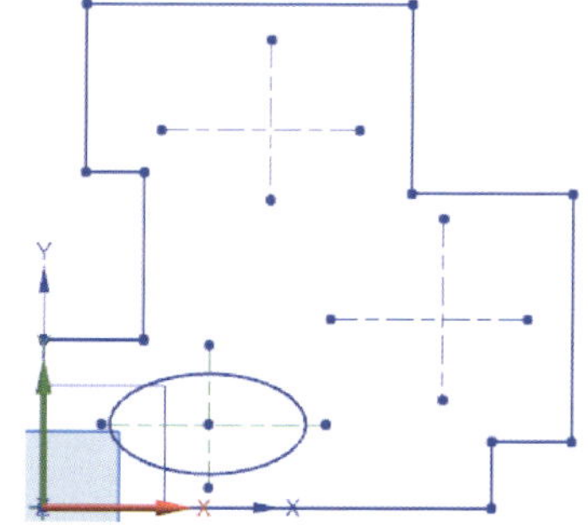

图 2-25 完成椭圆绘制

提示

确定椭圆半径时，也可指定点来确定椭圆半径。修改“椭圆对话框”中的“角度 0 °”可画出非正交椭圆。

（2）绘制三角形

1）单击“更多曲线”工具栏中的“多边形”按钮“⊙”，弹出如图 2-26 所示“多边形”对话框。“✱ 指定点”选择交点“个”，分别单击上方两条中心线，多边形中心自动定位至选定直线的交点处。

2）修改对话框中的“边数”参数为“3”，单击对话框中“大小”右侧箭头“▼”，在其展开菜单中选择“外接圆半径”，在“半径”参数中输入“20”，在“旋转”参数中输入“90”，单击“关闭”按钮，完成如图 2-27 所示三角形绘制。

图 2-26 “多边形”对话框

3）隐藏自动生成的尺寸标注。

（3）绘制八边形

1）单击“更多曲线”工具栏中的“多边形”按钮“⊙”，弹出“多边形”对话框。“✱ 指定点”选择交点“✛”，分别单击右下方两条中心线，多边形中心自动定位至选定直线的交点处。

2）修改对话框中的“边数”参数为“8”，选择“外接圆半径”，在“🔒 半径”参数中输入“20”，在“🔒 旋转”参数中输入“22.5”，单击“关闭”按钮，完成如图 2-28 所示八边形绘制。

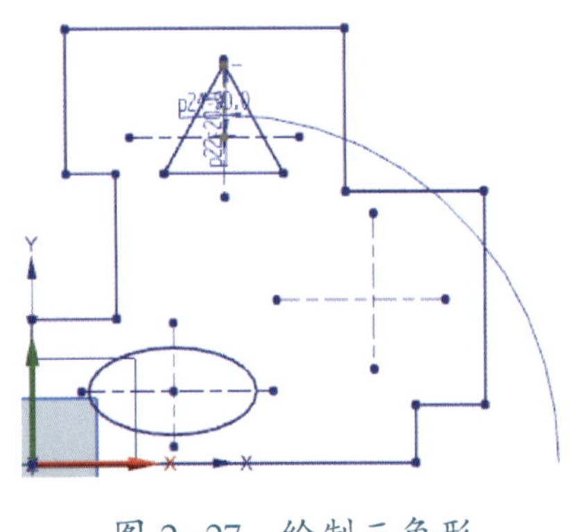

图 2-27 绘制三角形

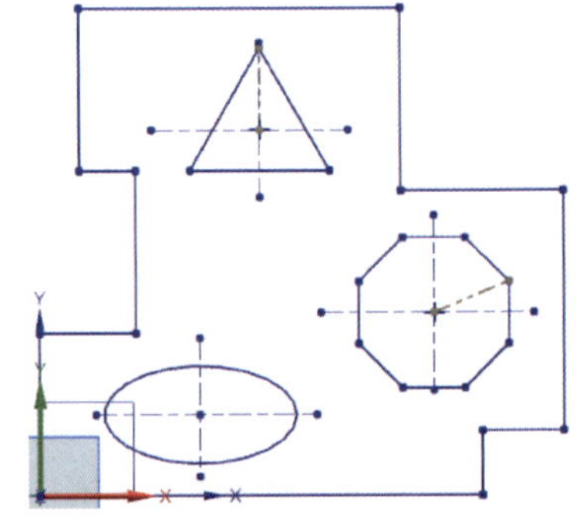

图 2-28 绘制八边形

3）隐藏自动生成的尺寸标注，单击按钮“🏁”结束草图绘制。

结束草图绘制后，如需再次对草图进行编辑，只需双击“部件导航器”中的“☑ 草图 (1) "SKETCH_.."”即可重新进入编辑界面。

知识与技能拓展

1. 草图首选项设置

为了快速、正确有效地绘制草图，可对草图的基本参数进行预设置，操作步骤如下：

单击［菜单（M）］/［首选项（P）］/［草图（S）］，弹出如图 2-29 所示“草图首选项”对话框，共有“草图设置”“会话设置”“部件设置”三个选项卡。

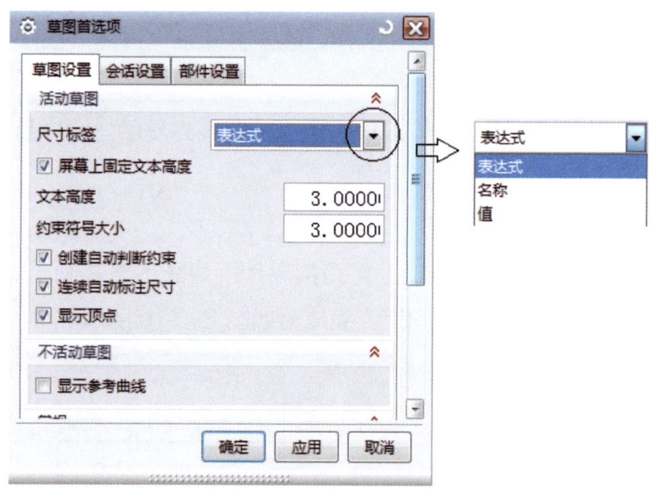

图 2-29 “草图首选项”对话框

“草图设置”主要设置草图尺寸、文本高度及控制草图原点的确定方式；“会话设置”用于控制视图方向、捕捉误差范围等；“部件设置”主要对各种元素颜色进行设置。

单击对话框中“尺寸标签”右侧箭头“▼”，在弹出的展开菜单中选择“值”，单击“确定”按钮退出设置，此时绘图过程中的“自动标注尺寸”，将不采用类似“P10=…”的表达式显示，而直接显示数值。

2. 选择草图工作平面

草图工作平面的选择如图 2-30 所示，有“在平面上”和“基于路径”两种选择，其含义如下：

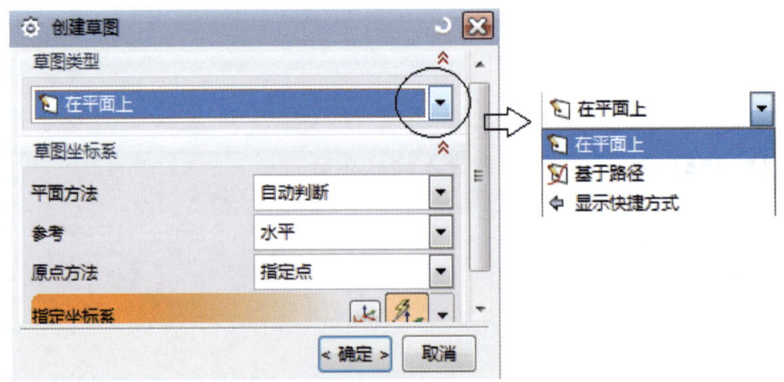

图 2-30　选择草图工作平面

在平面上 / 自动判断：指定坐标系中的基准平面或选择三维实体中的任意一个面作为草图工作平面。

在平面上 / 新平面：借助现有平面、实体、线段等元素作参照，创建一个新的平面，然后以此平面作为草图工作平面。

基于路径：以已有直线、圆、实体边线、圆弧等曲线为基础，选择与曲线轨迹垂直、平行等各种关系形成的平面作为草图工作平面。

3. 本任务二维图形外形轮廓的拓展画法

绘制本任务二维图形的外形轮廓时，可直接采用画直线的方式画出如图 2-31a 所示相似形状，然后通过标注尺寸完成草图约束，完成后如图 2-31b 所示。

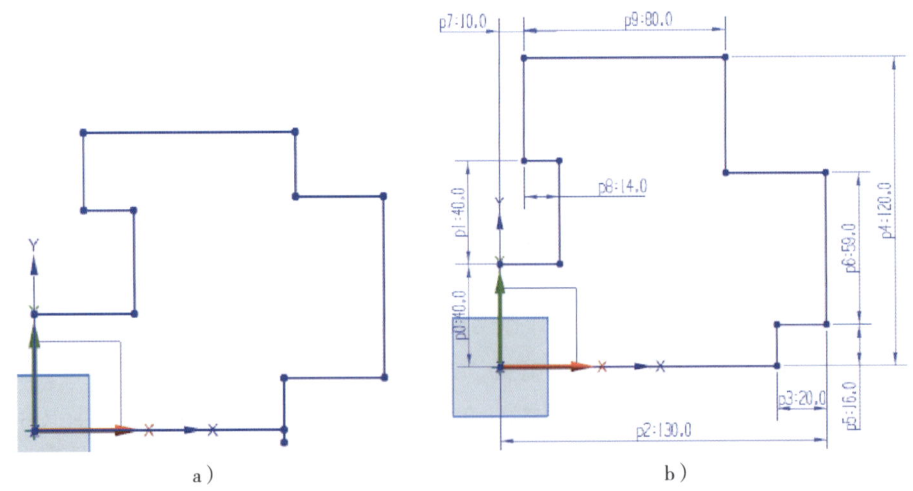

图 2-31　外轮廓形状拓展画法

 拓展练习

1. 绘制如图 2-32 所示的二维图形中的粗实线轮廓与中心线。

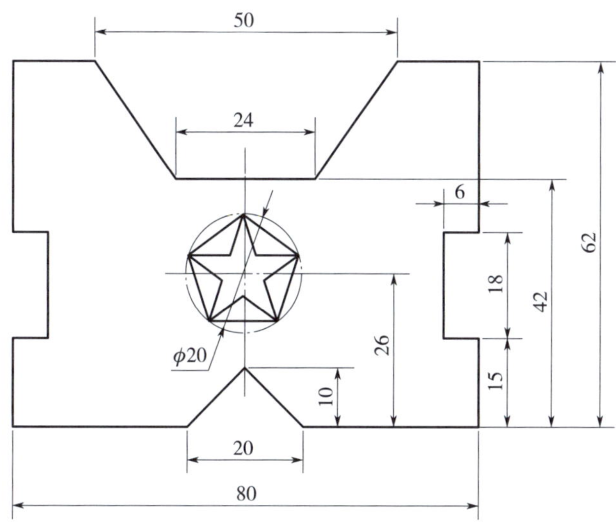

图 2-32　拓展练习 1

2. 绘制如图 2-33 所示二维图形中的粗实线轮廓与中心线。

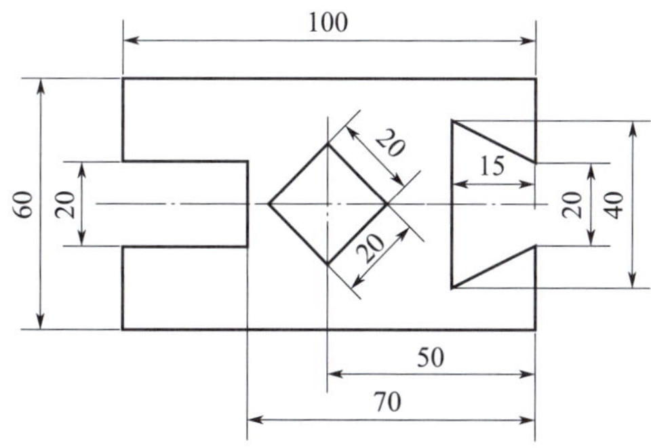

图 2-33　拓展练习 2

任务 2　圆弧的绘制

学习目标

1. 掌握圆的绘制方法。
2. 掌握添加几何关系的方法。
3. 掌握圆弧的绘制方法。
4. 掌握几何约束的应用方法

任务描述

绘制如图 2-34 所示二维图形中的粗实线轮廓。

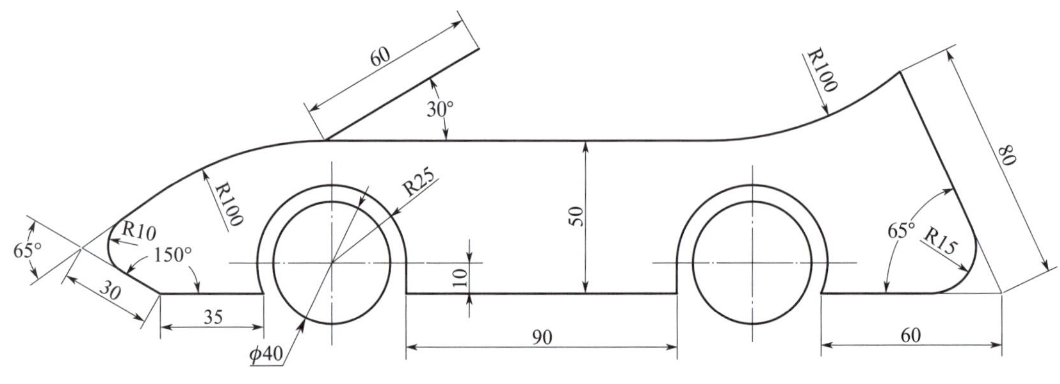

图 2-34　绘制圆弧实例

任务实施

1. 绘制轮胎及底部轮廓

（1）进入草图工作界面

1）单击“新建”按钮“ ”，选择实体建模工作界面。

2）单击“直接草图”工具栏中的“草图”按钮“ ”，选择平面“*XY*”基准平面作为草图工作平面。

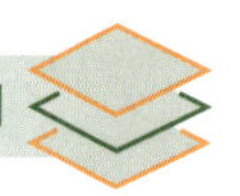

3）单击“确定”按钮进入草图工作界面，同时自动转换成“正视”视图。

（2）绘制轮胎及其同心圆

1）单击草图工具栏中的“圆”按钮“”，弹出“圆”对话框，选择“圆心和直径定圆”方式“”和“坐标”模式“XY”。

2）单击坐标原点后拖动鼠标至任意位置，再次单击左键，画出任意尺寸的圆。以同样方式画出任意尺寸的同心圆，按“Esc”键退出画圆，结果如图 2-35 所示。

3）双击自动生成的尺寸，弹出“径向尺寸”对话框，分别修改圆直径为“40”和“50”，结果如图 2-36 所示，提示栏显示“**草图已完全约束**”。

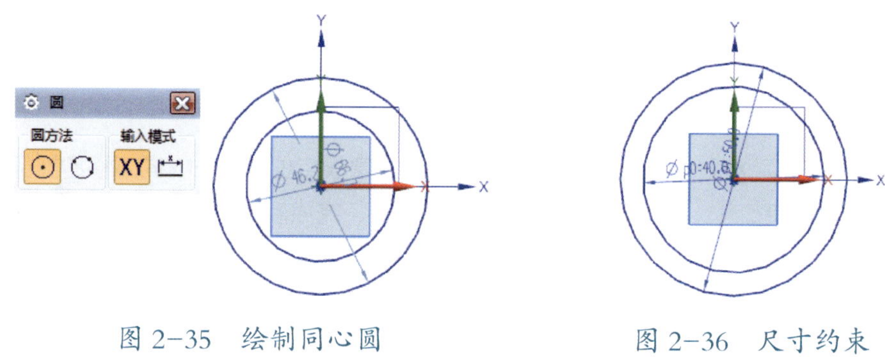

图 2-35　绘制同心圆　　　图 2-36　尺寸约束

4）单击“圆”按钮“”，光标移动至圆中心点水平位置，向右移动鼠标，出现如图 2-37 所示追踪线。

5）单击左键，然后水平移动鼠标至任意位置再次单击左键，画出任意尺寸的圆，该圆圆心与前面所画圆的圆心位于同一水平线上（即圆心的 Y 坐标相同）。再次绘制同心圆，结果如图 2-38 所示。

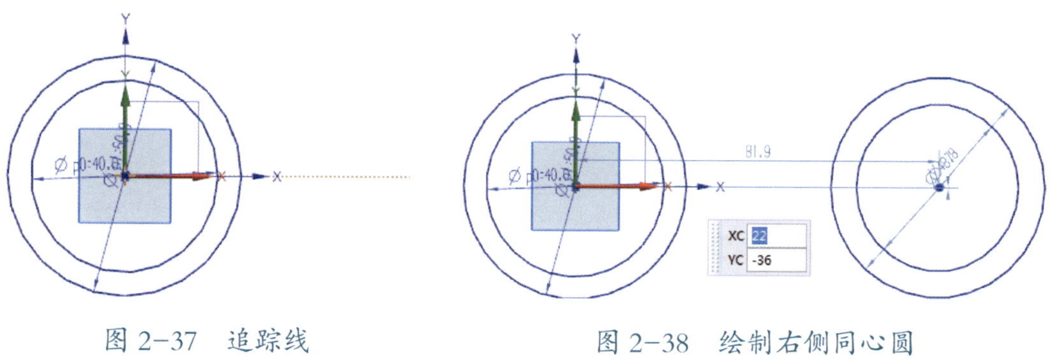

图 2-37　追踪线　　　图 2-38　绘制右侧同心圆

6）双击新自动生成的尺寸，弹出“径向尺寸”对话框，分别修改圆直径为“40”和“50”、距离尺寸为“140”，结果如图 2-39 所示。

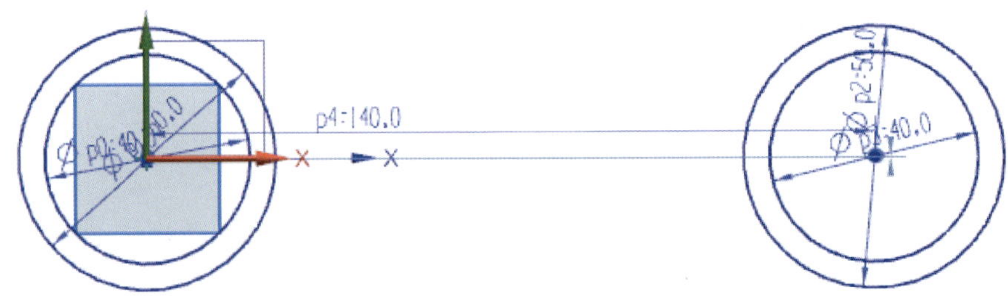

图 2-39　完成右侧同心圆的约束

（3）画水平线和垂直线

1）单击“更多”按钮“ ”下方箭头“ ”，弹出展开菜单，单击其中的“ 连续自动标注尺寸”使其关闭。

2）单击“直线”按钮“ ”，画出如图 2-40 所示水平线。

3）按回车键后将鼠标光标移动至左侧“ϕ50”象限点位置单击，向下移动鼠标后单击左键，画出左侧垂直线。用同样方法画出右侧垂直线，完成后按“Esc”键结束画直线，结果如图 2-40 所示。

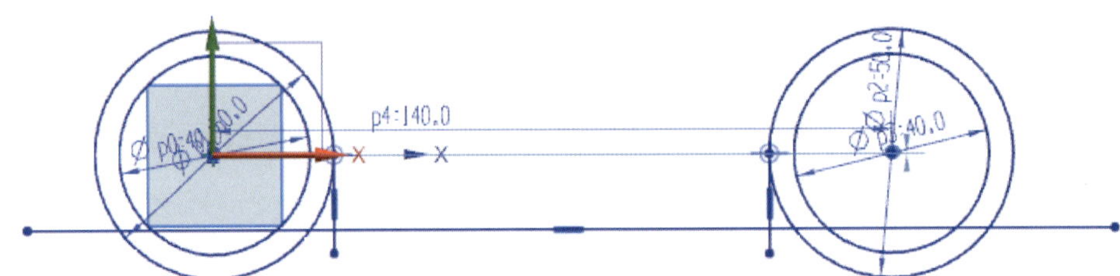

图 2-40　画水平线和垂直线

4）单击“快速尺寸”按钮“ ”，依次单击任一同心圆的圆心和水平线，修改尺寸参数为“10”，单击“关闭”按钮，完成水平线的距离约束。

5）单击“编辑曲线”工具栏中的“快速修剪”按钮“ ”，弹出“快速修剪”对话框，依次修剪多余的线条。

6）单击“快速尺寸”按钮“ ”，单击左侧线段的两个端点，修改尺寸参数为“35”，单击右侧线段的两个端点，修改尺寸参数为“60”，单击“关闭”按钮，完成距离约束，结果如图 2-41 所示。

7）单击选中修剪后留下的多余的点或线条，按下“Delete”键将其删除。

2. 画其他直线轮廓

（1）绘制直线草图

1）依次单击选中图中的尺寸标注，单击鼠标右键，选择“ 隐藏(H)”，隐藏尺寸标

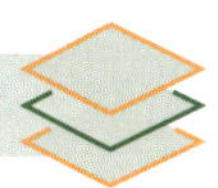

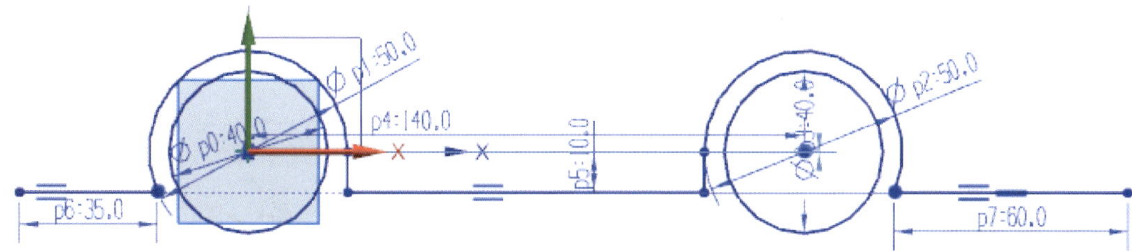

图 2-41　完成底部轮廓绘制

注线。

2）单击“直线”按钮“”，画出如图 2-42 所示的直线“L2”“L3”“L4”和“L6”。

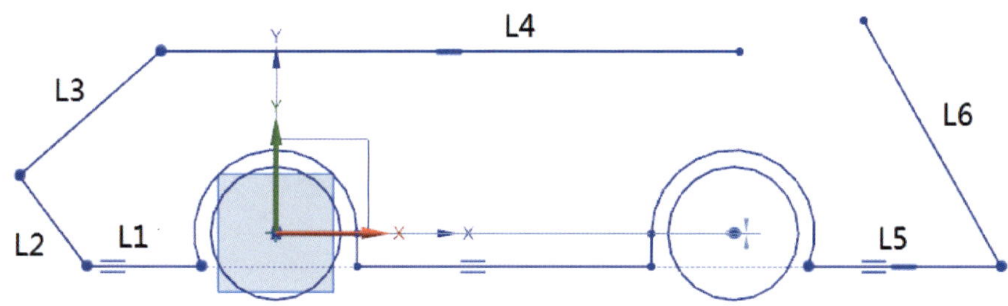

图 2-42　绘制其他直线

（2）约束直线

1）单击按钮“”，单击直线“L2”的两个端点，修改尺寸参数为“30”；单击右侧直线“L6”的两个端点，修改尺寸参数为“80”；单击上下轮廓水平线，修改尺寸参数为“50”，单击“关闭”按钮，完成尺寸约束，结果如图 2-43 所示。

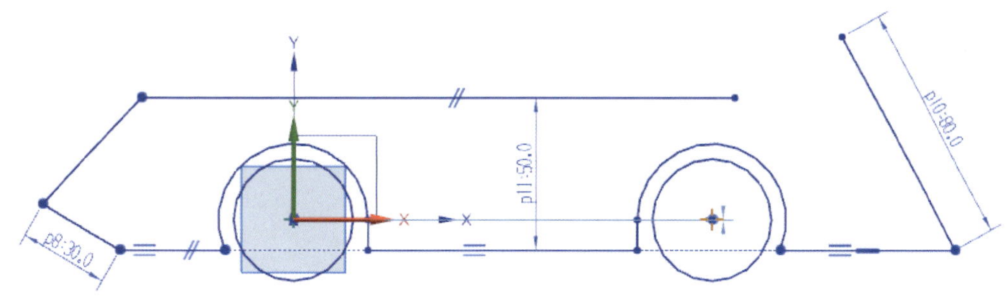

图 2-43　完成尺寸约束

2）单击按钮“”下方箭头“”，弹出展开菜单，在其中选择“角度尺寸”，弹出如图 2-44 所示的“角度尺寸”对话框。

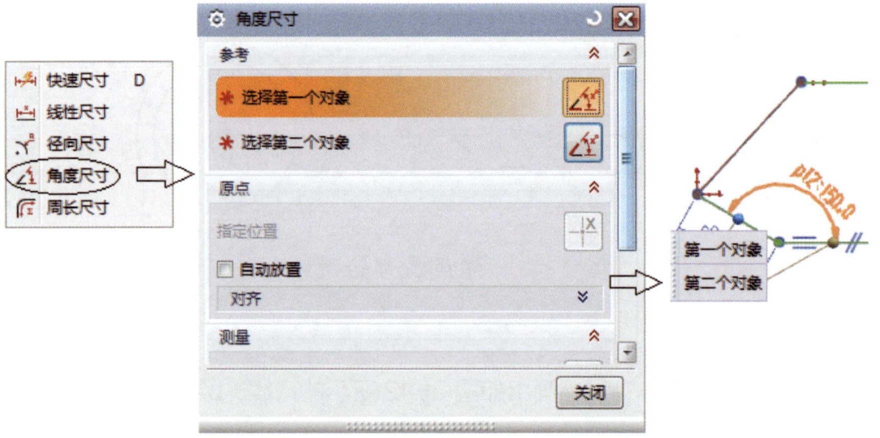

图 2-44 标注角度流程

3）单击直线“L1”和“L2”，修改角度参数为“150”；单击直线“L2”和“L3”，修改角度参数为“65”；单击直线“L5”和“L6”，修改角度参数为“65”。单击“关闭”按钮，完成角度约束，结果如图 2-45 所示。

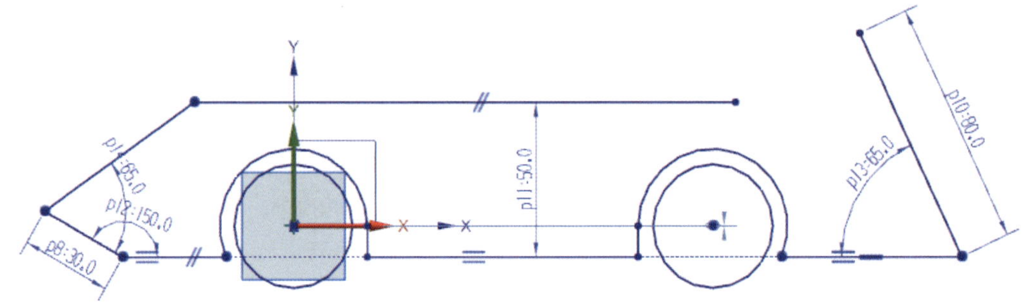

图 2-45 完成角度约束

此时在提示栏显示“草图需要 1 个约束”，也就是说要使草图完全约束，还需再增加 1 个约束，想一想要增加哪一个约束呢？

4）依次单击尺寸标注，隐藏尺寸标注线。

3. 修整并补全轮廓

（1）倒圆角

1）单击“编辑曲线”工具栏中的“角焊”按钮“”（软件中名为“角焊”，即为“圆角”按钮），弹出如图 2-46 所示的“圆角”对话框，选中“圆角方法”中的“”。

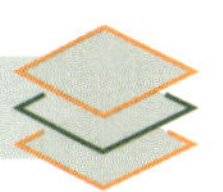

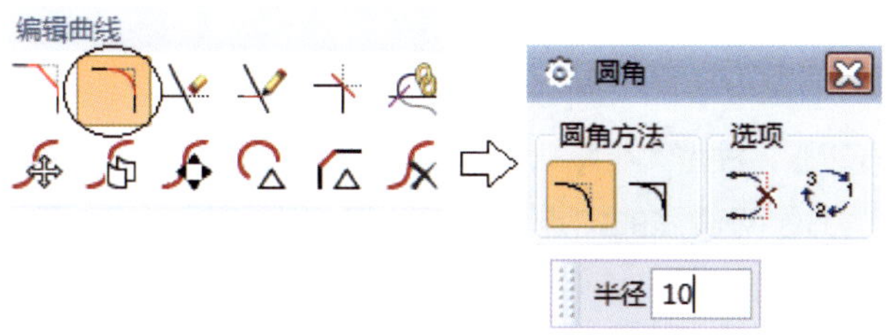

图 2-46 “圆角”对话框

2）单击图 2-42 中的直线“L3”和“L4”，输入半径值“半径100”为“100”；单击图 2-42 中的直线“L5”和“L6”，输入半径值“半径15”为“15”；单击图 2-42 中的直线“L2”和“L3”，输入半径值“半径10”为“10”；按“Esc”键结束倒圆角，结果如图 2-47 所示。

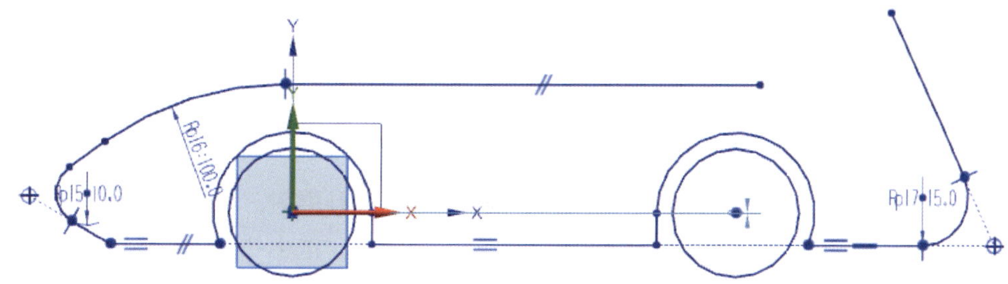

图 2-47 完成倒圆角

（2）画上方斜直线

1）单击“直线”按钮“”，单击 R100 圆弧和上方水平线的交点，向右上方拖动，再次单击左键绘制直线，按“Esc”键结束画直线。

2）单击按钮“”，标注直线的长度为“60”。

3）单击按钮“角度尺寸”，标注角度为“30”，结果如图 2-48 所示。

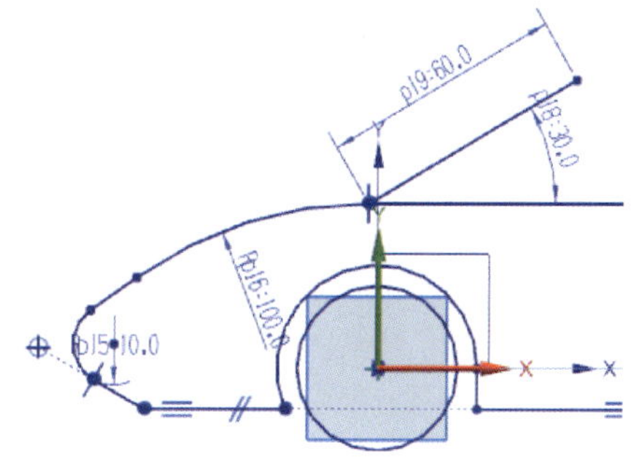

图 2-48 画上方斜直线

（3）画右上方圆弧

1）单击“曲线”工具栏中的“圆弧”按钮“”，弹出如图 2-49 所示的“圆弧”对话框，选择“三点定圆弧”方式“”。

2）单击“L4”“L6”两直线的端点，并拖动鼠标至如图 2-50 所示合适位置后单击左键，画出经过两个端点的圆弧。

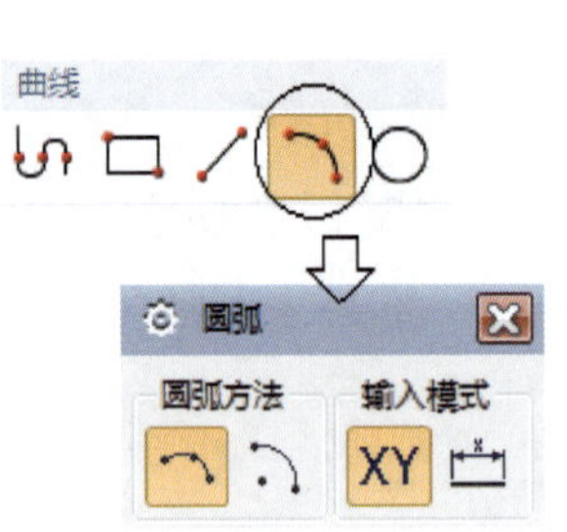

图 2-49 “圆弧”对话框

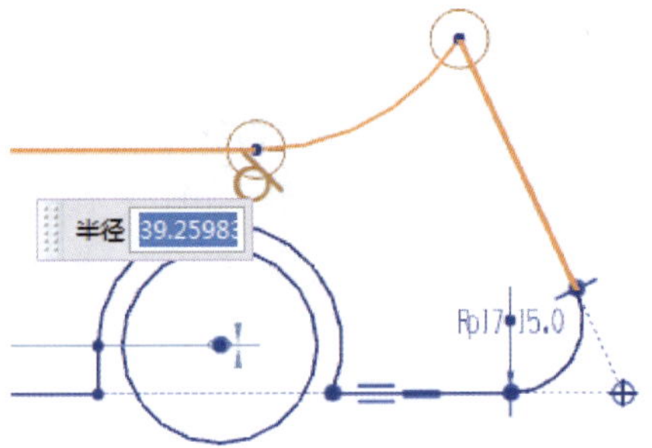

图 2-50 绘制任意圆弧

3）单击按钮“”，标注圆弧半径为“100”。

4）单击“更多”按钮“”下方箭头“”，弹出展开菜单，单击“草图约束”中的“几何约束”，弹出如图 2-51 所示的“几何约束”对话框。选中“相切”按钮“”，单击图 2-50 中的圆弧及与之相连的水平线，完成相切约束，提示栏显示“草图已被 1 个自动尺寸完全约束”。

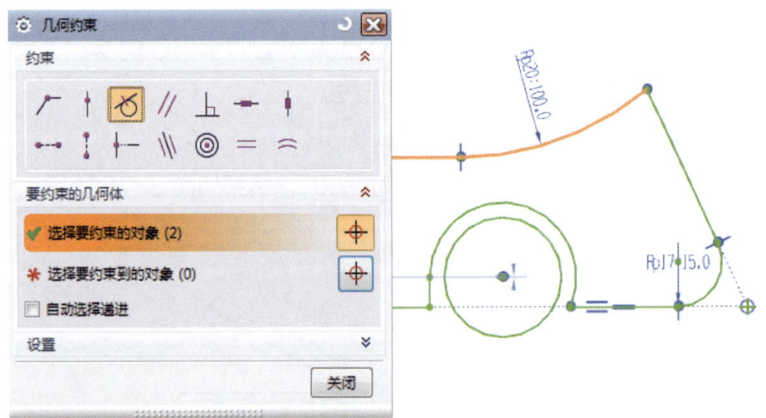

图 2-51 “几何约束”对话框

 **提示**

单击“直接草图”右侧向下箭头“”，在弹出的展开菜单中选中“✓ 几何约束”，

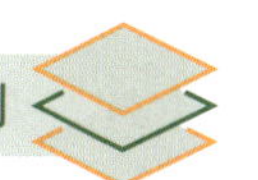

即可显示“几何约束”按钮。

5）鼠标右键单击“部件导航器”中的“☑ 草图 (1) "SKETCH_.."”，在弹出的右键菜单中选择“显示(S)”，显示所有标注尺寸，结果如图 2-52 所示。

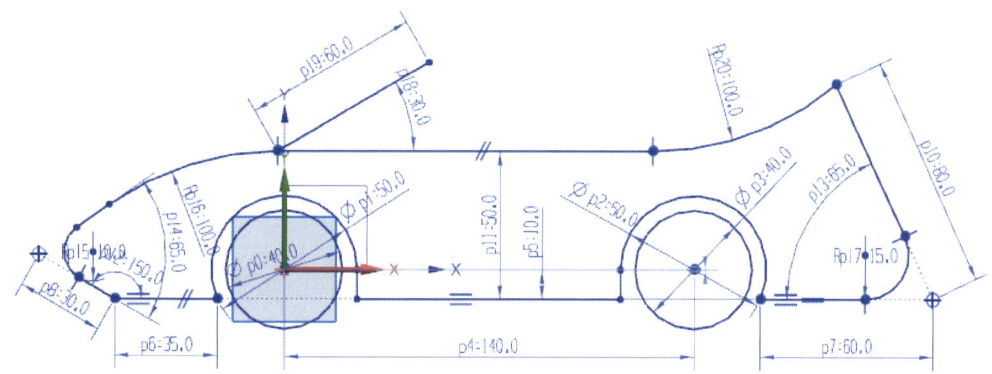

图 2-52　完成所有轮廓绘制

知识与技能拓展

1. 圆和圆弧的其他绘制方法

（1）三点定圆

单击“圆”按钮“◯”，在弹出对话框中选中“◯”，依次单击任意三个点，即画出通过这三个点的圆，结果如图 2-53 所示。

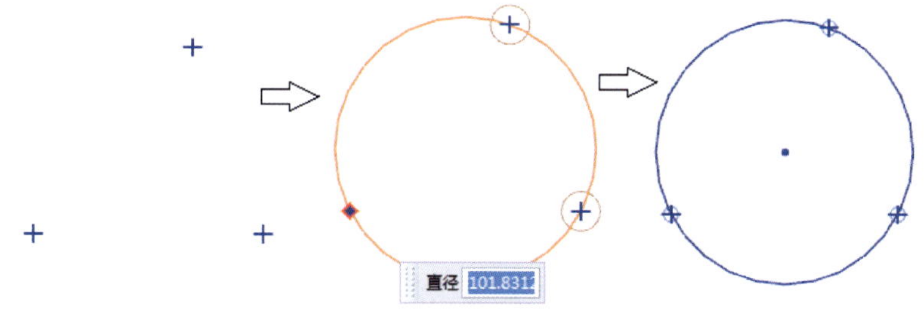

图 2-53　三点定圆

（2）中心和端点定圆弧

单击“圆弧”按钮“◝”，在弹出的对话框中选中“◝”，依次单击第一点作为圆心，第二点作为圆弧起点，移动鼠标显示“半径”和“扫掠角度”，输入相应的数值按回车键，画出相应圆弧，结果如图 2-54 所示。

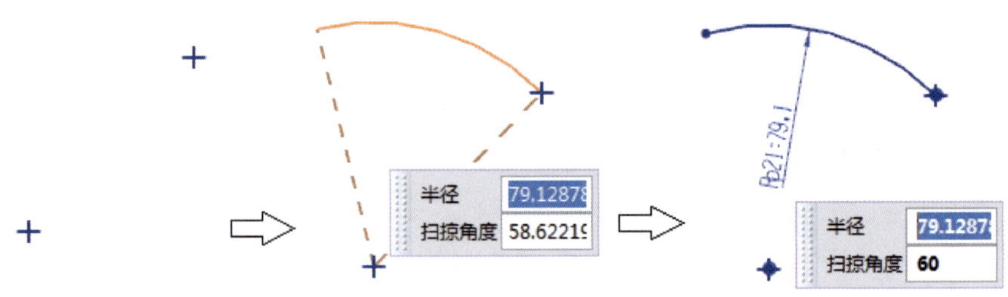

图 2-54 中心和端点定圆弧

2.“编辑曲线”工具栏中的其他常用命令

（1）倒斜角

单击“编辑曲线”工具栏中的“倒斜角”按钮“ ”，弹出如图 2-55 所示“倒斜角”对话框。斜角的偏置方式有“对称”“非对称”“偏置和角度”三种不同的形式。如图 2-56 所示为采用不同的偏置方式得到的倒斜角结果。

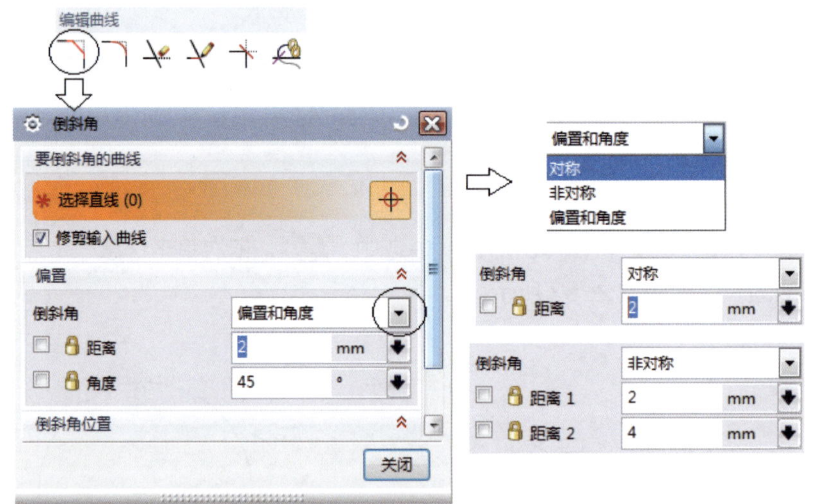

图 2-55 “倒斜角”对话框

（2）快速延伸

单击“编辑曲线”工具栏中的“快速延伸”按钮“ ”，弹出如图 2-57 所示“快速延伸”对话框。选择“边界曲线”后再选择“要延伸的曲线”即可实现快速延伸。

3. 几何约束的补充说明

几何约束用于定位草图对象和确定对象之间的几何关系，在日常学习和工作中用好几何约束功能能达到事半功倍的效果。UG NX12.0 软件共有 24 种不同类型的几何约束，其功能按钮及其含义如图 2-58 所示。

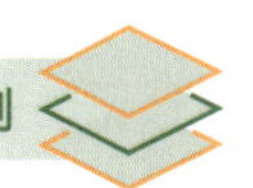

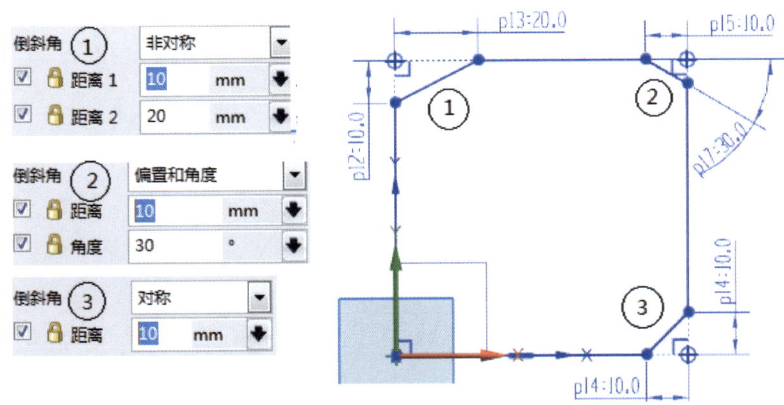

图 2-56 “倒斜角”实例

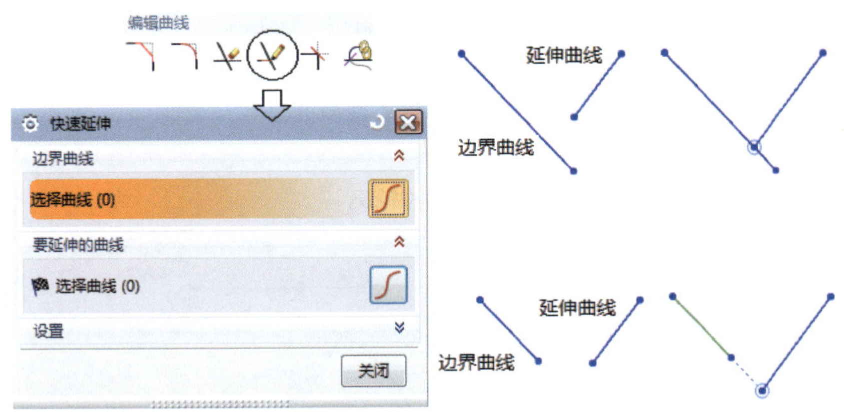

图 2-57 快速延伸

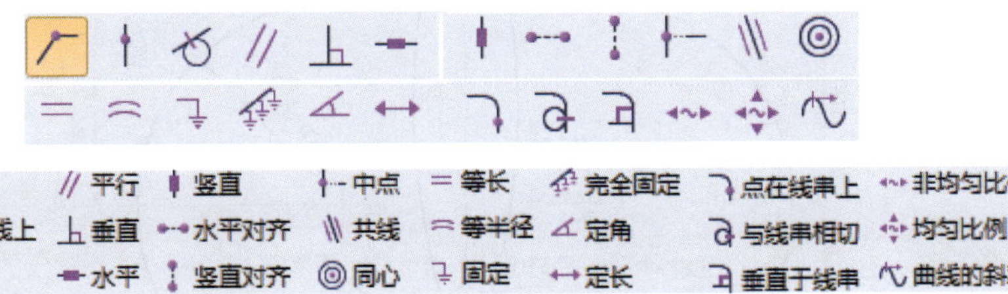

图 2-58 几何约束的功能按钮及其含义

拓展练习

1. 绘制如图 2-59 所示二维图形中的粗实线轮廓。

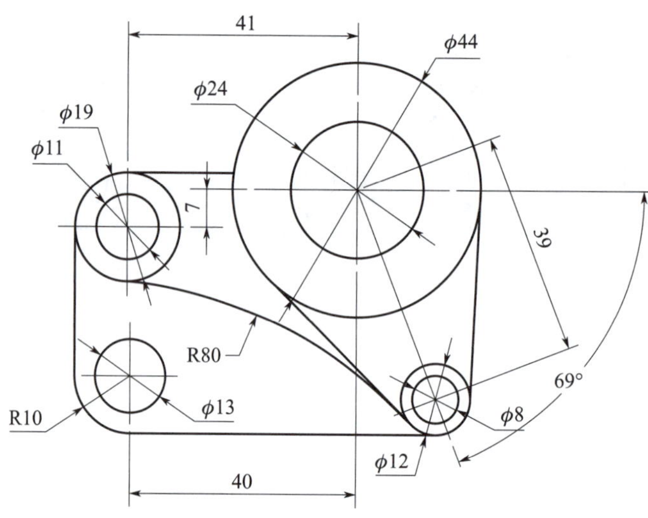

图 2-59　拓展练习 1

2. 绘制如图 2-60 所示二维图形中的粗实线轮廓。

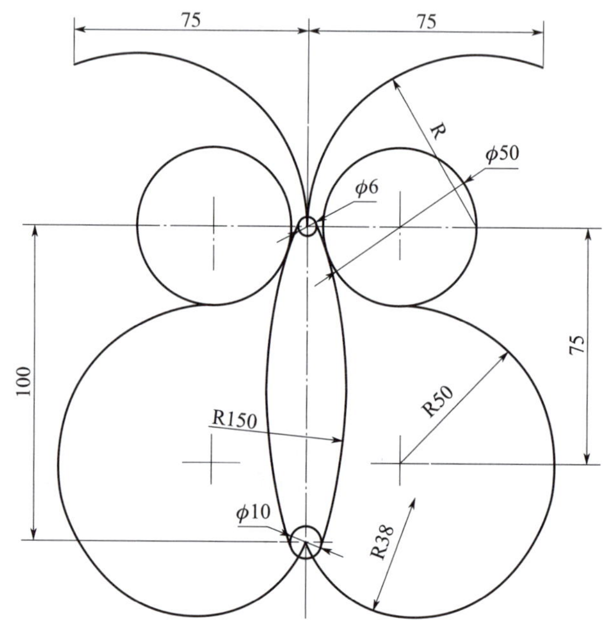

图 2-60　拓展练习 2

3. 绘制如图 2-61 所示二维图形中的粗实线轮廓。

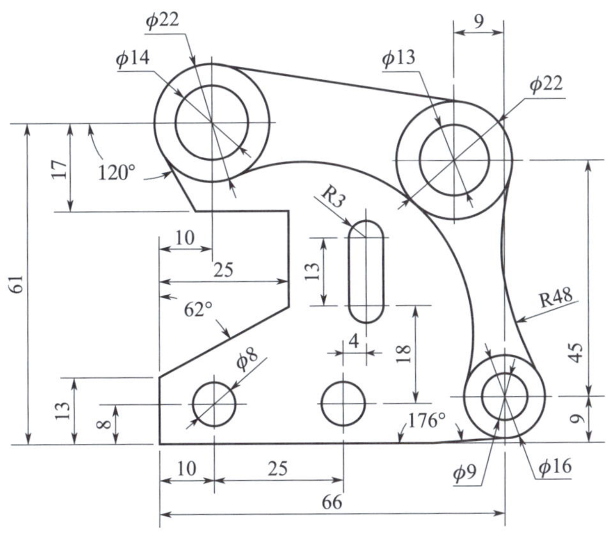

图 2-61　拓展练习 3

任务 3　几何变换

学习目标

1. 掌握直线阵列图素的方法。
2. 掌握圆周阵列图素的方法。
3. 掌握镜像复制图素的方法。
4. 掌握旋转和复制图素的方法。

任务描述

绘制如图 2-62 所示二维图形中的粗实线轮廓。

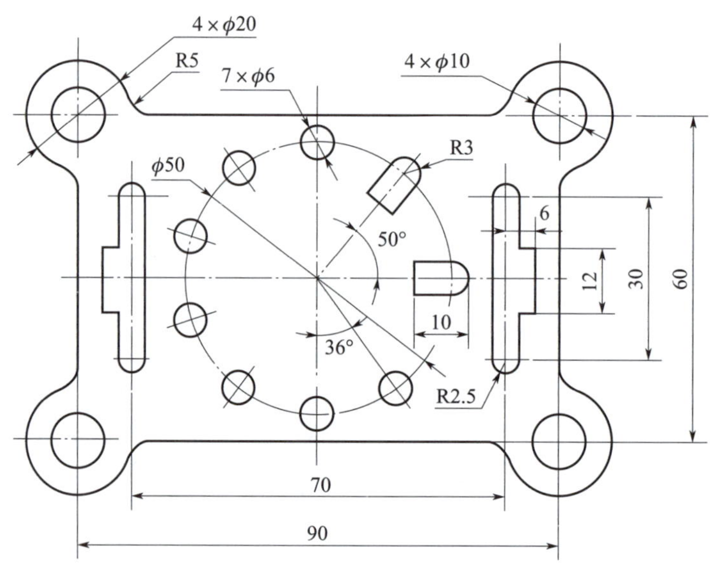

图 2-62　几何变换绘图实例

任务实施

1. 绘制外部轮廓

（1）进入草图工作界面

1）单击“新建”按钮“ ”，选择实体建模工作界面。

2）单击“草图”按钮“ ”，选择“*XY*”基准平面作为草图工作平面。单击“确定”按钮进入草图工作界面，同时自动转换成“正视”视图。

3）单击“更多”按钮“ ”下方箭头“ ”，弹出展开菜单，单击“连续自动标注尺寸”使其关闭。

（2）绘制四方体及左下角单个同心圆

1）单击“矩形”按钮“ ”，弹出“矩形”类型选择对话框，选择“ ”和“XY”。

2）在坐标原点左上方单击鼠标左键，拖动鼠标至坐标原点右下方任意位置单击，绘制如图 2-63 所示任意尺寸矩形。

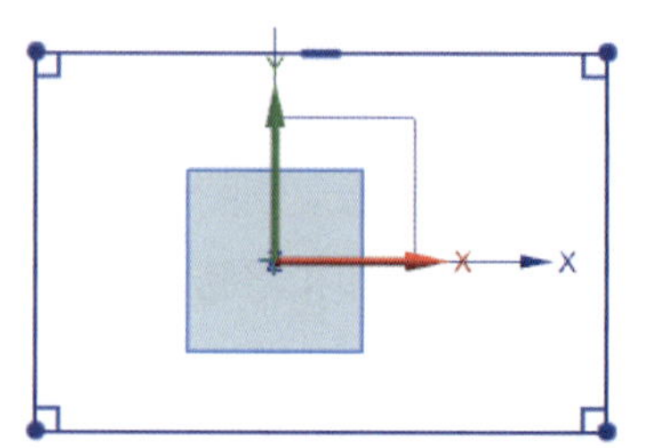

图 2-63　绘制任意尺寸的矩形

3）单击按钮“ ”，约束矩形的长度为“90”，高度为“60”。约束矩形的中心位于坐标原点，单击“关闭”按钮，完成尺寸约束，结果如图 2-64 所示。

4）单击“圆”按钮“ ”，以左下角四方体的一个角为中心，画出两个任意尺寸的同心圆，按“Esc”键结束画圆。

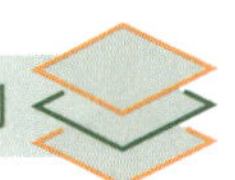

5）单击按钮“”，分别约束两个圆的直径尺寸为“10”和“20”，单击“关闭”按钮，完成尺寸约束，结果如图 2-65 所示。

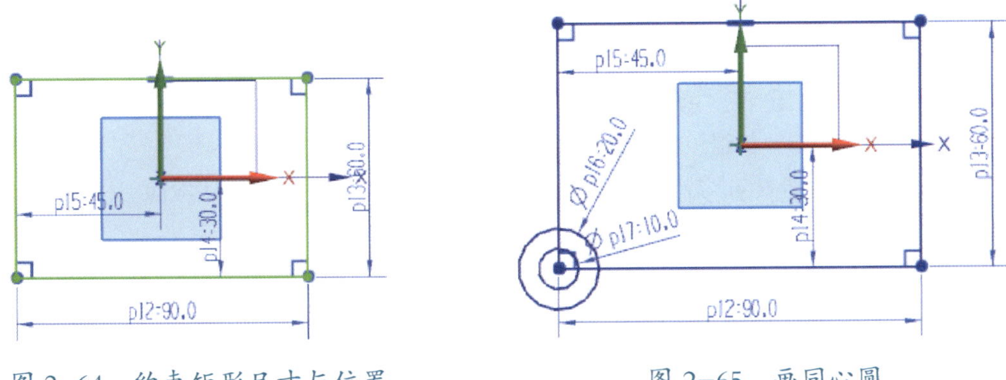

图 2-64　约束矩形尺寸与位置　　图 2-65　画同心圆

（3）线性阵列图素

1）单击“更多曲线”工具栏中的“阵列曲线”按钮“”，弹出如图 2-66 所示的“阵列曲线”对话框。

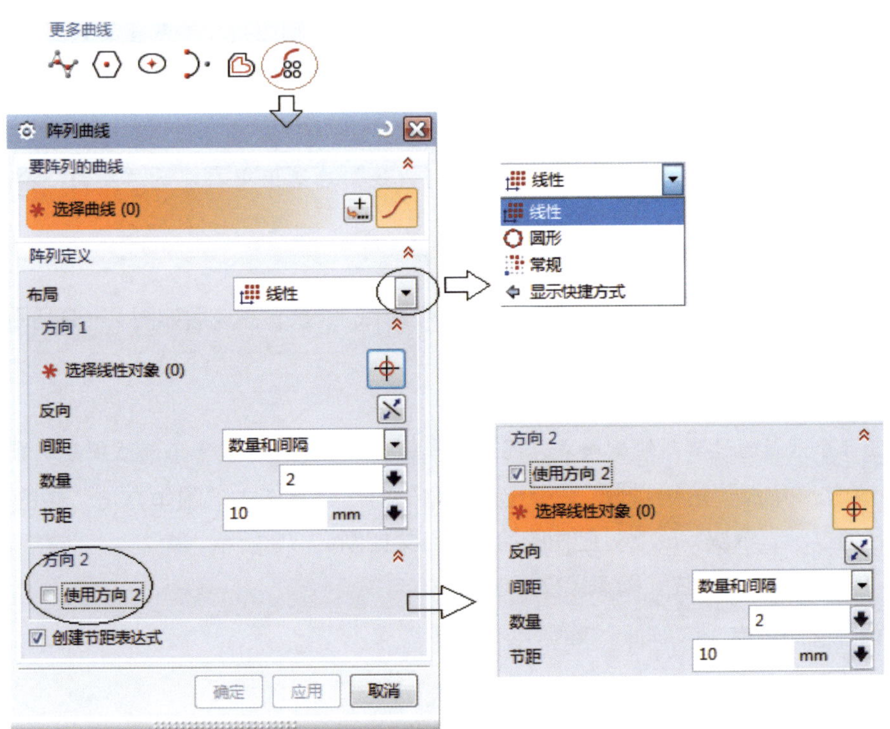

图 2-66　线性阵列流程

2）单击对话框中“选择曲线 (0)”右侧按钮“”使其选中，选中两个同心圆。

3）单击“布局”选项右侧箭头“”，在弹出的展开项中选择“线性”，在选项“使用方向 2”前打“√”使其展开。

4）单击“方向 1”下“选择线性对象 (0)”右侧按钮“”，单击矩形左侧垂直线，选中“方向 1”，设定“数量”参数为“2”“节距”参数为“60”。

5）单击“方向 2”下“选择线性对象 (0)”右侧按钮“”，单击矩形下方水平线，选中“方向 2”，设定“数量”参数为“2”“节距”参数为“90”。

6）此时显示线性阵列预览，如图 2-67 所示。单击“确定”按钮，完成线性阵列，结果如图 2-68 所示。

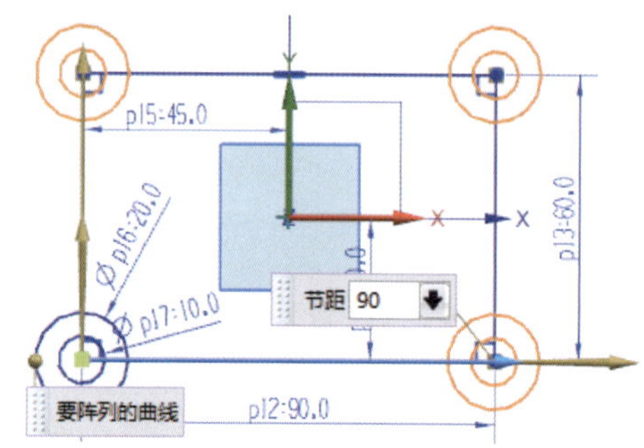

图 2-67 线性阵列预览

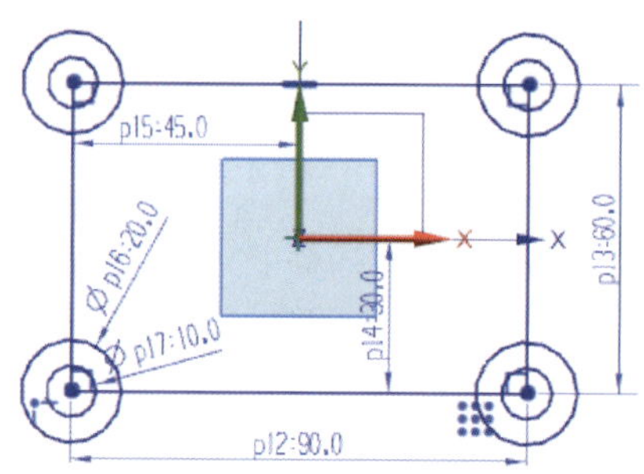

图 2-68 线性阵列结果

如果要改变阵列的方向，只需单击“阵列曲线”对话框中对应的“反向”按钮“”即可。

（4）修剪及倒圆角

1）单击“快速修剪”按钮“”，依次修剪多余的线条，完成后如图 2-69 所示。

由于 4 个圆是通过阵列绘制而成，因此在修剪 4 个圆弧时，左下角圆弧须最后修剪。

2）单击“角焊”按钮“”，弹出“圆角”对话框，选中“圆角方法”中的“”，输入半径值“5”，依次完成 8 处圆角的绘制，结果如图 2-70 所示。

3）依次单击尺寸标注，隐藏尺寸标注线。

2. 绘制内部圆周轮廓

（1）绘制参考线

1）单击“直线”按钮“”，在大约位置绘制如图 2-71 所示直线。

2）单击“几何约束”按钮“”，弹出“几何约束”对话框，选中“共线”约束按钮

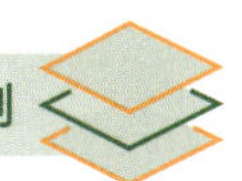

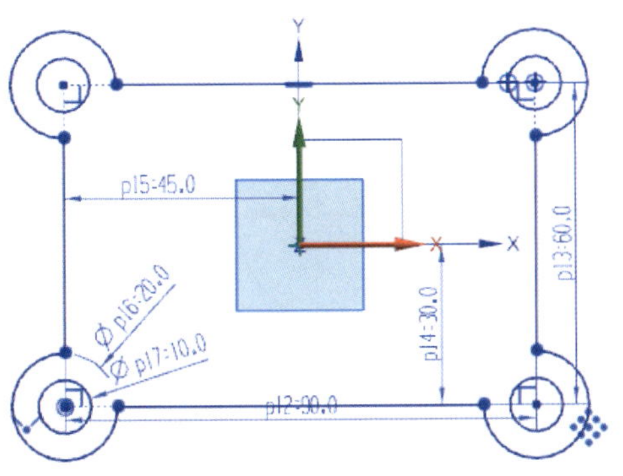

图 2-69 修剪轮廓

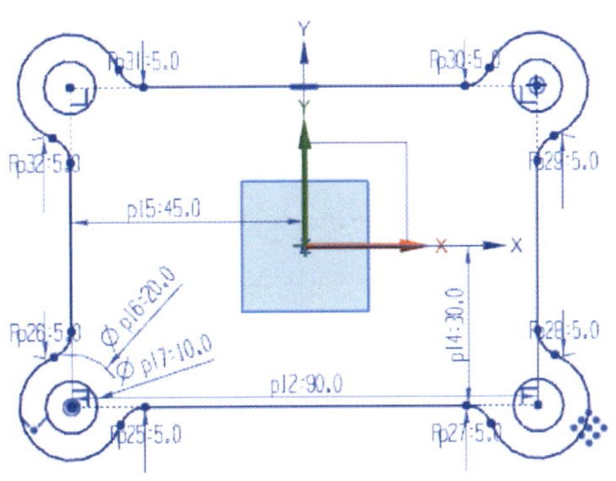

图 2-70 倒圆角

“ ”。如图 2-72 所示，约束操作流程如下：①单击对话框中“选择要约束的对象 (0)”右侧按钮“ ”；②单击中心附近的垂直线；③单击“选择要约束到的对象 (0)”右侧按钮“ ”；④单击垂直坐标轴，使垂直线与“Y”坐标轴共线。采用同样方式使水平线与“X”坐标轴共线。

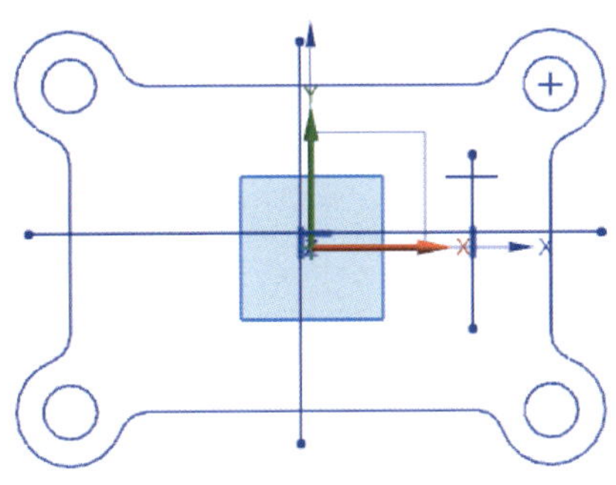

图 2-71 画 4 条直线

3）单击按钮“ ”，分别尺寸约束右侧两条直线，结果如图 2-73 所示。

4）单击“圆”按钮“ ”，以坐标原点为中心画圆，按“Esc”键结束画圆。

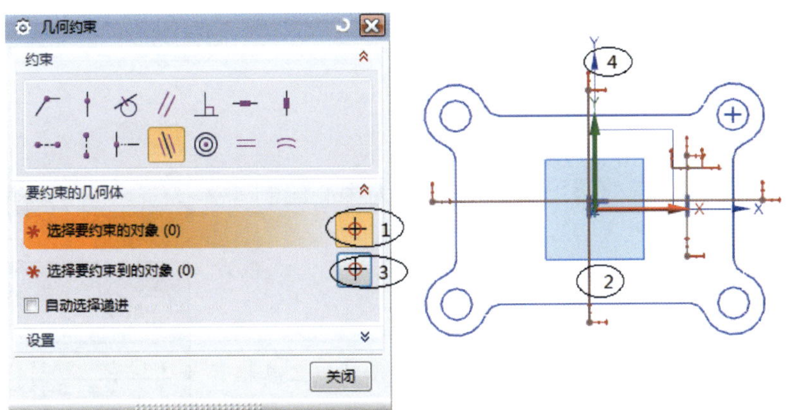

图 2-72 共线约束操作流程

5）单击按钮“ ”，标注直径为“50”，结果如图 2-74 所示。

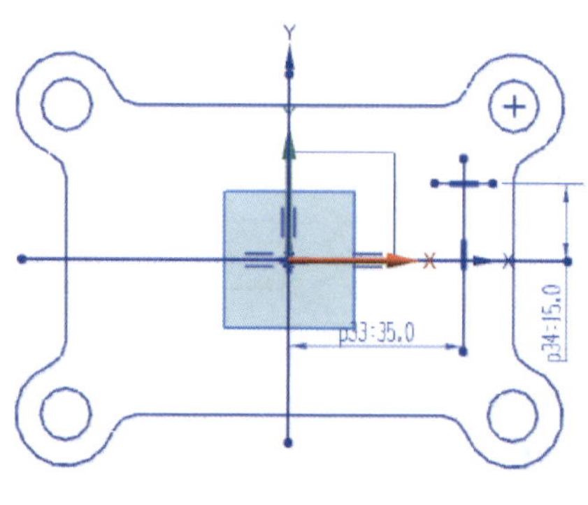

图 2-73　完成尺寸约束

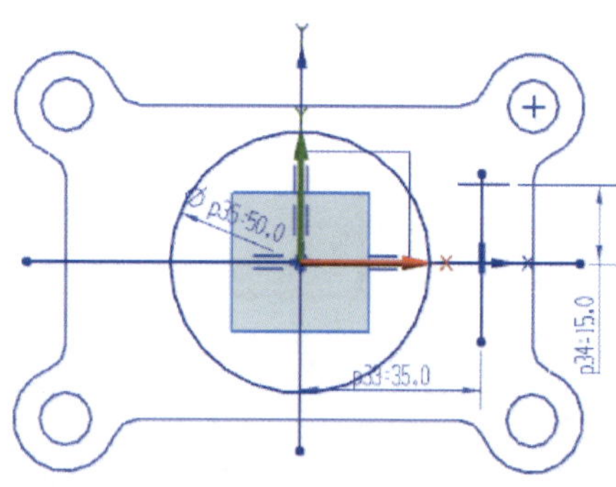

图 2-74　绘制圆

6）对准前图所画的直线和圆弧，单击右键，弹出右键菜单和如图 2-75 所示的即时工具栏，选中右键菜单中的"转换为参考"或即时工具栏中的""，采用同样方式将前图所画的其他线条转换成参考线，结果如图 2-76 所示。

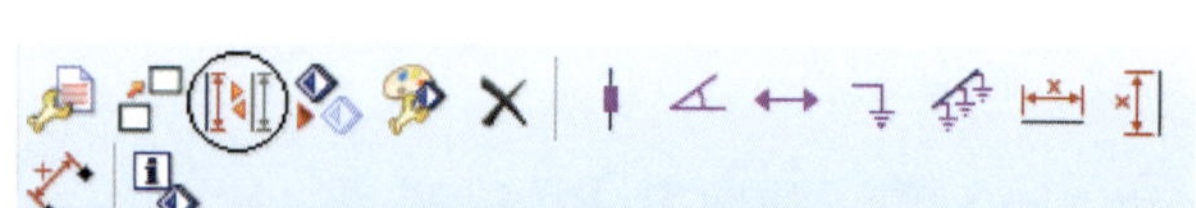

图 2-75　右键即时工具栏

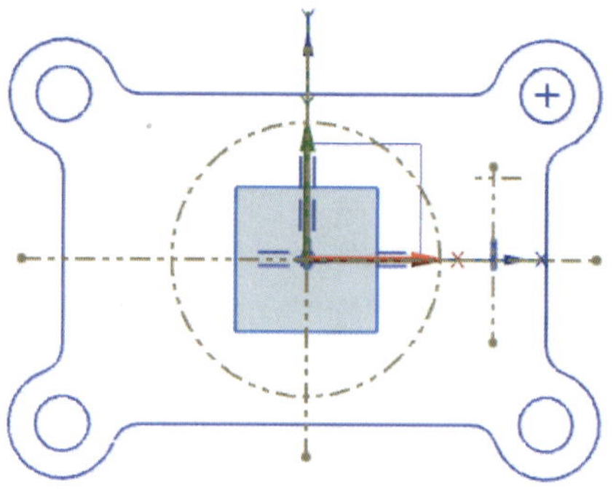

图 2-76　转换为参考线

（2）绘制单个轮廓

1）单击"圆"按钮""，分别以交点为中心绘制 4 个任意尺寸的圆。

提示

为了准确捕捉到圆心点，可在如图 2-77 所示捕捉工具栏中，单击关闭其他选项，仅保留相交""、象限点""和点在曲线上""。

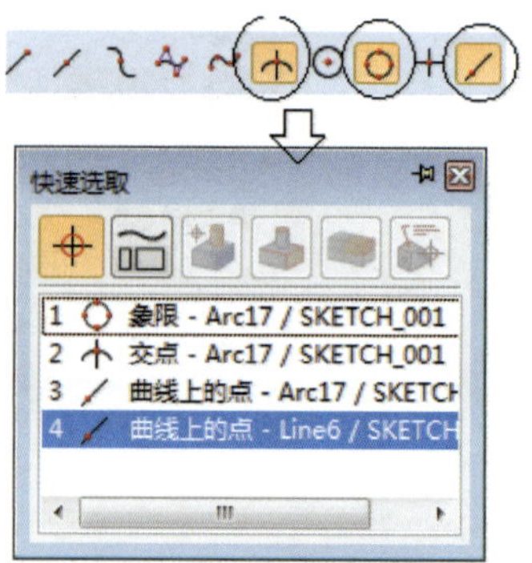

图 2-77　设置捕捉点

2）单击按钮""，标注 4 个圆的直径尺寸分别为"6""6""5"和"5"，位置尺寸为"30"，结果如图 2-78 所示。

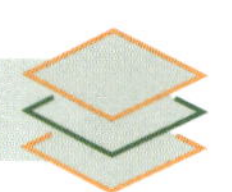

3）单击“直线”按钮“ ”，同时关闭捕捉工具栏中其他选项，仅保留相交“ ”和象限点“ ”，绘制如图 2-79 所示草图。

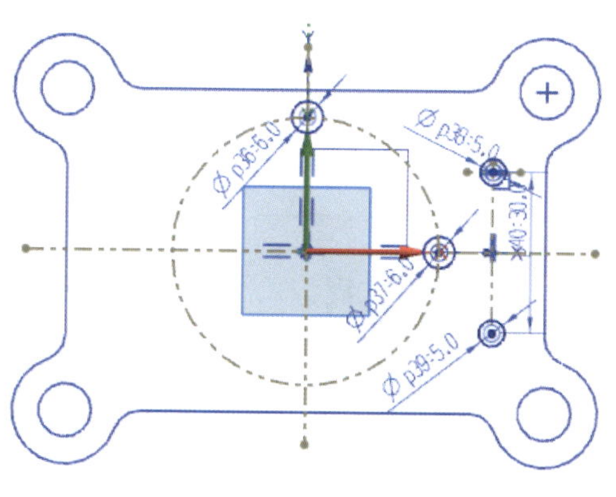

图 2-78　绘制 4 个圆

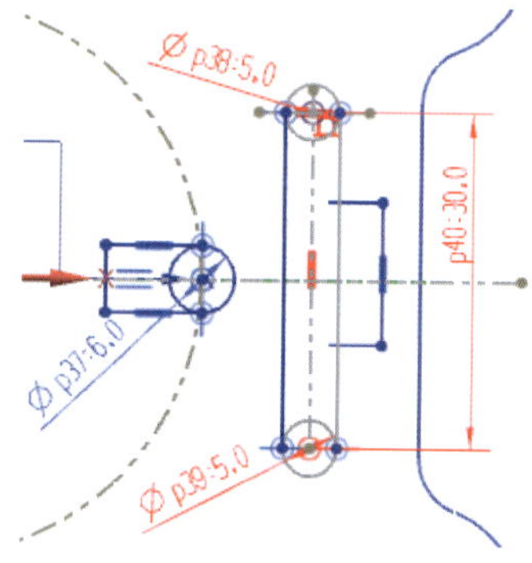

图 2-79　绘制草图

此时提示栏显示“草图包含过约束的几何体”，同时有三处尺寸呈红色显示，只需将其中的一个直径为“5”的尺寸删除即可。

4）单击按钮“ ”，完成相关尺寸约束；单击“快速修剪”按钮“ ”，依次修剪多余的线条，完成后如图 2-80 所示。

5）依次单击尺寸标注，隐藏尺寸标注线。

（3）圆周阵列

1）单击“更多曲线”工具栏中的“阵列曲线”按钮“ ”，弹出“阵列曲线”对话框。

2）ϕ6 圆的圆周阵列流程如图 2-81 所示，具体操作流程如下：①单击“选择曲线 (1)”右侧按钮“ ”；②单击要阵列的 ϕ6 圆；③在“布局”选项中选择“圆形”；④单击“指定点”右侧按钮“ ”；⑤单击圆心点作为阵列中心；⑥单击“间距”右侧向下箭头，在展开选项中选择“数量和间隔”；⑦设定数量参数为“7”，设定节距角参数为“36”。

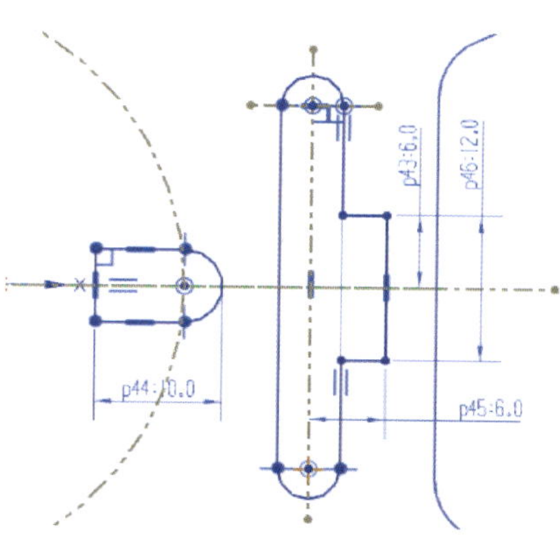

图 2-80　完成尺寸约束和修剪

3）单击“应用”按钮，完成圆周阵列，结果如图 2-82 所示。

4）采用同样方法圆周阵列中间轮廓。重新选择中间轮廓作为要阵列的曲线，参数设置如图 2-83 所示。

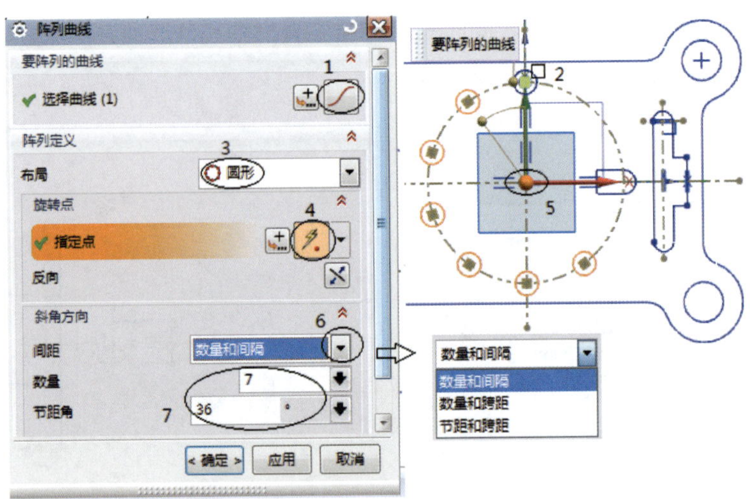

图 2-81　圆周阵列流程

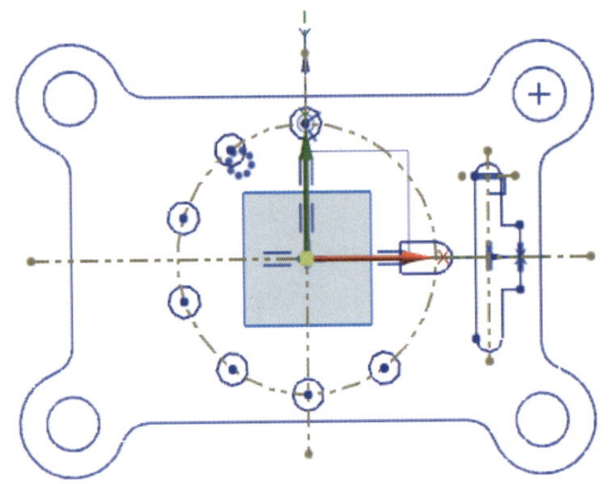

图 2-82　圆周阵列圆

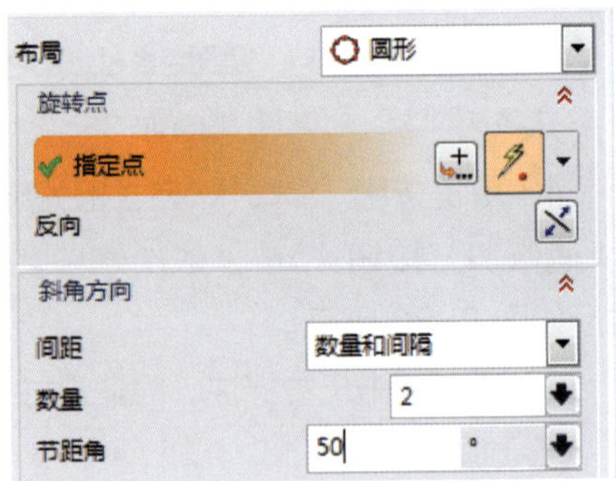

图 2-83　设置圆周阵列参数

提示

阵列的个数指包含源图素的总个数。如果要改变阵列的旋转方向，可单击圆周阵列对话框中的按钮“ ”即可。

5）单击“确定”按钮，结束圆周阵列，结果如图 2-84 所示。

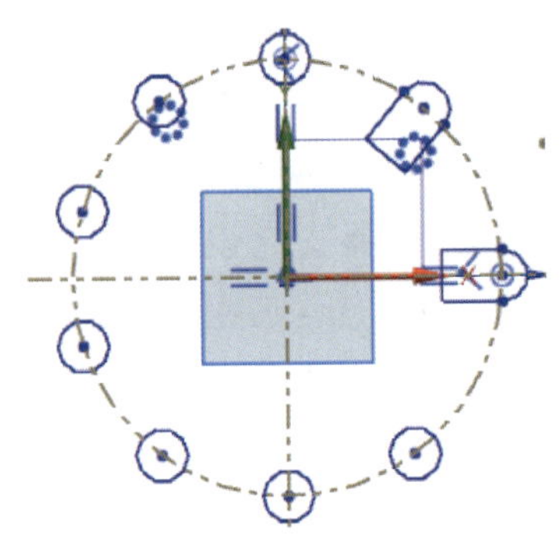

图 2-84　完成圆周阵列

（4）镜像轮廓

1）单击“更多曲线”工具栏中的“镜像曲线”按钮“ ”，弹出“镜像曲线”对话框。

2）轮廓的镜像流程如图 2-85 所示，具体操作流程如下：①单击“选择曲线 (1)”右侧按钮“ ”；②单击要

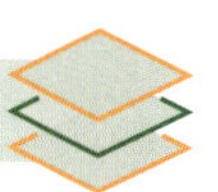

镜像的图素；③单击“✱ 选择中心线 (0)”右侧按钮“⊕”；④单击通过坐标原点的垂直参考线。

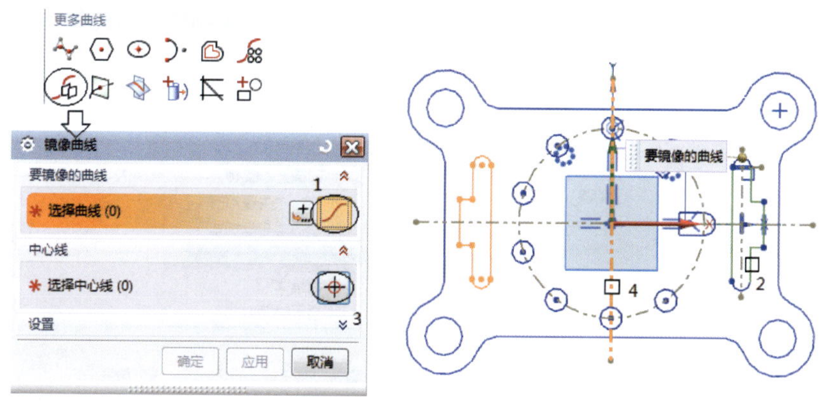

图 2-85 镜像流程

3）单击“确定”按钮，结束镜像，结果如图 2-86 所示。

4）单击“结束草图”按钮“🏁”，完成二维图绘制，结果如图 2-87 所示。

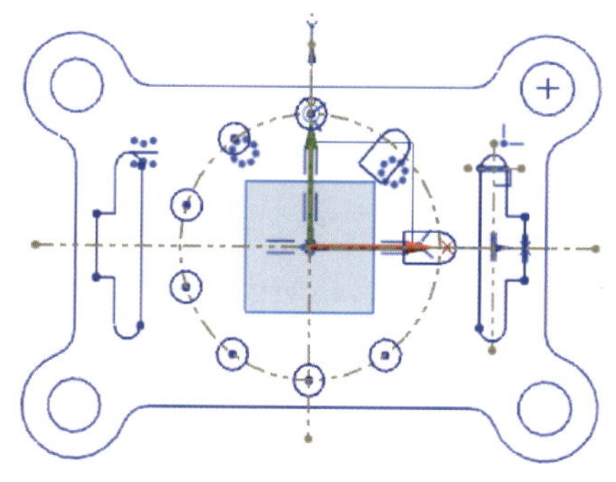

图 2-86 镜像后的轮廓

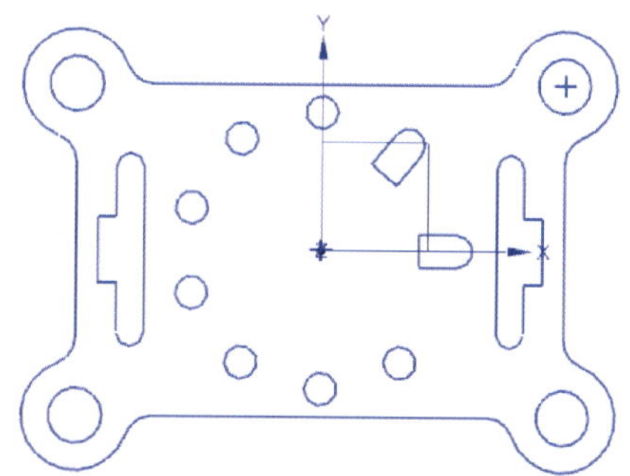

图 2-87 完成二维图绘制后显示的轮廓

知识与技能拓展

几何转换功能在编辑图形和曲面方面起着极为重要的作用，灵活运用该功能，可以极大地方便用户。几何变换功能不仅能对线、面进行几何变换，而且还能对造型实体进行操作。除了前面介绍的几何转换功能外，还有多种几何转换功能可供选择，进一步说明如下：

1. 移动对象

（1）单击 [菜单（M）] / [编辑（E）] / [移动对象(O)...] 或者直接按“Ctrl+T”组合键，弹出“移动对象”对话框，单击对话框中“运动”后的向下箭头“▾”，弹出移动方式选项，如图 2-88 所示。每种移动方式均有对应的参数设置选项。

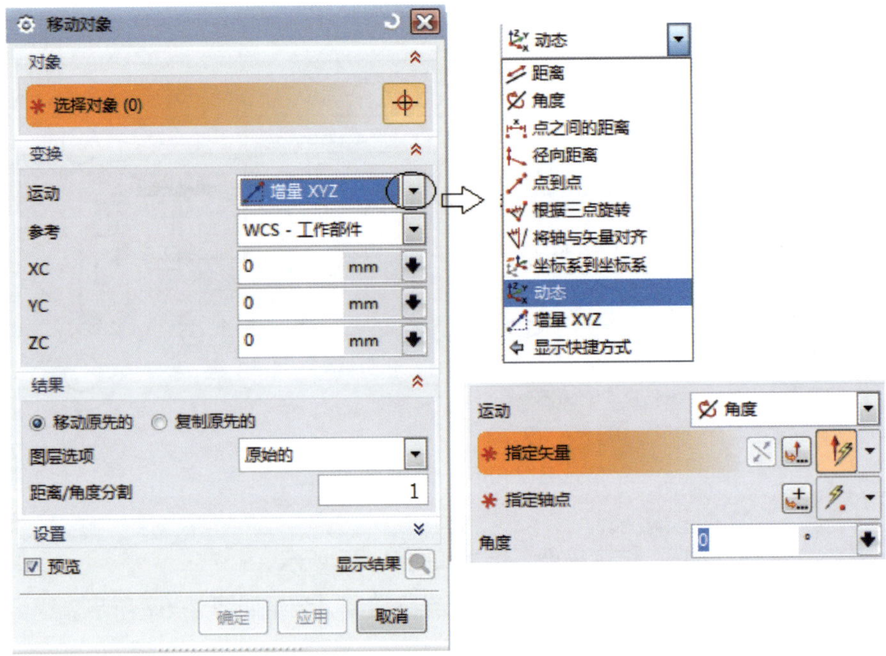

图 2-88 “移动对象”对话框

提示

移动对象有复制和移动两种方式，选中对话框中的“复制原先的”时，采用复制方式，源图素和结果图素同时保留；选中对话框中的“移动原先的”时，采用移动方式，源图素不保留，只保留结果图素。

（2）如图 2-89 所示为采用“点到点”方式移动图素的结果，其操作流程如下：①单击“选择对象 (4)”右侧按钮“”；②单击要移动的图素；③单击“指定出发点”右侧按钮“”；④单击选中出发点；⑤单击“指定目标点”右侧按钮“”；⑥单击选中目标点；⑦选中对话框中的“复制原先的”。单击“应用”按钮，完成图素移动。

（3）如图 2-90 所示为采用“角度”方式移动图素的结果，其操作流程如下：①单击“选择对象 (4)”右侧按钮“”；②单击要移动的图素；③单击“指定轴点”右侧按钮“”；④单击选中轴点；⑤修改角度参数为“30”；⑥选中“移动原先的”。单击“应用”按钮，完成图素移动。

提示

在其他 CAD 软件中，通常有“旋转对象”功能，而 UG NX12.0 直接用“移动对象”功能中的“角度”方式代替了“旋转对象”功能。

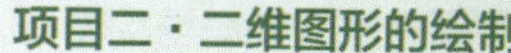

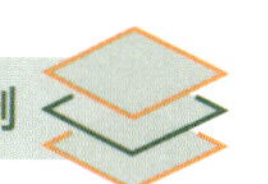

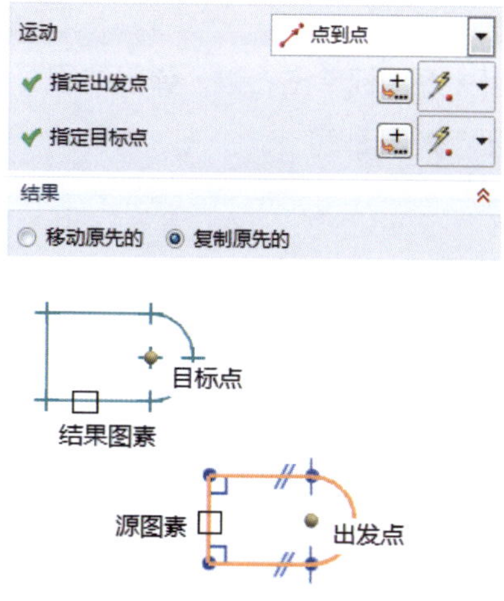

图 2-89 “点到点”移动图素

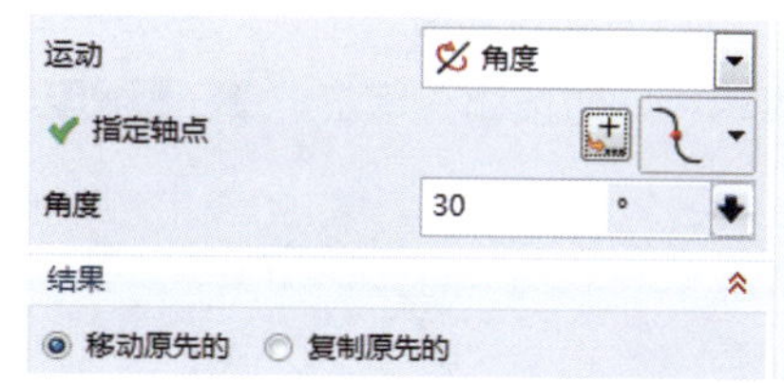

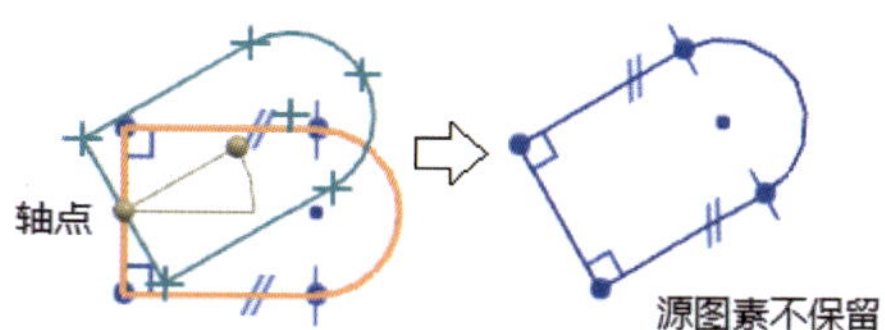

图 2-90 “角度”移动图素

2. 缩放曲线

（1）单击“编辑曲线”工具栏中的“缩放曲线”按钮“”，弹出“缩放曲线”对话框，如图 2-91 所示。

（2）缩放曲线流程如下：①单击“选择曲线 (1)”右侧按钮“”；②单击要缩放的曲线；③在“方法”选项中选择“动态”；④单击“指定缩放点”右侧按钮“”；⑤单击选中缩放点；⑥单击“指定运动点”右侧按钮“”；⑦单击选中运动点；⑧修改“比例因子”为“2”。单击“应用”按钮，完成图素缩放。

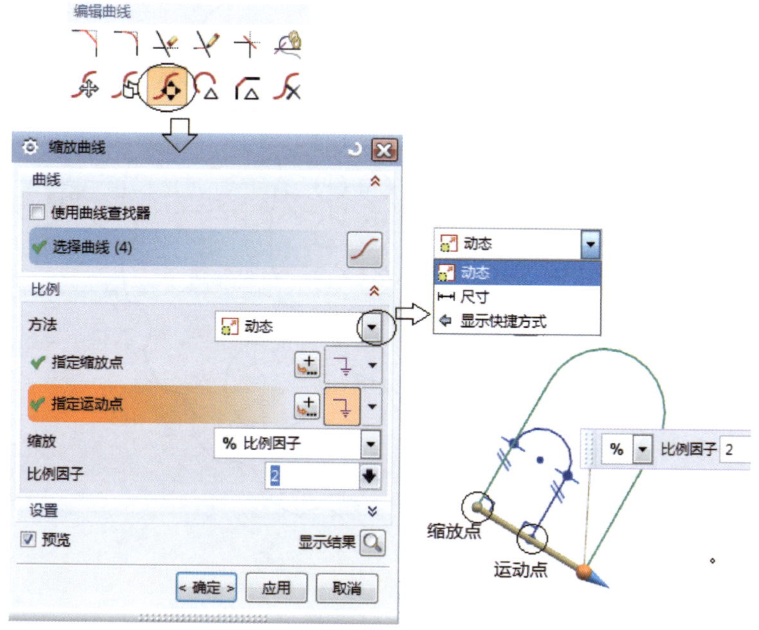

图 2-91 缩放曲线流程

3. 删除几何关系

如要删除相应的几何关系，只需对准图中的几何关系图标单击右键，弹出如图 2-92 所示右键菜单和即时按钮，单击“✕ 删除(D)”或按钮“✕”即可。

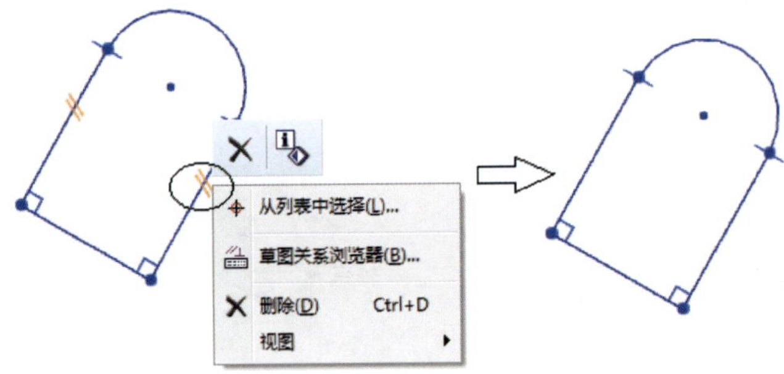

图 2-92　删除几何关系

 拓展练习

1. 绘制如图 2-93 所示二维图中的实线轮廓。

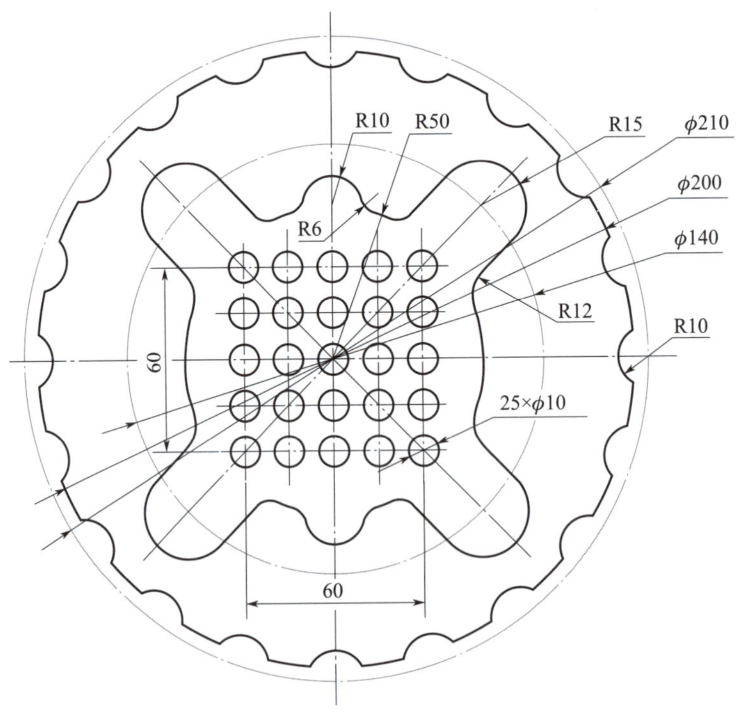

图 2-93　拓展练习 1

2. 绘制如图 2-94 所示二维图中的实线轮廓。

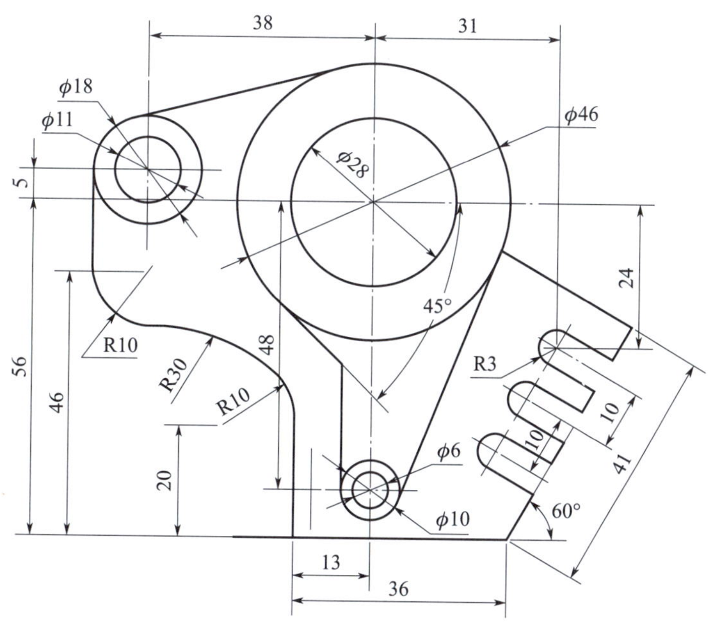

图 2-94　拓展练习 2

任务 4　空间直线与圆弧的绘制

学习目标

1. 掌握 3D 草图的绘制方法。
2. 掌握坐标变换的方法。
3. 掌握空间直线和圆弧的绘制方法。

任务描述

完成如图 2-95 所示的空间直线和圆弧的绘制。

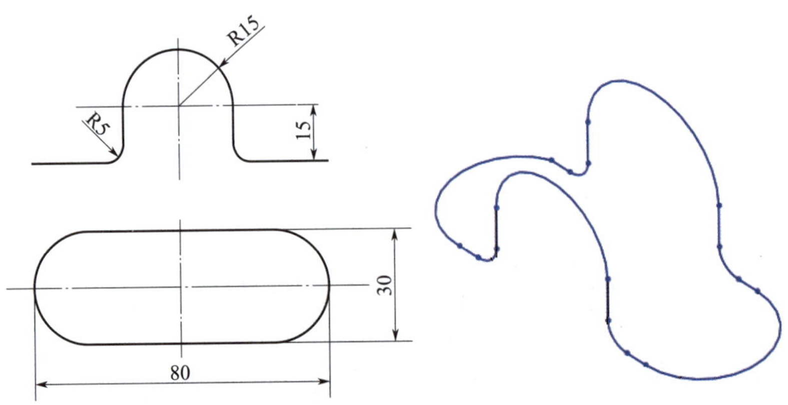

图 2-95　绘制空间直线和圆弧

任务实施

1. 绘制直线轮廓

（1）进入绘图界面

1）单击“新建”按钮“”，选择实体建模工作界面。

2）单击“视图”工具栏中的“”，选择“正三轴测图”视图。

3）单击“曲线”选项卡，弹出如图 2-96 所示工具栏。

绘制空间曲线时，不进入草图工作界面，也不要选择“直接草图”中的曲线工具按钮绘制曲线。

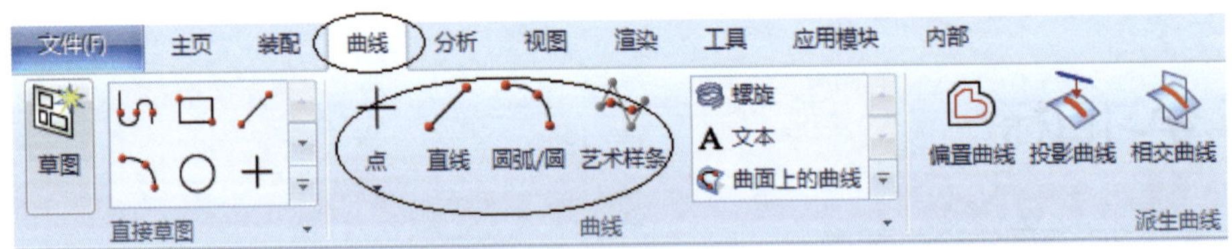

图 2-96　“曲线”展开工具栏

（2）绘制直线轮廓

1）单击“曲线”工具栏中的“直线”按钮“”，弹出如图 2-97 所示的“直线”对话框，在绘图区任意位置单击左键，再单击“起点选项”下方“选择对象 (0)”右侧按钮“”，弹出“点”对话框，输入相应的坐标值“-25，0，0”。

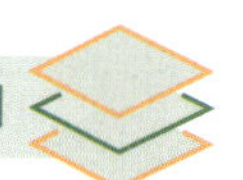

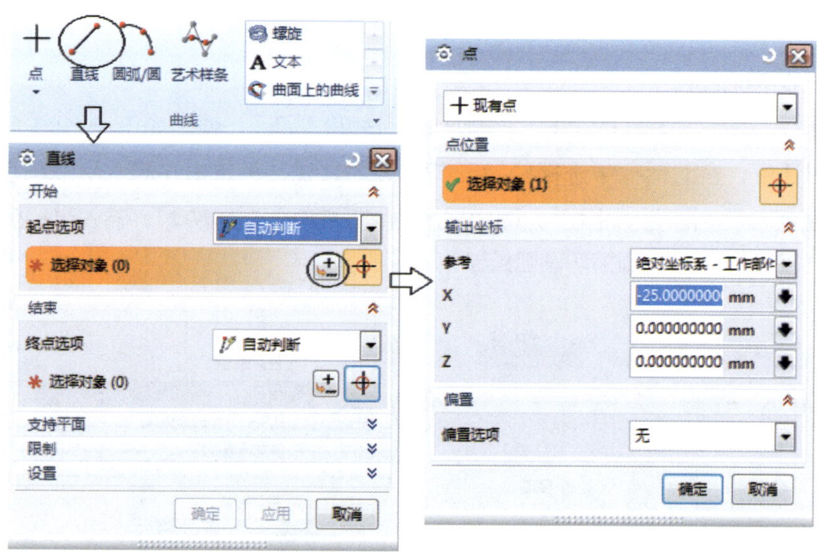

图 2-97 “直线”对话框

2）单击“确定”按钮，找到直线的起始点，向右拖动鼠标，出现如图 2-98 所示与“X”轴平行的符号“×”，在长度即时对话框中输入“10”，按回车键，再在“直线”对话框中单击“应用”按钮，完成第一条直线的绘制。

3）单击第一条直线右侧端点，向上拖动鼠标，出现如图 2-99 所示与“Z”轴平行的符号“Z”，在长度即时对话框中输入“15”，按回车键，再在“直线”对话框中单击“应用”按钮，完成第二条直线的绘制。

4）采用同样的方法绘制水平线和垂直线，结果如图 2-100 所示。单击“确定”按钮，结束绘制直线。

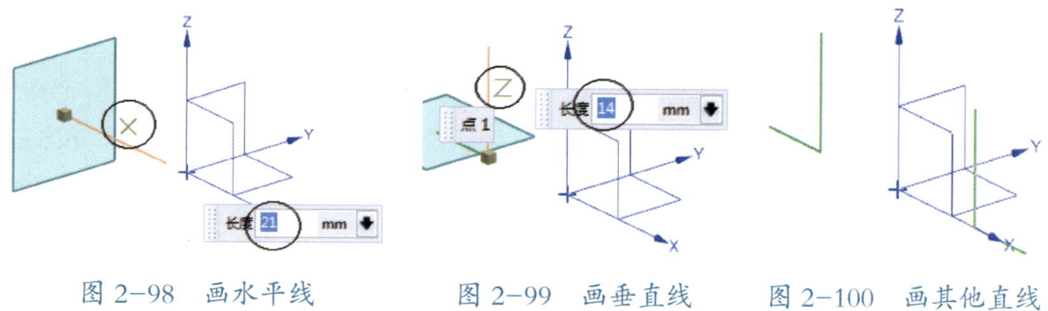

图 2-98 画水平线　　图 2-99 画垂直线　　图 2-100 画其他直线

提示

两边的直线单独绘制，不要绘制多余的直线，否则多余的直线与要求保留的直线会存在关联而无法删除。

2. 绘制圆弧轮廓

（1）绘制相切圆弧

1）单击“曲线”工具栏中的“圆弧 / 圆”按钮“”，弹出如图 2-101 所示的“圆弧 / 圆”对话框，在对话框中选择“三点画圆弧”方式，再单击左侧水平线和垂直线，拖动鼠标，系统自动判断为“相切”，图中显示为“相切 1”“相切 2”，输入半径值“5”，单击“应用”按钮，完成左侧相切圆弧绘制。

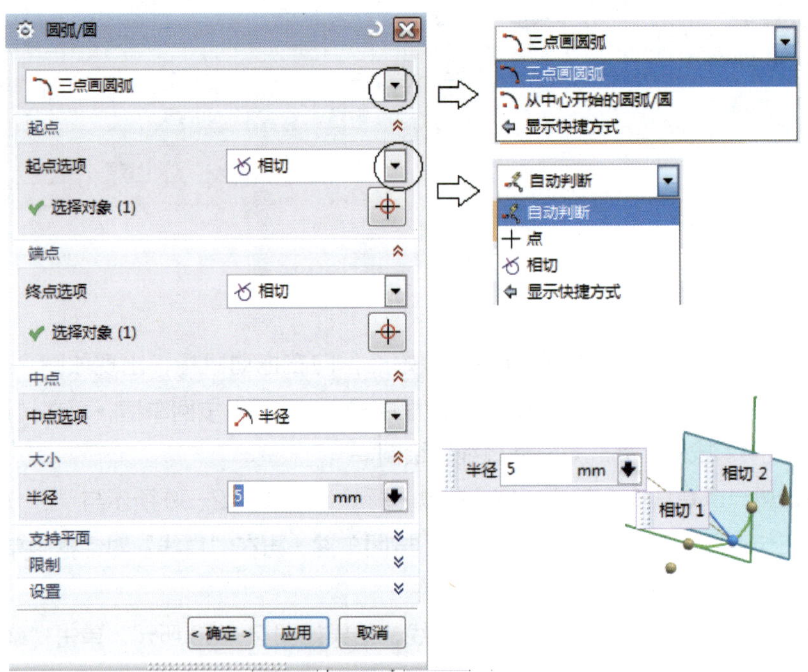

图 2-101 “圆弧 / 弧”对话框

2）用同样的方式绘制右侧相切圆弧。

3）继续在“圆弧 / 圆”对话框中选择“从中心开始的圆弧/圆”方式；单击“中心点”下方右侧按钮“”，在弹出的点对话框中输入坐标“0，0，15”；单击“通过点”下方右侧按钮“”，单击左侧垂直线端点；单击“平面选项”右侧向下箭头，在弹出的选项中选择“选择平面”，再单击“基准坐标系”中的“*ZX*”平面。

4）设置如图 2-102 所示参数，显示相应的圆弧预览。单击“确定”按钮，结束圆弧绘制，画出上方圆弧。

（2）修剪曲线

1）单击“编辑曲线”工具栏中的“”，弹出“修剪曲线”对话框，修剪曲线流程如图 2-103 所示，流程如下：①单击“要修剪的曲线”下方右侧按钮“”；②单击要修剪的曲线；③单击“边界对象”下方右侧按钮“”；④单击选择圆弧；⑤设置“修剪与分割”

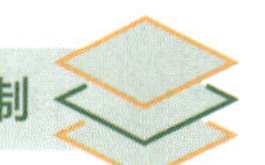

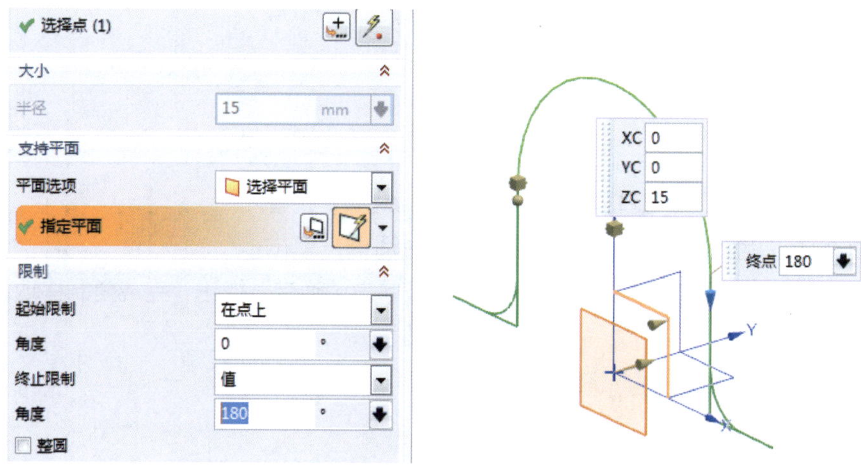

图 2-102　绘制上方圆弧

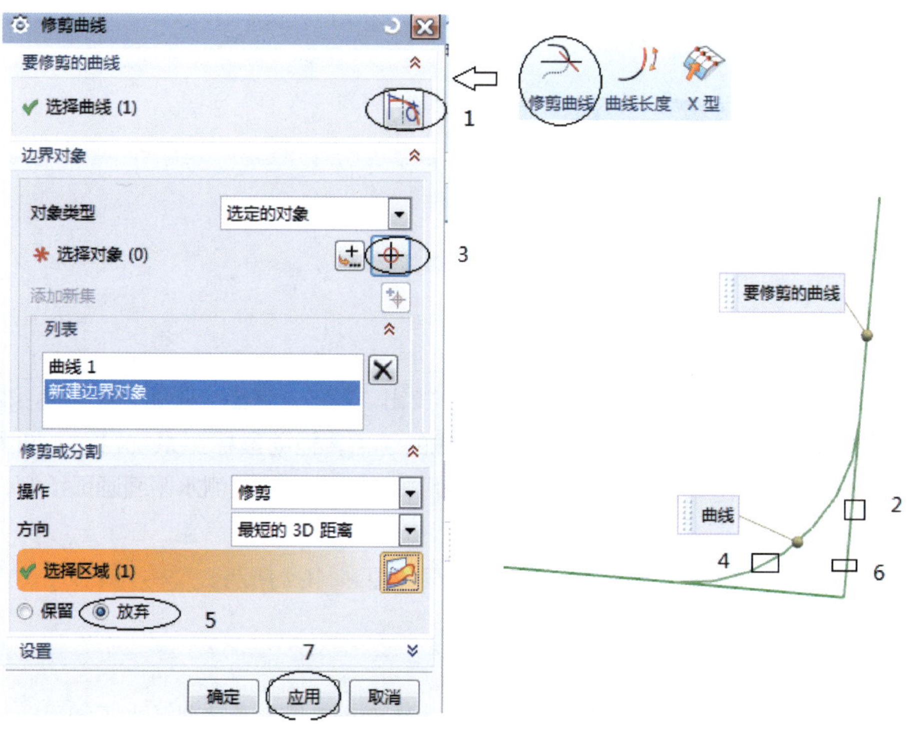

图 2-103　修剪曲线流程

下方的参数，选中“◉ 放弃”；⑥单击要放弃的部分，⑦单击“应用”按钮。

2）采用同样的方法，修剪其余曲线，结果如图 2-104 所示。

图 2-104　完成曲线修剪

3. 绘制其他轮廓

（1）复制移动

单击［菜单（M）］/［编辑（E）］/［移动对象(O)...］或者直接按“Ctrl+T”组合键，弹出“移动对象”对话框，单击选中要移动的曲线，设置如图 2-105 所示参数，单击“确定”按钮，完成复制移动。

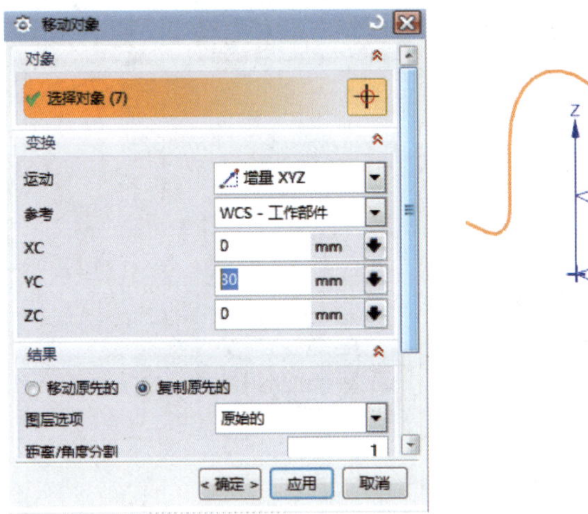

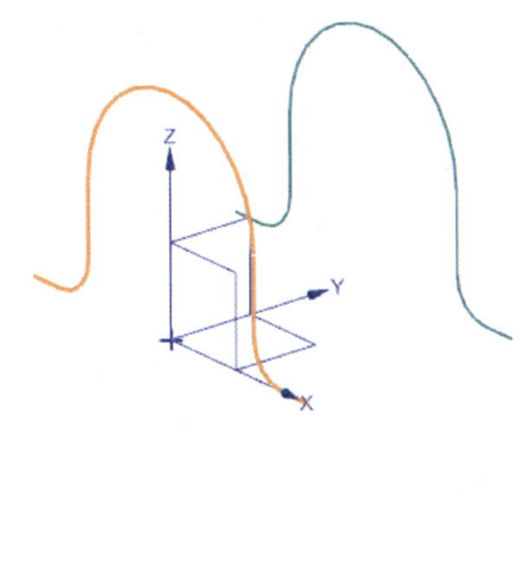

图 2-105　复制移动

（2）绘制圆弧

1）单击“曲线”工具栏中的“圆弧 / 圆”按钮“ ”，弹出“圆弧 / 弧”对话框，选择“三点画圆弧”方式，分别单击两条水平线的端点，拖动鼠标至系统自动判断为“相切”，输入半径值“15”，按回车键，单击“应用”按钮，完成右侧水平面圆弧绘制，结果如图 2-106 所示。

2）用同样的方法绘制左侧水平面圆弧，结果如图 2-107 所示。

提示

采用“三点画圆弧”方式画圆弧时，点的选择次序不同形成的圆弧也不相同，读者可改变选点次序试一试效果。

3）右键单击“基本坐标系”，将其隐藏，结果如图 2-108 所示。

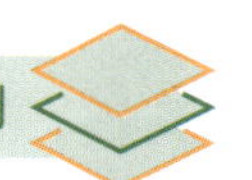

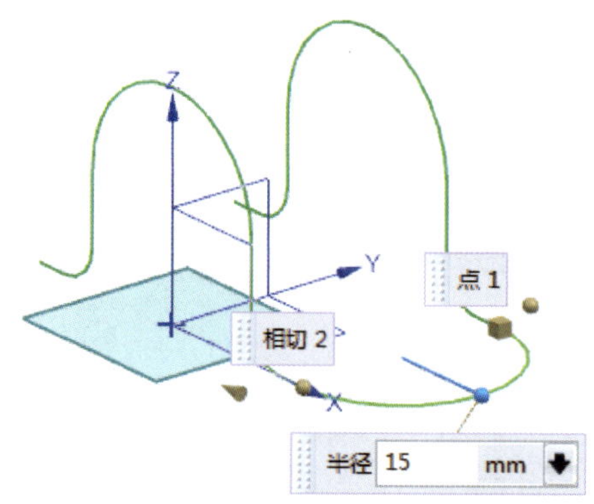

图 2-106　画右侧水平面圆弧

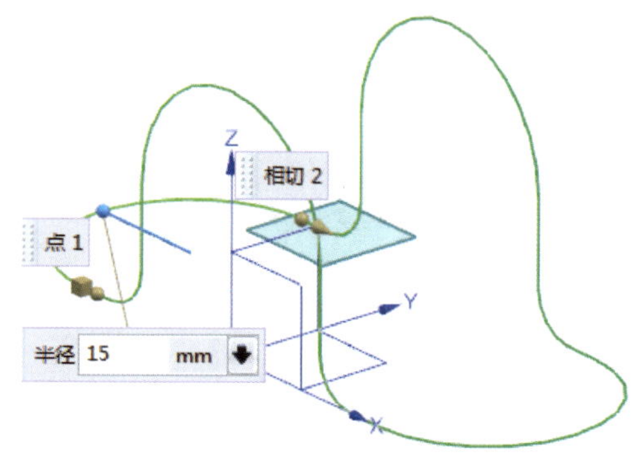

图 2-107　画左侧水平面圆弧

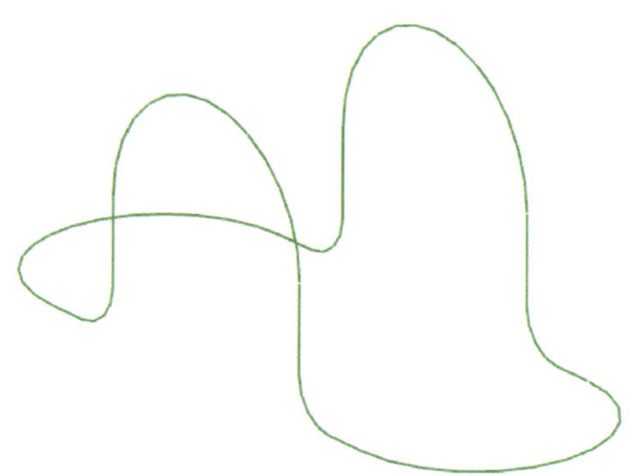
图 2-108　最终结果图

知识与技能拓展

1. UG 坐标系

坐标系是制图软件工作的空间基准，所有操作都是相对于坐标系进行的。UG 软件包含 3 种坐标系，分别是绝对坐标系（ACS）、工作坐标系（WCS）和机械坐标系（MCS）。

（1）变换工作坐标系

1）单击 [菜单（M）]/[格式（R）]/[WCS]，弹出如图 2-109 所示的“操作坐标系”选项。

2）单击“显示(P)”，显示工作坐标系。

3）单击“操作坐标系”选项中的“动态(D)...”，进入如图 2-110 所示的工作坐标系动态操作界面。

4）单击并按住“旋转手柄”，移动鼠标即可实现坐标系的动态旋转，同时显示对应的旋转角度。

5）单击并按住“移动手柄”，移动鼠标即可实现坐标系的动态移动，同时显示对应的移

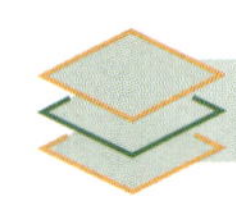

图 2-109 “操作坐标系”选项

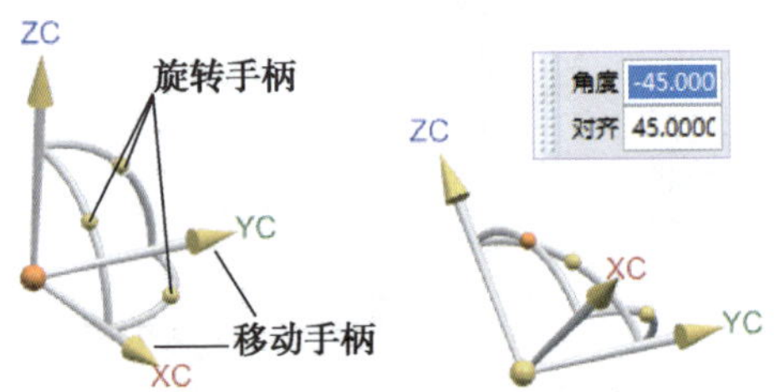

图 2-110 “动态”操作坐标系

动距离。

6）单击“操作坐标系”选项中的其他按钮，完成工作坐标系变换操作。

（2）变换基准坐标系

1）双击“部件导航器”中的“基准坐标系”图标，弹出如图 2-111 所示的“基准坐标系”对话框。

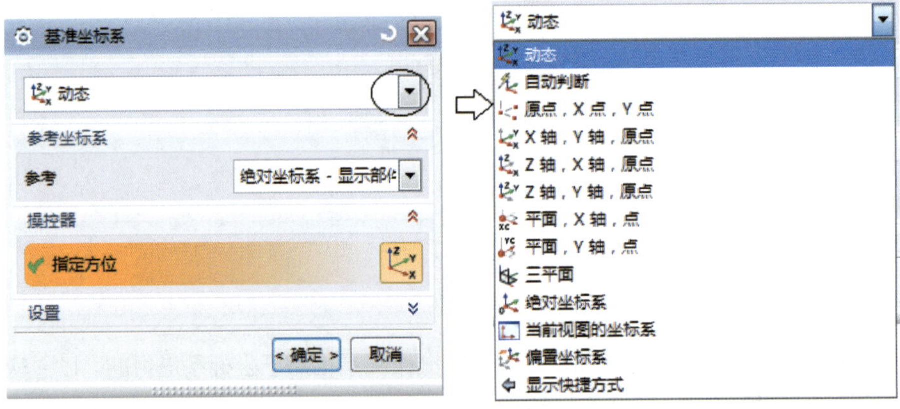

图 2-111 “基准坐标系”变换操作对话框

2）选择“动态”操作方式。

3）拖动鼠标实现基准坐标系的旋转操作和移动操作，结果如图 2-112 所示。

2. 分割曲线

“分割曲线”命令可以将一条曲线分割成多段独立的曲线，对象可以是直线、圆弧、样条等。分割曲线是非关联操作，不能再次编辑。其操作流程如下：

（1）单击［菜单（M）］/［编辑（E）］/［曲线（C）］/［分割(D)...］，弹出如图 2-113 所示的“分割曲线”对话框。

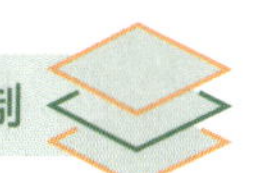

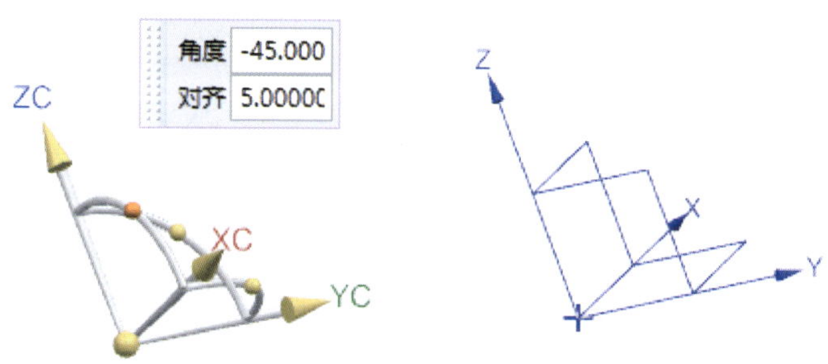

图 2-112　变换基准坐标系

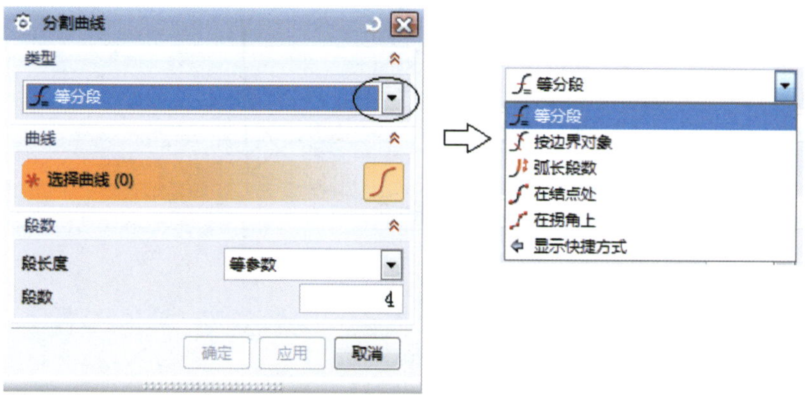

图 2-113　“分割曲线”对话框

（2）设置“类型”“段数”等参数，选择图 2-114 中的整圆，单击“确定”按钮，完成曲线分割。

（3）右键单击分割后的某个曲线段，在右键菜单中选择“编辑显示(L)...”，弹出如图 2-114 所示的“编辑对象显示”对话框。

（4）设置“颜色”“线型”等参数，单击“确定”按钮，完成对分割曲线的编辑操作。

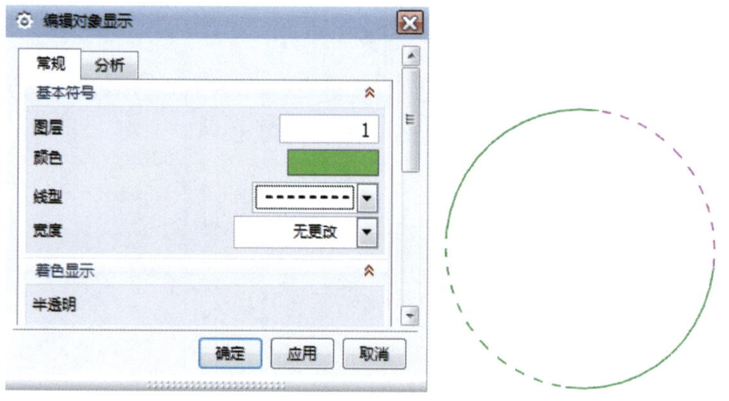

图 2-114　“编辑对象显示”对话框

拓展练习

1. 绘制如图 2-115 所示的空间直线和圆弧（正方形边长为 50）。

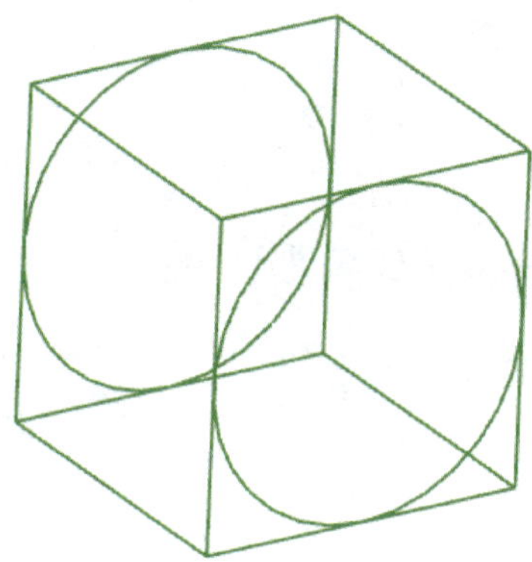

图 2-115　拓展练习 1

2. 绘制如图 2-116 所示的空间直线和圆弧。

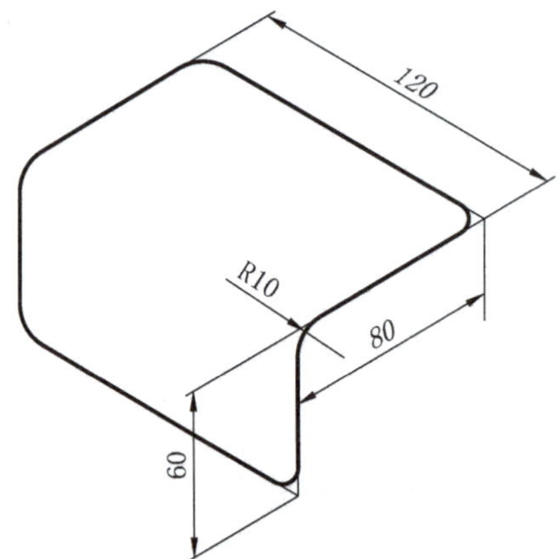

图 2-116　拓展练习 2

项目三

实体建模

任务 1　基本几何体的创建

学习目标

1. 掌握长方体、圆柱、圆锥、球等基本体素特征的形成方法。
2. 掌握实体拔模的方法。
3. 掌握布尔运算的使用方法。
4. 掌握隐藏基准坐标系的方法。

任务描述

完成如图 3-1 所示零件的实体建模。

任务实施

1. 设置工作界面 / 工具栏

（1）单击“新建”按钮“”，选择实体建模工作界面。

（2）单击“视图”工具栏中的“”，选择“正三轴测图”视图。

（3）单击“特征”工具栏右侧向下箭头“”，弹出如图 3-2 所示“特征”展开菜单，单击“设计特征下拉菜单 ▸”右侧箭头，在展开菜单中选中“✓ 长方体”“✓ 圆柱”“✓ 圆锥”和“✓ 球”。

（4）单击“特征”工具栏中按钮“”的右侧箭头，显示如图 3-3 所示工具栏。

2. 创建底部棱台

（1）创建长方体

1）单击如图 3-3 所示“设计特征”工具栏中的按钮“ 长方体”，弹出如图 3-4 所示“长方体”对话框。

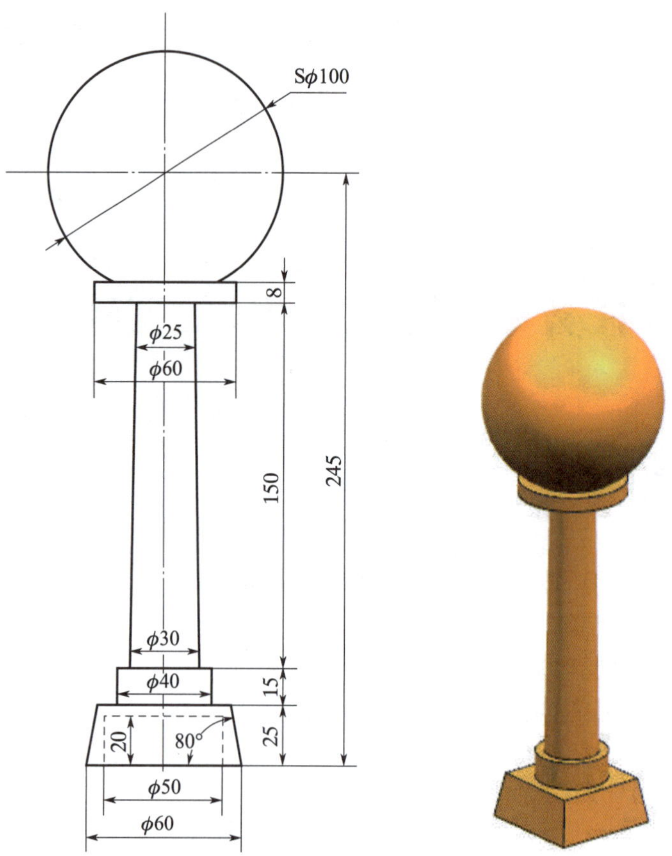

图 3-1　基本几何体创建实例

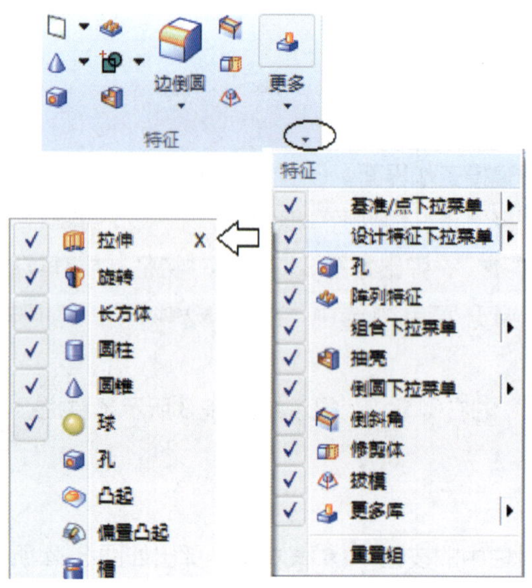

图 3-2　“特征”展开菜单

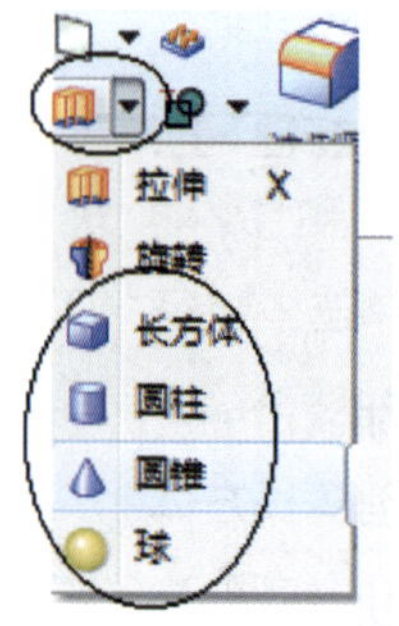

图 3-3　“设计特征”工具栏

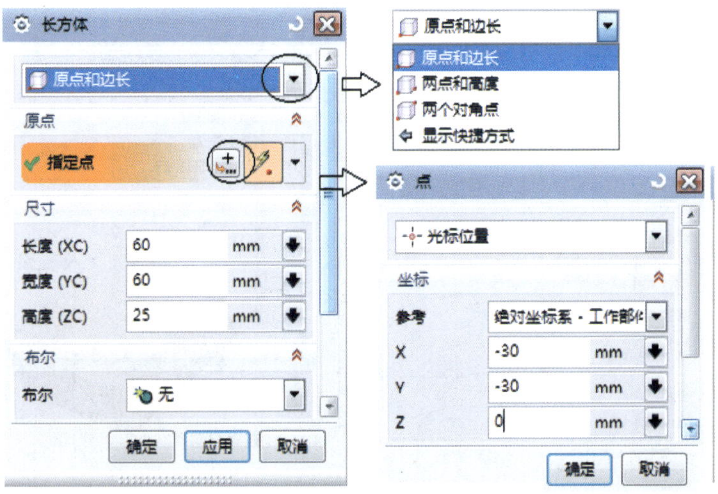

图 3-4　设置“长方体”参数

2）在对话框中选择“原点和边长”方式绘制长方体，设置“长度”“宽度”“高度”参数分别为“60”“60”和“25”。

3）单击“指定点”右侧按钮“”，弹出“点”对话框，分别设定坐标为“-30，-30，0”，单击“确定”按钮，完成点的设置。

提示

输入坐标值时，须关闭中文输入法，否则会出现输入错误。长方体的原点通常指左下角的角点。

4）在“长方体”对话框中单击“确定”按钮，完成长方体绘制，结果如图 3-5 所示。

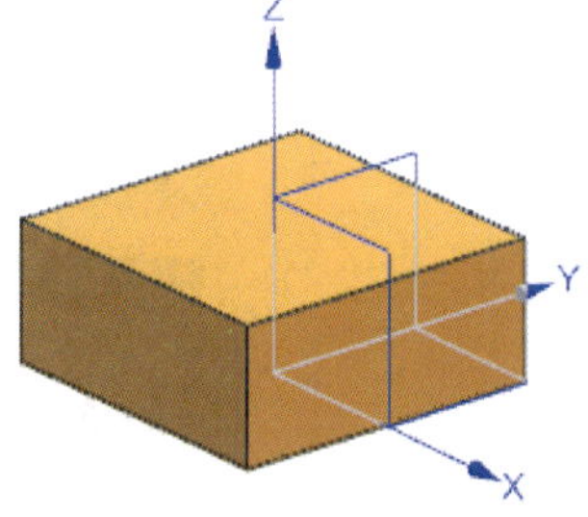

图 3-5　绘制长方体

（2）拔模

1）单击“特征”工具栏中的“拔模”按钮“”，弹出如图 3-6 所示“拔模”对话框，选择“面”拔模方式。单击“选择固定面 (1)”右侧按钮“”，空间旋转几何体至反面位置，单击底平面。

2）单击“要拔模的面”下方右侧按钮“”，再单击视图工具栏中按钮“”，旋转实体后依次单击四方体的 4 个侧面，设置“角度”参数为“10”，显示如图 3-7 所示“拔模”预览。

3）单击“确定”按钮，完成实体拔模。

（3）创建圆柱孔

1）单击“设计特征”工具栏中的按钮“圆柱”，弹出如图 3-8 所示“圆柱”对话框。

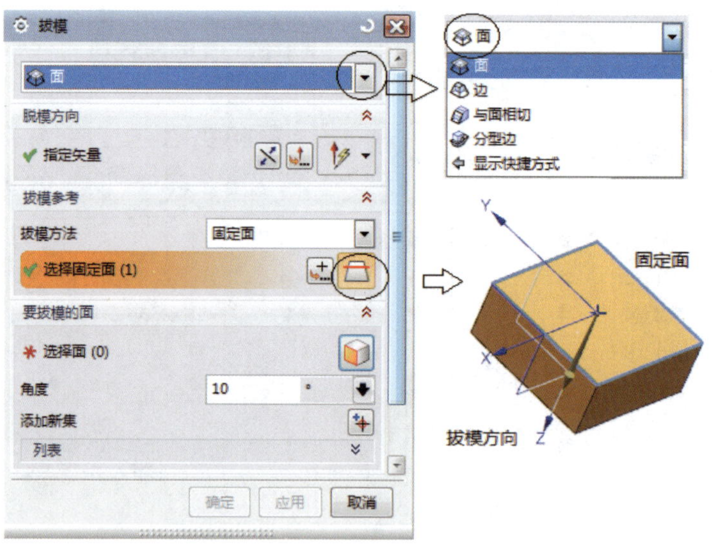

图 3-6 “拔模”对话框

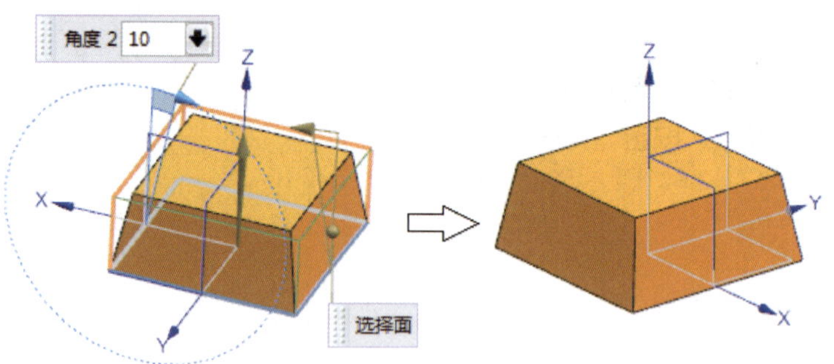

图 3-7 实体拔模

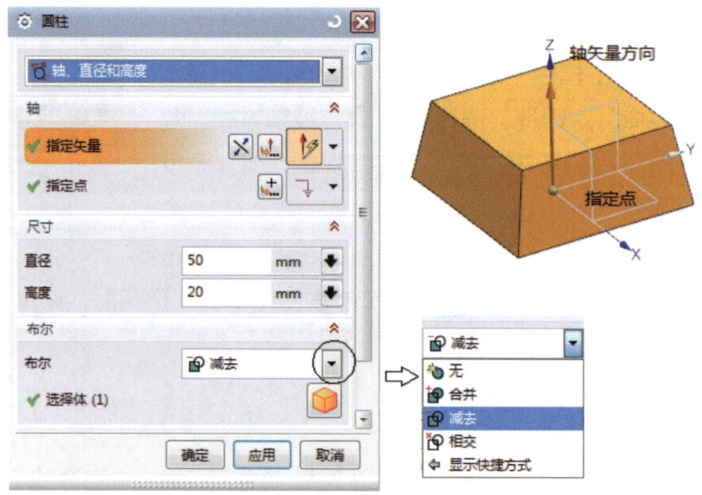

图 3-8 “圆柱”对话框

2）在对话框中选择“轴、直径和高度”方式绘制圆柱体；自动选择“Z”轴为矢量方向，坐标原点为指定点；设置“直径”和“高度”参数分别为“50”和“20”。

3）单击“布尔”右侧箭头，在弹出的展开项中选择“减去”；单击“选择体 (1)”右侧按钮“”，选择四棱台，单击“确定”按钮，完成圆柱孔的绘制，结果如图 3-9 所示。

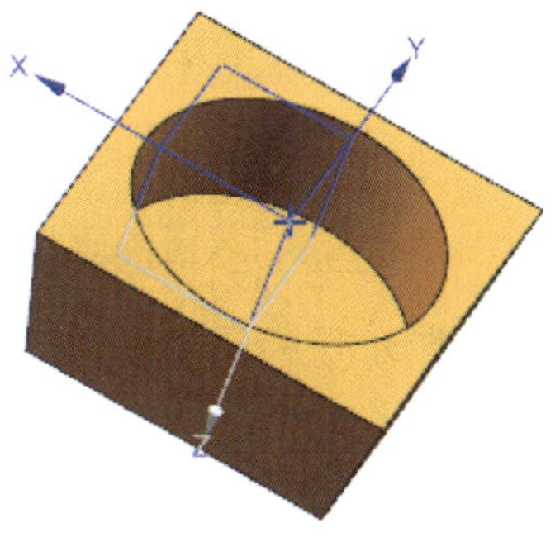

图 3-9 绘制圆柱孔

3. 绘制其他基本几何体

（1）绘制下方圆柱体

1）单击“设计特征”工具栏中的按钮“圆柱”，弹出“圆柱”对话框。

2）选择“轴、直径和高度”方式绘制圆柱体；自动选择“Z”轴为矢量方向。

提示

本例采用自动方式选择矢量方向。也可以单击“指定矢量”右侧按钮“”，弹出如图 3-10 所示“矢量”对话框，分别单击对话框中的选项选择矢量方向，单击按钮“”可使矢量反向。

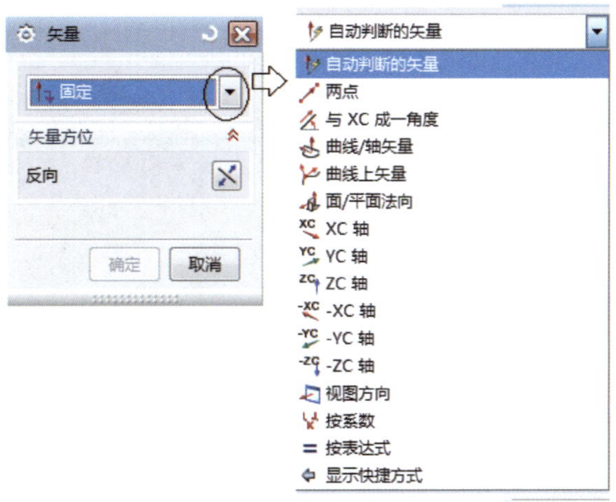

图 3-10 “矢量”对话框

3）单击“指定点”右侧按钮“”，在弹出的“点”对话框设定圆柱中心坐标为“0，0，25”，单击“确定”按钮，完成点的设置。

4）设置“直径”和“高度”参数分别为“40”和“15”。

5）设置“布尔”为“合并”，单击按钮“”后选择四棱台。

6）单击“确定”按钮，完成圆柱绘制，结果如图3-11所示。

图 3-11　绘制下方圆柱体

（2）绘制圆锥台

1）单击“设计特征”工具栏中的按钮“圆锥”，弹出如图3-12所示“圆锥”对话框。

2）在对话框中选择“直径和高度”方式绘制圆锥；自动选择“Z”轴为矢量方向。

3）单击“指定点”右侧按钮“”，在弹出的“点”对话框设定圆锥中心坐标为“0，0，40”，单击“确定”按钮，完成点的设置。

4）设置“底部直径”“顶部直径”和“高度”参数分别为“30”“25”和“150”。

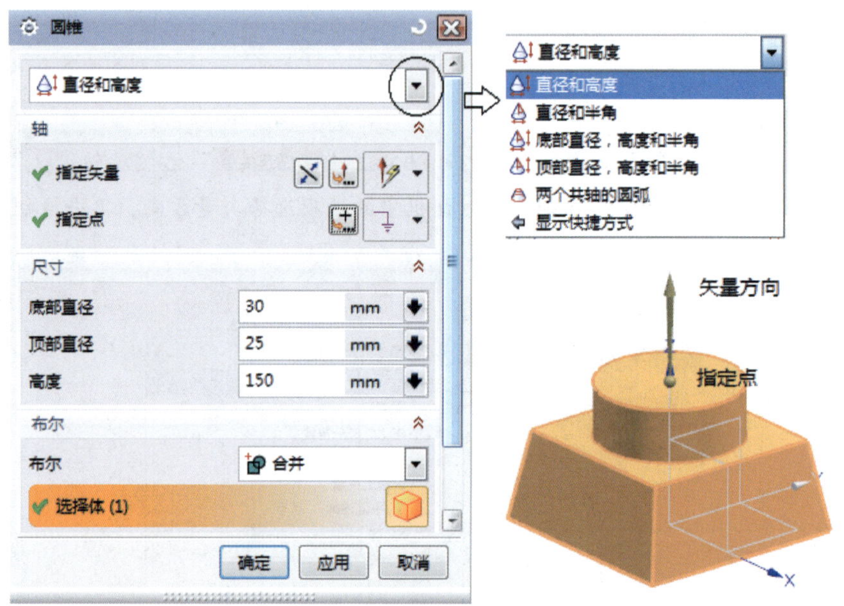

图 3-12　“圆锥”对话框

5）设置“布尔”为“合并”，单击按钮“”后选择四棱台。

6）单击“确定”按钮，完成圆锥绘制，结果如图3-13所示。

（3）绘制顶部圆柱和球

1）采用前述画圆柱方式绘制顶部圆柱，其指定点为“0，0，190”，“直径”和“高度”参数分别为“60”和“8”，结果如图3-14所示。

2）单击“设计特征”工具栏中的按钮“球”，弹出如图3-15所示“球”对话框。

3）在对话框中选择“中心点和直径”方式绘制球。

4）单击“指定点”右侧按钮“”，在弹出的“点”对话框设定圆中心点坐标为

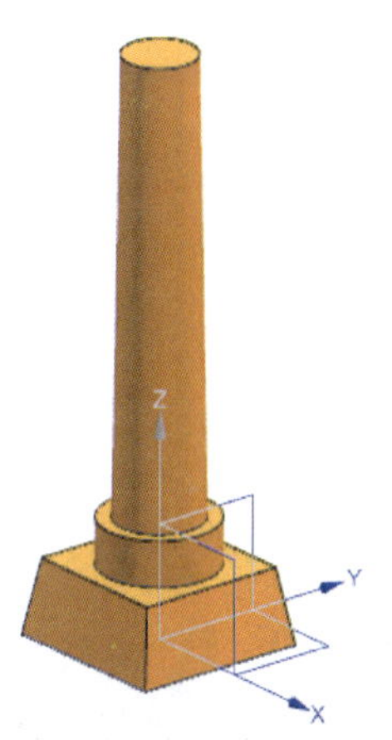

图 3-13　绘制圆锥

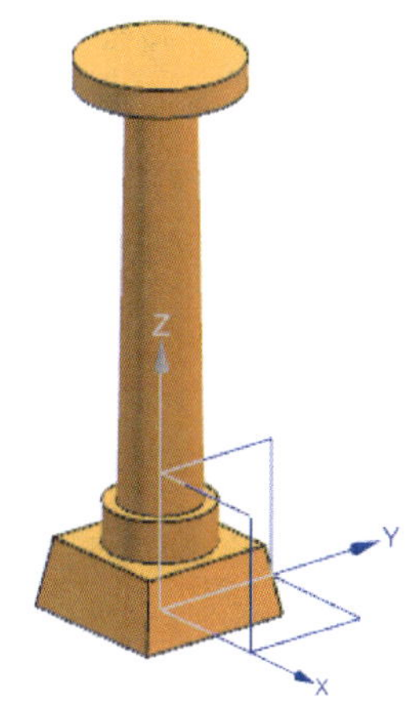

图 3-14　绘制顶部圆柱

“0，0，245”，单击“确定”按钮，完成点的设置。

5）设置“直径”参数为“100”。

6）设置“布尔”为“合并”，单击按钮“ ”后选择四棱台。

7）单击“确定”按钮，完成球的绘制，右键单击“基准坐标系 (0)”，隐藏“基准坐标系”按钮，结果如图 3-16 所示。

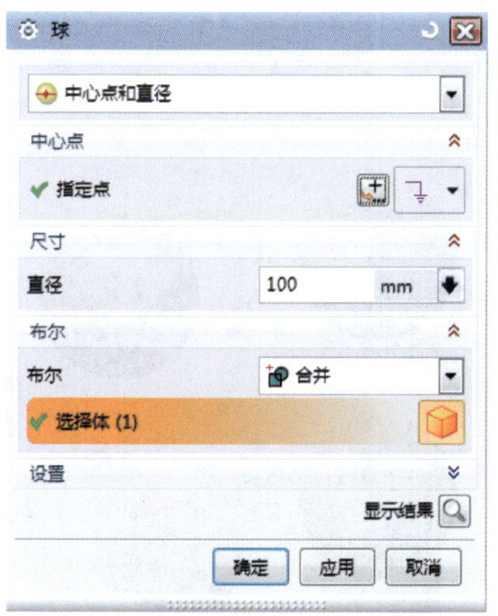

图 3-15　“球”对话框

图 3-16　绘制顶部球

知识与技能拓展

1. 布尔运算

在实体建模过程中，经常会使用布尔运算，布尔运算是一种在多实体之间进行叠加的拓扑逻辑运算，有“合并”“减去”“相交”三种形式。

（1）合并

单击“特征”工具栏中的“合并”，弹出如图 3-17 所示“合并”对话框，分别单击“目标”体和“工具”体，即可实现两个实体的合并。“目标”体和“工具”体的选择次序不同，不会影响合并结果。从外观观察实体，合并前后无区别。

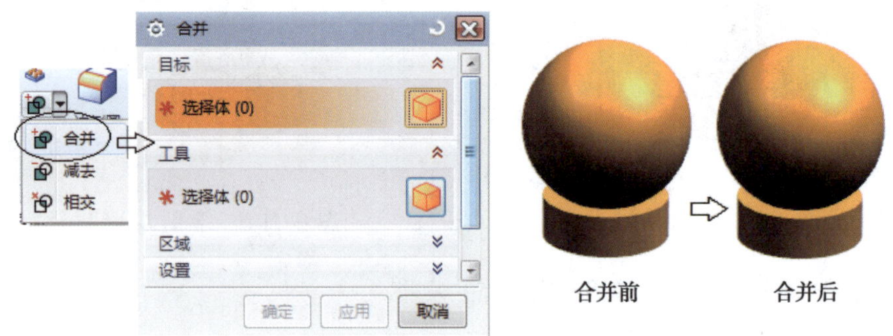

图 3-17 “合并”操作

（2）减去

单击“特征”工具栏中的“减去”，弹出如图 3-18 所示“减去”对话框，分别单击“目标”体和“工具”体，即可实现两个实体的减去。“目标”体和“工具”体的选择次序不同，会得出不同的减去结果。

图 3-18 “减去”操作

（3）相交

单击“特征”工具栏中的“相交”，弹出如图 3-19 所示的“相交”对话框，分别单击“目标”体和“工具”体，即可实现两个实体的相交。“目标”体和“工具”体的选择次序不同，不会影响相交结果。

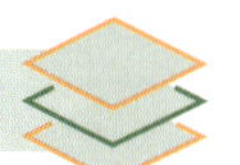

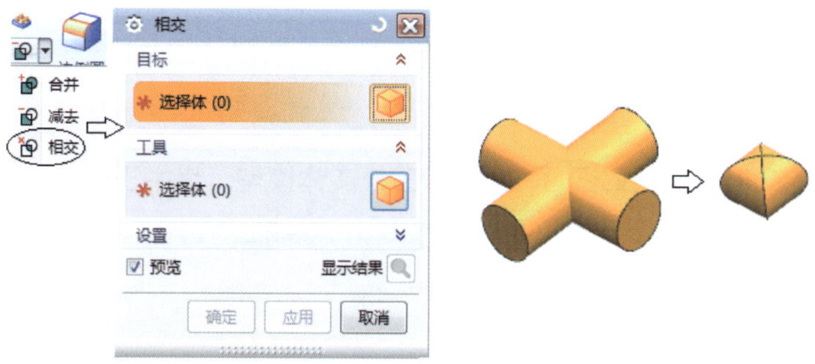

图 3-19 “相交”操作

2.“拔模”的进一步说明

（1）“拔模”方式

“拔模”方式如图 3-20 所示，主要有“面”“边”“与面相切”“分型边”等 4 种方式。

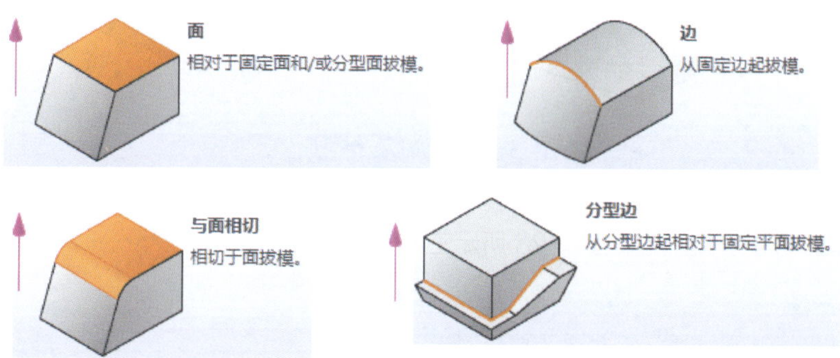

图 3-20 “拔模”方式

（2）“拔模”角度

“拔模”角度可以取正值，也可以取负值，沿“拔模”方向逐步变小的方向为正方向，反之为负方向，如图 3-21 所示。

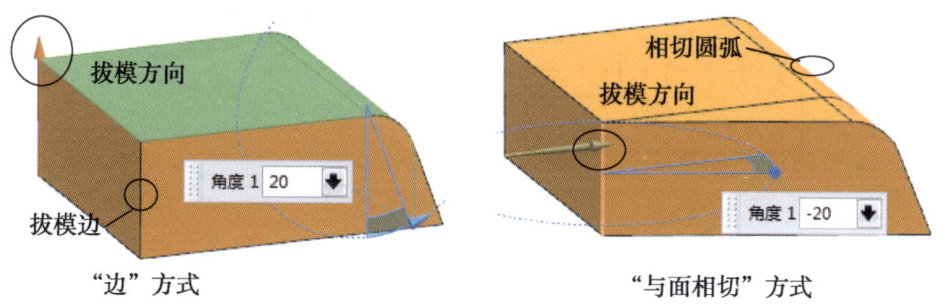

图 3-21 “拔模”角度

拓展练习

1. 采用基本几何体创建如图 3-22 所示三维实体模型，其中正方体的边长为“100”，单点的直径为“35”，双点至五点的直径为“20”，六点的直径为“16”，各点之间的位置可自行设计。

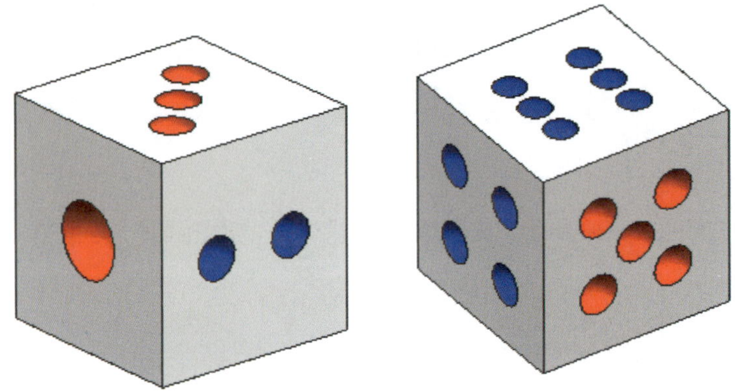

图 3-22　拓展练习 1

2. 采用基本几何体创建如图 3-23 所示三维实体模型。

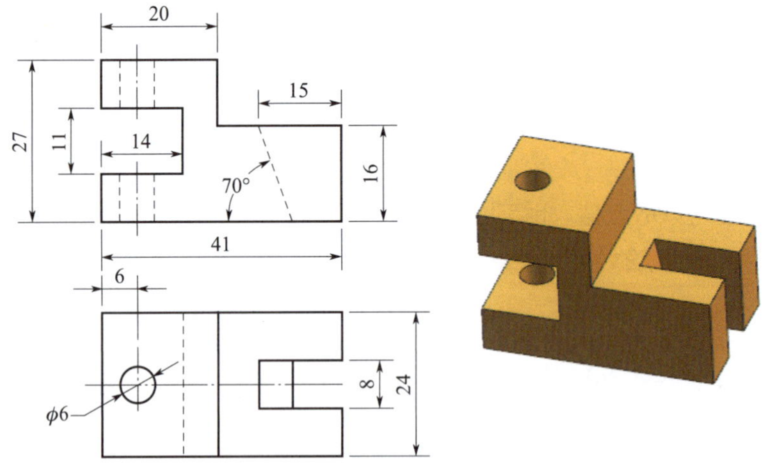

图 3-23　拓展练习 2

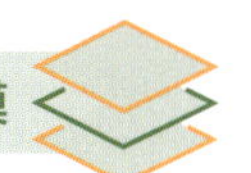

3. 采用基本几何体创建如图 3-24 所示三维实体模型。

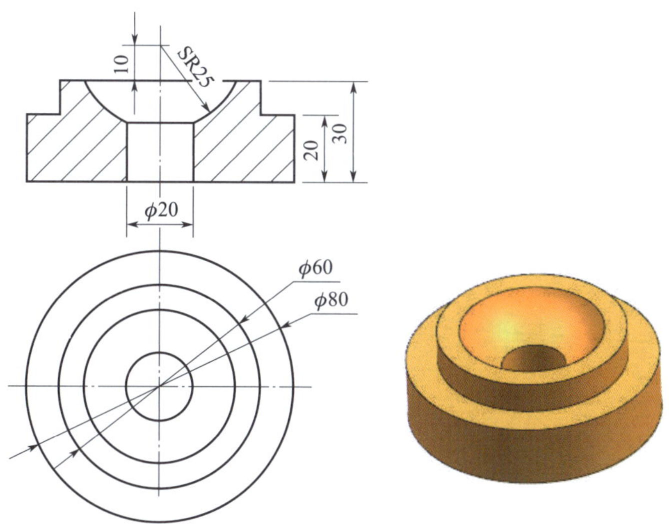

图 3-24　拓展练习 3

任务 2　拉伸建模

学习目标

1. 掌握拉伸实体的方法。
2. 掌握拉伸切除实体的方法。
3. 掌握实体抽壳的方法。
4. 掌握实体倒圆角的方法。

任务描述

完成如图 3-25 所示零件的实体建模。

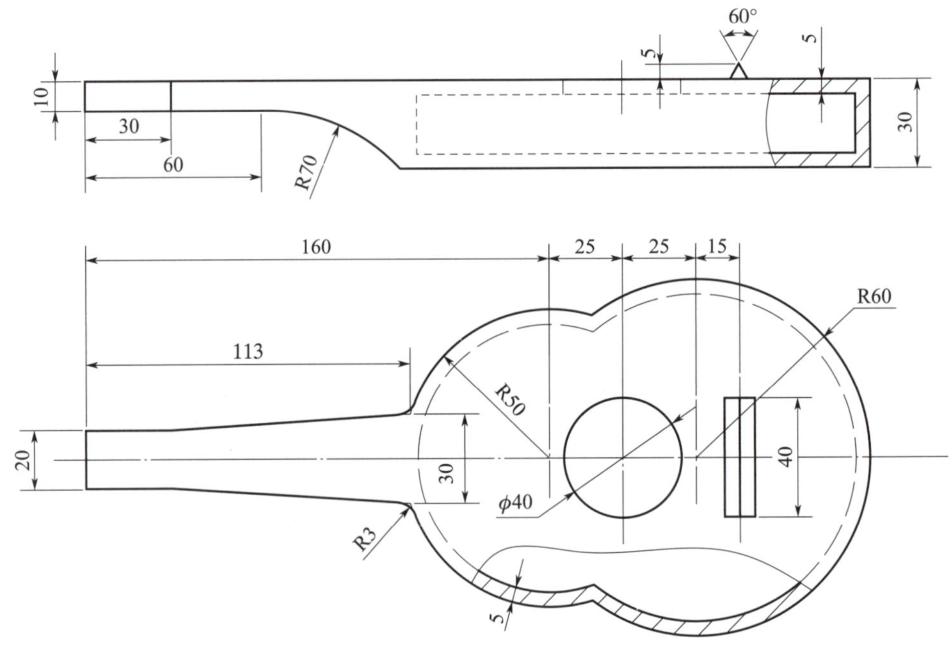

技术要求：实体上下表面均倒R1圆角。

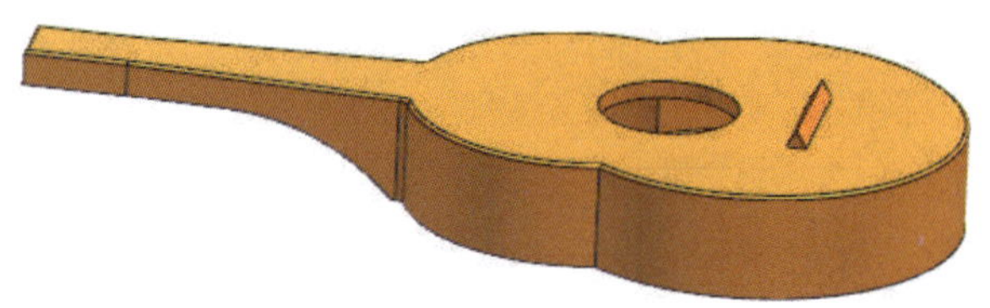

图 3-25　拉伸建模实例

任务实施

1. 拉伸左侧圆形状轮廓

（1）进入草图工作界面

1）单击“新建”按钮“ ”，选择实体建模工作界面。

2）单击“草图”按钮“ ”，选择“*XY*”基准平面作为草图工作平面。

3）单击“确定”按钮，进入草图工作界面，同时自动转换成“正视”视图。

（2）绘制草图

1）单击“圆”按钮“ ”，在原点位置和其他任意位置绘制如图 3-26 所示两个圆，按“Esc”键结束画圆。

2）单击按钮“ ”，约束圆的直径尺寸分别为“100”和“120”。约束两圆左右的距离为“50”，完成后如图 3-27 所示。

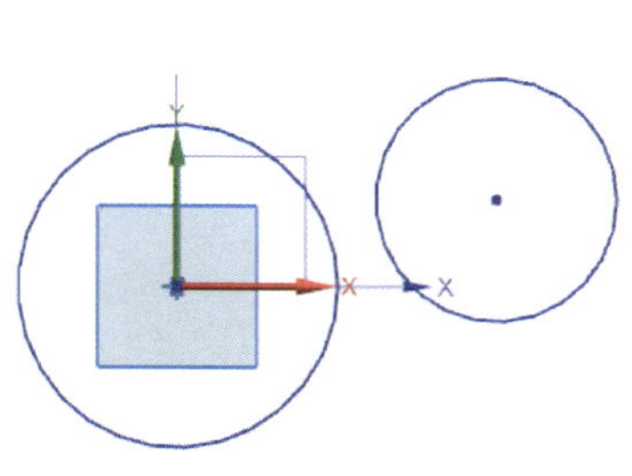

图 3-26 画两任意尺寸的圆

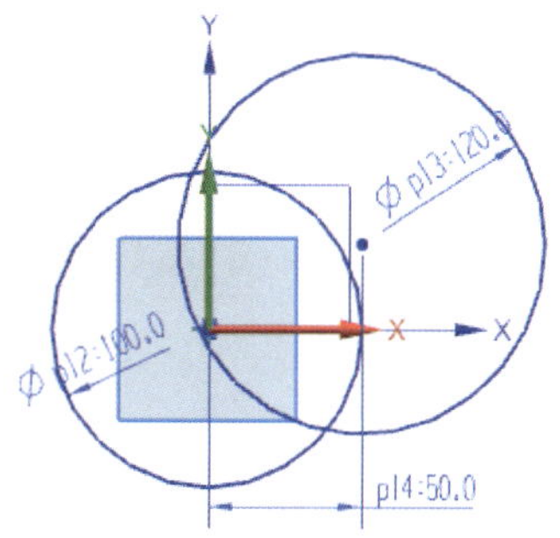

图 3-27 约束圆尺寸

3）单击“更多”按钮“ ”下方箭头“ ”，单击“草图约束”中的“ 几何约束”，弹出“几何约束”对话框，选中“水平对齐”按钮“ ”。在“要约束的几何体”选项下先选中“选择要约束的对象”选项，单击一个圆的圆心，再选中“选择要约束到的对象”选项，单击另一个圆的圆心，最后单击“关闭”按钮，完成水平对齐。

4）单击“快速修剪”按钮“ ”，修剪局部轮廓，完成后如图 3-28 所示。

（3）拉伸实体

1）单击“视图”工具栏中“正三轴视图 ”，同时调整视图大小和位置。

2）单击“特征”工具栏中的“拉伸”按钮“ ”，弹出“拉伸”对话框，深色显示“ 选择曲线 (0)”提示选择用于拉伸的曲线，选中两条圆弧。

3）修改拉伸对话框中“开始 值 ”下方的“距离”为“0”，“结束 值 ”下方的“距离”为“30”，单击“确定”按钮，完成实体拉伸，完成后的实体如图 3-29 所示。

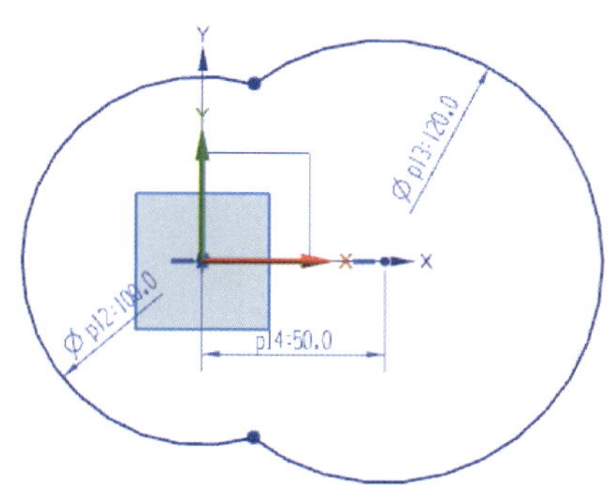

图 3-28 约束圆的位置

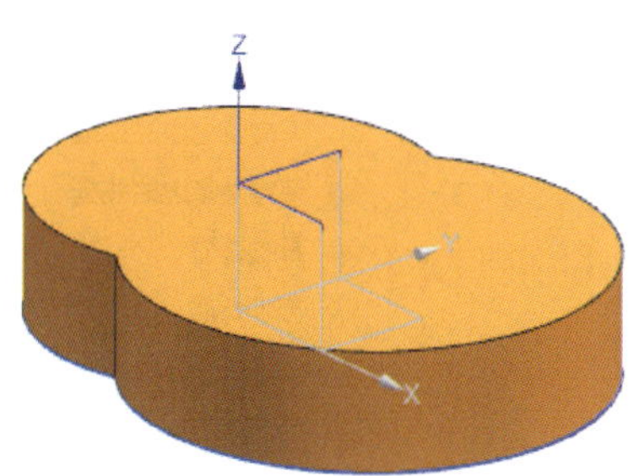

图 3-29 拉伸实体

（4）实体抽壳

1）单击“特征”工作栏右侧向下箭头“ ”，在弹出展开菜单中选中“✓ 抽壳”。

2）单击“特征”工具栏中按钮“ ”，弹出如图 3-30 所示“抽壳”对话框，在类型选项中选择“ 对所有面抽壳”。

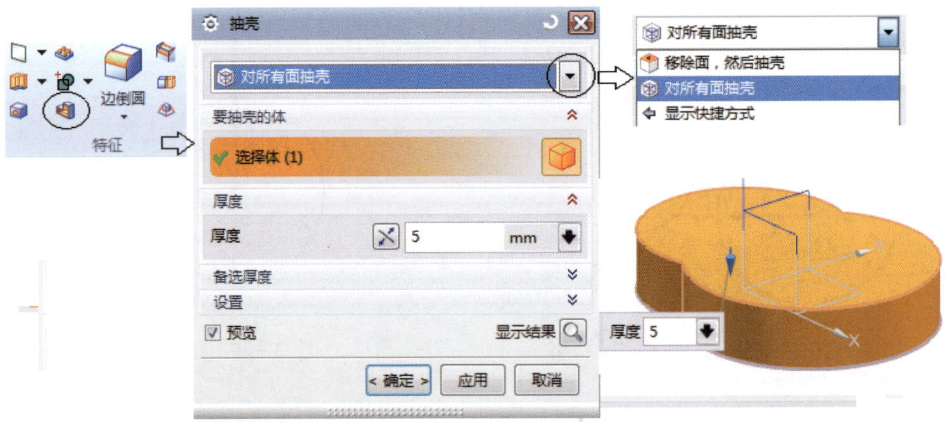

图 3-30 “抽壳”对话框

3）单击“选择体 (1)”右侧按钮“ ”，单击选择拉伸实体。设定“厚度”尺寸为“5”，绘图区显示抽壳方向。

4）单击“确定”按钮，完成实体抽壳，由于是整体抽壳，从外观上比较，抽壳前后无区别，但内部已形成壳体。

提示

可单击“视图”工具栏中的“ 静态线框”，使实体呈现如图 3-31 所示“静态线框”显示，观察抽壳后的内部结构。

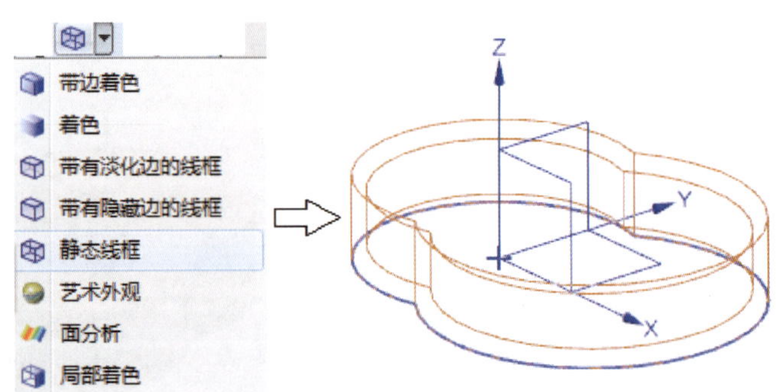

图 3-31 “静态线框”显示

（5）拉伸上方的孔

1）单击“草图”按钮“ ”，弹出“创建草图”对话框，直接单击实体上表面作为草图平面，结果如图 3-32 所示。

2）单击“确定”按钮，进入草图工作界面，同时自动转换成“正视”视图，坐标原点

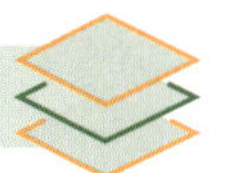

位于左侧圆弧的圆心。

3）单击“圆”按钮“”，在任意位置绘制圆。

4）单击按钮“”，约束圆的直径尺寸为“40”，距离尺寸为“25”。

5）在“几何约束”对话框中选中“水平对齐”约束按钮“”，约束圆心位于水平位置上，结果如图 3-33 所示。

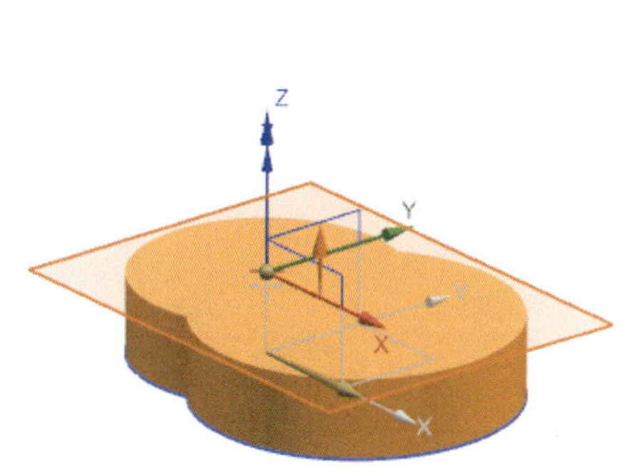

图 3-32　创建草图平面

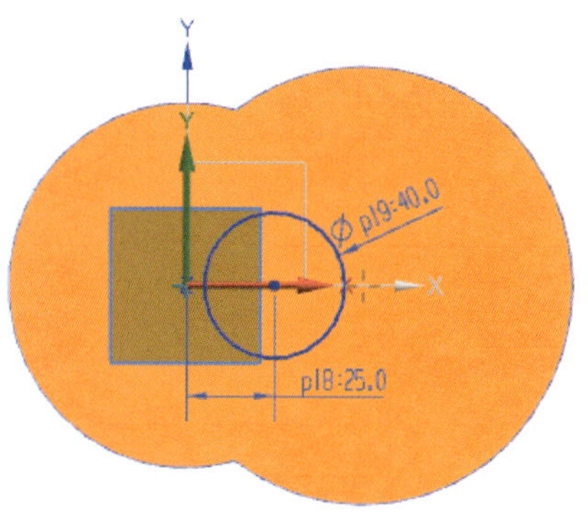

图 3-33　绘制草图

6）单击“特征”工具栏中的“拉伸”按钮“”，在弹出的“拉伸”对话框中设置如图 3-34 所示参数。单击“”使拉伸方向向下，选中布尔运算中的“减去”，绘图区显示拉伸切除预览。

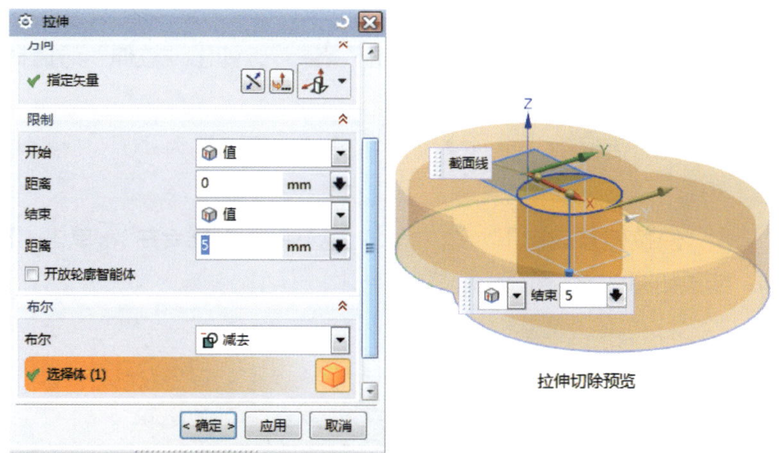

图 3-34　设置拉伸切除参数

7）单击“确定”按钮，完成拉伸切除，结果如图 3-35 所示。

2. 拉伸左侧手柄轮廓

（1）绘制草图

1）单击“草图”按钮“ ”，弹出“创建草图”对话框，直接单击实体上表面作为草图平面。

2）单击“确定”按钮，进入草图工作界面，同时自动转换成“正视”视图，坐标原点位于左侧圆弧的圆心。

3）单击“直线”按钮“ ”，画出如图 3-36 所示草图。

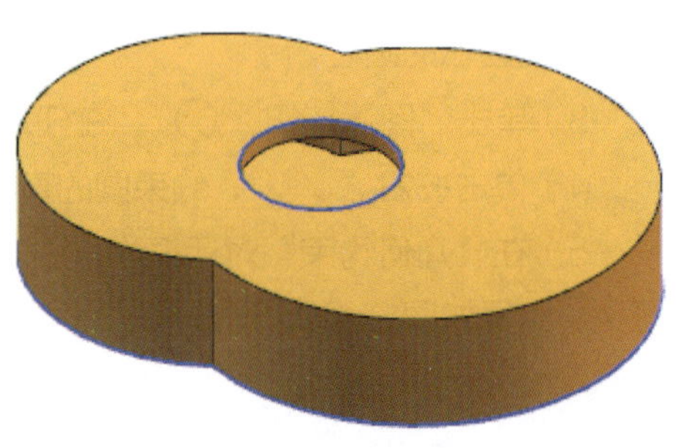

图 3-35　完成切除后的实体

4）单击按钮“ ”，依次完成如图 3-37 所示草图尺寸约束。

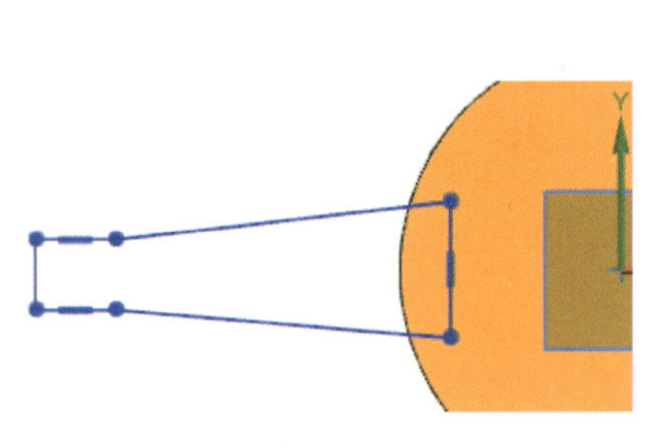

图 3-36　绘制草图

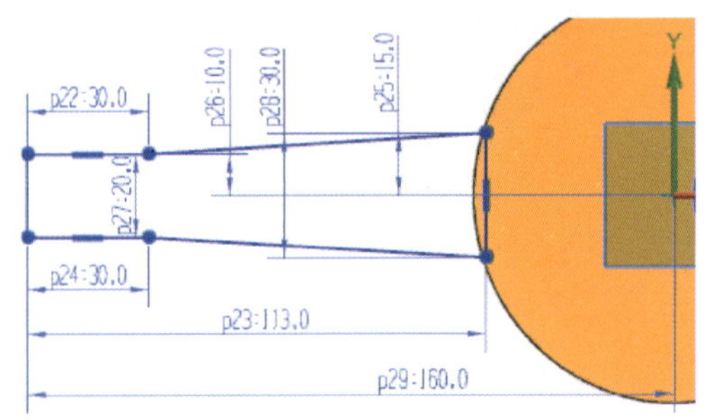

图 3-37　约束草图

（2）拉伸实体

1）单击“特征”工具栏中的“拉伸”按钮“ ”，弹出“拉伸”对话框，选择用于拉伸的曲线。

2）修改“拉伸”对话框中“开始 值”下方的“距离”为“0”，“结束 值”下方的“距离”为“30”。

3）单击“ ”使拉伸方向向下，选中布尔运算中的“合并”，单击“确定”按钮，完成实体拉伸，结果如图 3-38 所示。

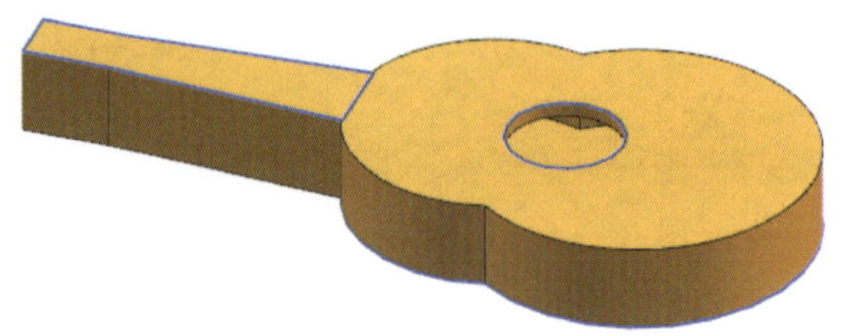

图 3-38　完成柄部拉伸

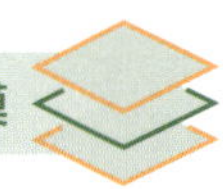

（3）切除底部轮廓

1）单击“草图”按钮“”，弹出“创建草图”对话框，选择“*ZY*”平面作为草图平面。

2）单击“确定”按钮，进入草图工作界面，同时自动转换成“正视”视图。

3）单击“直线”按钮“”，画出如图3-39所示直线，其中上方水平线端点位于左侧轮廓端面。单击“圆弧”按钮“”，画出图中的圆弧。

4）单击按钮“”，依次完成如图3-40所示草图尺寸约束；单击“几何约束”按钮“”，约束左侧垂直线位于实体左侧端面处。

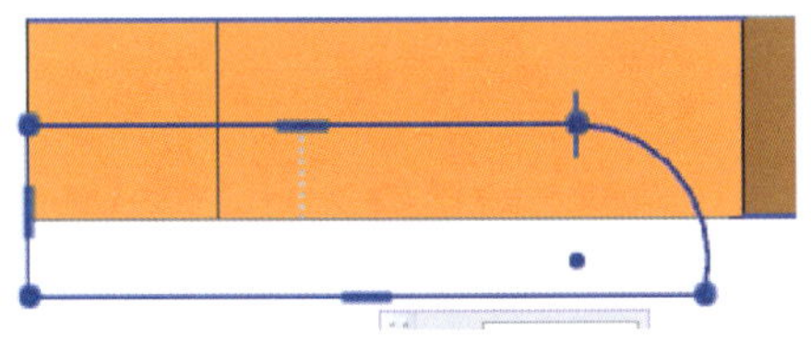

图3-39　绘制草图

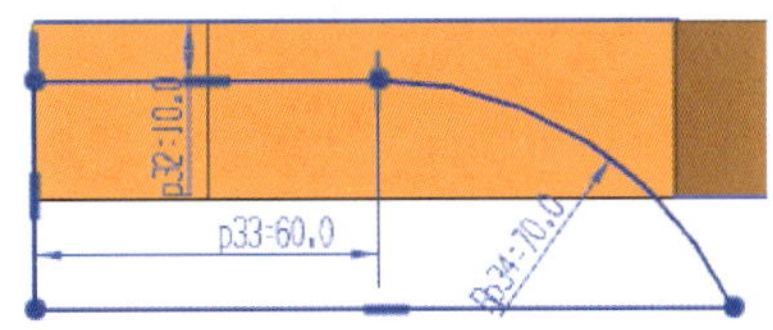

图3-40　约束草图

5）单击“特征”工具栏中的“拉伸”按钮“”，弹出“拉伸”对话框，单击“结束”右侧的向下箭头，选择“对称值”，输入拉伸长度参数为“15”，选中布尔运算中的“减去”。

6）单击“确定”按钮，完成拉伸切除，结果如图3-41所示。选择前面生成的草图，将其隐藏。

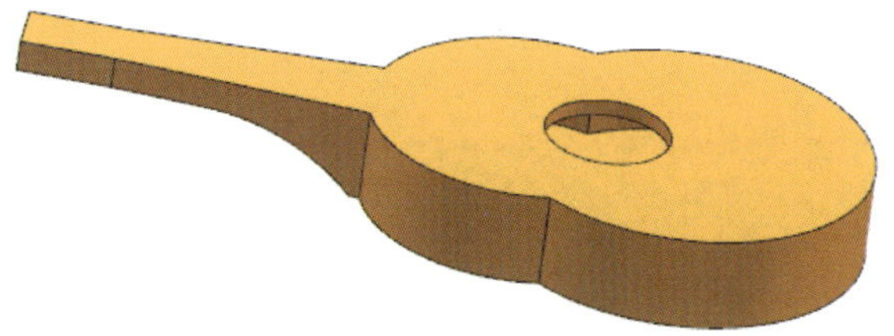

图3-41　切除后的实体

3. 实体倒圆角

（1）单击“特征”工具栏中的“边倒圆”按钮“”，弹出如图3-42所示“边倒圆”对话框，设置“连续性”方式为“G1（相切）”“形状”方式为“圆形”，选择要圆角的两条边，输入“半径1”值为“3”。单击“应用”按钮，绘制两条边的圆角。

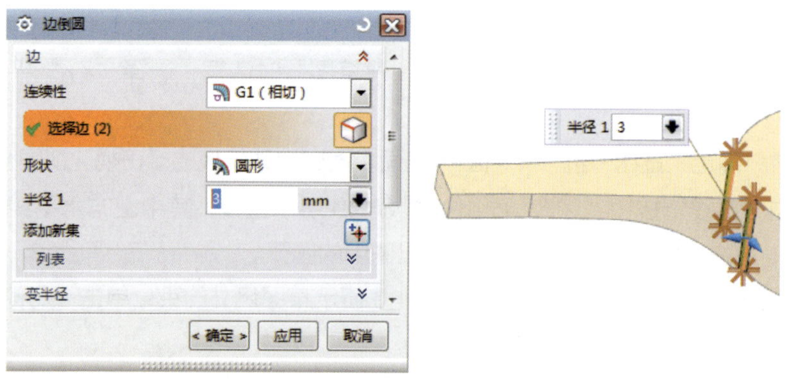

图 3-42　“边倒圆”对话框

（2）修改“半径 1”值为“1”，依次单击如图 3-43 所示的上平面相交线，单击“应用”按钮，绘制上平面处的圆角。

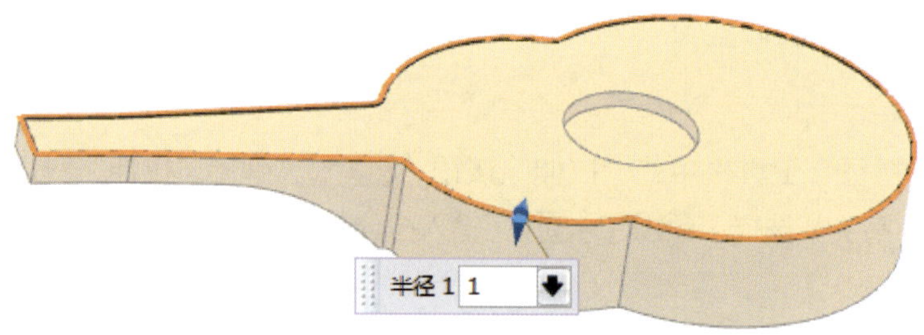

图 3-43　上表面倒圆角

（3）动态旋转实体，依次单击如图 3-44 所示的底平面相交线，单击“确定”按钮，绘制底平面处的圆角。

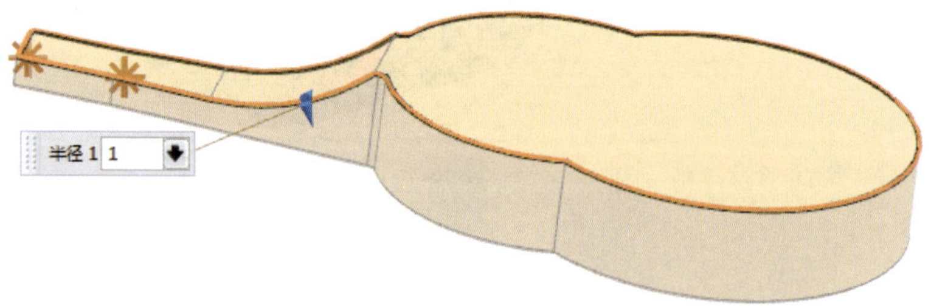

图 3-44　底表面倒圆角

4. 拉伸上表面三角形实体

（1）绘制草图

1）单击“草图”按钮“ ”，弹出“创建草图”对话框，选择“*ZY*”平面作为草图

平面。

2）单击“确定”按钮，进入草图工作界面，同时自动转换成“正视”视图。

3）单击“直线”按钮“ ”，画出如图 3-45 所示轮廓。

4）单击按钮“ ”，依次完成如图 3-46 所示草图尺寸约束；单击“几何约束”按钮“ ”，约束三条边相等。

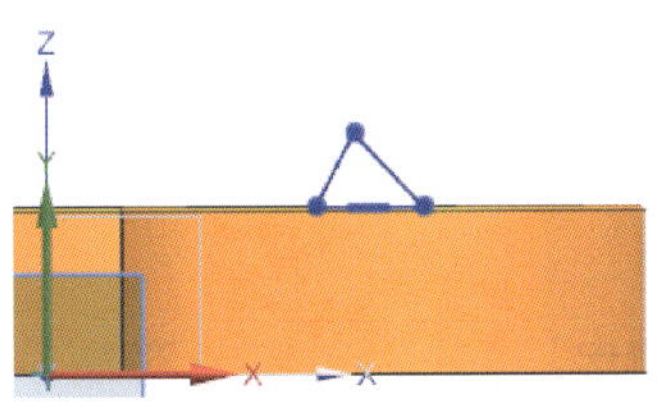

图 3-45　三角形草图

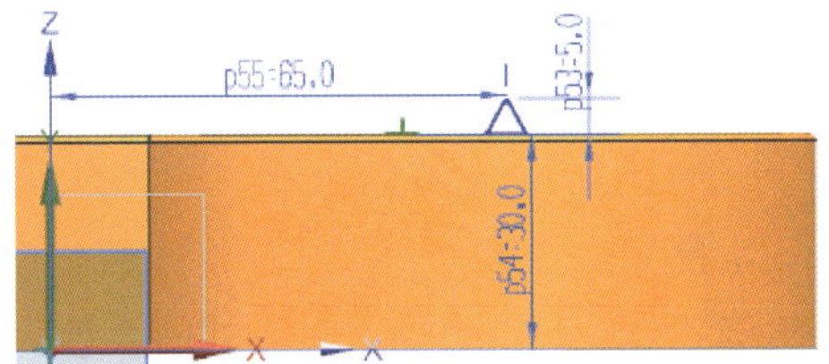

图 3-46　完成三角形草图约束

（2）拉伸实体

1）单击“特征”工具栏中的“拉伸”按钮“ ”，弹出“拉伸”对话框，选择用于拉伸的曲线。

2）单击“结束”右侧的向下箭头，选择“ 对称值”，输入拉伸长度参数为“20”。

3）选中布尔运算中的“ 合并”，单击“确定”按钮，完成实体拉伸，结果如图 3-47 所示。

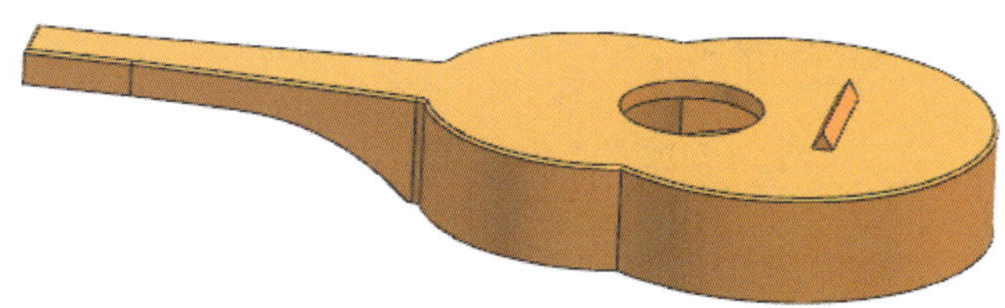

图 3-47　完成后的实体

知识与技能拓展

1. 实体拉伸方式

关于实体拉伸，除了本例中介绍的几种方式外，还有如图 3-48 所示的多种拉伸方式。

（1）贯通

“贯通”的拉伸方式主要用于拉伸切除，拉伸切除过程中，不管零件有多厚，所有拉伸方向上的实体均被切除，如图 3-49 所示为采用“贯通”的拉伸方式拉伸切除后的效果。

图 3-48　多种拉伸方式

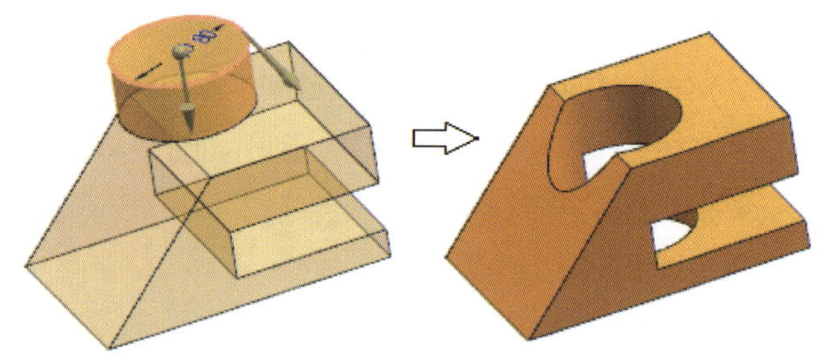

图 3-49　“贯通”拉伸效果

（2）直至选定

采用“直至选定”的拉伸方式时，首先选中“直至选定”，再单击“选择对象”右侧按钮“”，在绘图区选择要拉伸到的面，单击“确定”按钮，完成实体拉伸，结果如图 3-50 所示。

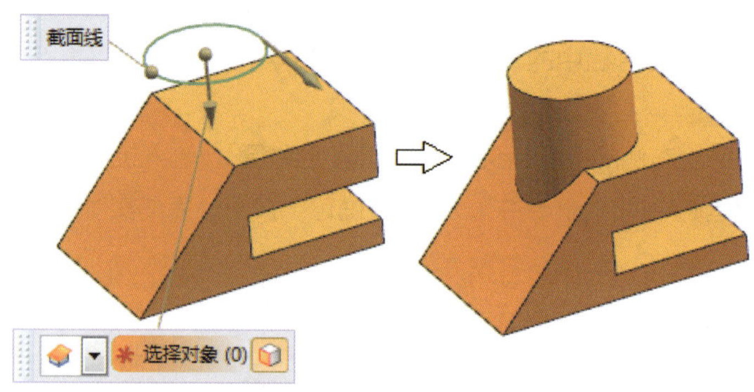

图 3-50　“直至选定”拉伸效果

（3）直至延伸部分

采用“直至延伸部分”的拉伸方式时，首先选中“直至延伸部分”，再单击“选择对象”右侧按钮“”，单击选择要延伸的面，单击“确定”按钮，完成实体拉伸，拉伸至所选择面的延伸处，结果如图 3-51 所示。

（4）直至下一个

采用“直至下一个”的拉伸方式时，首先选中“直至下一个”，拉伸实体即自动成形至拉伸方向上的实体，单击“确定”按钮，完成实体拉伸。

2. 变半径圆角

在实体倒圆角过程中，通过设置曲线上不同位置点处的半径值，可以实现变半径圆角，下面以“香皂”建模实例来说明变半径圆角的建模方法。

（1）绘制如图 3-52 所示草图。

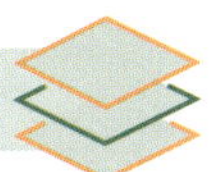

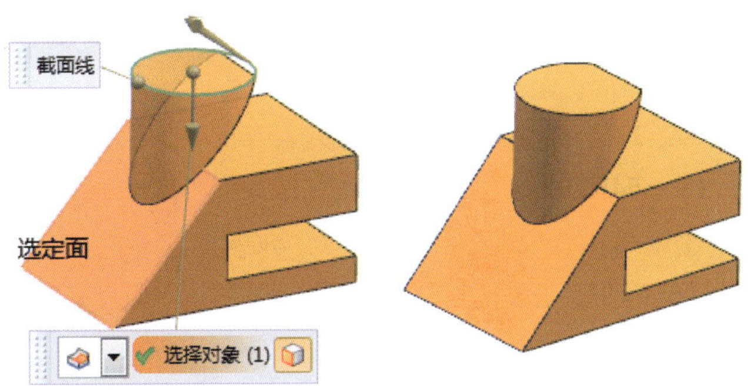

图 3-51 “直至延伸部分”拉伸效果

（2）拉伸建模创建如图 3-53 所示实体，实体高度为 26。

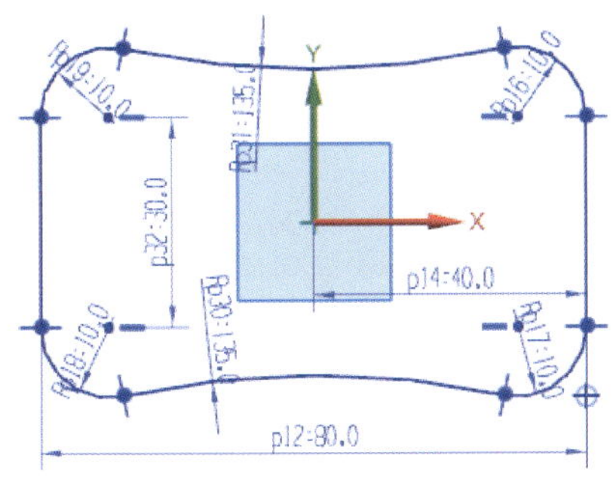

图 3-52 创建草图

图 3-53 拉伸实体

（3）单击“边倒圆”按钮“”，弹出如图 3-54 所示“边倒圆”对话框，输入“半径”值为“5”，单击上表面实体边。

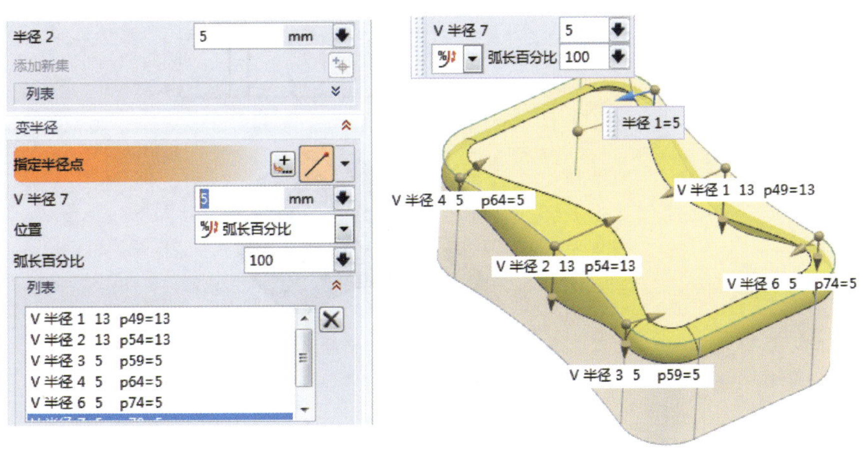

图 3-54 设置圆角半径

（4）单击“添加新集”右侧按钮“ ”，单击“变半径”右侧按钮“ ”，同时展开“列表”，单击左侧圆弧象限点，输入半径值“13”，列表中显示“V 半径 1 13 p49=13”，单击右侧圆弧象限点，列表中显示“V 半径 2 13 p54=13”。

（5）单击直线或圆弧端点，输入半径值“5”，列表中显示“V 半径 3 5 p59=5”，用同样方法设置其他三条直线端点处的半径。

（6）单击“确定”按钮，完成变半径倒圆角，结果如图 3-55 所示。

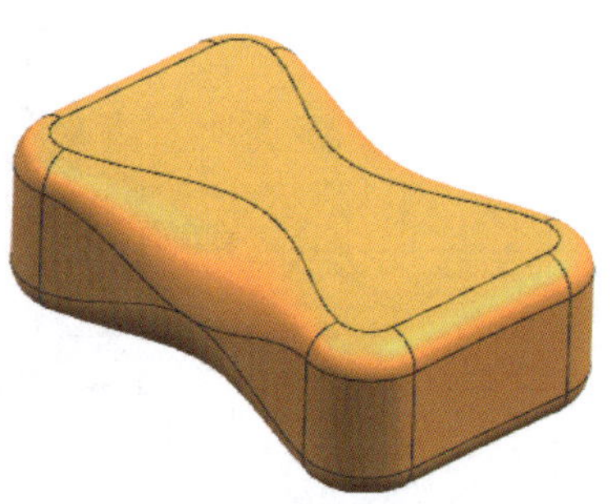

图 3-55 倒圆角后的实体

 拓展练习

1. 完成如图 3-56 所示实体的三维建模。

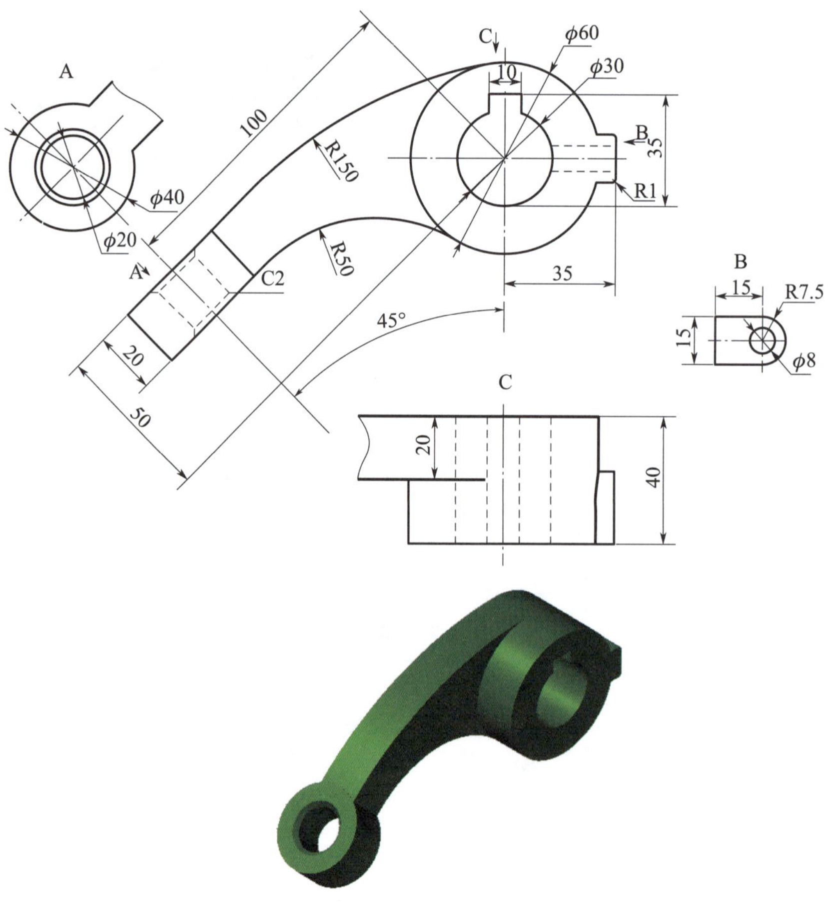

图 3-56 拓展练习 1

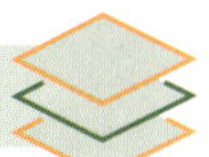

2. 完成如图 3-57 所示实体的三维建模。

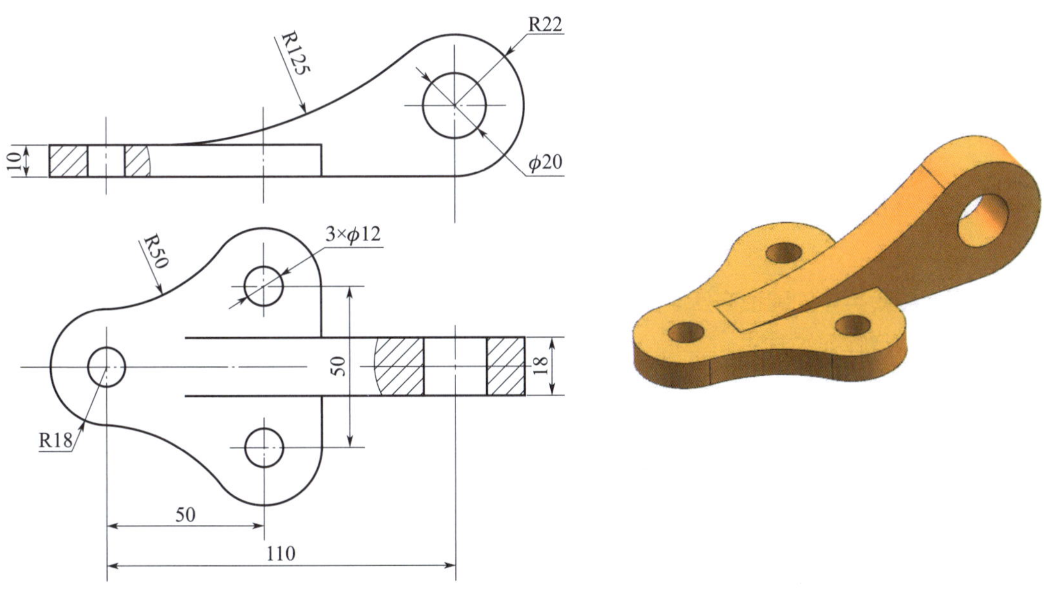

图 3-57　拓展练习 2

3. 完成如图 3-58 所示实体的三维建模。

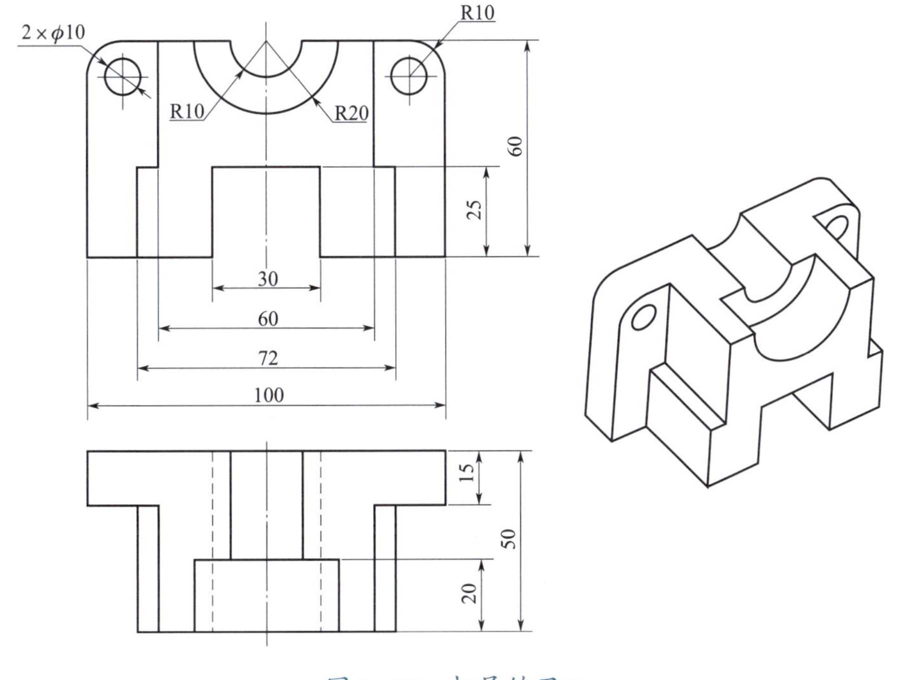

图 3-58　拓展练习 3

任务 3　旋转建模

学习目标

1. 掌握旋转实体的建模方法。
2. 掌握特征阵列的方法。
3. 掌握插入基准面的方法。
4. 掌握综合运用拉伸与旋转建模的方法。
5. 掌握隐藏图素的方法。

任务描述

完成如图 3-59 所示零件的实体建模。

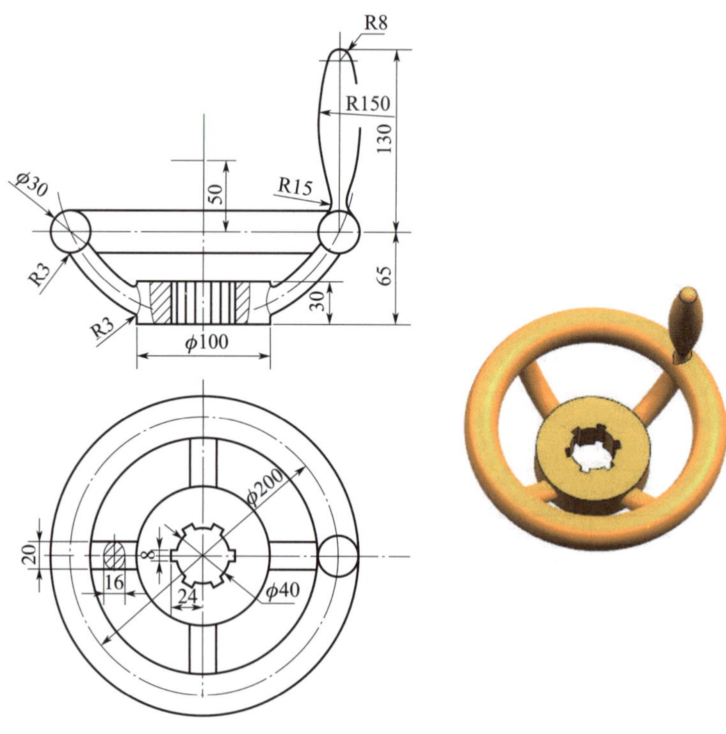

图 3-59　旋转建模实例

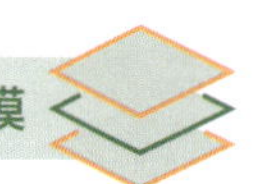

任务实施

1. 旋转圆环形状

（1）进入草图工作界面

1）单击“新建”按钮“ ”，选择实体建模工作界面。

2）单击“草图”按钮“ ”，选择“*YZ*”基准平面作为草图工作平面。

3）单击“确定”按钮，进入草图工作界面，同时自动转换成“正视”视图。

（2）绘制草图

1）单击“圆”按钮“ ”，任意位置绘制圆，按“Esc”键结束。

2）单击按钮“ ”，约束圆的直径为“30”。

3）单击“直接草图”工具栏中的“ 几何约束”，选中“水平对齐”按钮“ ”，约束圆心位于水平线上，单击“关闭”按钮，完成几何约束，结果如图 3-60 所示。

4）单击“直线”按钮“ ”，通过圆点绘制垂直线。

5）对准所画的直线单击右键，在弹出右键即时菜单中选择“ 转换为参考”，将所画的垂直线转换成参考线，结果如图 3-61 所示。

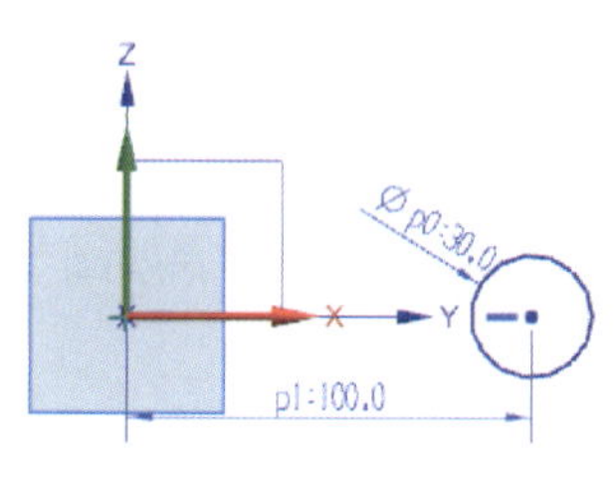

图 3-60　绘制草图

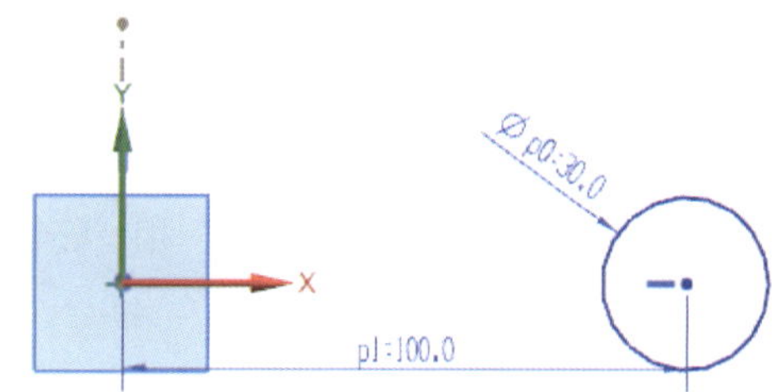

图 3-61　绘制旋转轴

（3）旋转实体

1）单击“视图”工具栏中“正三轴视图 ”，同时调整视图大小和位置。

2）单击“特征”工具栏中的“旋转”按钮“ 旋转”，弹出如图 3-62 所示的“旋转”对话框，深色显示“ 选择曲线 (0)”自动选择圆作为截面线，单击“轴”下方右侧按钮“ ”，单击选择垂直参考线。

3）单击“确定”按钮，完成实体旋转，结果如图 3-63 所示。

2. 旋转上部手柄

（1）绘制草图

1）单击“草图”按钮“ ”，选择“*YZ*”基准平面作为草图工作平面。

2）单击“直线”按钮“ ”，通过原点绘制垂直线。

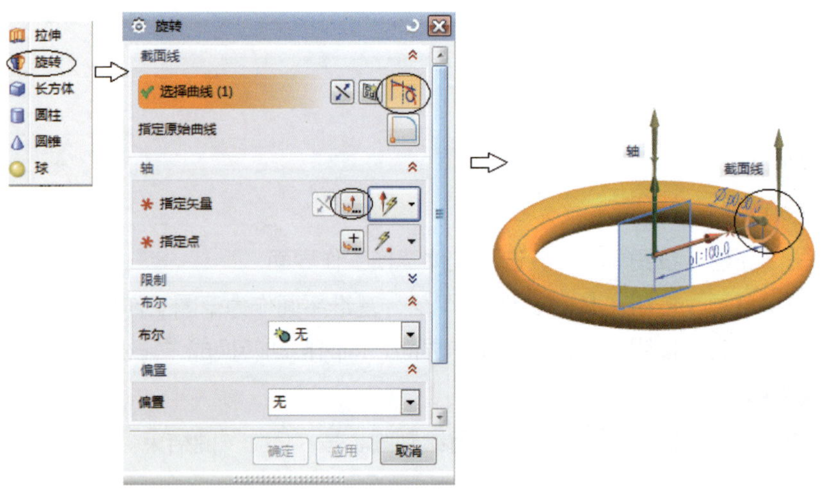

图 3-62　旋转实体操作流程

3）单击按钮“ ”，约束垂直线与原点距离为“100”，同时将所画的垂直线转换成参考线。

4）单击“圆”按钮“ ”，绘制如图 3-64 所示 4 个圆，其中两个圆的圆心位于垂直线之上，按“Esc”键结束。

图 3-63　完成后的旋转体

5）单击“直接草图”工具栏中的“ ”，选中“水平对齐”按钮“ ”，约束“C1”圆的圆心位于水平线上；选中“相切”约束按钮“ ”，完成“C1”和“C3”“C3”和“C4”“C2”和“C4”的两两相切，结果如图 3-65 所示。

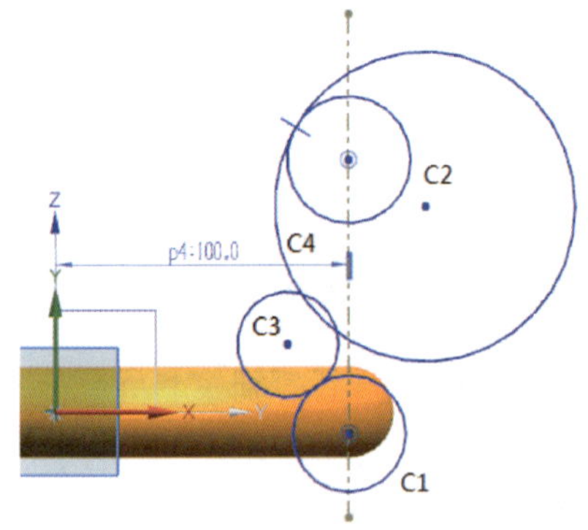

图 3-64　绘制中心线的 4 个圆

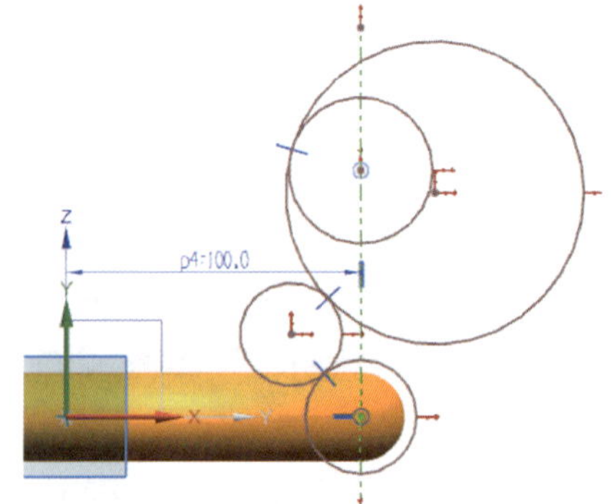

图 3-65　草图几何约束

6）单击按钮“ ”，完成如图 3-66 所示的尺寸约束。

7）单击“快速修剪”按钮“ ”，修剪局部轮廓，完成后如图 3-67 所示。

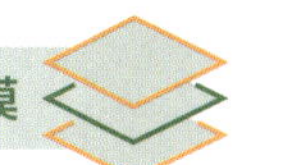

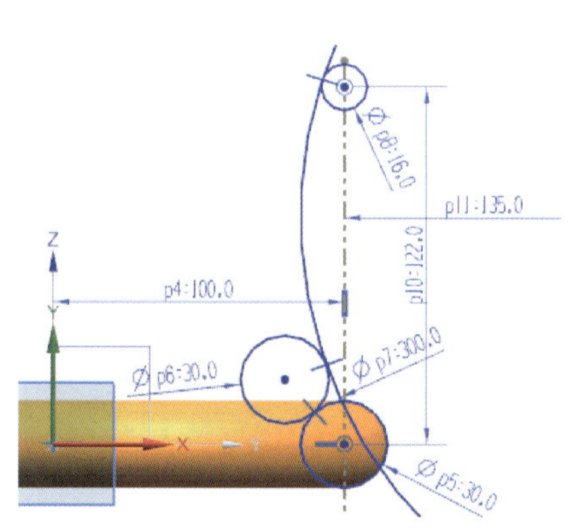

图 3-66　完成全部草图约束

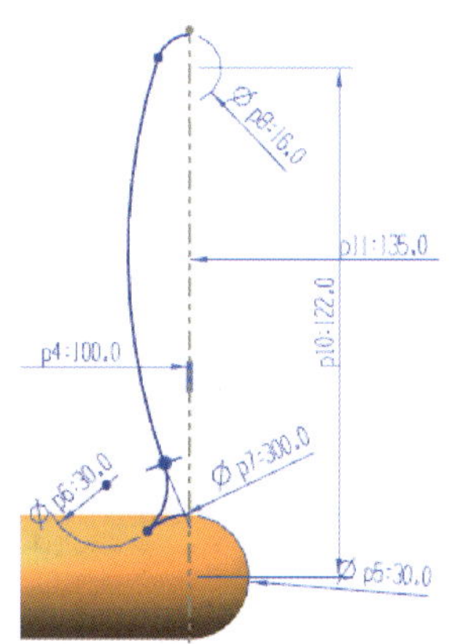

图 3-67　修剪草图

提示

旋转建模过程中，旋转截面轮廓只能位于旋转轴的同一侧。

（2）旋转实体

1）单击“特征”工具栏中的“旋转”按钮“旋转”，弹出“旋转”对话框，深色显示“选择曲线 (0)”中显示自动选择了截面线，单击“轴”下方右侧按钮“”，单击选择垂直参考线作为旋转轴。

2）选中布尔运算中的“合并”。

3）单击“确定”按钮，完成实体旋转，结果如图 3-68 所示。

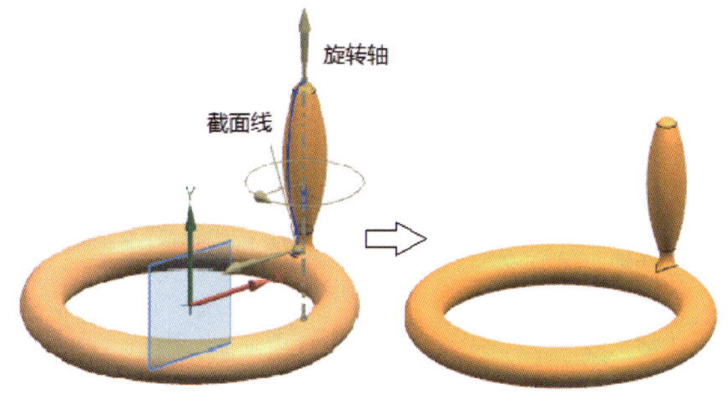

图 3-68　旋转实体

3. 拉伸底部圆柱形轮廓

（1）绘制草图

1）单击“草图”按钮“”，选择“YZ”基准平面作为草图工作平面。

2）采用画直线和画圆方式，在草图中绘制两个圆心为原点的同心圆及直线轮廓，结果如图 3-69 所示。

3）单击按钮“”，完成尺寸约束。单击按钮“”，完成几何约束。结果如图 3-70 所示。

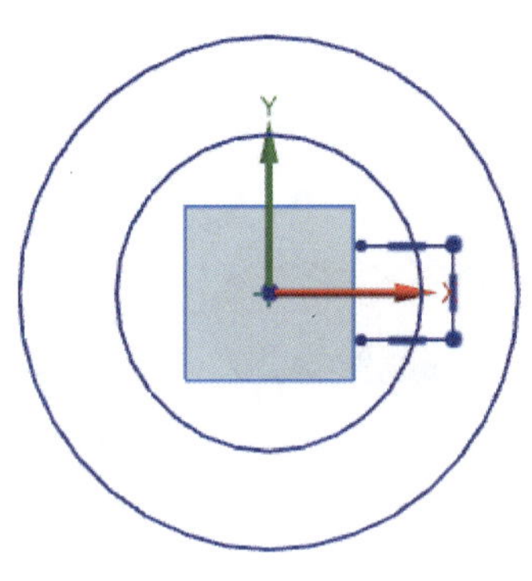

图 3-69　绘制草图

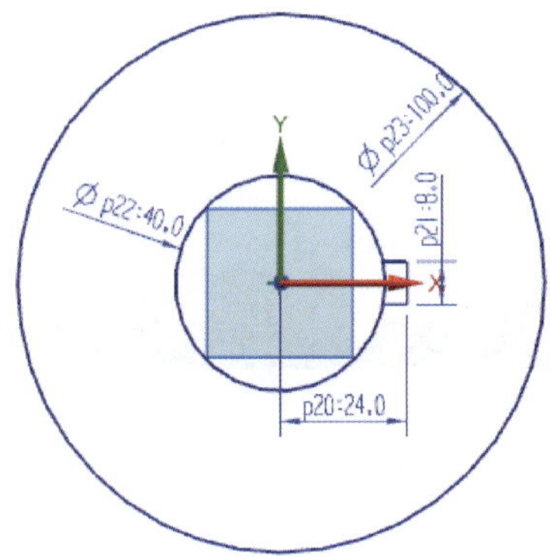

图 3-70　约束草图

4）单击“更多曲线”工具栏中的“阵列曲线”按钮“”，弹出“阵列曲线”对话框。

5）单击选择右侧三条直线，设定旋转中心为原点，设定数量参数为“6”，设定节距角参数为“60”。单击“确定”按钮，完成圆周阵例，结果如图 3-71 所示。

6）单击“快速修剪”按钮“”，修剪局部轮廓，完成后如图 3-72 所示。

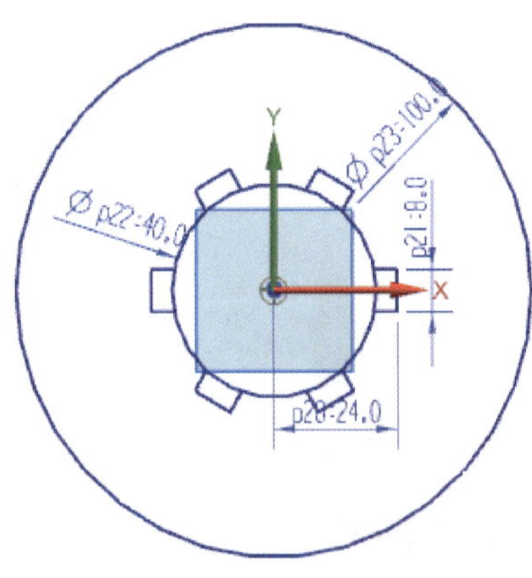

图 3-71　阵列图素

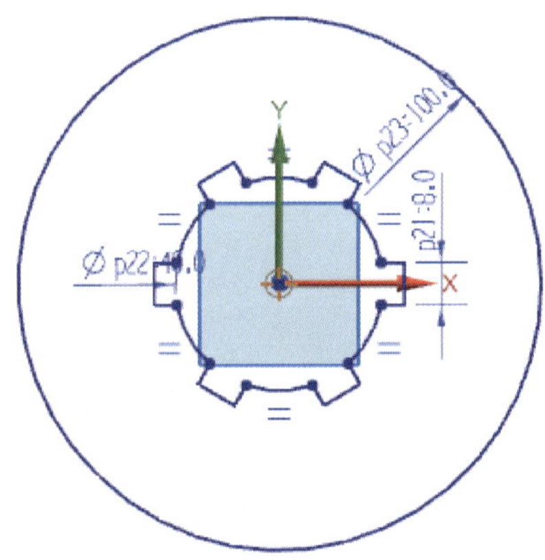

图 3-72　修剪草图

（2）拉伸实体

1）单击“特征”工具栏中的“拉伸”按钮“”，弹出“拉伸”对话框，选择用于拉伸的曲线。

2）单击“”使拉伸方向向下，修改“拉伸”对话框中的“开始 值”下方的“距

离”为“35”，“结束 值”下方的“距离”为“65”。

3）选中布尔运算中的“无”，单击“确定”按钮，完成实体拉伸，结果如图 3-73 所示。

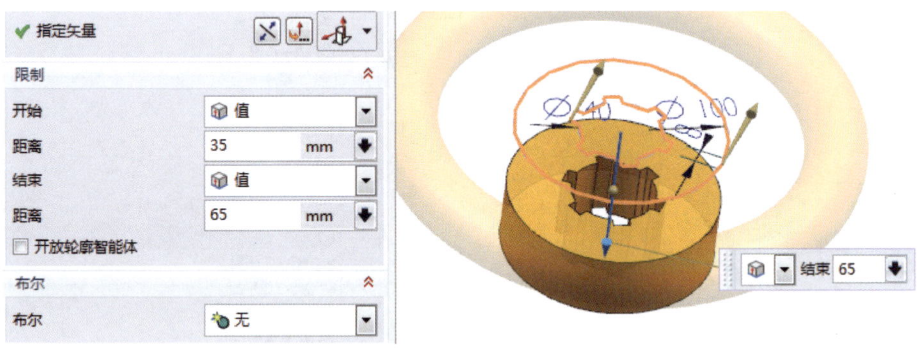

图 3-73 修改拉伸参数

由于当前的拉伸实体与前面生成的实体不相交，所以在选择“布尔”运算操作时，不能选择“合并”选项，否则会出现错误信息。

4. 旋转下方四个连接件

（1）插入基准面

1）单击“草图”按钮“ ”，选择“YZ”基准平面作为草图工作平面。

2）单击“曲线”工具栏中的“圆弧”按钮“ ”，绘制圆弧线。单击“直线”按钮“ ”，通过圆弧端点和圆心绘制连线，结果如图 3-74 所示。

3）单击按钮“ ”，约束圆弧的两个端点与原点位于水平位置，约束圆弧的圆心与原点位于垂直位置，约束直线和圆弧互相垂直。

4）单击按钮“ ”，约束圆弧两端点的距离为“200”，圆心到原点的距离为“50”，结果如图 3-75 所示。

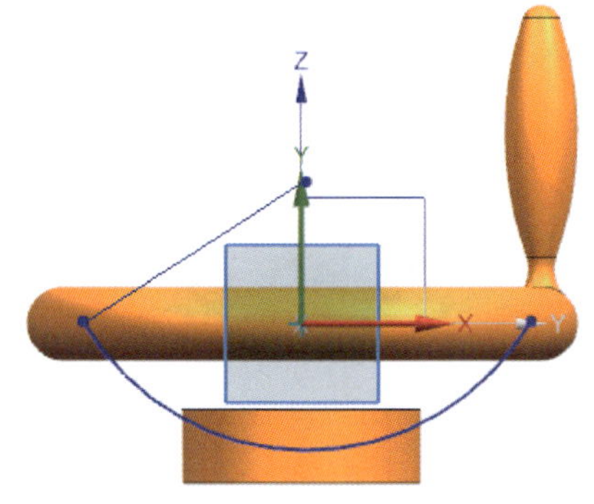

图 3-74 绘制圆弧

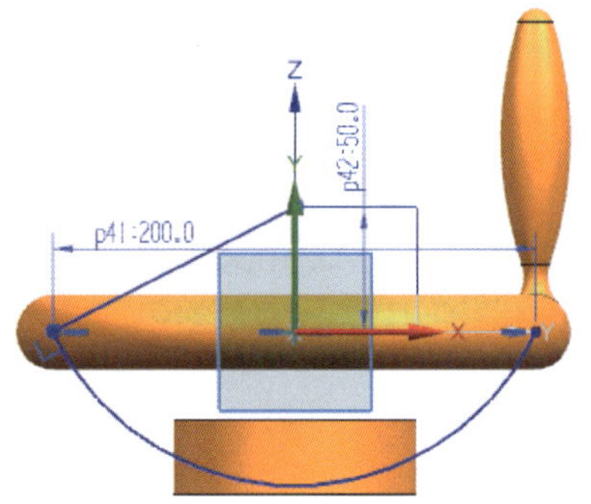

图 3-75 约束草图

5）单击［菜单（M）］/［插入（S）］/［基准 / 点（D）］/［ 基准平面(D)... ］或直接单击“基准平面”按钮“ ”，弹出如图 3-76 所示的“基准平面”对话框。

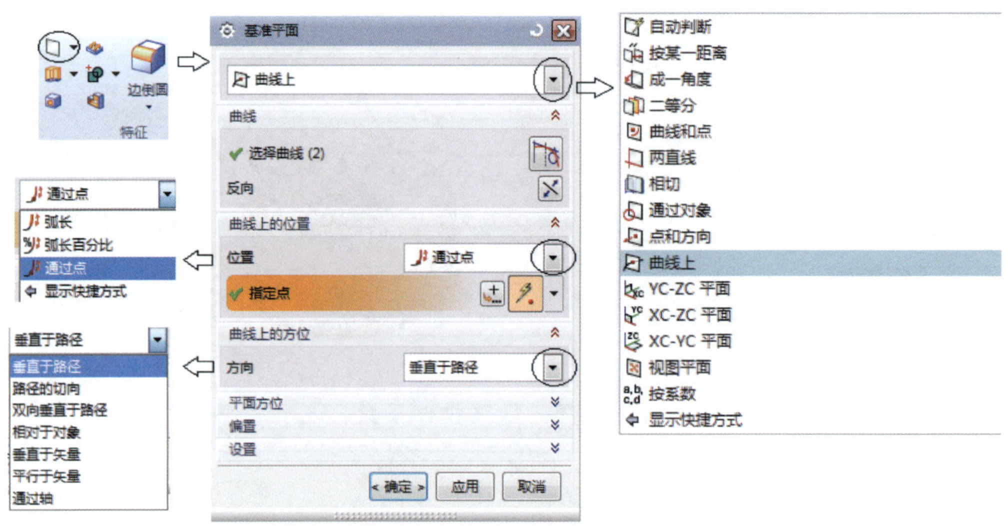

图 3-76 “基准平面”对话框

6）首先选择构建“基准平面”方式为“ 曲线上”；单击“位置”右侧向下箭头，在展开选项中选择“ 通过点”；单击“方向”右侧向下箭头，在展开选项中选择“**垂直于路径**”。

7）单击圆弧线作为“截面曲线”，单击圆弧端点作为“通过点”，生成如图 3-77 所示基准平面预览。

8）单击“确定”按钮，生成基准平面，结果如图 3-78 所示。在“部件导航器”中将显示生成基准平面“ **基准平面 (13)**”。

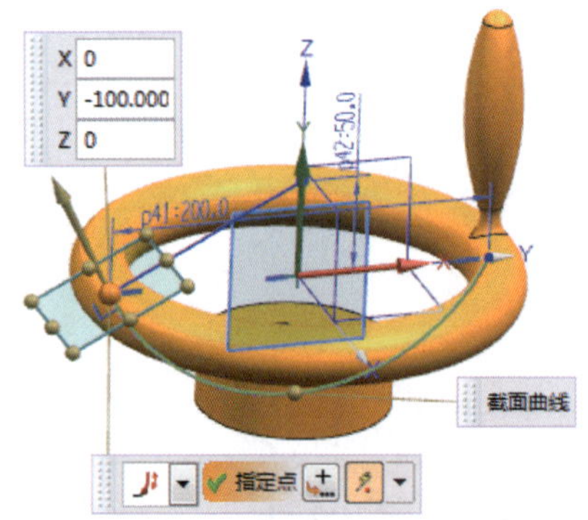

图 3-77 基准平面预览

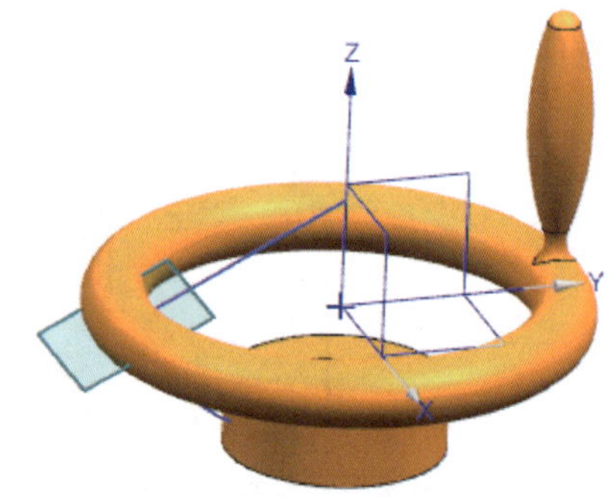

图 3-78 生成基准面

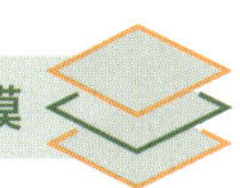

（2）旋转生成单个连接件

1）单击“草图”按钮“ ”，弹出“创建草图”对话框，单击“部件导航器”中的基准平面“ 基准平面 (13)”，再单击“确定”按钮，进入草图工作界面。

2）单击“更多曲线”工具栏中的“椭圆”按钮“ ”，弹出“椭圆”对话框，设定如图 3-79 所示参数。选择直线的端点作为椭圆圆心“ 指定点”，单击“确定”按钮，生成椭圆。

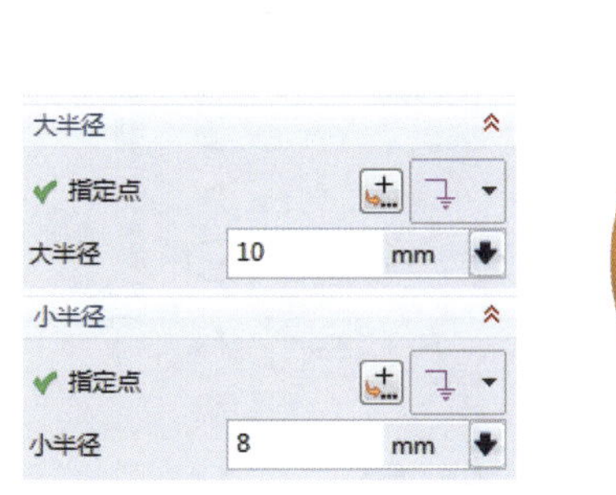

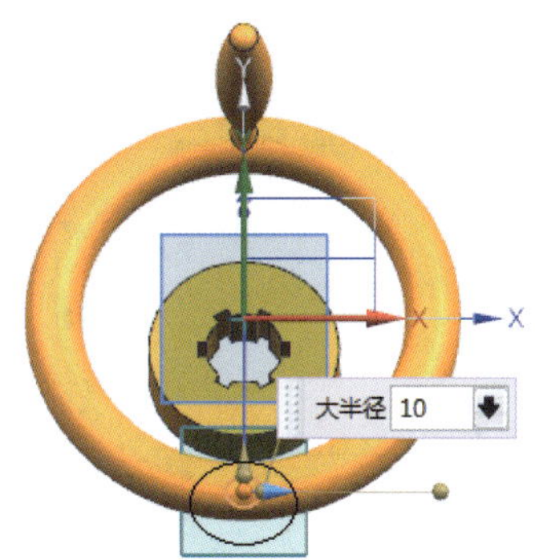

图 3-79　设定椭圆参数

3）单击按钮“ ”，通过直线上方端点绘制水平线。右击该水平线，在弹出右键即时菜单中选择“ 转换为参考”，将其转换成参考线，结果如图 3-80 所示。

4）单击“特征”工具栏中的“旋转”按钮“ 旋转”，弹出“旋转”对话框，深色显示“ 选择曲线 (0)”中显示自动选择椭圆曲线作为截面线，单击“轴”下方右侧按钮“ ”，单击水平垂直参考线作为旋转轴，再单击水平线的端点。

5）分别设定开始“角度”值为“0”，结束“角度”值为“50”，“布尔”运算选中“ 无”。

6）单击“确定”按钮，生成单个连接件旋转实体，结果如图 3-81 所示。

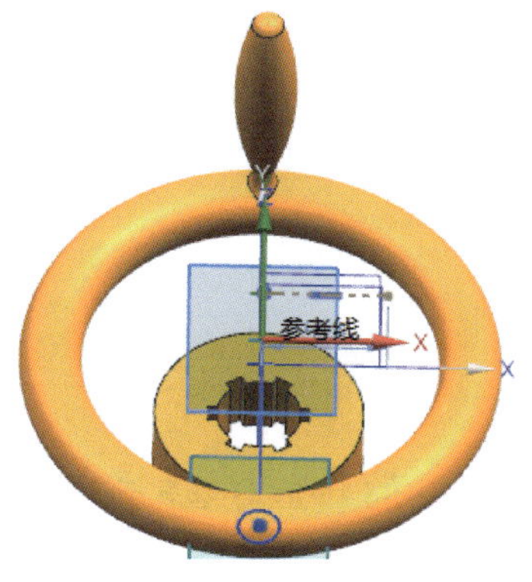

图 3-80　绘制旋转轴

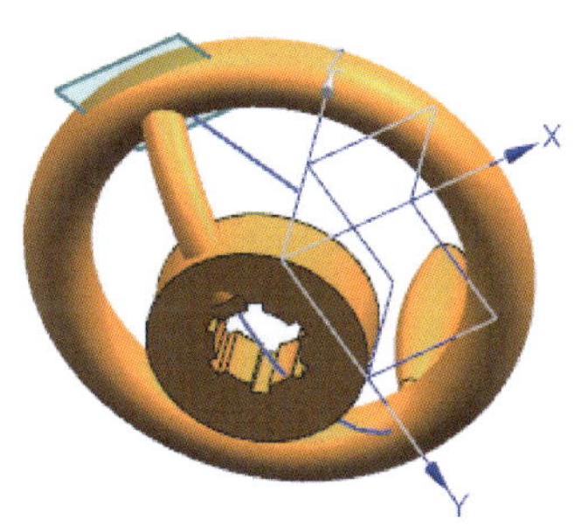

图 3-81　生成单个连接件

（3）阵列连接件

1）单击［菜单（M）］/［插入（S）］/［关联复制（D）］/［阵列几何特征(T)...］弹出如图 3-82 所示的“阵列特征”对话框。

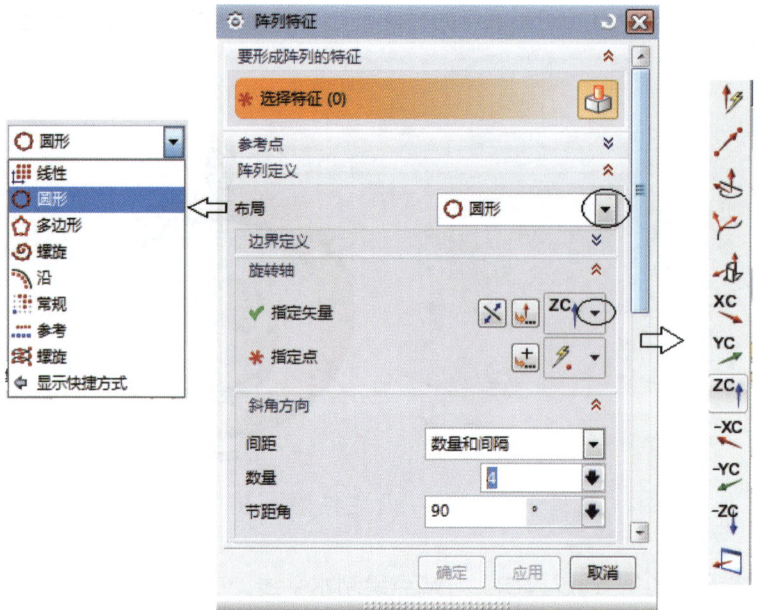

图 3-82 “阵列特征”对话框

2）单击“选择特征 (0)”右侧按钮“ ”，单击“部件导航器”中的“☑ 旋转 (10)”。单击“布局”右侧向下箭头，在展开选项中选择“圆形”；单击“指定矢量”右侧向下箭头，在展开选项中选择“ZC”。

3）设定“阵列数量”参数为“4”“节距角”参数为“90”。

4）单击“确定”按钮，生成阵列实体，结果如图 3-83 所示。

（4）实体合并

1）单击“特征”工具栏中的“合并”按钮“ ”，弹出“合并”对话框。

2）分别单击圆环作为“目标体”，连接件作为“工具体”，单击“应用”按钮，生成合并实体。

3）采用同样方法，完成其他实体的合并。

提示

合并过程中，可移动鼠标至实体表面，通过观察如图 3-84 所示实体表面显示的颜色，判断实体的合并情况。

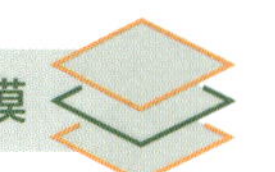

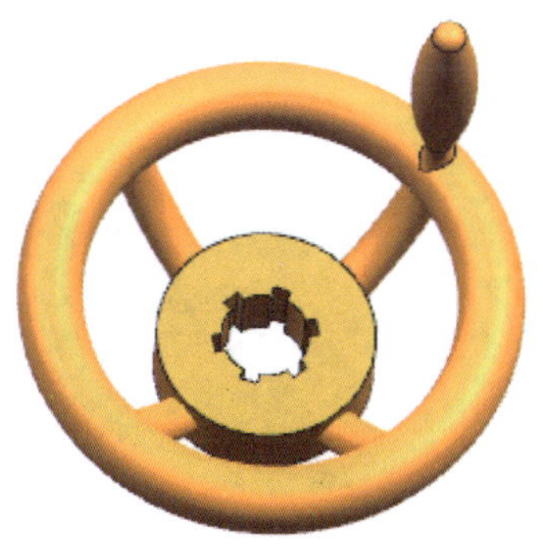
图 3-83 完成后的实体

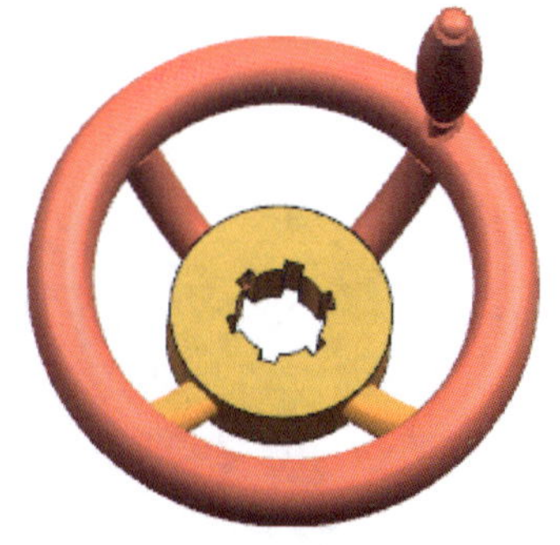
图 3-84 合并前后颜色的变化

5. 隐藏图素

（1）右键单击“部件导航器”中的“☑ 基准坐标系 (0)”，在弹出的右键菜单中单击“隐藏(H)”，将“基准坐标系”隐藏。

（2）用同样的方法将“草图”“基准平面”等图素隐藏。

知识与技能拓展

在实体建模过程中，首要的任务就是选用或创建合适的基准面进行草图绘制。因此选择和创建合适的基准面是实体建模的关键。对于基准面的创建方法，除了本例中介绍的“曲线上”的方式外，还有以下几种常用创建方式。

1. 按某一距离

采用“按某一距离”方式“ ”创建基准面时，首先选择平行于基准面的平面（该平面既可以是实体表面，也可以是已存在的基准面），再在“创建基准面”对话框中输入偏移距离即可生成新的基准面。如图 3-85 所示为平行于实体面且距实体面的距离为“20”的新基准面。

2. 成一角度

采用“成一角度”方式“ ”创建基准面时，首先选择用于平面旋转的平面（该平面既可以是实体表面，也可以是已存在的基准面），再选择通过基准面的直线即可生成新的基准面。如图 3-86 所示生成的基准平面为以实体边线为旋转轴且与实体面夹角成“45°”的平面。

3. 两直线

采用“两直线”方式“ ”创建基准面时，生成的是由空间两条相交的直线形成的基准面，如图 3-87 所示。

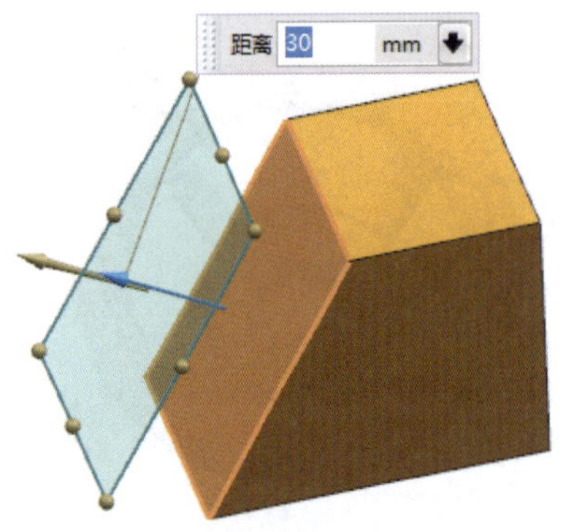

图 3-85 “按某一距离”方式

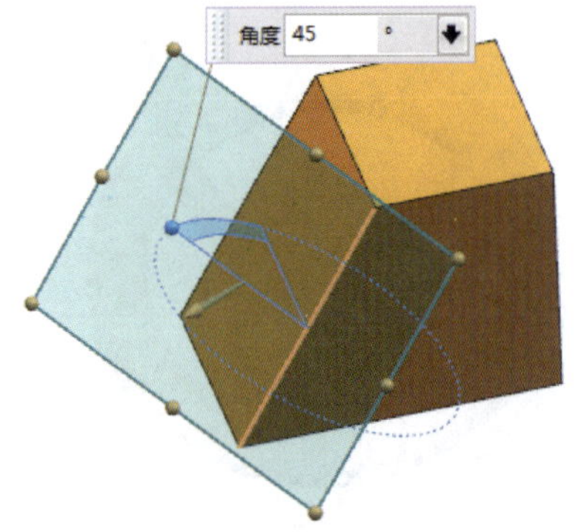

图 3-86 “成一角度”方式

4. 曲线和点

采用“曲线和点”方式“ ”创建基准面时，其“曲线”有直线、圆弧、空间曲线、样条曲线等多种形式。采用这种方式创建基准面时，选择曲线上的某个点，即可生成通过该点且与曲线该点处矢量方向垂直的基准面，如图 3-88 所示。

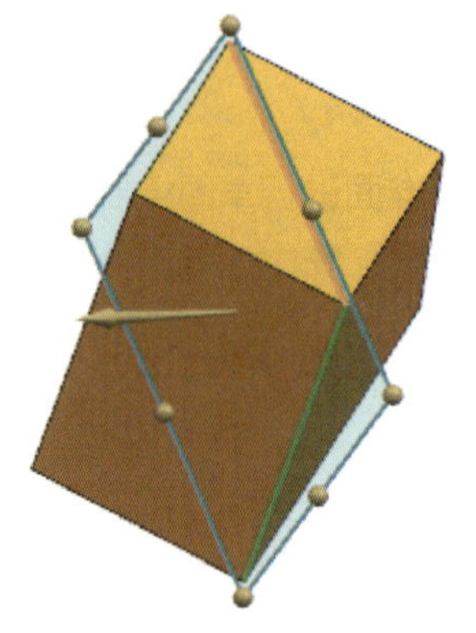
图 3-87 “两直线”方式

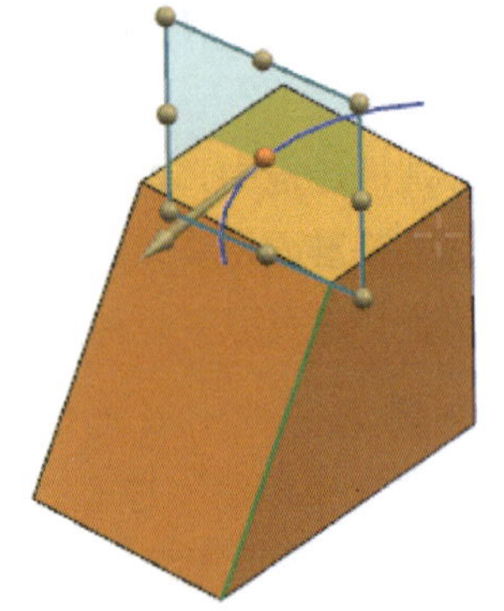
图 3-88 “曲线和点”方式

5. 相切

采用“相切”方式“ ”创建基准面时，有“通过点”“通过线条”“与平面成一角度”等多种方式，如图 3-89 所示为采用“与平面成一角度”创建的基准面，该基准面与圆弧相切同时与上表面成“30°”夹角。

6. 二等分

采用“二等分”方式“ ”创建基准面时，既可生成两个相互平行平面之间的中间平面，也可生成两个相交平面之间的角平分平面。如图 3-90 所示的二等分平面为上平面和左侧平面之间的角平分平面。

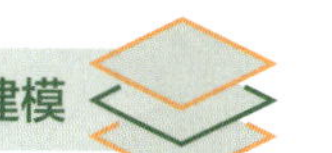

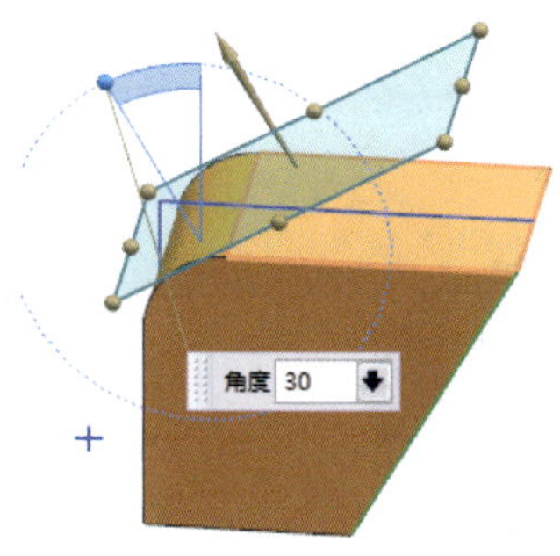

图 3-89 “相切”方式

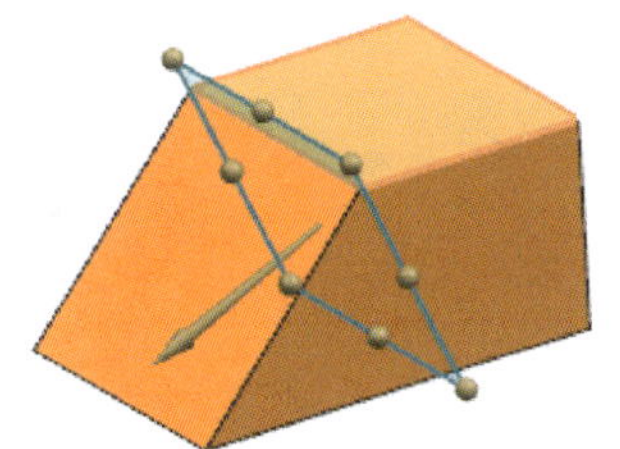

图 3-90 “二等分”方式

拓展练习

1. 完成如图 3-91 所示实体的三维建模。

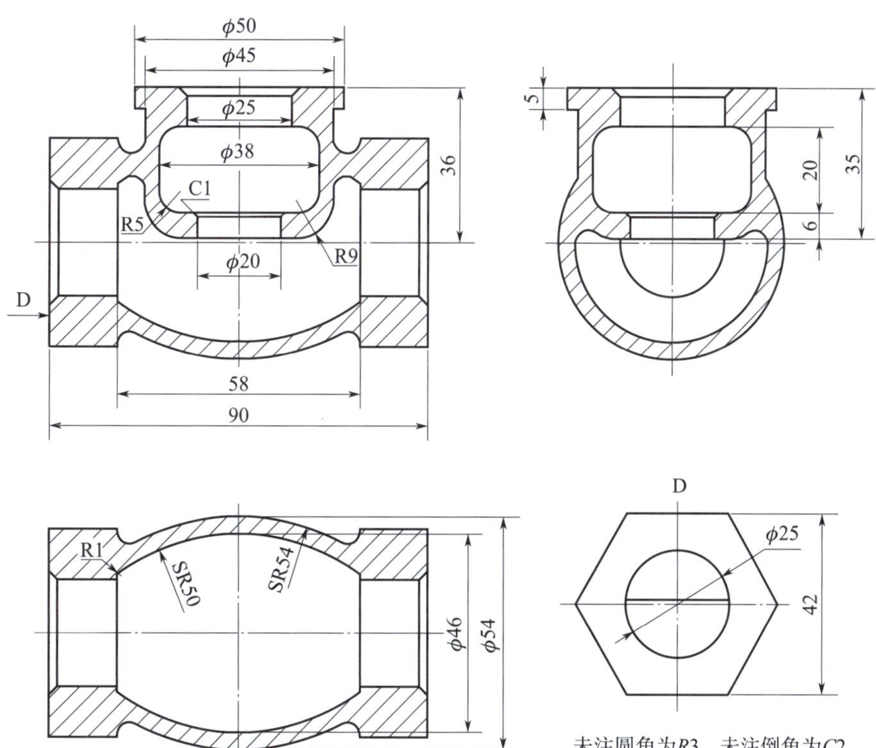

图 3-91　拓展练习 1

2. 完成如图 3-92 所示实体的三维建模。

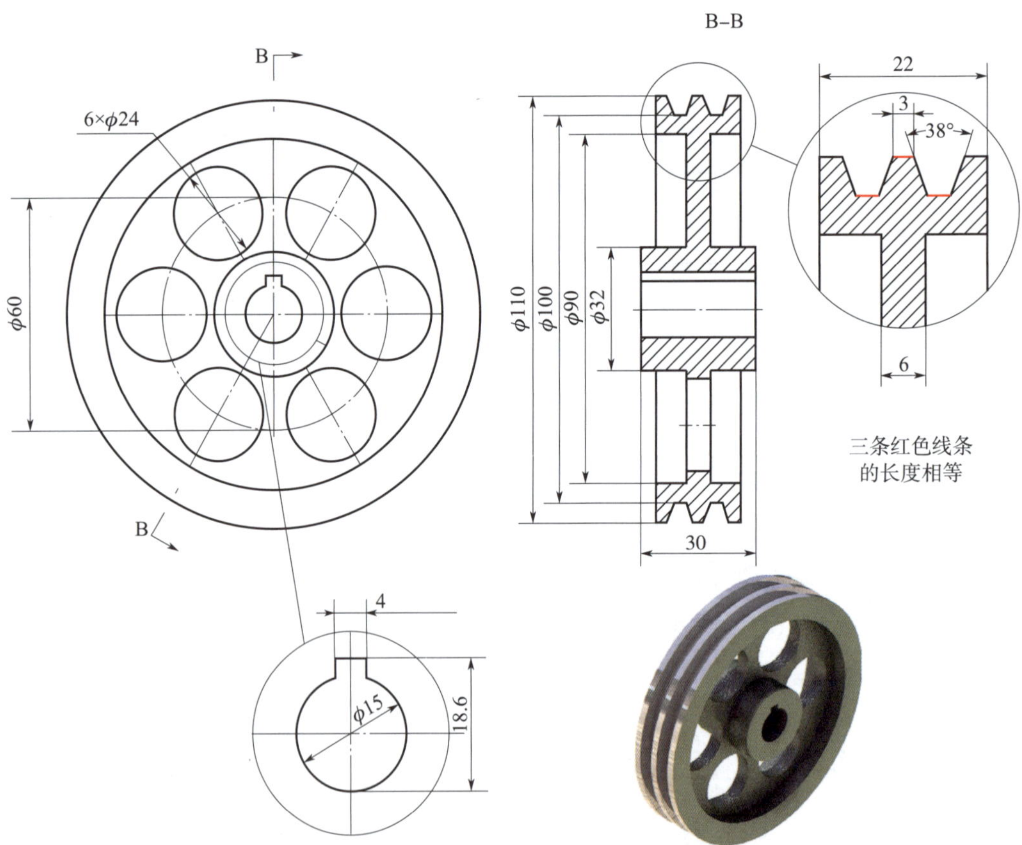

图 3-92　拓展练习 2

3. 完成如图 3-93 所示实体的三维建模。

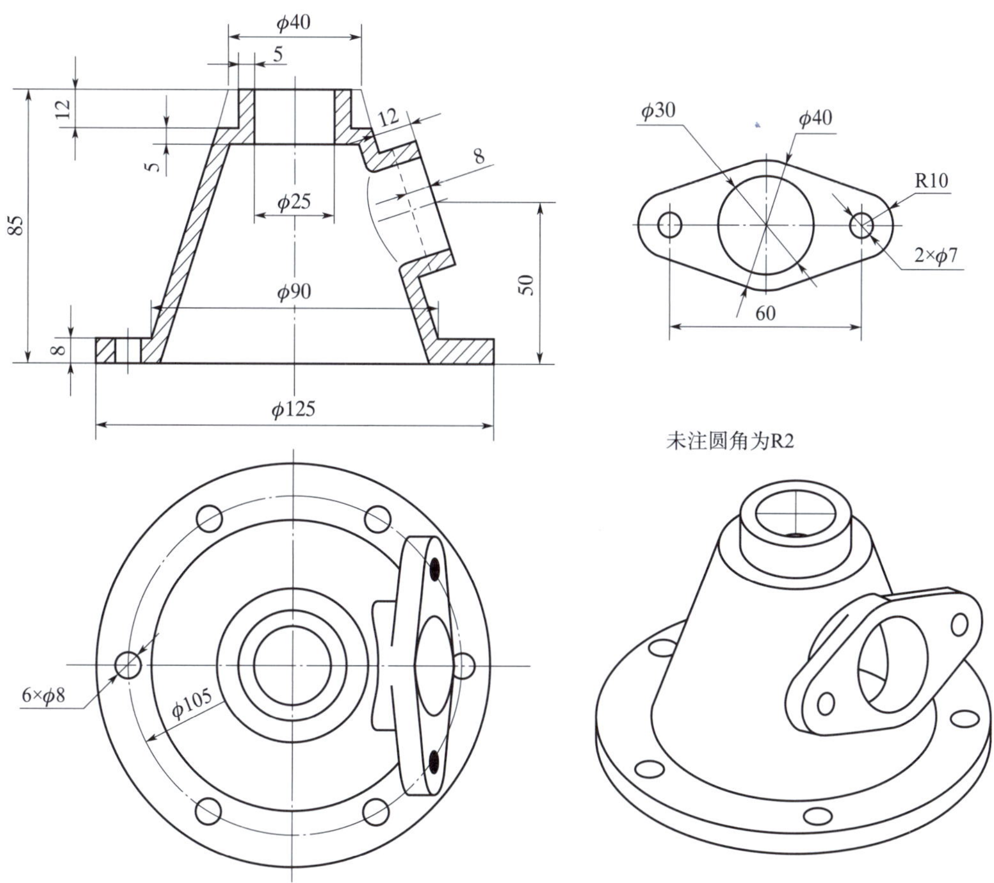

图 3-93　拓展练习 3

任务 4　扫掠建模

学习目标

1. 掌握实体扫掠建模的方法。
2. 掌握实体线性阵列的方法。

任务描述

完成如图 3-94 所示零件的实体造型。

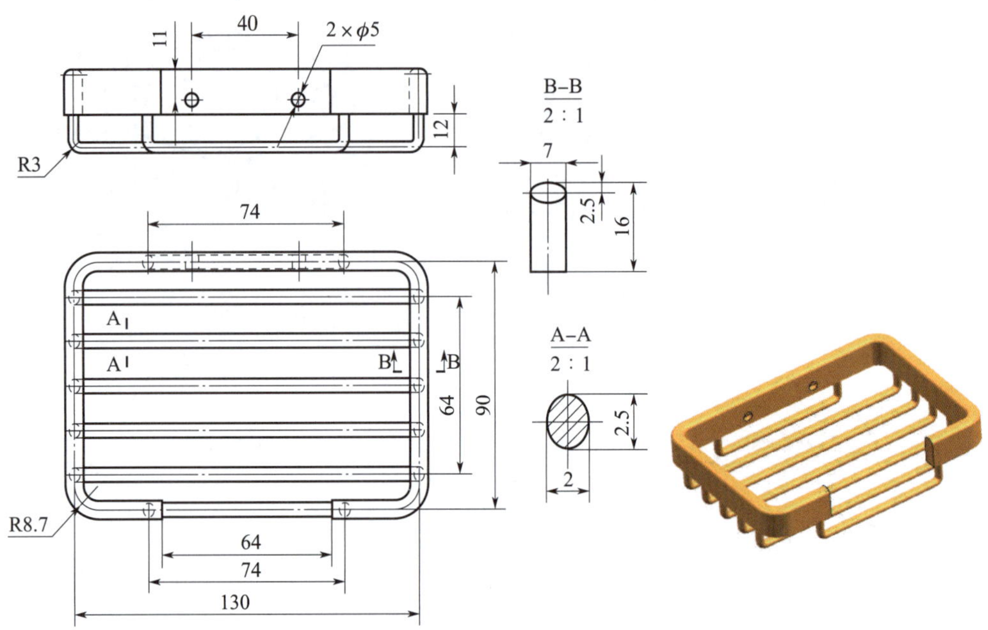

图 3-94　扫掠建模实例

任务实施

1. 绘制外形轮廓

（1）绘制扫掠引导线草图

1）单击“新建”按钮“ ”，选择实体建模工作界面。

2）单击“草图”按钮“ ”，选择“*XY*”基准平面作为草图工作平面。单击“确定”按钮，进入草图工作界面，同时自动转换成“正视”视图。

3）单击按钮“ ”，通过原点绘制如图 3-95 所示的草图轮廓。

4）单击“直接草图”工具栏中的“ ”，完成草图的几何约束。

5）单击按钮“ ”，尺寸约束草图，结果如图 3-96 所示。

6）单击“角焊”按钮“ ”，完成半径为“8.7”的倒圆角操作。

7）单击“结束草图”按钮“ ”，完成扫掠路径线的绘制，结果如图 3-97 所示。

（2）绘制扫掠截面线草图

1）单击“草图”按钮“ ”，选择“*YZ*”基准平面作为草图工作平面。单击“确定”

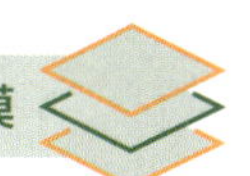

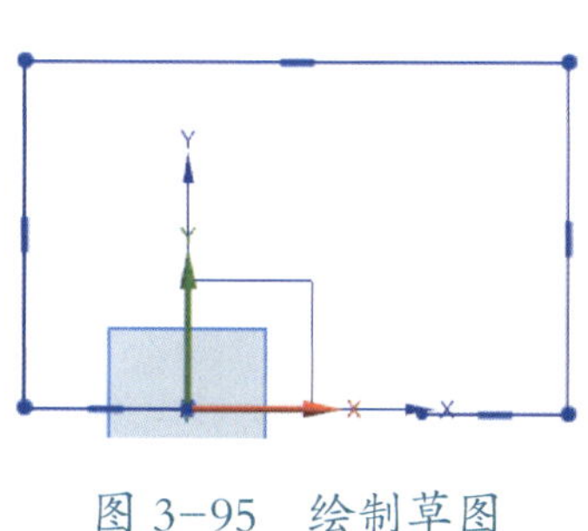

图 3-95　绘制草图

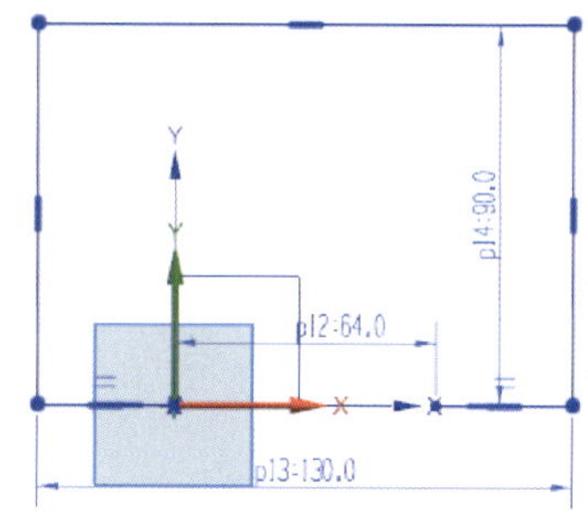

图 3-96　完成草图约束

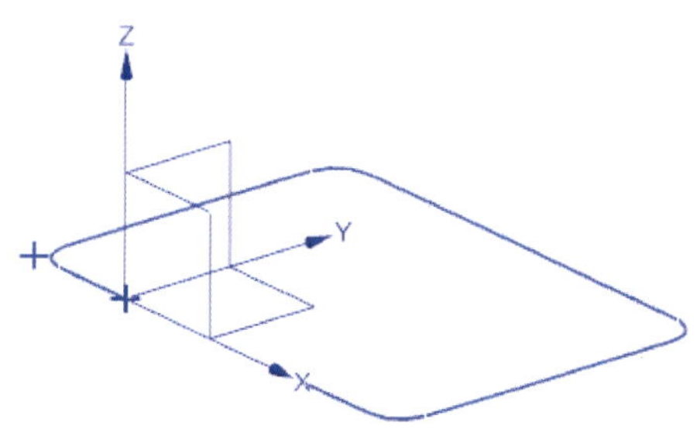

图 3-97　扫掠路径线

按钮，进入草图工作界面，同时自动转换成“正视”视图。

2）单击“矩形”按钮“”，绘制长方形草图轮廓。单击“直接草图”工具栏中的“”，完成草图的几何约束。单击按钮“”，尺寸约束草图，结果如图 3-98 所示。

3）单击“更多曲线”工具栏中的“椭圆”按钮“”，以上方水平线中点为圆心，绘制长半轴为“3.5”、短半轴为“2.5”的椭圆。

4）单击“快速修剪”按钮“”，修剪椭圆下方的半个椭圆，同时删除上方水平线。

5）单击按钮“”，完成扫掠截面线的绘制，结果如图 3-99 所示。

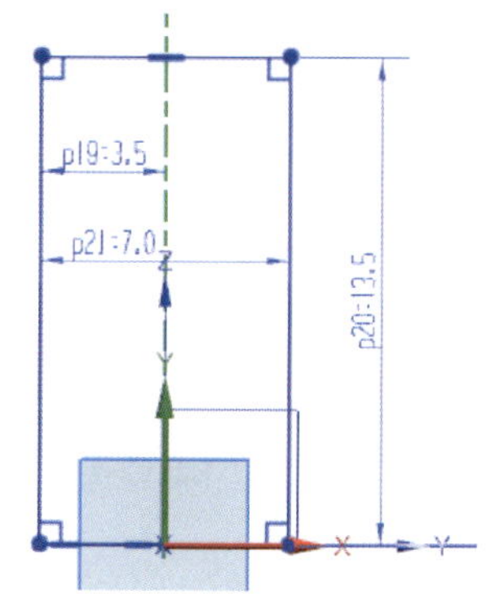

图 3-98　绘制长方形草图轮廓

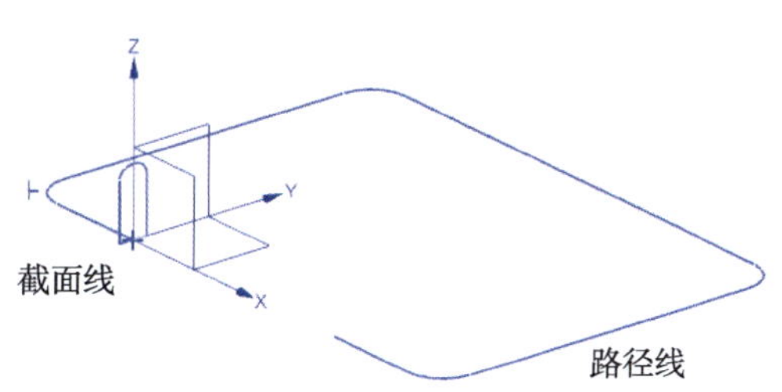

图 3-99　扫掠截面线

（3）扫掠实体

1）单击 [菜单（M）]/[插入（S）]/[扫掠（W）]，出现如图 3-100 所示的展开菜单，选择 [扫掠(S)...]，弹出“扫掠”对话框。

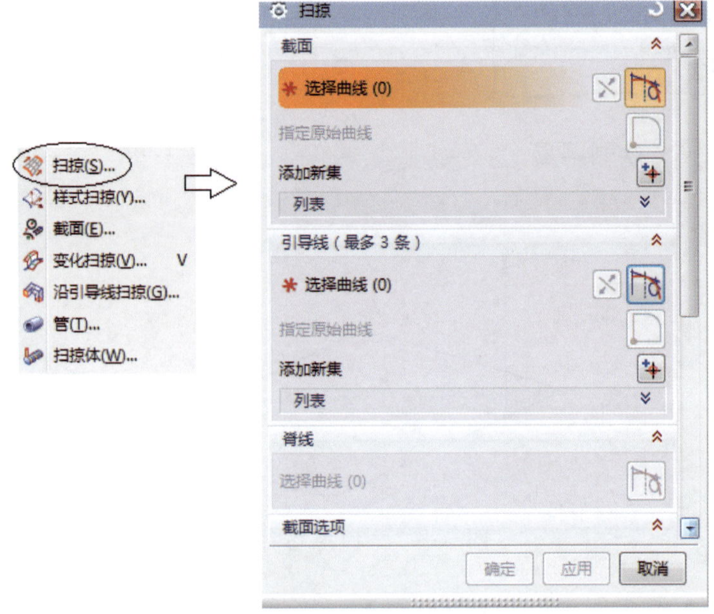

图 3-100 “扫掠”对话框

2）单击“截面”下方“选择曲线 (0)”右侧按钮“”，选择前图中的截面线；单击“引导线（最多 3 条）”下方“选择曲线 (0)”右侧按钮“”，选择前图中的引导线。

3）单击“确定”按钮，生成扫掠实体，结果如图 3-101 所示。

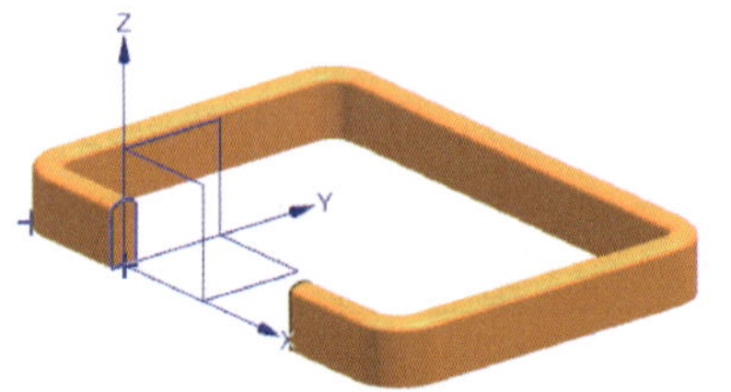

图 3-101 扫掠实体

2. 绘制外侧对称轮廓

（1）绘制扫掠引导线草图

1）单击“草图”按钮“”，选择“ZX”基准平面作为草图工作平面。单击“确定”按钮，进入草图工作界面，同时自动转换成“正视”视图。

2）单击“直线”按钮“”，通过原点绘制如图 3-102 所示的草图。单击“直接草图”工具栏中的“”，完成草图的几何约束。单击按钮“”，尺寸约束草图，结果如图 3-103 所示。

3）单击“角焊”按钮“”，完成半径为“3”的倒圆角操作。

4）单击“结束草图”按钮“”，完成扫掠路径线的绘制，结果如图 3-104 所示。

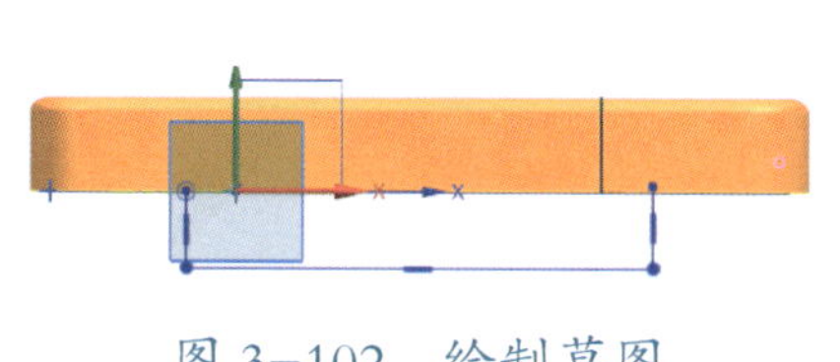

图 3-102　绘制草图

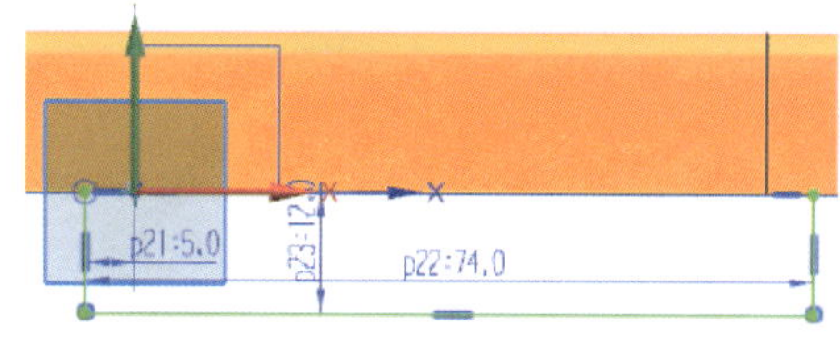

图 3-103　约束草图

（2）绘制扫掠截面线草图

1）单击“草图”按钮“”，选择基准平面“XY”平面作为草图工作平面。

2）单击“椭圆”按钮“”，以左侧垂直线端点为圆心，绘制长半轴为“2.5”、短半轴为“2”的椭圆。

3）单击“结束草图”按钮“”，旋转实体至反面观察，结果如图 3-105 所示。

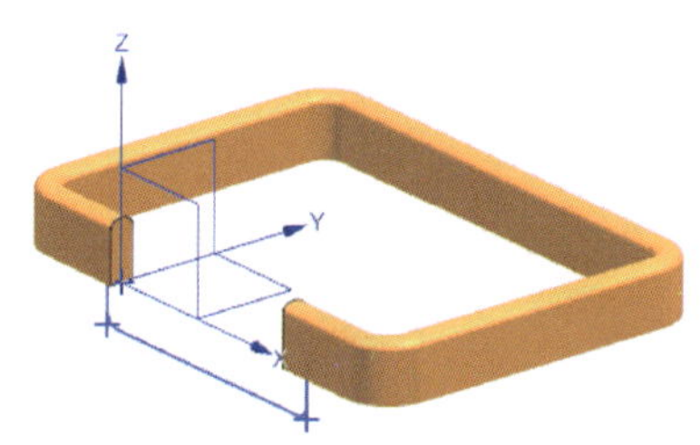

图 3-104　绘制引导线

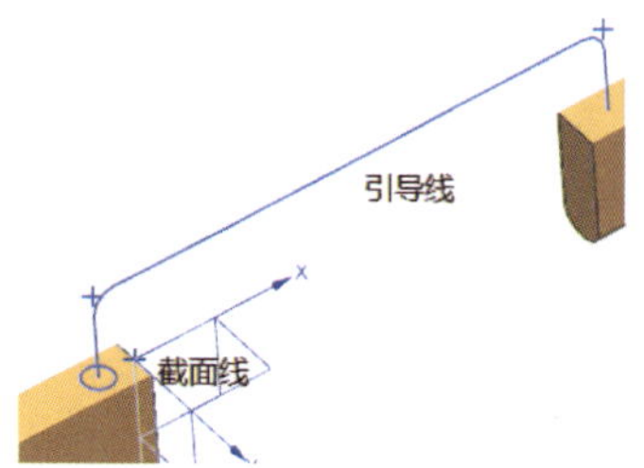

图 3-105　绘制截面线

（3）创建对称实体

1）单击 [菜单（M）] / [插入（S）] / [扫掠（W）] / [扫掠(S)...]。

2）分别选择前图中的截面线和引导线。

3）单击“确定”按钮，生成扫掠实体，结果如图 3-106 所示。

4）单击 [菜单（M）]/[插入（S）]/[关联复制（D）]/[阵列几何特征(T)...]，弹出“阵列几何特征”对话框。

5）单击“选择对象 (0)”右侧按钮“”，单击“部件导航器”中的“扫掠 (6)”。单击“布局”右侧向下箭头，在展开选项中选择“线性”；单击选择“Y”方向为矢量方向。

6）设定“阵列数量”参数为“2”“节距”参数为“90”。单击“确定”按钮，生成阵列实体，结果如图 3-107 所示。

3. 绘制中间轮廓

（1）绘制引导线和截面线

1）单击“基准平面”按钮“”，弹出“基准平面”对话框，选择构建“基准平面”方式为“按某一距离”；单击选择“ZX”平面，输入偏移距离为“13”，单击“确定”按钮，

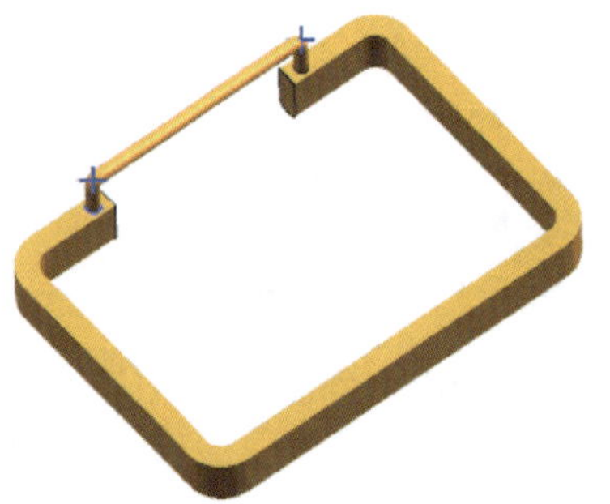

图 3-106　扫掠实体

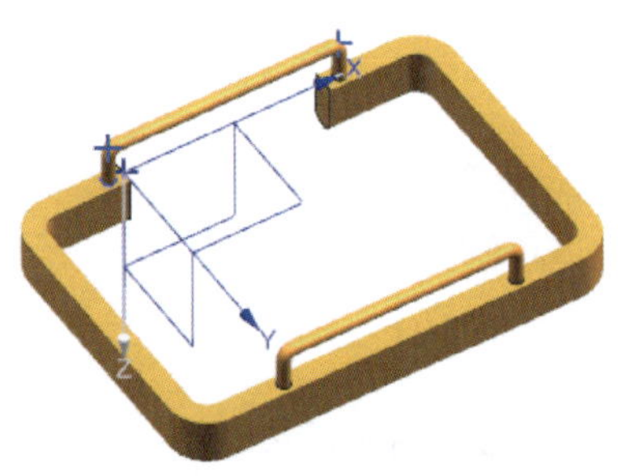

图 3-107　阵列实体

生成基准平面，结果如图 3-108 所示。

2）单击“草图”按钮“ ”，选择生成的基准平面作为草图工作平面。

3）绘制如图 3-109 所示的引导线草图，并自行完成几何约束和尺寸约束。

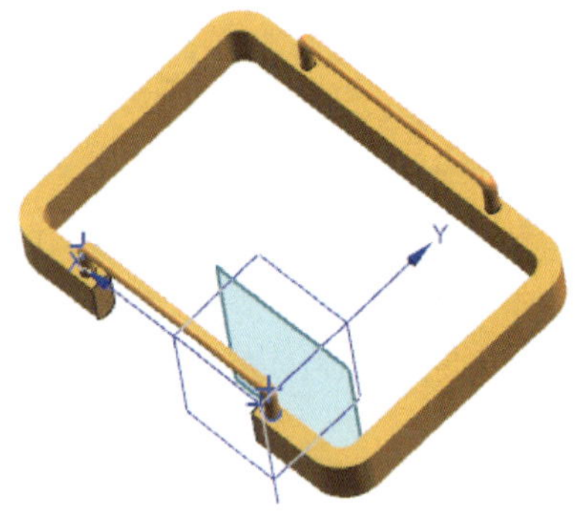

图 3-108　创建基准面

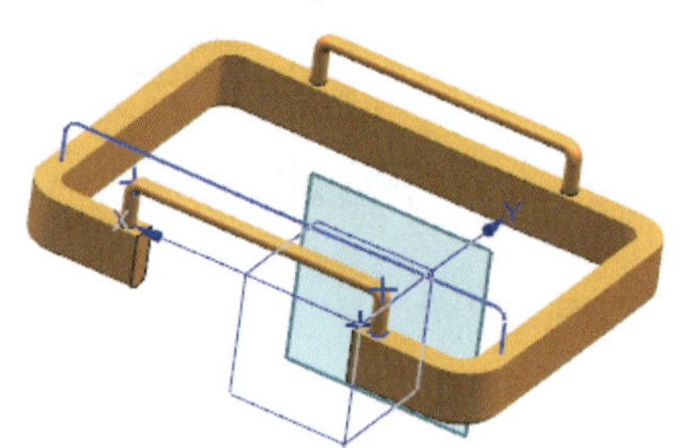

图 3-109　绘制引导线

4）单击“草图”按钮“ ”，选择“*XY*”平面作为草图工作平面，绘制如图 3-110 所示的椭圆截面线。

（2）创建实体

1）单击 [菜单（M）] / [插入（S）] / [扫掠（W）] / [扫掠(S)...]。

2）分别选择前图中的截面线和引导线。

3）单击“确定”按钮，生成扫掠实体，结果如图 3-111 所示。

4）单击 [菜单（M）] / [插入（S）] / [关联复制（D）] / [阵列几何特征(T)...] 弹出“阵列几何特征”对话框。

对于已使用过的按钮，可直接在屏幕上方的“快速访问工作条”中快速查找使用，如此处也可直接单击“阵列几何特征”按钮“ ”。

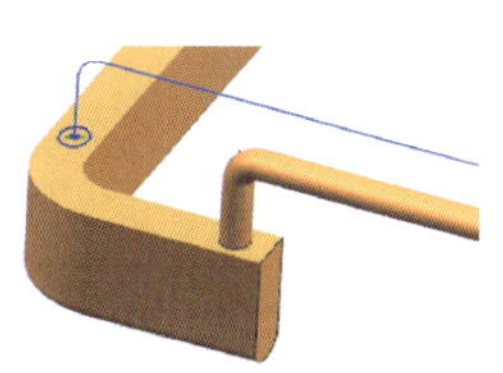

图 3-110 绘制截面线

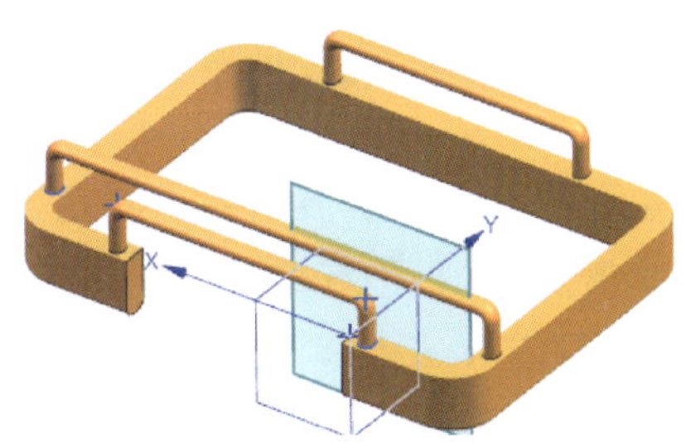

图 3-111 扫掠实体

5）单击“部件导航器”中的“☑ 扫掠 (11)”作为阵列对象。单击“布局”右侧向下箭头，在展开选项中选择“ 线性”；单击选择“Y”方向为矢量方向。

6）设定“阵列数量”参数为“5”“节距”参数为“16”。单击“确定”按钮，生成阵列实体。

7）单击“合并”按钮“ ”，合并所有实体。

8）隐藏相关图素，仅显示实体，结果如图 3-112 所示。

4. 创建圆柱孔

（1）单击“设计特征”工具栏中的按钮“ 圆柱 ”，弹出“圆柱”对话框。

（2）在对话框中选择“ 轴、直径和高度 ”方式绘制圆柱体；选择“Y”轴为矢量方向；指定点设定为“12.0，86.5，5.0”；设置“直径”和“高度”参数分别为“5”和“15”；布尔运算选择“ 减去”，单击“应用”按钮，创建圆柱孔。

（3）采用同样的方法，创建指定点为“52.0，86.5，5.0”的圆孔，结果如图 3-113 所示。

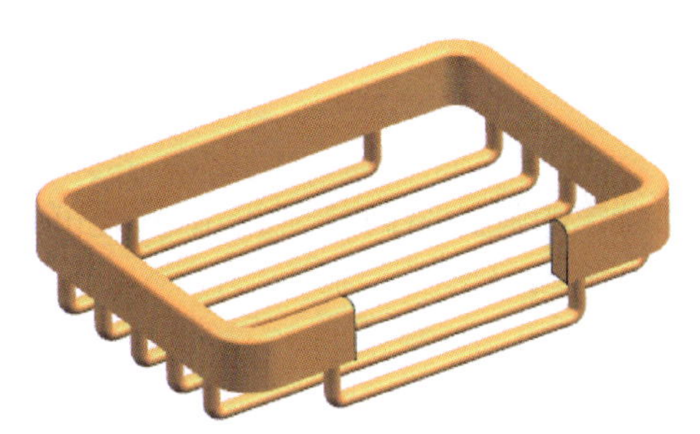

图 3-112 完成后的实体

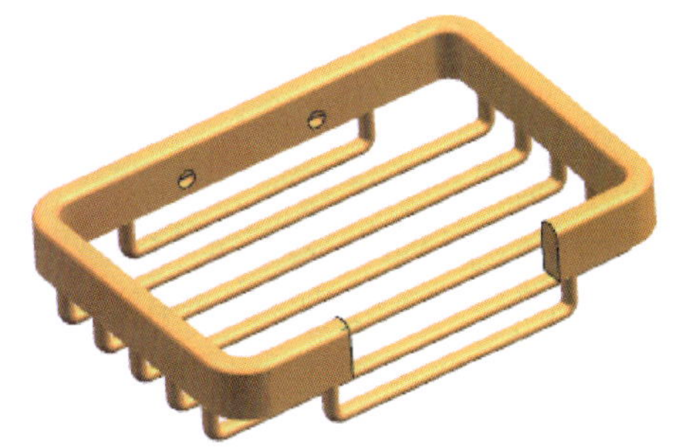

图 3-113 创建圆柱孔

知识与技能拓展

1. 扫掠过程中的定向方法

实体扫掠的轮廓，必须为封闭的轮廓。在扫掠过程中，截面与路径之间存在多种几何关系，可单击“扫掠”对话框中“定向方法”下方右侧向下箭头，选择不同的定向方法，如图3-114所示。此处主要介绍“固定”“强制方向”“角度规律”三种方式的各自扫掠特点。

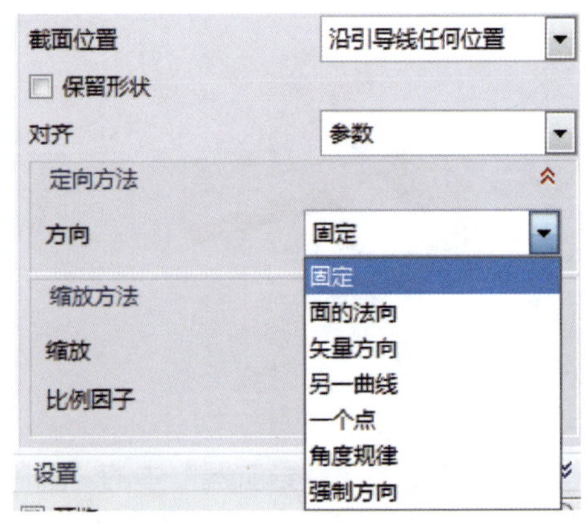

图 3-114 定向方法

（1）固定

采用“固定”方式进行扫掠时，截面在扫描过程不会发生扭转且截面的法线方向与路径方向的夹角始终不变。如图3-115所示为选择“固定”方式生成的扫掠实体。

（2）强制方向

采用“强制方向”方式进行扫掠时，截面在扫描过程不会发生扭转且截面的法线方向始终不变。如图3-116所示为选择“强制方向”方式生成的扫掠实体。

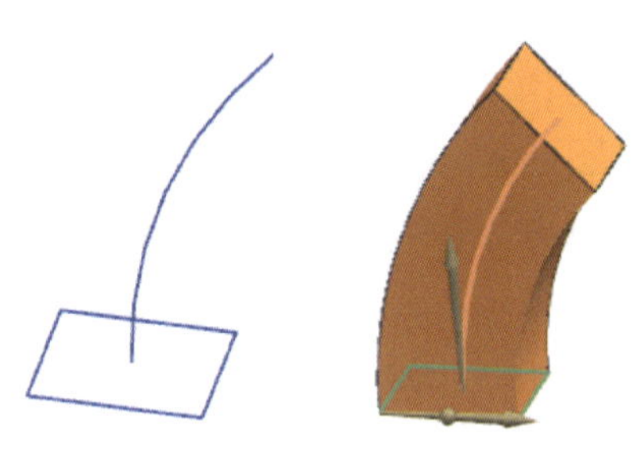

图 3-115 “固定”方式生成的扫掠实体

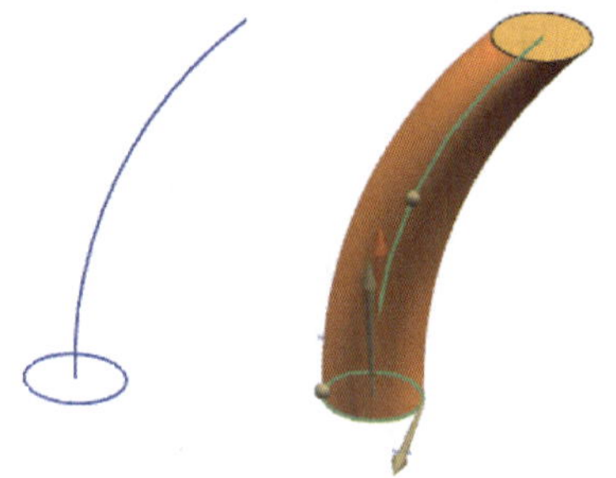

图 3-116 “强制方向”方式生成的扫掠实体

（3）角度规律

采用“角度规律”方式进行扫掠时，截面轮廓按确定的角度规律旋转后沿引导线扫掠实体，如图3-117所示为选择“角度规律”方式生成的扫掠实体。

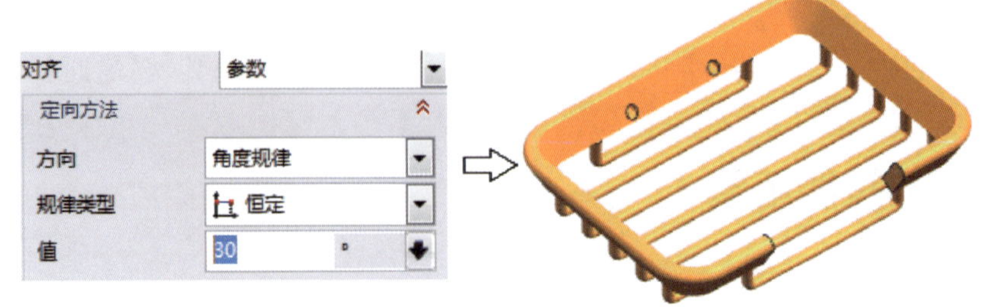

图 3-117 “角度规律”方式生成的扫掠实体

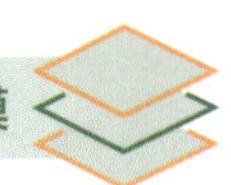

2. 多引导线扫掠

实体扫掠时，除可选择单个引导线进行扫掠外，还可选择多引导线进行扫掠，但引导线最多只能选择 3 条，且相互不能相交。如图 3-118 所示为采用双引导线进行扫掠生成的实体。

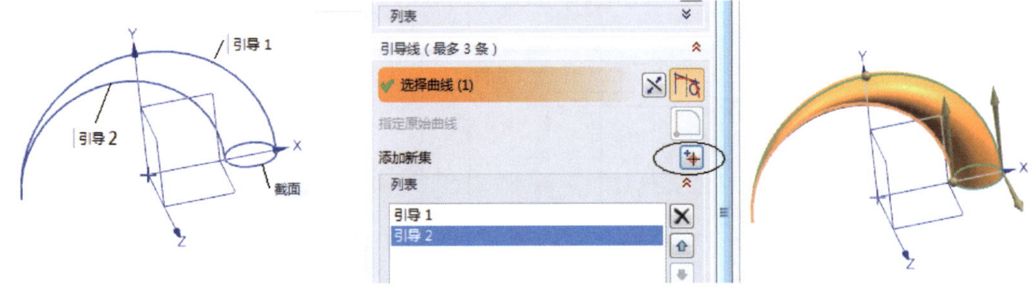

图 3-118　双引导线扫掠实例

提示

采用多引导线进行扫掠时，引导线不能绘制在同一草图平面中，否则会弹出相应的警告。

3. 多环截面扫掠

在实体扫掠过程中，如果出现多环截面，则无法采用"扫掠(S)..."方式扫掠，否则会出现如图 3-119 所示出错警告。此时可采用"沿引导线扫掠(G)..."方式实施实体扫掠，采用这种方式扫掠的结果如图 3-120 所示。

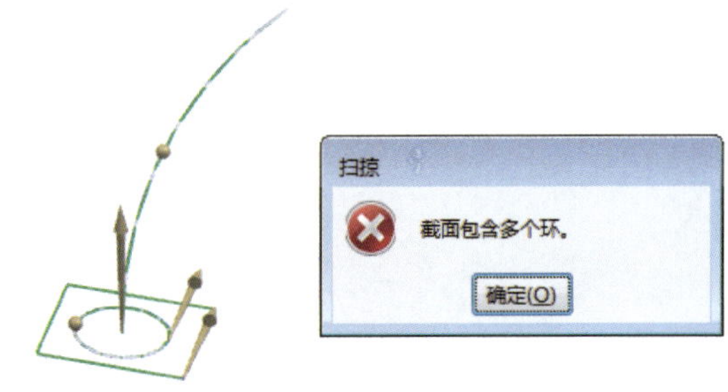

图 3-119　扫掠出错警告

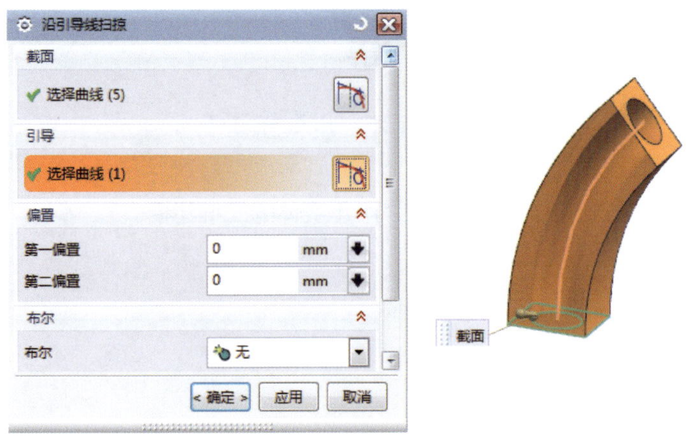

图 3-120　沿引导线扫掠

拓展练习

1. 采用扫掠建模方式完成如图 3-121 所示实体的三维建模。

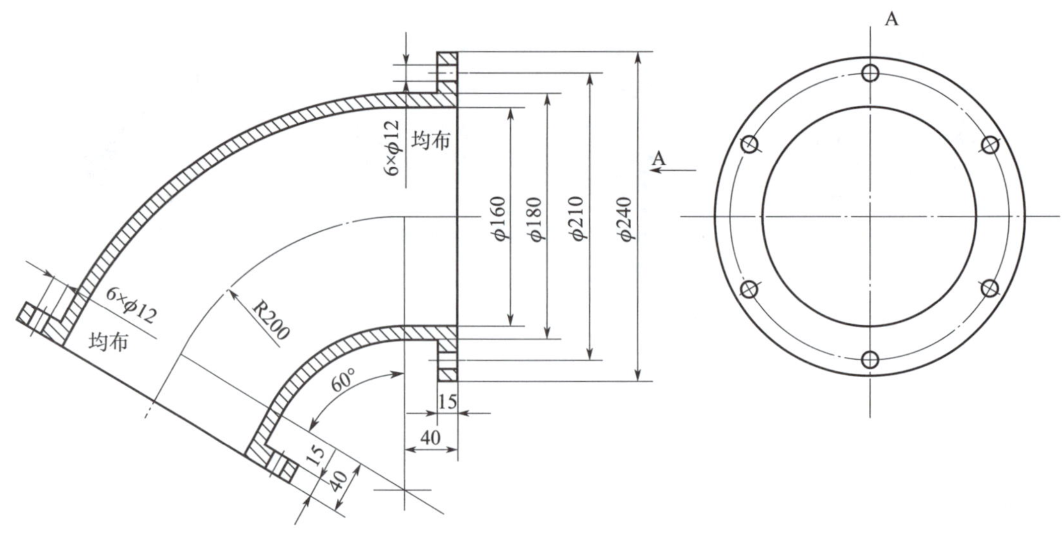

图 3-121　拓展练习 1

2. 采用扫掠建模方式完成如图 3-122 所示实体的三维建模。

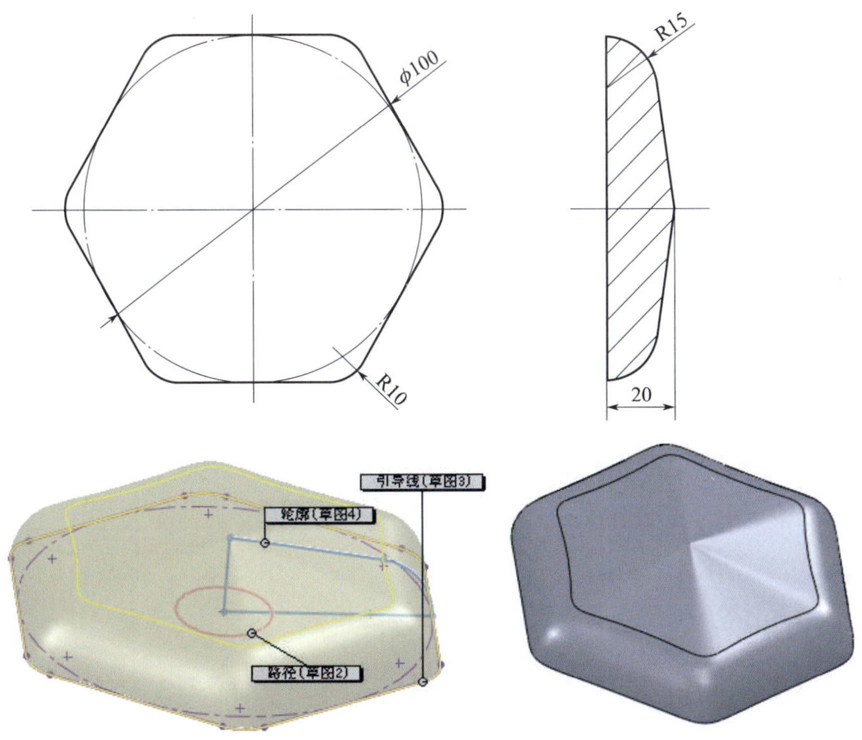

图 3-122　拓展练习 2

3. 完成如图 3-123 所示弹簧的三维建模（弹簧的螺距为 5，直径为 1，螺旋线的直径为 30，圈数为 10）。

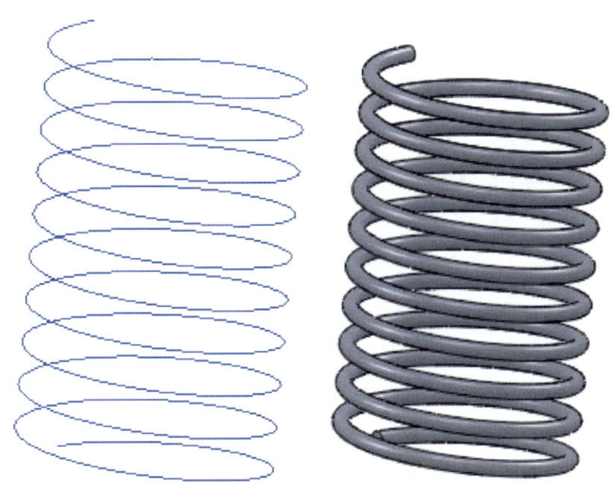
图 3-123　拓展练习 3

任务 5　多截面扫掠建模

学习目标

1. 掌握多截面扫掠建模的方法。
2. 掌握曲线投影的方法。
3. 掌握文字输入的方法。
4. 掌握拉伸文字的方法。
5. 掌握基准面的综合运用方法。

任务描述

完成如图 3-124 所示零件的实体建模。

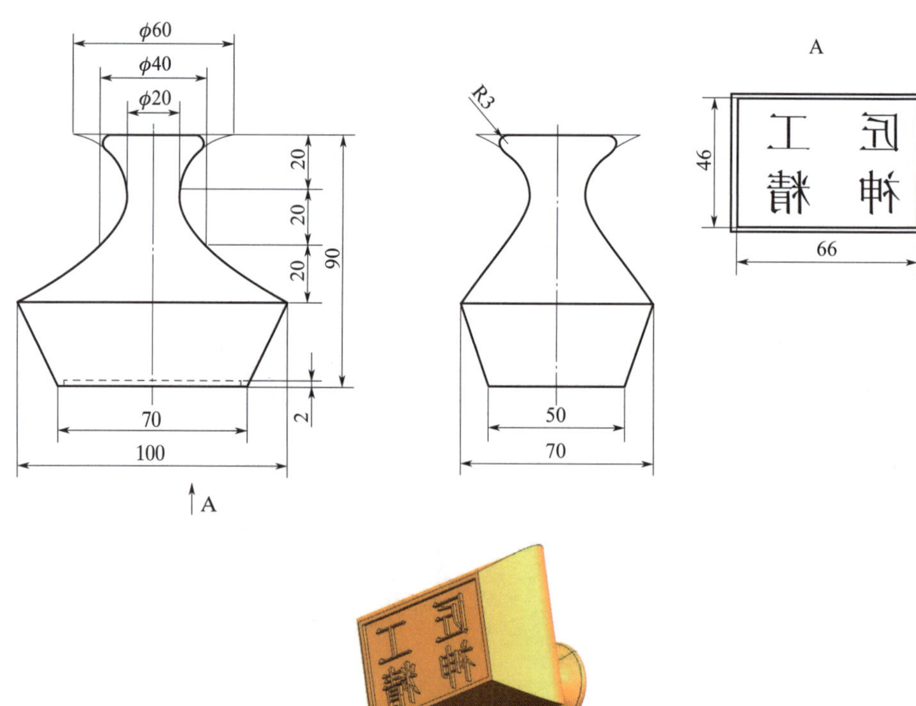

图 3-124　多截面扫掠建模实例

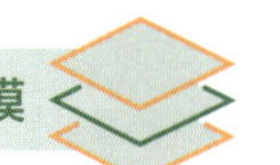

任务实施

1. 多截面扫掠

（1）在同一截面绘制两个长方形草图轮廓

1）单击“新建”按钮“ ”，选择实体建模工作界面。

2）单击“草图”按钮“ ”，选择“*XY*”基准平面作为草图工作平面。单击“确定”按钮，进入草图工作界面，同时自动转换成“正视”视图。

3）单击“矩形”按钮“ ”，绘制如图 3-125 所示长方形草图轮廓。

4）单击按钮“ ”，尺寸约束草图，结果如图 3-126 所示。

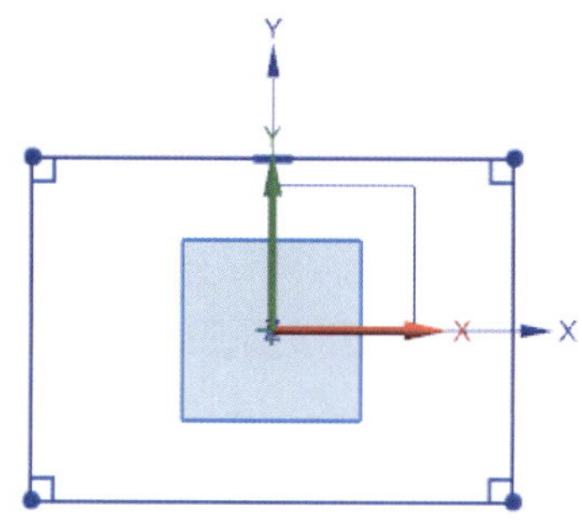

图 3-125　绘制长方形

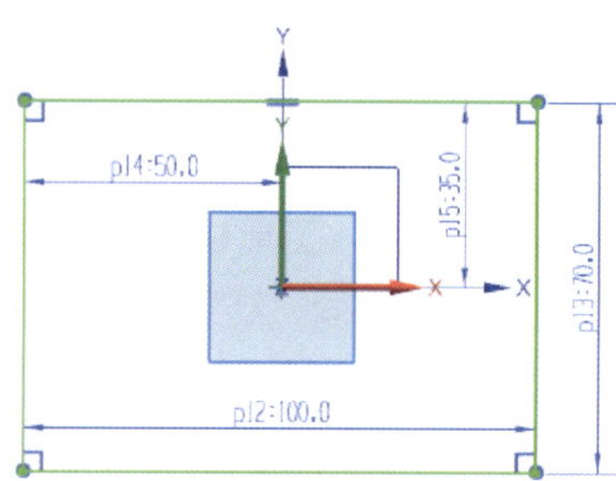

图 3-126　约束长方形尺寸

5）单击“直线”按钮“ ”，绘制外侧矩形的对角线。右击该对角线，在弹出右键即时菜单中选择“ 转换为参考”，将其转换成参考线，结果如图 3-127 所示。

6）单击“矩形”按钮“ ”，绘制端点在对角线上的长方形。

7）单击按钮“ ”，尺寸约束草图，结果如图 3-128 所示。

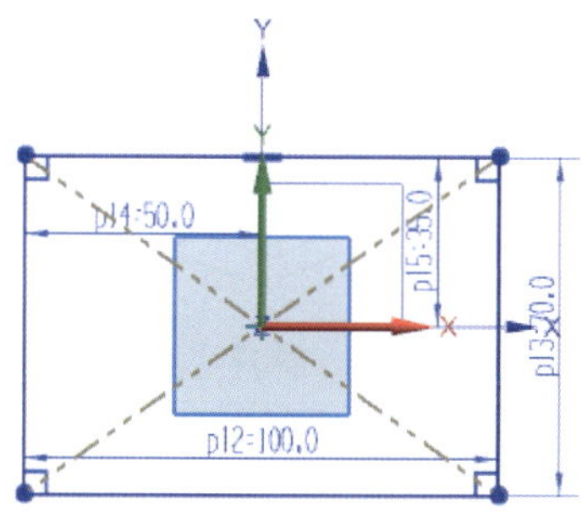

图 3-127　绘制对角线

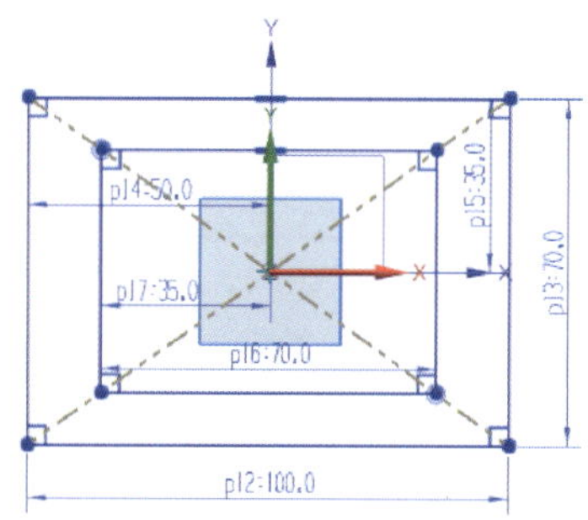

图 3-128　绘制内部矩形

（2）在同一截面绘制圆弧轮廓

1）单击“圆”按钮“”，以坐标原点为中心画 3 个同心圆，按“Esc”键结束画圆。

2）单击按钮“”，标注直径分别为“20”“40”“60”，结果如图 3-129 所示。

3）单击“快速修剪”按钮“”，通过对角线修剪圆，结果如图 3-130 所示。

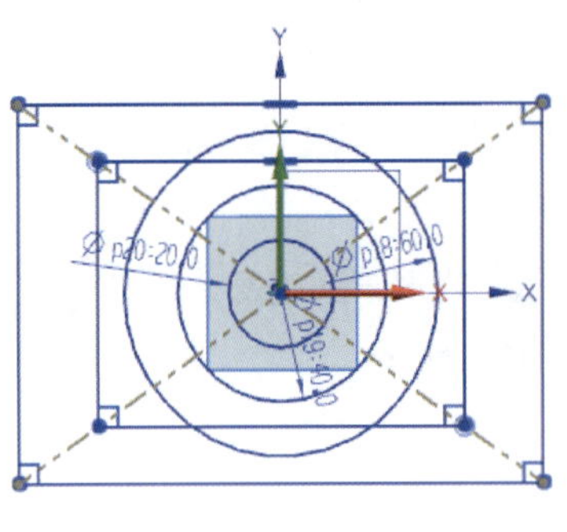

图 3-129 绘制圆

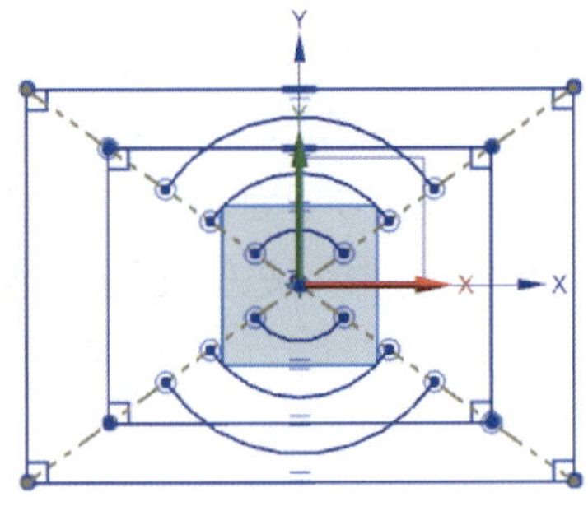

图 3-130 修剪圆

4）单击“曲线”工具栏中的“圆弧”按钮“”，补全圆弧线，确保补全后的圆弧与原圆弧同心且半径相同，结果如图 3-131 所示。图中的三个圆均由四段圆弧组成。

（3）创建基准面

1）单击“基准平面”按钮“”，弹出“基准平面”对话框，选择构建“基准平面”方式为“按某一距离”。

2）单击选择“*ZX*”平面，输入偏移距离为“30”，单击“确定”按钮，生成基准平面。

3）采用同样的方法，分别创建距离为“50”“70”“90”的基准平面，结果如图 3-132 所示。

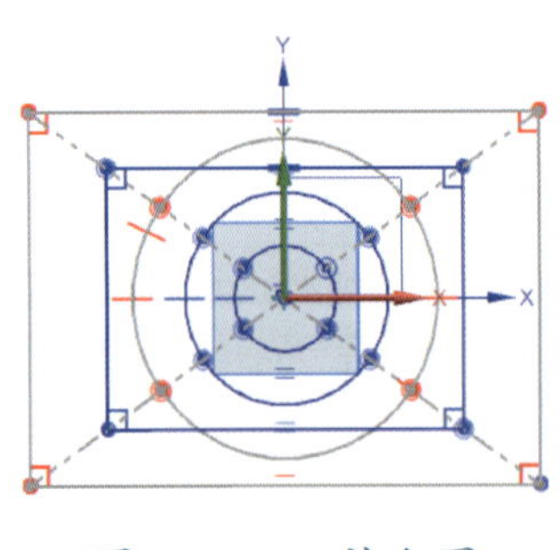

图 3-131 补全圆

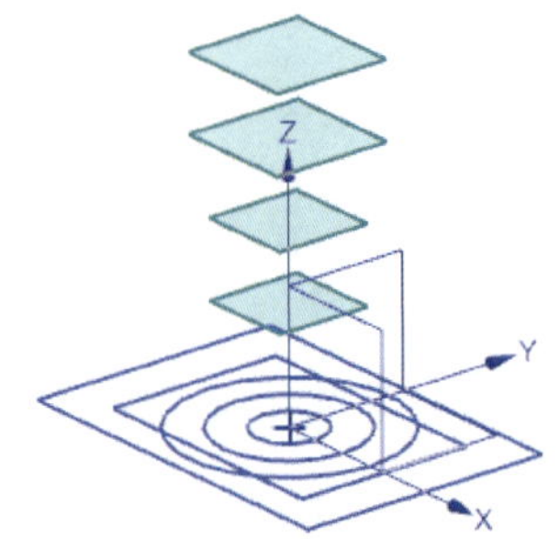

图 3-132 创建基准平面

（4）投影曲线

1）选择“曲线”选项卡，单击“派生曲线”工具栏中的“投影曲线”按钮“”，弹出如图 3-133 所示的“投影曲线”对话框。

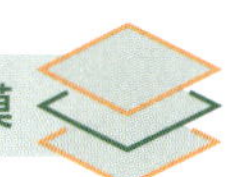

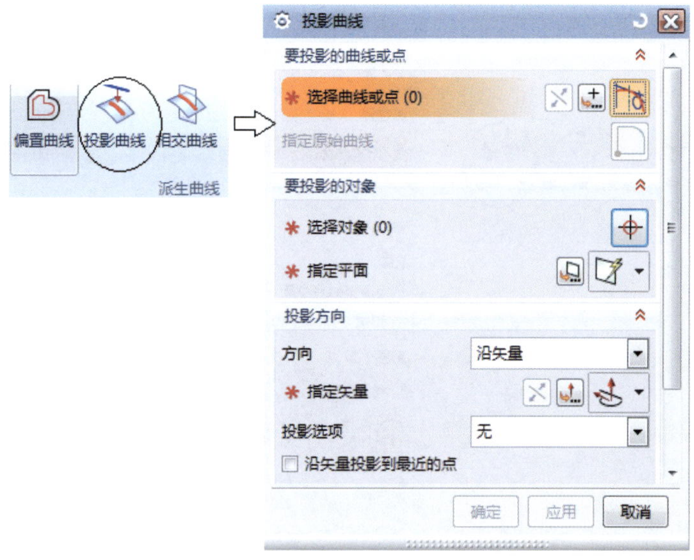

图 3-133 “投影曲线”对话框

2）单击对话框中的“选择曲线或点 (0)”，选择外侧的四方体。单击“指定平面”，选择第一个基准平面。单击“指定矢量”，选择“ZC”为投影方向。单击“应用”按钮，完成曲线投影，结果如图 3-134 所示。

3）采用同样的方法完成其他曲线投影，结果如图 3-135 所示。

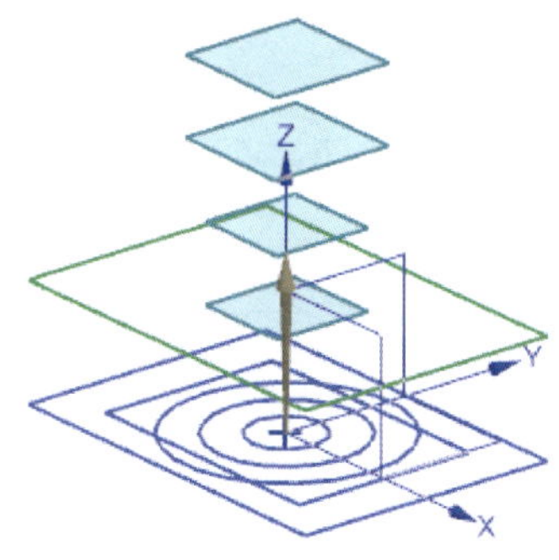

图 3-134 投影四方体

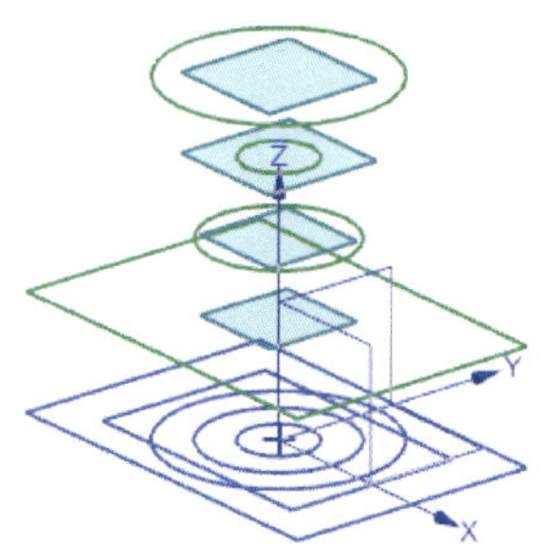

图 3-135 投影其他曲线

4）隐藏基准平面。

（5）绘制引导线

1）单击“曲线”工具栏中的“艺术样条”按钮“”，弹出如图 3-136 所示的“艺术样条”对话框。

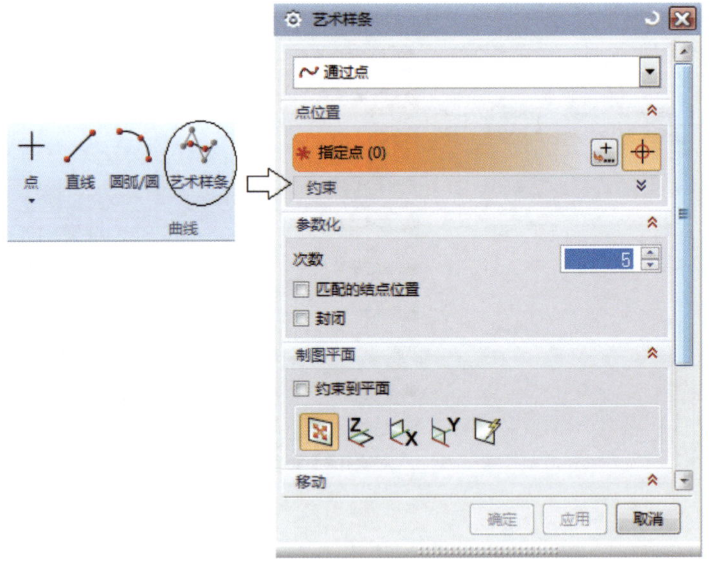

图 3-136 “艺术样条”对话框

2）分别单击图 3-137 中的五个直线或圆弧的端点，单击“应用”按钮，完成样条曲线。

3）采用同样的方法，绘制对角处的另一样条曲线，结果如图 3-138 所示。

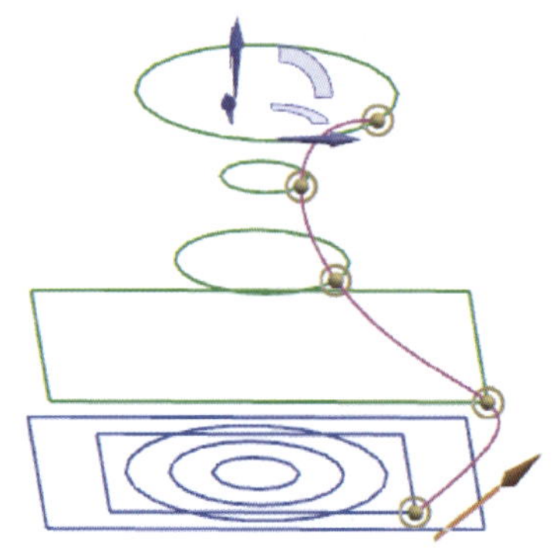

图 3-137 绘制样条曲线 1

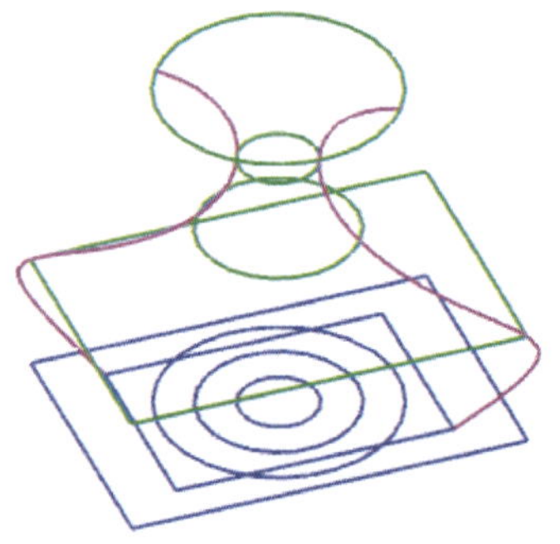

图 3-138 绘制样条曲线 2

提示

绘制样条曲线时，点的位置一定不能选错，否则不能完成后续操作。

（6）扫掠实体

1）单击 [菜单（M）]/[插入（S）]/[扫掠（W）]/[扫掠(S)...]，弹出“扫掠”对话框。

2）在对话框中单击“截面”下方“选择曲线 (0)”右侧按钮“ ”，单击最下方截面曲线串连中的一条边。

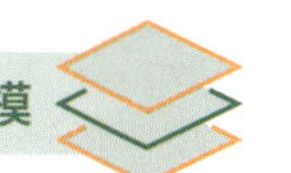

3）在对话框中单击“添加新集”右侧按钮“ ”，选择下方第二个截面的曲线串连中的一条边。采用同样的方式依次选择其他三个截面的串连，结果如图 3-139 所示。

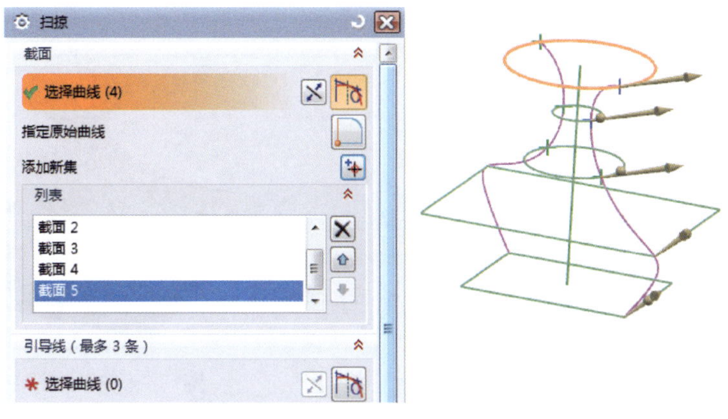

图 3-139　选择截面曲线

提示

选择截面曲线时，一定要注意所选择的曲线及起点位置要对应，以保证曲线的串连起点及方向一致。

4）在对话框中单击“引导线”下方“✱ 选择曲线 (0)”右侧按钮“ ”，单击其中一条样条线的下方位置。

5）单击“添加新集”右侧按钮“ ”，单击选择另一条样条曲线的下方位置。单击对话框中“截面选项”下方“插值”右侧向下箭头，选择其中的“三次”，结果如图 3-140 所示。

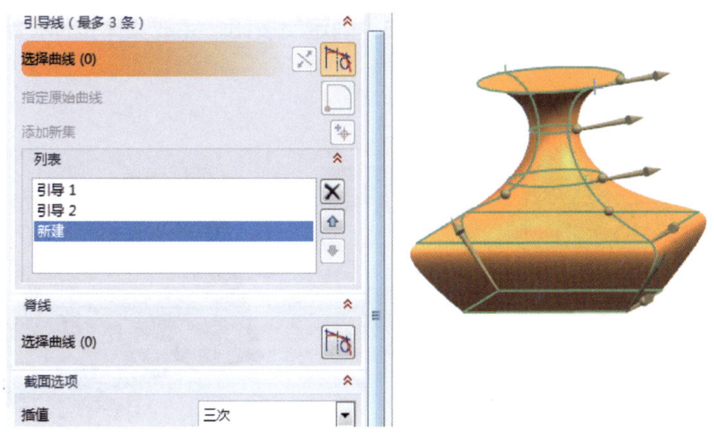

图 3-140　选择引导曲线

6）单击“确定”按钮，生成扫掠实体，结果如图 3-141 所示。隐藏基准面及草图。

7）单击“边倒圆”按钮“”，弹出“边倒圆”对话框，选择上方圆角的实体边，输入“半径”值为“3”。单击“确定”按钮，完成倒圆角，结果如图 3-142 所示。

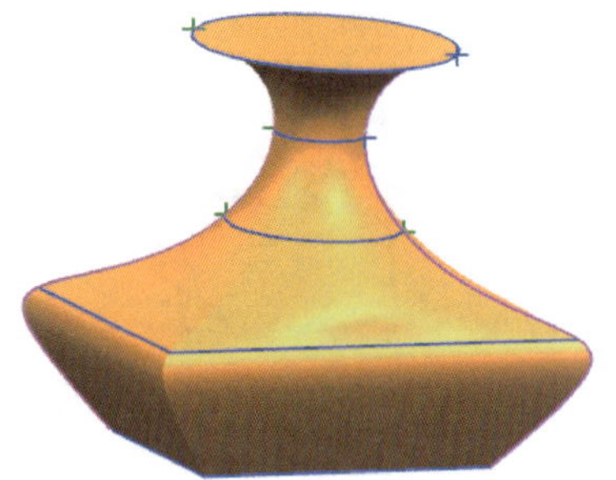
图 3-141　扫掠实体

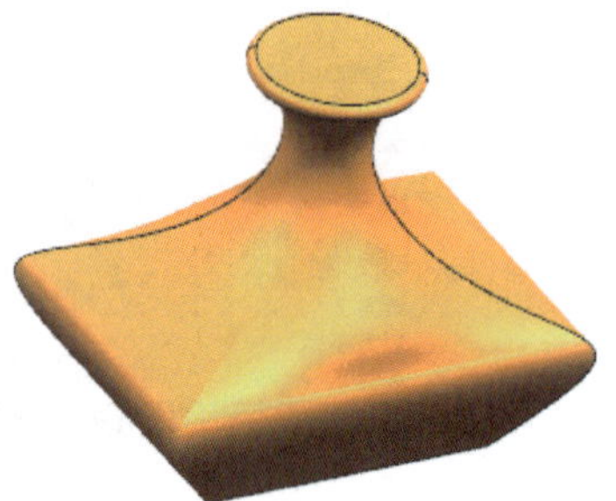
图 3-142　倒圆角

2. 拉伸文字

（1）拉伸切除长方体

1）单击“草图”按钮“”，选择“*XY*”基准平面作为草图工作平面。单击“确定”按钮，进入草图工作界面，同时自动转换成“正视”视图。

2）单击“矩形”按钮“”，绘制长方形草图轮廓。

3）单击按钮“”，尺寸约束草图，结果如图 3-143 所示。

4）单击“特征”工具栏中的“拉伸”按钮“”，弹出“拉伸”对话框，选择用于拉伸的长方形。

5）单击“”使拉伸方向向下，修改“拉伸”对话框中的“开始 值”下方的“距离”为“0”，“结束 值”下方的“距离”为“2”。

6）选中布尔运算中的“减去”，单击“确定”按钮，完成实体拉伸，结果如图 3-144 所示。

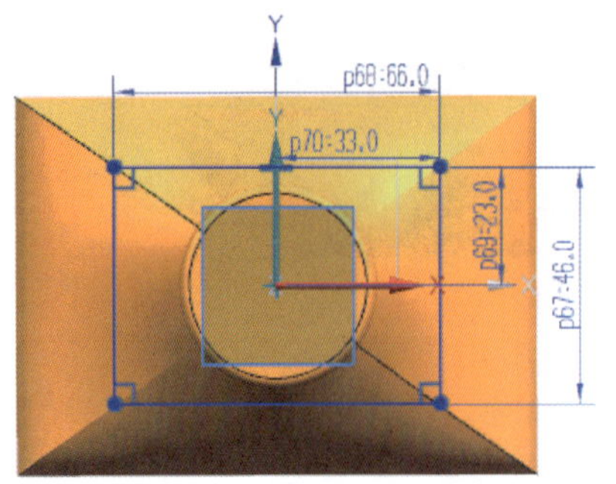

图 3-143　绘制长方形

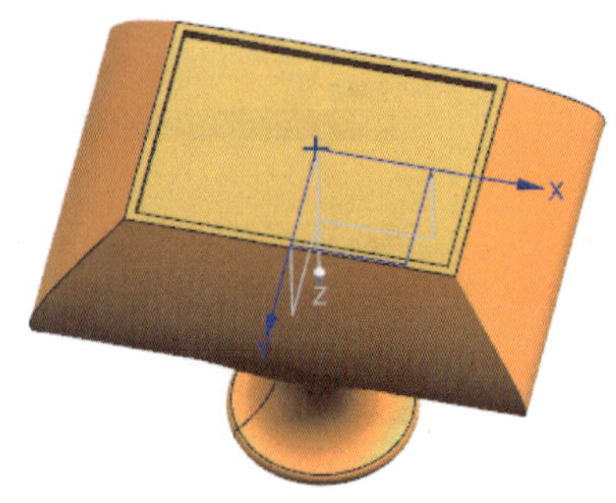

图 3-144　拉伸求差

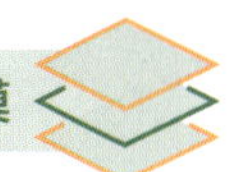

（2）拉伸文字

1）选择“曲线”选项卡。

2）单击“曲线”工具栏中的按钮“A 文本”，弹出如图 3-145 所示的“文本”对话框，单击绘图平面“*XY*”平面。

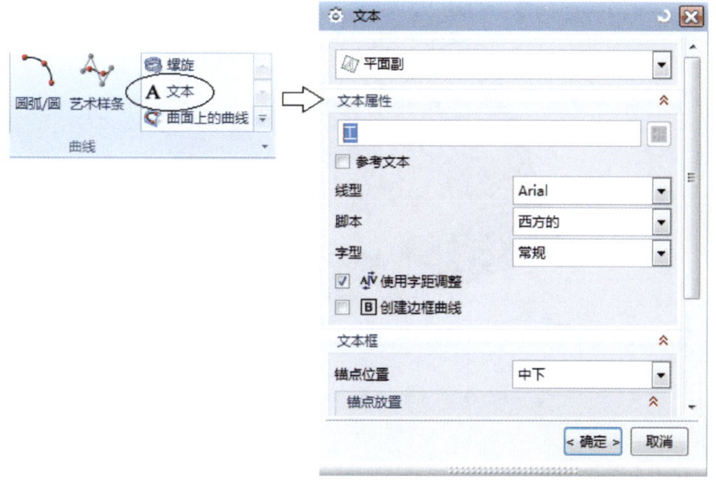

图 3-145 “文本”对话框

3）在靠近边角位置单击鼠标左键，在对话框中输入“工”，生成如图 3-146 所示文字。单击图中 B 点处的小圆球，可实时调节文字的大小，亦可输入数值调节文字大小。单击图中 A 点处的小圆球，可实时调节文字的位置。

4）采用同样的方式，绘制其他 3 个文字“匠”“精”“神”，同时调整文字的大小和位置，结果如图 3-147 所示。

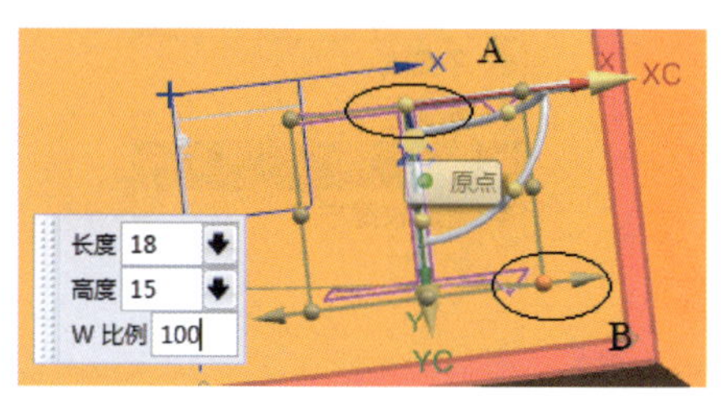

图 3-146 绘制文字“工”

图 3-147 绘制其他文字

5）单击“特征”工具栏中的“拉伸”按钮“ ”，弹出“拉伸”对话框。

6）单击“部件导航器”中的“☑A 文本 (26)”，选中布尔运算中的“合并”，修改

“拉伸”对话框中的“开始 值”下方的“距离”为“0”，“结束 值”下方的“距离”为“2”，单击“确定”按钮，完成文字“工”的实体拉伸。

7）采用同样方法，完成其他文字的实体拉伸，隐藏文字及基准平面，结果如图 3-148 所示。

图 3-148　完成文字拉伸

知识与技能拓展

1. 绘制圆柱表面文字

UG 软件中，除了可在基准平面中插入文字外，还可在圆柱面上输入文字，其操作过程如下：

（1）选择“曲线”选项卡，再单击“曲线”工具栏中的“文本”按钮“A 文本”，弹出如图 3-149 所示的“文本”对话框。

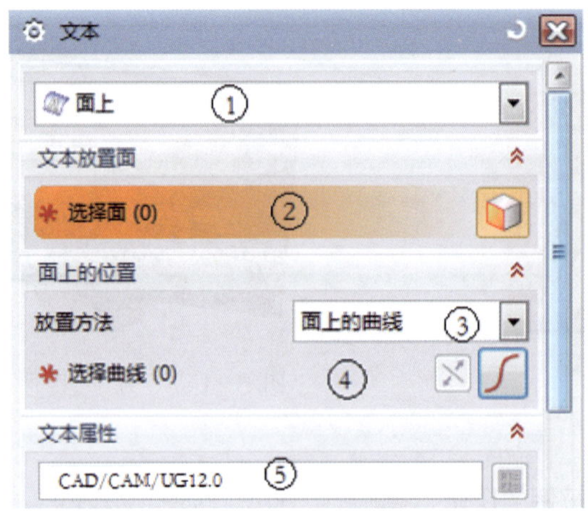

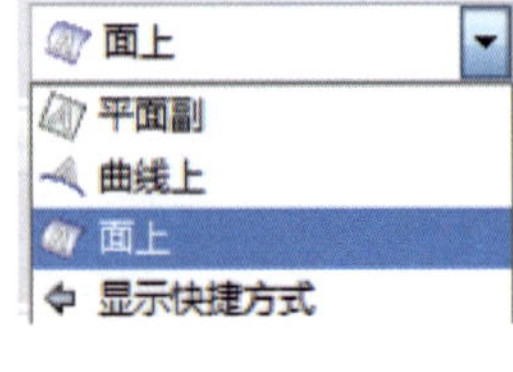

图 3-149　设置“文字”对话框

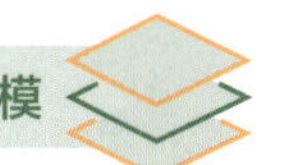

（2）选择文本放置于“面上”，单击选择图中的圆柱面。

（3）放置方法选择“**面上的曲线**”，单击选择圆柱与长方体的交线。

（4）在“文本属性”中输入文字“CAD/CAM/UG12.0”，单击“确定”按钮，完成如图 3-150 所示的文字输入。

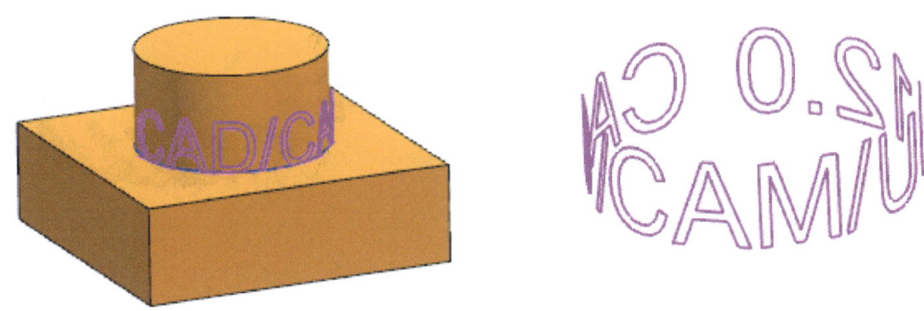

图 3-150　绘制圆柱表面文字

（5）隐藏其他图素，只保留文字。

2.“角度规律”扫掠

在执行扫掠过程中，截面曲线可按一定的角度规律沿引导曲线执行带有旋转角度属性的扫掠，其操作过程如下例所示：

（1）选择“*XY*”平面为草图平面，绘制直径为“100”的圆。

（2）选择“*ZX*”平面为草图平面，绘制 5 个圆周均布且直径为“6”的圆。结果如图 3-151 所示草图。

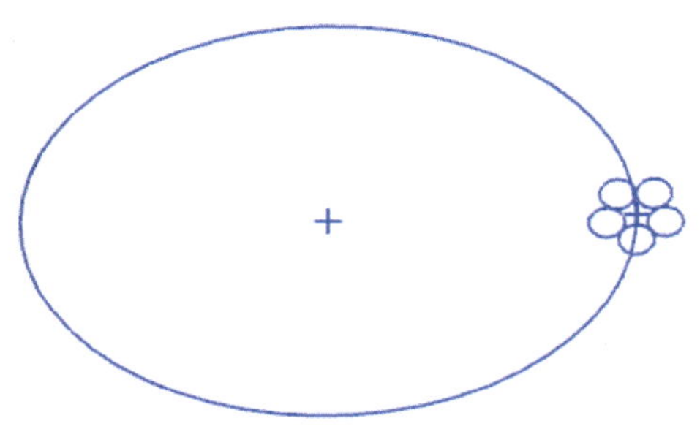

图 3-151　绘制草图

（3）单击 [菜单（M）] / [插入（S）] / [扫掠（W）] / [扫掠(S)...]，弹出“扫掠”对话框。选择“ϕ100”圆作为引导线，单个“ϕ6”圆作为截面线，设置如图 3-152 所示“扫掠”参数，单击“应用”按钮，完成单个实体扫掠。

（4）采用同样的方法完成其他 4 个实体的扫掠。

（5）修改每个实体的显示颜色，结果如图 3-153 所示。

截面位置	沿引导线任何位置
保留形状	
对齐	参数
定向方法	
方向	角度规律
规律类型	线性
起点	0 °
终点	3600 °

图 3-152　设置“扫掠”参数

图 3-153　完成后的实体

拓展练习

1. 完成如图 3-154 所示实体的三维建模。

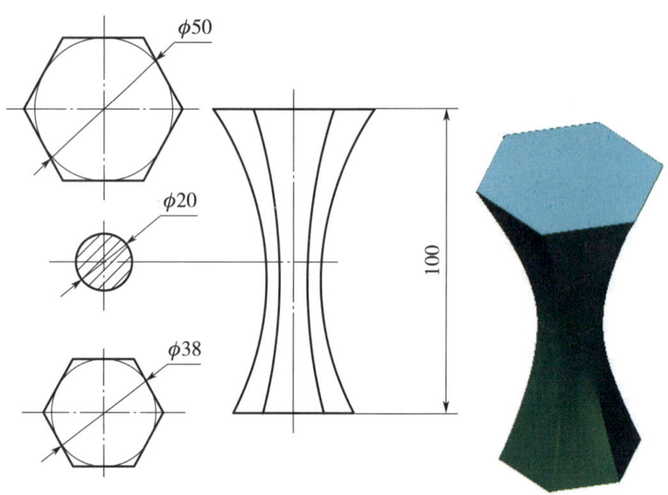

图 3-154　拓展练习 1

2. 完成如图 3-155 所示实体的三维建模。

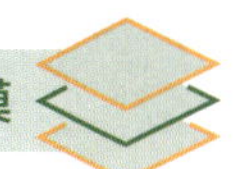

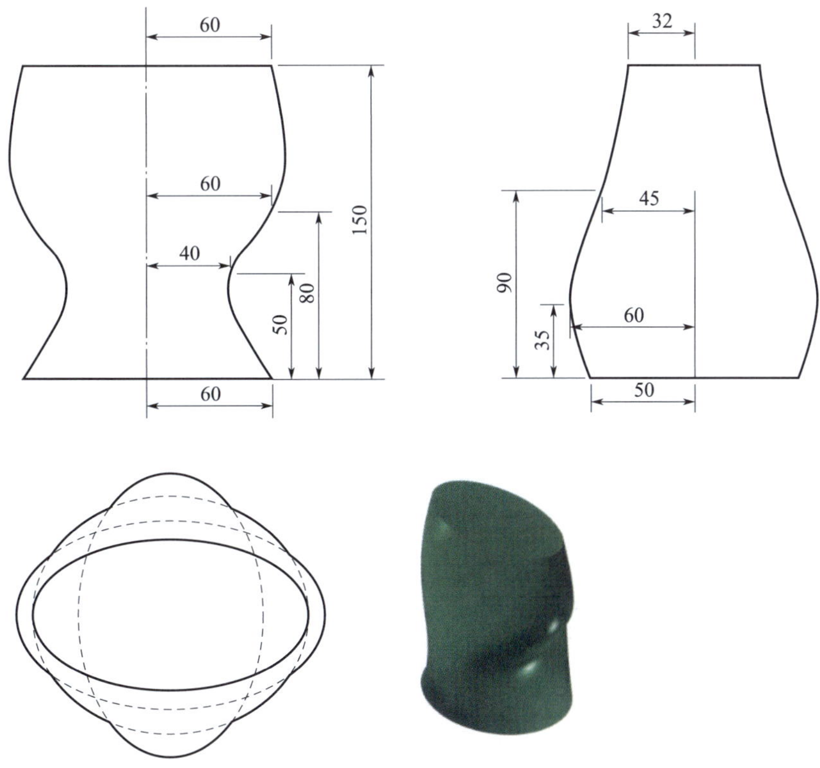

图 3-155　拓展练习 2

3. 完成如图 3-156 所示实体的三维建模，扫掠角度为 720°。

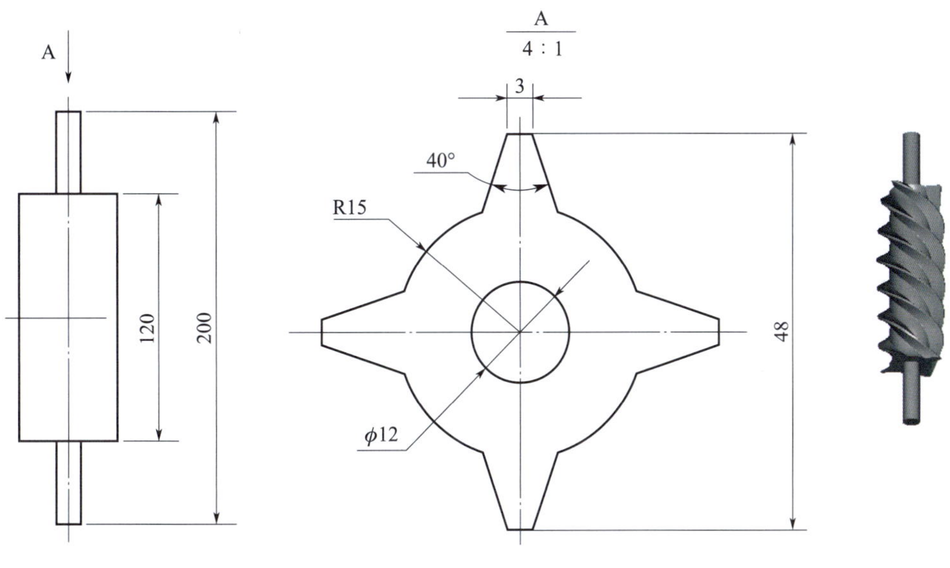

图 3-156　拓展练习 3

项目四

曲面建模

任务 1　拉伸曲面

学习目标

1. 掌握有界平面的绘制方法。
2. 掌握拉伸曲面的绘制方法。
3. 掌握修剪片体的方法。
4. 掌握曲面加厚的方法。
5. 掌握曲面倒圆角的方法。

任务描述

完成如图 4-1 所示塑料外壳的实体建模。

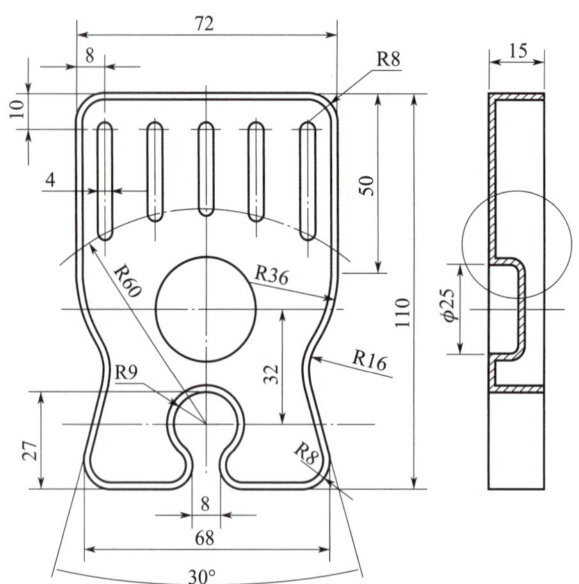

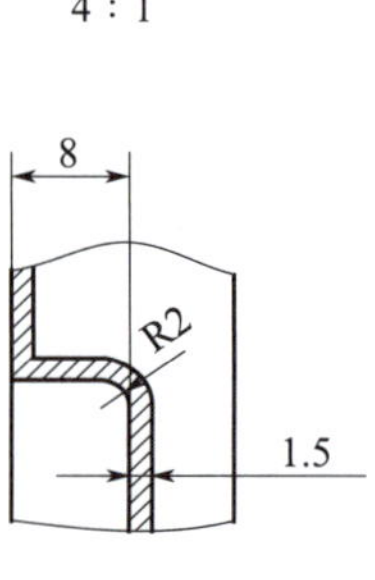

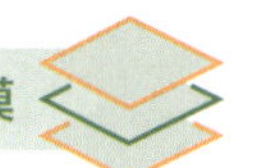

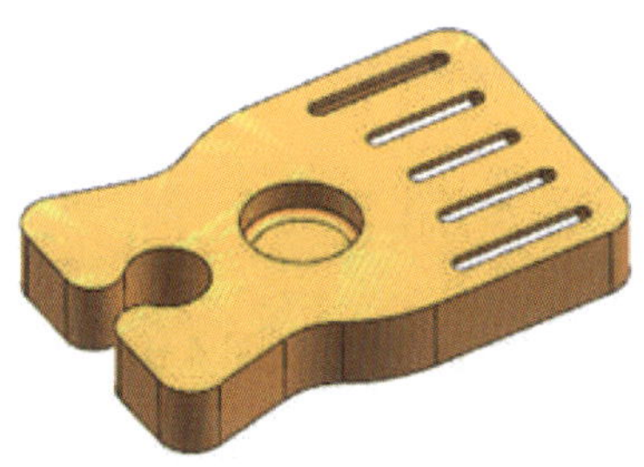

图 4-1　拉伸曲面实例

任务实施

1. 绘制有界曲面

（1）绘制外轮廓草图

1）单击“新建”按钮“”，选择实体建模工作界面。

2）单击“草图”按钮“”，选择“*XY*”基准平面作为草图工作平面。

3）单击“直线”按钮“”，绘制通过原点的水平线和垂直线，如图 4-2 所示。

4）单击“派生曲线”工具栏中的“偏置曲线”按钮“”，弹出如图 4-3 所示的“偏置曲线”对话框。

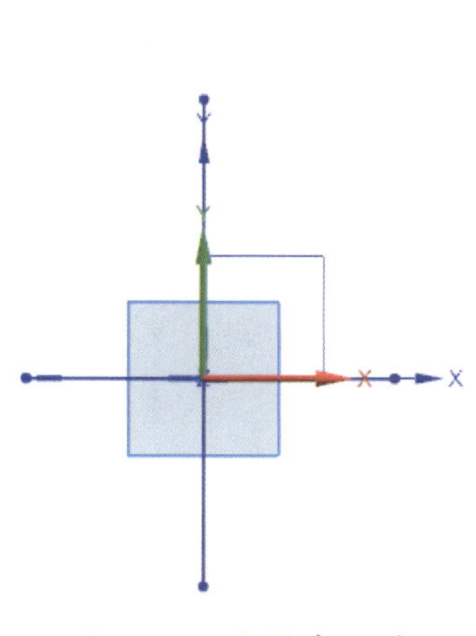

图 4-2　绘制中心线

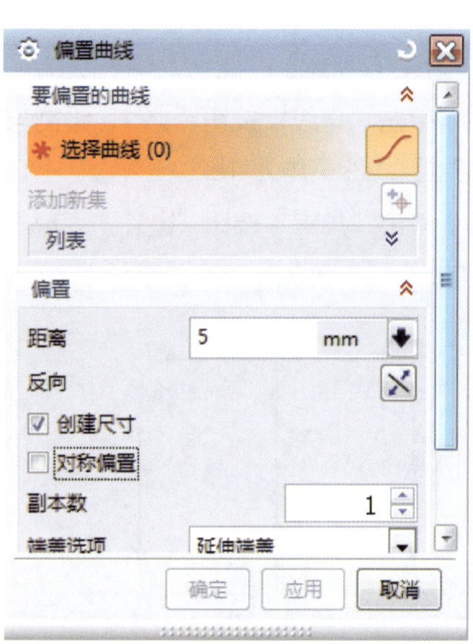

图 4-3　“偏置曲线”对话框

5）在对话框中输入“距离”值“60”，选择水平线，单击“应用”按钮，绘制如图 4-4 所示偏置曲线。

提示

如果偏置方向不正确，可单击对话框中的“”改变偏置方向。另外，选中对话框中的“☑ 对称偏置”即可实现对称偏置。

6）采用同样的方法，偏置其他曲线，结果如图 4-5 所示。

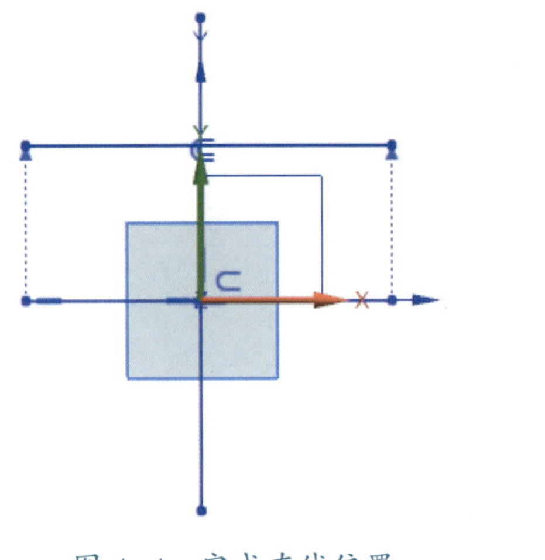

图 4-4　完成直线偏置

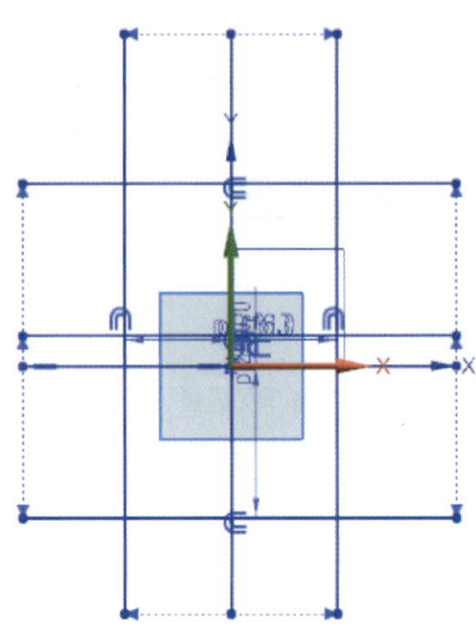

图 4-5　偏置其他线条

7）单击“圆弧”按钮“”，绘制轮廓右侧的两条圆弧，同时修剪、删除相关曲线，结果如图 4-6 所示。

8）单击“直线”按钮“”，绘制与下方圆弧相切的斜直线。单击按钮“”，约束直线与垂直线的夹角为 15°。

9）单击“角焊”按钮“”，完成斜直线与上方圆弧的倒圆角，修剪、删除相关曲线，结果如图 4-7 所示。

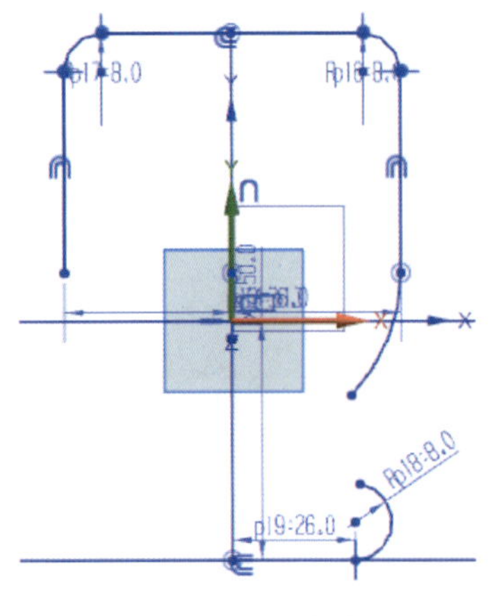

图 4-6　绘制圆弧

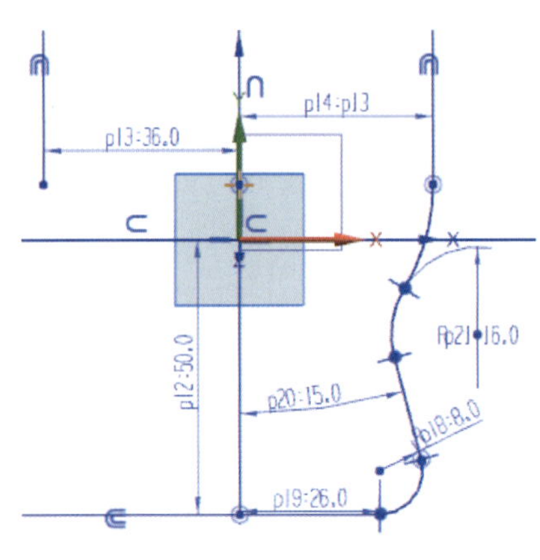

图 4-7　绘制斜直线

10）单击“镜像”按钮“”，完成右侧圆弧和斜线的镜像，修剪、删除相关曲线，结果如图 4-8 所示。

提示

选择镜像曲线时，单击“相连曲线 ▾”右侧向下箭头，选中“单条曲线”，确保选择正确的镜像对象。

11）绘制底部圆和圆弧，完成尺寸约束和几何约束，结果如图 4-9 所示。

12）单击“镜像”按钮“”，完成底部圆弧的镜像，修剪、删除相关曲线。

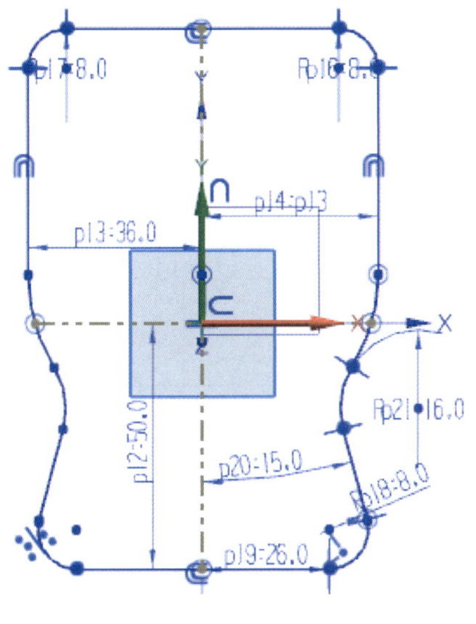

图 4-8　镜像曲线

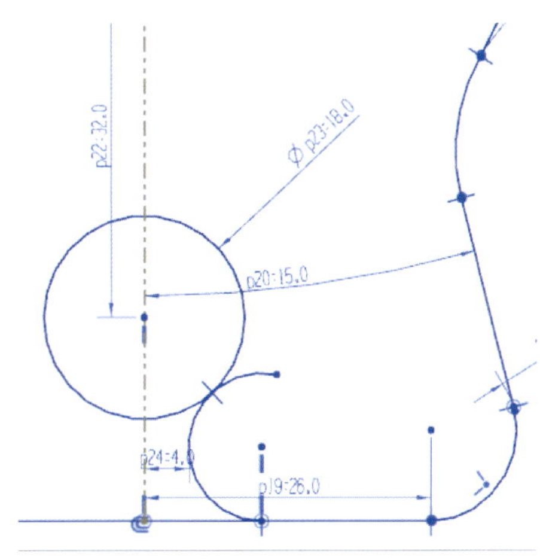

图 4-9　绘制底部圆和圆弧

（2）绘制内部轮廓

1）在左上角绘制圆，约束圆直径为“4”，同时约束圆心位置。通过 ϕ18 圆弧的圆心绘制半径为“60”的圆弧。

2）通过 ϕ4 的象限点和圆心点绘制三条垂直线，修剪 ϕ4 圆的下方半个圆弧。将通过圆心的垂直线和 R60 圆弧线转换为参考线，结果如图 4-10 所示。

3）单击“阵列曲线”按钮“”，选择 ϕ4 圆和三条垂直线作为阵列对象；在“布局”选项中选择“线性”；设定数量参数为“5”，设定节距参数为“14”；选定水平方向为阵列方向；单击“确定”按钮，完成线性阵列，结果如图 4-11 所示。

4）以圆弧参考线和直线参考交点为圆心，绘制 5 个与垂直线相切的圆。以原点为圆心，绘制直径为 25 的圆，结果如图 4-12 所示。

5）修剪、删除、隐藏相关曲线和尺寸线等，单击“完成草图”按钮“”，结果如图 4-13 所示。

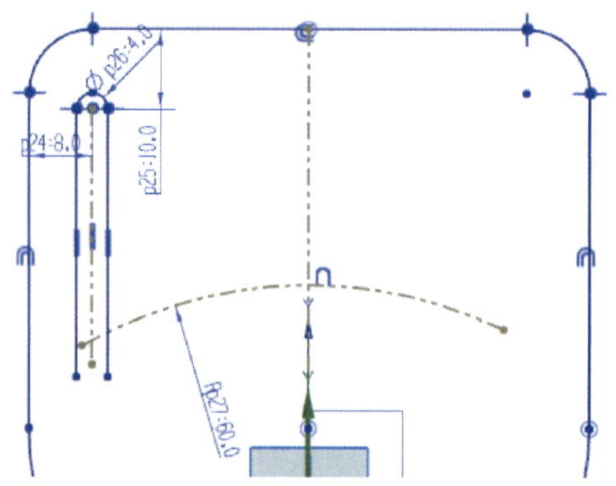

图 4-10　绘制圆弧和参考线

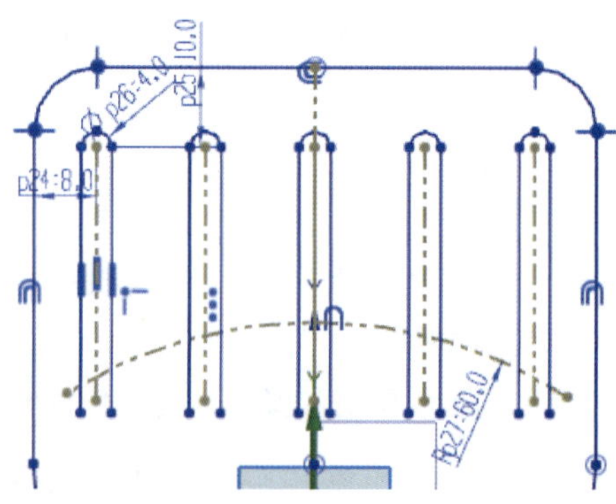

图 4-11　线性阵列

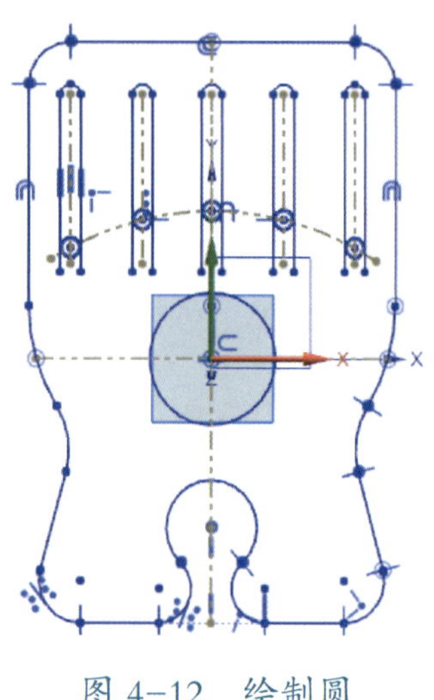

图 4-12　绘制圆

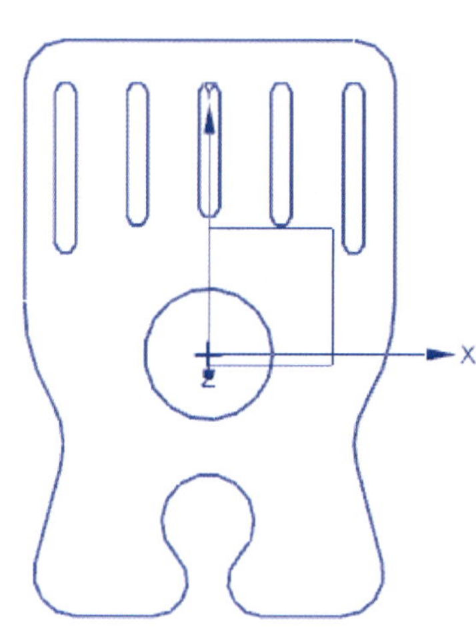

图 4-13　完成草图

（3）生成有界平面

1）直接单击“曲面”选项卡，弹出如图 4-14 所示的曲面工具栏。

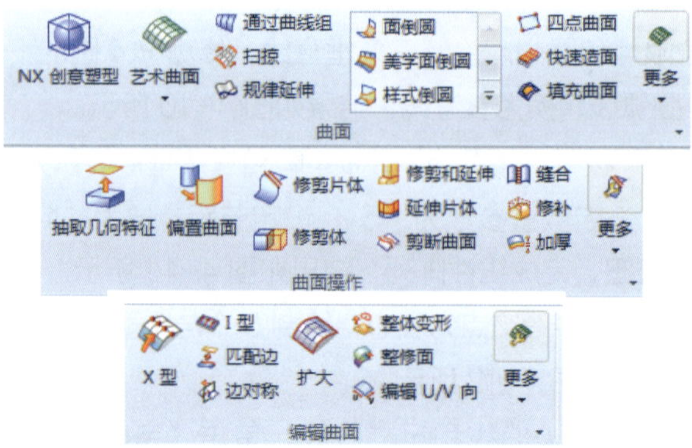

图 4-14　曲面工具栏

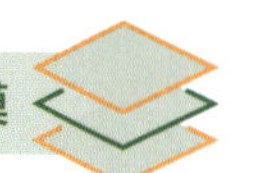

2）单击“曲面”工具栏中的“更多”下方的向下箭头，在弹出的展开菜单中单击“有界平面”或直接单击[菜单(M)]/[插入(S)]/[曲面(R)]/[有界平面(B)...]，弹出如图4-15所示的“有界平面”对话框。

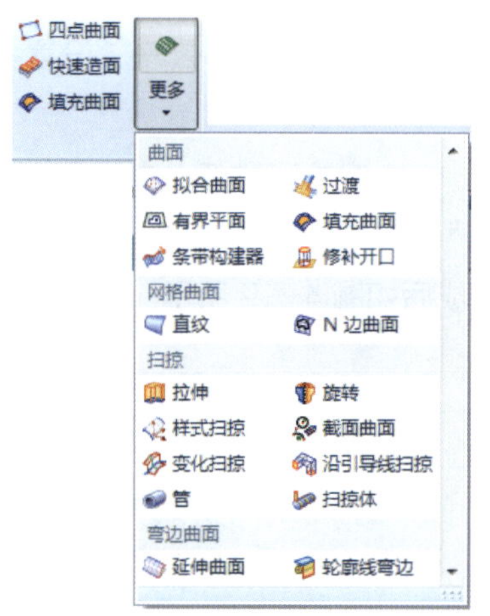

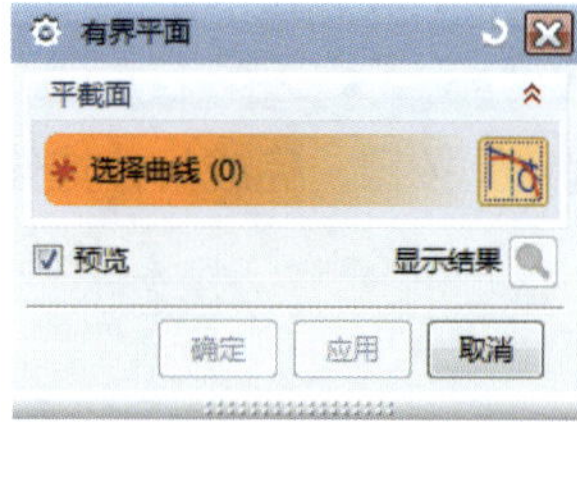

图 4-15 “有界平面”对话框

3）在选择曲线规则中选中“相连曲线”，分别单击轮廓曲线，单击“确定”按钮，生成如图4-16所示有界平面。

2. 拉伸片体

（1）拉伸片体

1）单击“曲面”工具栏中的“更多”下方的向下箭头，在弹出的展开菜单中单击“拉伸”，弹出如图4-17所示“拉伸”对话框，单击对话框左上角图标“ ”，在弹出的展开菜单中选择“拉伸（更多）”。

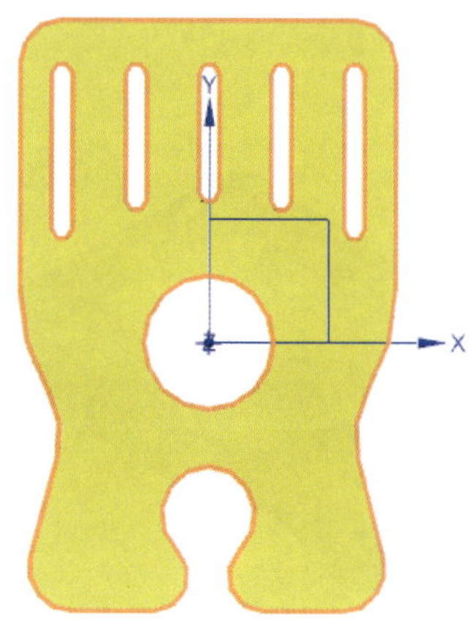

图 4-16 生成有界平面

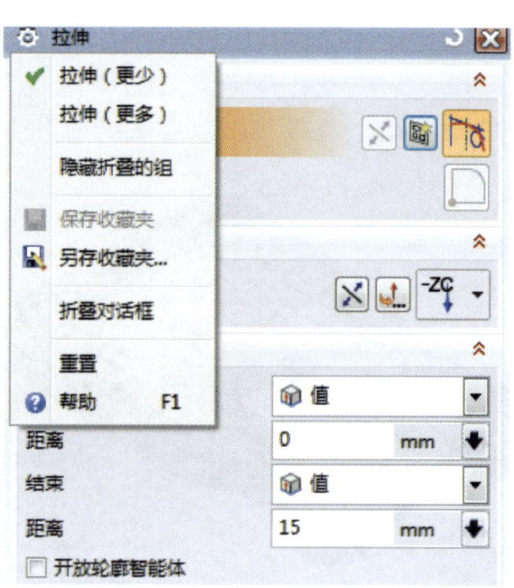

图 4-17 “拉伸”对话框

提示

系统默认为“✔ 拉伸（更少）”，在该选项设置状况下，无法进行拉伸片体的选项设置，对于封闭的轮廓只能拉伸成实体。

2）在对话框下方可分别进行“拔模”“偏置”“体类型”“公差”设置。如图 4-18 所示，单击“设置”，设置“体类型”为“片体”。

3）在选择曲线规则中选中“相连曲线”，单击外轮廓的任一曲线段，选择“-ZC”为拉伸方向，修改“开始 值”下方的“距离”为“0”，“结束 值”下方的“距离”为“15”，单击“确定”按钮，完成片体拉伸，完成后如图 4-19 所示。

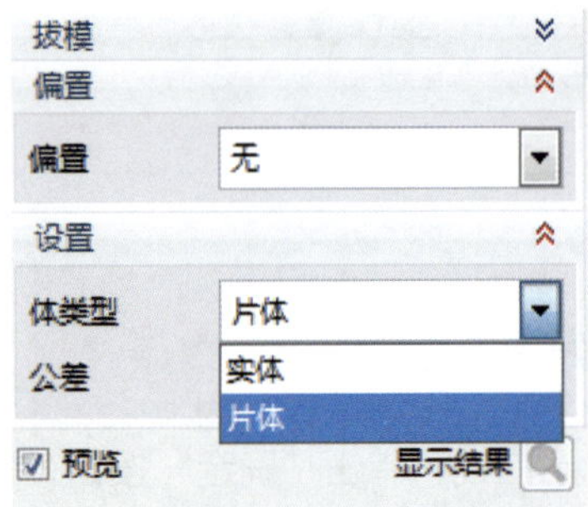

图 4-18　设置“体类型”

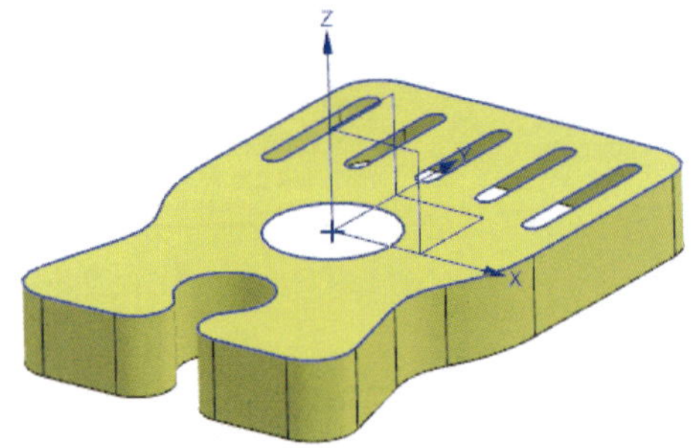

图 4-19　“拉伸”外轮廓

4）用同样的方法完成圆柱片体的拉伸，拉伸长度为“8”，完成后如图 4-20 所示。

（2）曲面倒圆角

1）单击“曲面”工具栏中的“更多”下方的向下箭头，在弹出的展开菜单中单击“有界平面”。

2）直接单击圆柱片体底部的边界，单击“确定”按钮，生成有界平面，完成后如图 4-21 所示。

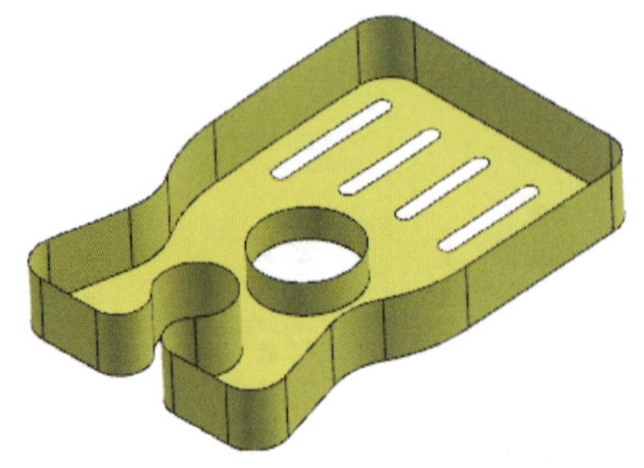

图 4-20　拉伸圆柱片体

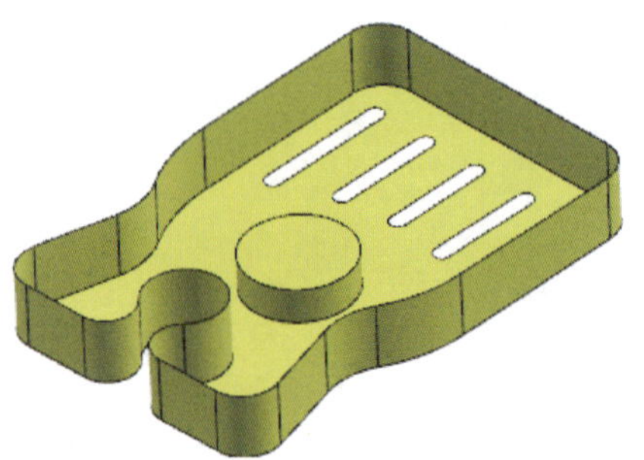

图 4-21　生成有界平面

3）单击“曲面”工具栏中的“面倒圆”按钮“面倒圆”，弹出如图 4-22 所示“面倒圆”对话框。

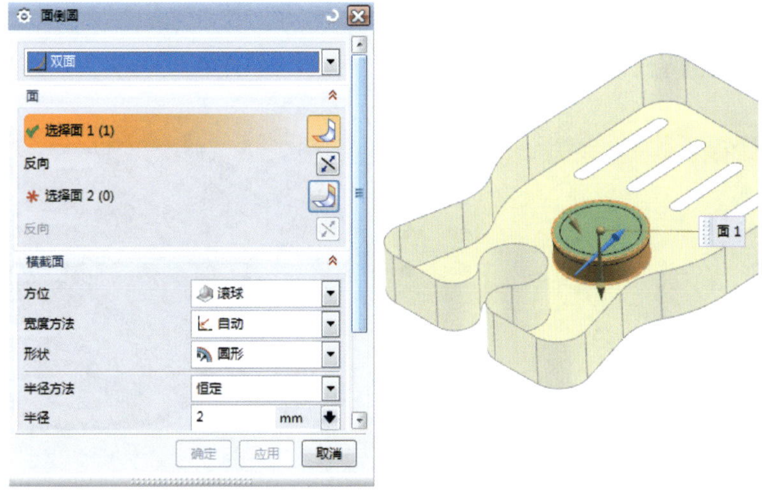

图 4-22 “面倒圆”对话框

4）单击“选择面 1 (1)”后的按钮“ ”，选择底平面。单击“选择面 2 (0)”后的按钮“ ”，选择圆柱面。

提示

选择曲面时，其矢量方向一定要指向圆心方向。如果矢量方向相反，可单击“反向”按钮改变矢量方向。

5）单击“确认”按钮，完成曲面倒圆角，结果如图 4-23 所示。

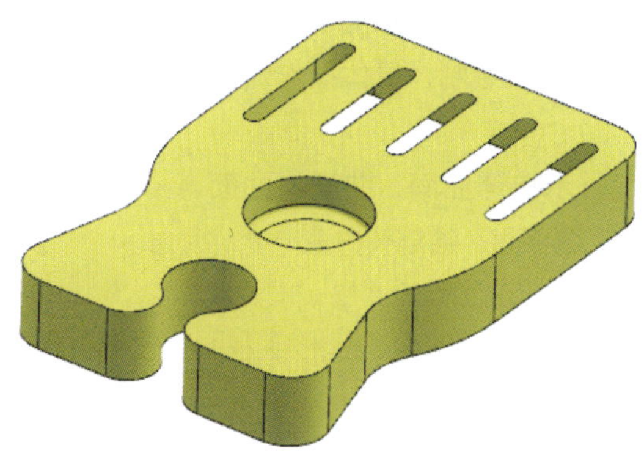

图 4-23 完成曲面倒圆角

3. 曲面加厚

（1）单击“曲面操作”工具栏中的“加厚”按钮“加厚”，弹出如图 4-24 所示“加厚”对话框。

图 4-24 “加厚”对话框

（2）输入“偏置 1”值为“1.5”，选中前面生成的所有曲面，单击“确定”按钮，完成曲面加厚。

知识与技能拓展

1. 修剪片体

在曲面绘制过程中，有时要去除曲面的某个局部，这时可采用修剪片体的方式进行绘制，具体操作流程如下例所示：

（1）绘制如图 4-25 所示拉伸曲面，曲面与曲面相切。以上视基准面作为草图平面，绘制长方形。

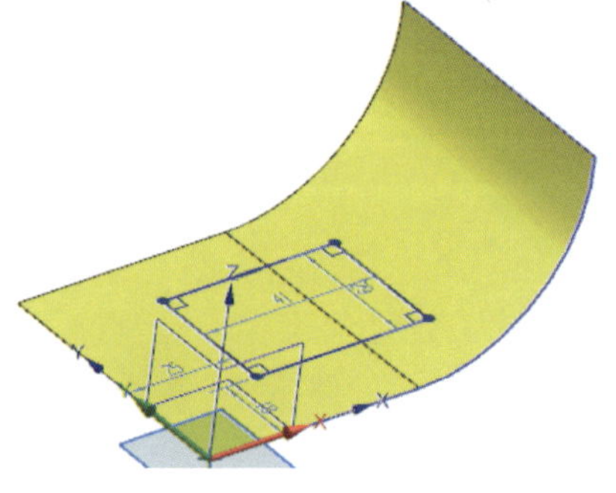

图 4-25 绘制拉伸曲面

（2）单击“曲面操作”工具栏中的“修剪片体”按钮“修剪片体”，弹出如图 4-27 所示“修剪片体”对话框。

（3）单击“选择片体 (0)”后的按钮“”，单击曲面作为目标体；单击“选择对象 (0)”后的按钮“”，单击长方形作为修剪边界；单击“选择区域 (0)”后的按钮“”，在长方形轮廓外

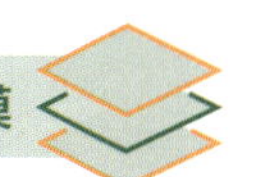

的曲面上单击，确定修剪后的保留部位。

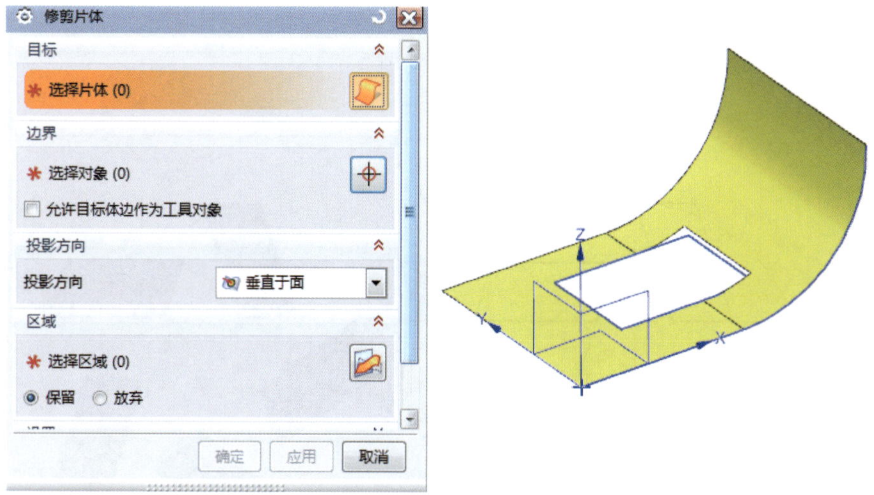

图 4-26 “修剪片体”对话框

（4）单击“确认”按钮，完成图中的片体修剪。

2. 延伸片体

类似于拉伸片体操作，要对曲面的边界部位进行延伸片体操作时，可使用软件中的“延伸片体”功能，具体操作过程如下：

（1）单击“曲面操作”工具栏中“延伸片体”按钮“延伸片体”，弹出如图 4-27 所示的“延伸片体”对话框。

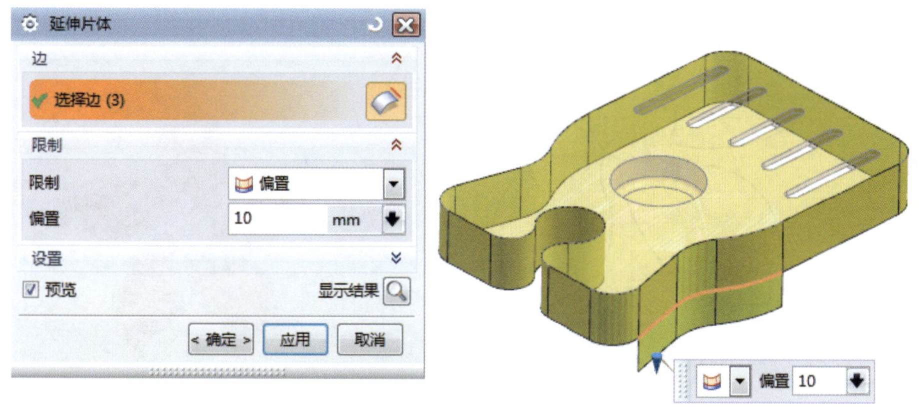

图 4-27 “延伸片体”操作

（2）设定相应的偏置参数后，单击“选择边 (3)”后的按钮“”，选择相应延伸部位的边，单击“确定”按钮即可完成延伸片体操作。

拓展练习

1. 完成如图 4-28 所示图形的曲面建模。

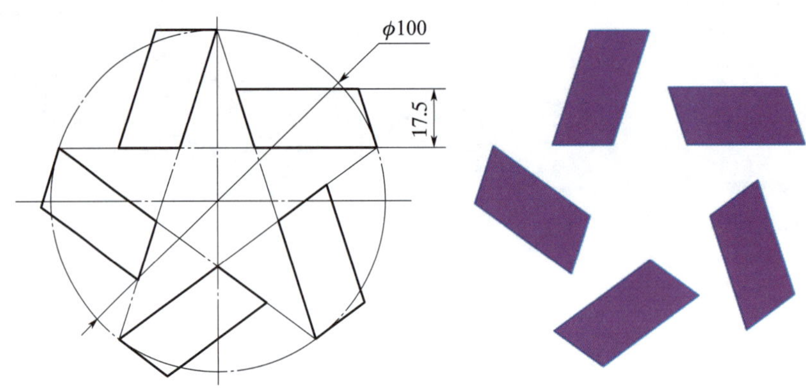

图 4-28　拓展练习 1

2. 完成如图 4-29 所示图形的曲面建模。

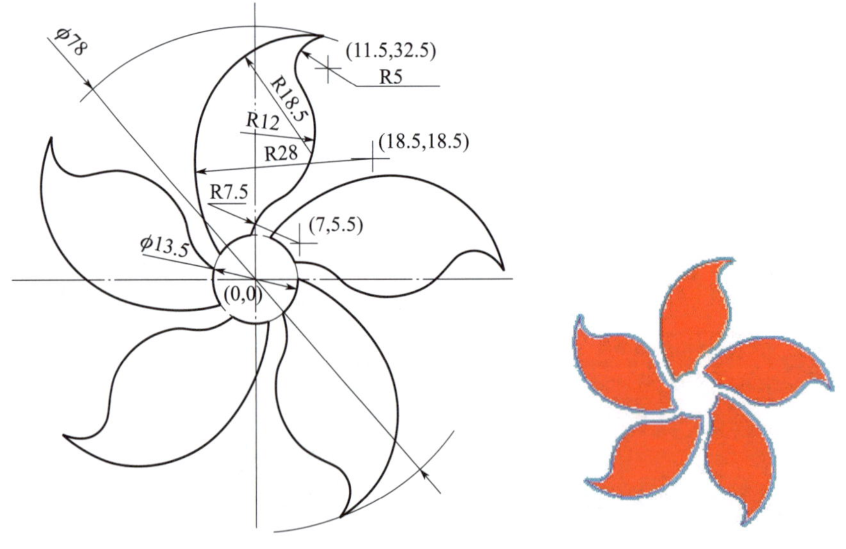

图 4-29　拓展练习 2

3. 完成如图 4-30 所示图形的曲面建模。

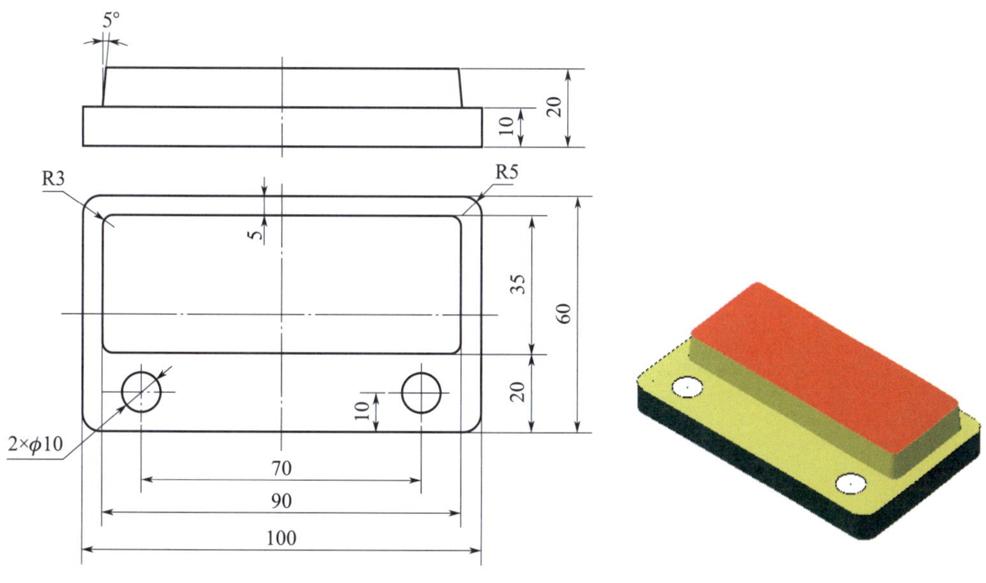

图 4-30　拓展练习 3

任务 2　旋转曲面

 学习目标

1. 掌握绘制旋转曲面的方法。
2. 掌握曲面修剪的方法。
3. 掌握绘制样条曲线的方法。
4. 掌握曲面阵列的方法。

 任务描述

完成如图 4-31 所示灯罩零件的曲面造型。

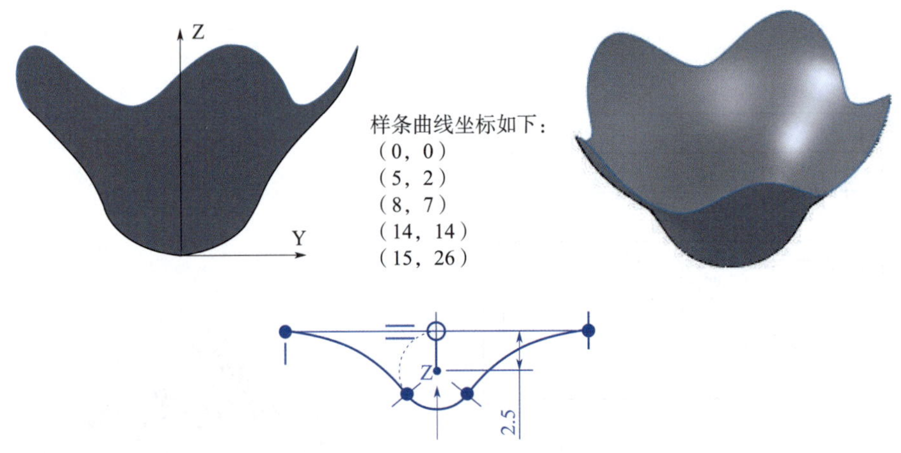

图 4-31　旋转曲面实例

任务实施

1. 绘制旋转曲面

（1）绘制样条曲线

1）单击“新建”按钮“ ”，选择实体建模工作界面。

2）单击“草图”按钮“ ”，选择“*YZ*”基准平面作为草图工作平面。

3）选择“曲线”选项卡，在“曲线”工具栏中单击“点”按钮“＋”，分别绘制 5 个点，其坐标分别为“0，0，0”“0，-5，2”“0，-8，7”“0，-14，14”“0，-15，26”，完成后如图 4-32 所示。

4）单击“艺术样条”按钮“ ”，弹出“艺术样条”对话框，选中创建样条线方式为“ 通过点”，绘制通过 5 个点的样条曲线，结果如图 4-33 所示。

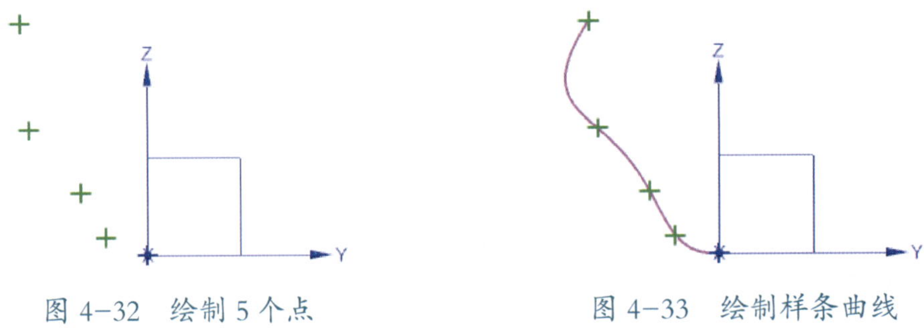

图 4-32　绘制 5 个点　　图 4-33　绘制样条曲线

5）单击“直线”按钮“ ”，绘制 *Z* 坐标为“17.5”的水平线，与样条曲线相交，结果如图 4-34 所示。

6）单击“曲线”选项卡中的“修剪曲线”按钮“ ”，弹出如图 4-35 所示的“修剪曲线”对话框。

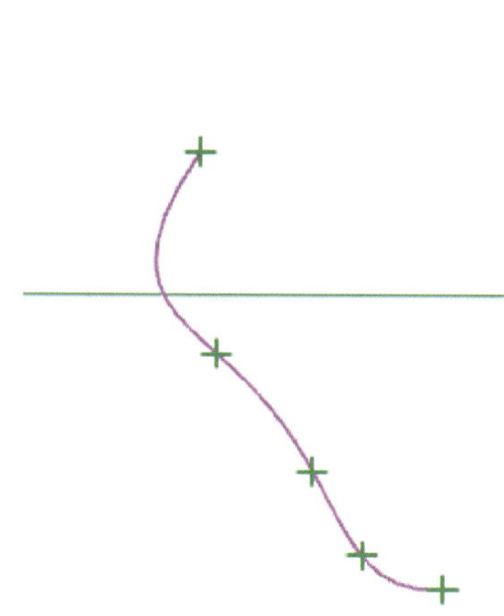

图 4-34 绘制水平线

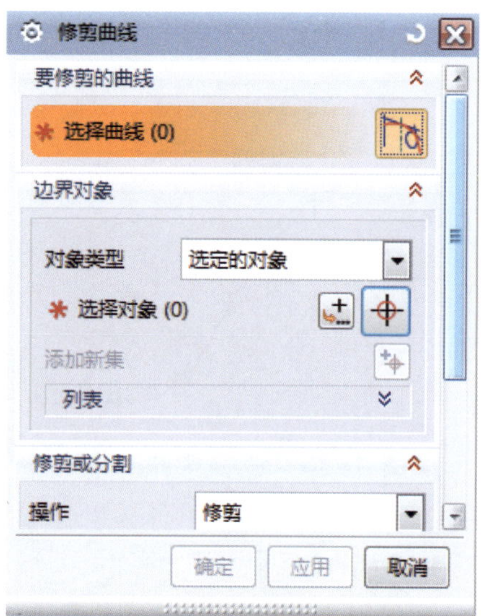

图 4-35 “修剪曲线”对话框

7）单击“选择曲线 (0)”右侧的按钮“ ”，单击样条曲线的下端部位；单击“选择对象 (0)”右侧的按钮“ ”，单击水平线；单击“确定”按钮，完成曲线修剪，结果如图 4-36 所示。然后删除水平线。

（2）绘制旋转曲面

1）单击“曲面”工具栏中的“更多”下方的向下箭头，在弹出的展开菜单中单击“旋转”，弹出如图 4-37 所示“旋转”对话框，单击对话框左上角图标“ ”，在弹出的展开菜单中选择“旋转（更多）”。

2）在对话框下方单击“设置”，设置“体类型”为“片体”。

3）单击“选择曲线 (0)”右侧按钮“ ”，单击选择样条曲线；在“指定矢量”中选择“ZC”；在“指定点”中选择坐标原点。

4）单击“确定”按钮，完成旋转曲面绘制，结果如图 4-38 所示。

2. 曲面修剪

（1）绘制修剪曲线

1）单击“基准平面”按钮“ ”，弹出“基准平面”对话框，选择构建“基准平面”方式为“按某一距离”；单击选择“*XY*”平面，输入偏移距离为“17.5”，单击“确定”按钮，生成基准平面，结果如图 4-39 所示。

2）单击“草图”按钮“ ”，选择新生成的基准平面作为草图工作平面。

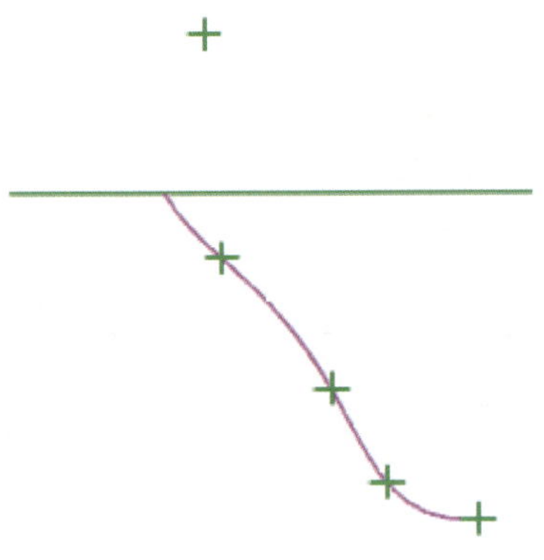
图 4-36　修剪曲线

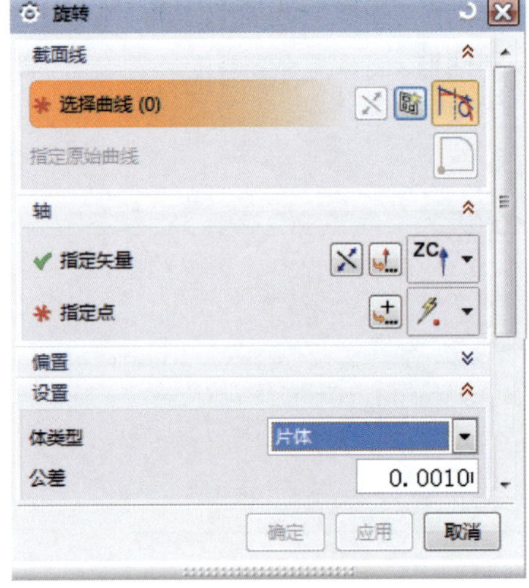

图 4-37　“旋转”对话框

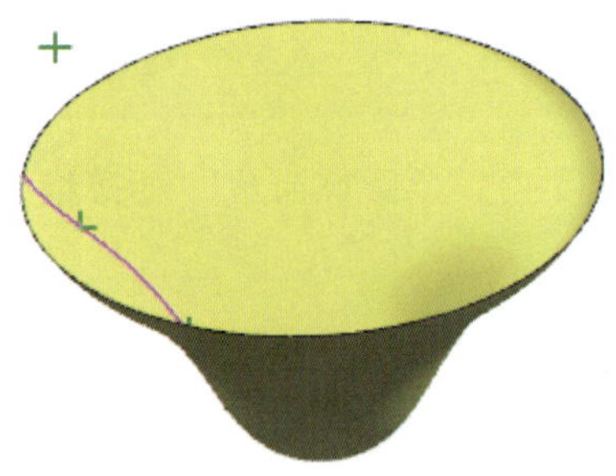
图 4-38　绘制旋转曲面

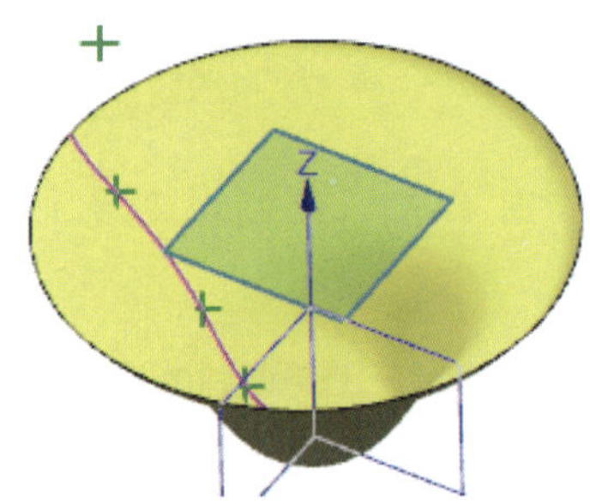

图 4-39　绘制基准平面

3）单击“更多曲线”工具栏中的“多边形”按钮“⊙”，弹出“多边形”对话框。修改对话框中的“边数”参数为“5”，选择“外接圆半径”，选择原点为多边形中心，选择样条曲线端点作为五边形的顶点，绘制五边形，结果如图 4-40 所示。

4）选择“曲线”选项卡，单击“派生曲线”工具栏中的“投影曲线”按钮“ ”，选择与“*ZX*”平面平行的五边形的一条边，投影至“*ZX*”平面，结果如图 4-41 所示。

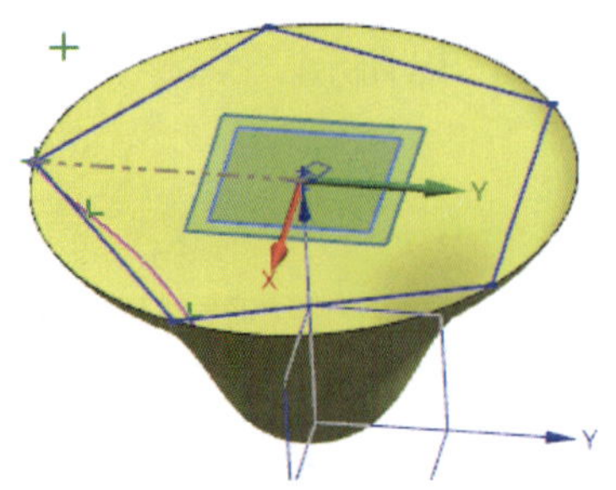

图 4-40　绘制五边形

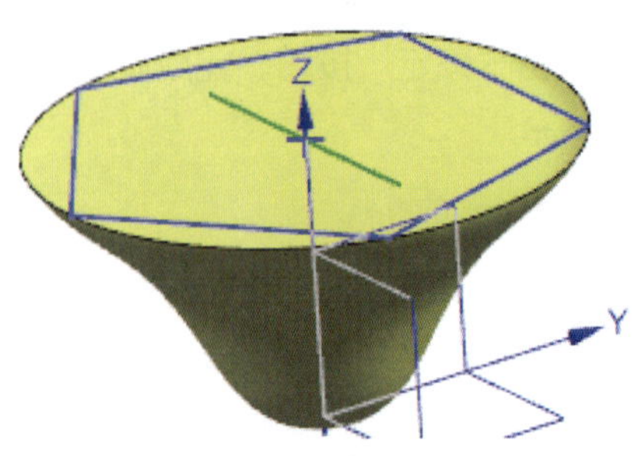

图 4-41　曲线投影

提示

为了方便操作，可将暂时不用的图素隐藏，需要时再显示出来。

5）单击“草图”按钮“ ”，选择“ZX”平面作为草图工作平面。单击“确定”按钮，进入草图工作界面，同时自动转换成“正视”视图。

6）单击“直线”按钮“ ”，绘制与投影线完全重合的水平线。

7）单击“圆”按钮“ ”，绘制三个分别于水平线端点和中点处相切的圆。两侧圆的圆心分别与线段的端点竖直对齐，两侧圆与中间圆相切，结果如图 4-42 所示。

8）完成曲线修剪，结果如图 4-43 所示。

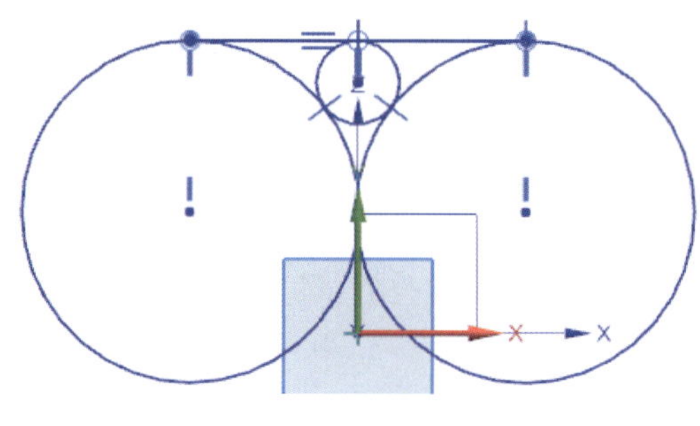
图 4-42 绘制相切圆

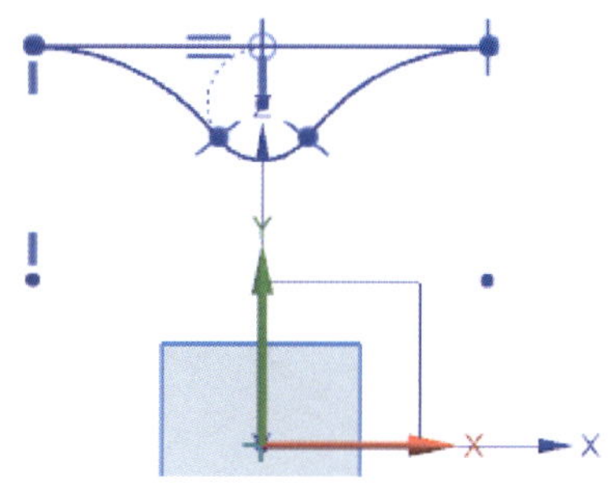
图 4-43 曲线修剪

（2）曲面修剪

1）单击“拉伸”按钮，在弹出的“拉伸”对话框中，单击左上角图标“ ”，在弹出的展开菜单中选择“ 拉伸（更多）”。

2）在对话框下方设置“体类型”为“片体”，在选择曲线规则中选中“单条曲线”，依次单击三条圆弧，修改“开始 值 ”下方的“距离”为“10”，“结束 值 ”下方的“距离”为“20”，单击“确定”按钮，完成片体拉伸，如图 4-44 所示。

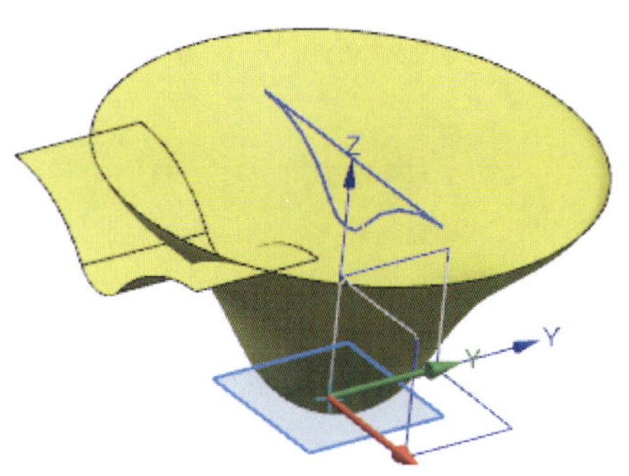
图 4-44 拉伸片体

3）单击 [菜单（M）] / [插入（S）] / [关联复制（A）] / [阵列特征(A)...]，弹出“阵列特征”对话框，设置如图 4-45 所示参数。

4）单击“ 选择特征 (1)”右侧的按钮“ ”，单击导航器中的“ 拉伸 (24)”，选中拉伸曲面；在“ 指定矢量”中选择“ZC”；在“ 指定点 ”中选择坐标原点。

5）单击“确定”按钮，完成片体圆周阵列，结果如图 4-46 所示。

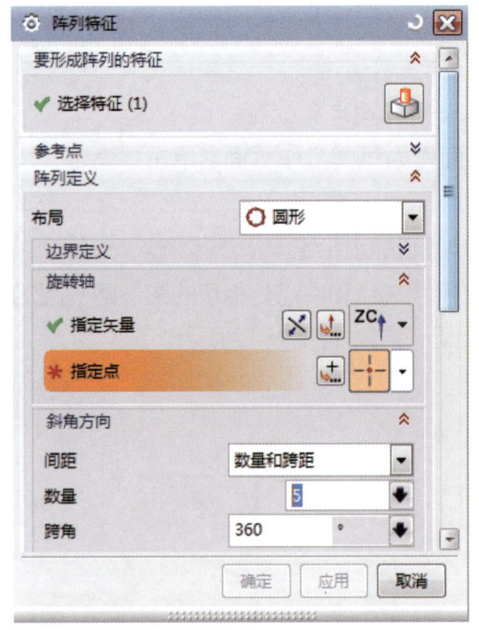

图 4-45　设置“阵列特征”参数

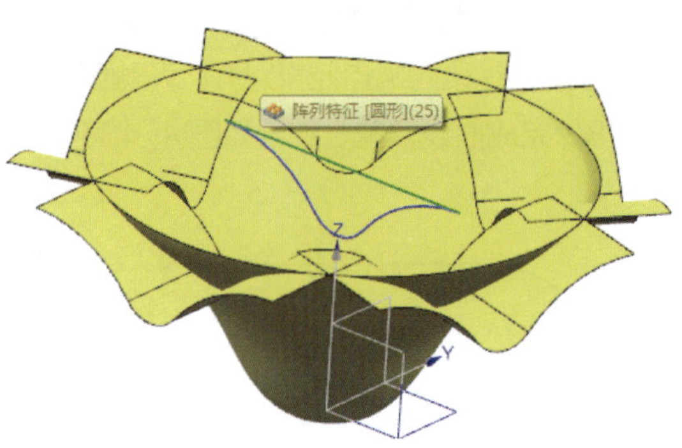

图 4-46　阵列片体

6）单击“曲面操作”工具栏中“修剪和延伸”按钮“修剪和延伸”，弹出如图 4-47 所示的“修剪和延伸”对话框。

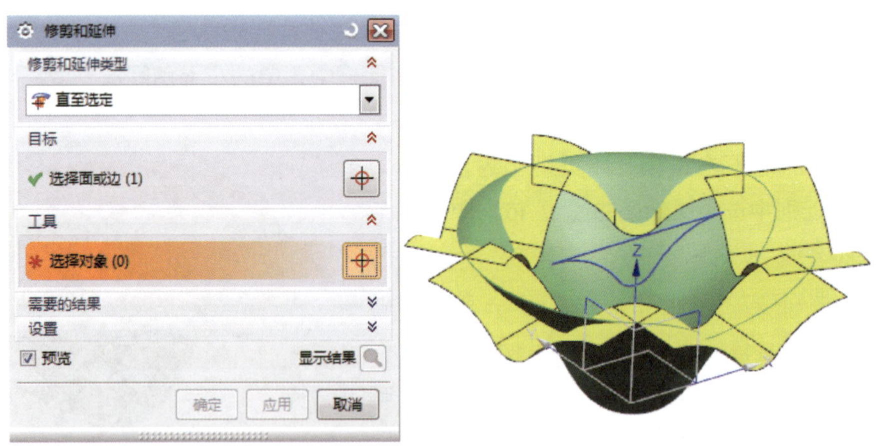

图 4-47　“修剪和延伸”对话框

7）单击“目标”下方“选择面或边 (1)”右侧按钮“⊕”，选择旋转体曲面；单击“✱ 选择对象 (0)”右侧按钮“⊕”，选择其中一组拉伸曲面。单击“应用”按钮，完成局部曲面的修剪。

8）采用同样的方法，完成其他四处曲面的修剪，隐藏拉伸曲面、阵列曲面、草图曲线

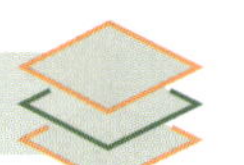

等图素，结果如图 4-48 所示。

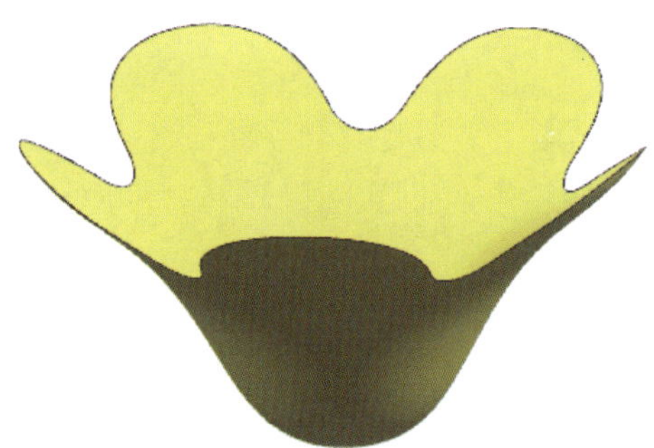

图 4-48 完成曲面建模

知识与技能拓展

1. 取消修剪

（1）单击“曲面操作”工具栏中“更多”下方的箭头，在展开菜单中选择“取消修剪”，弹出如图 4-49 所示“取消修剪”对话框。

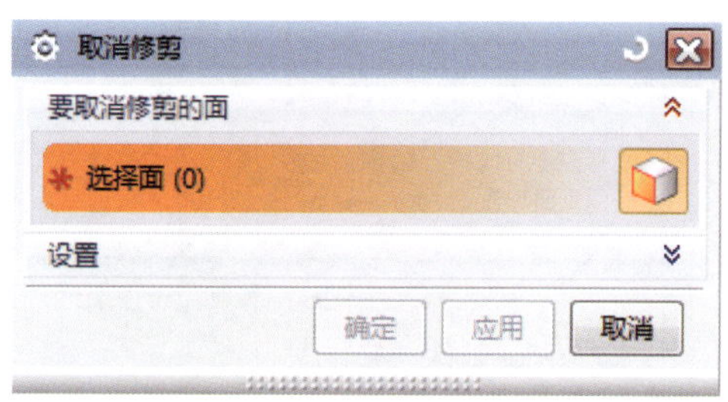

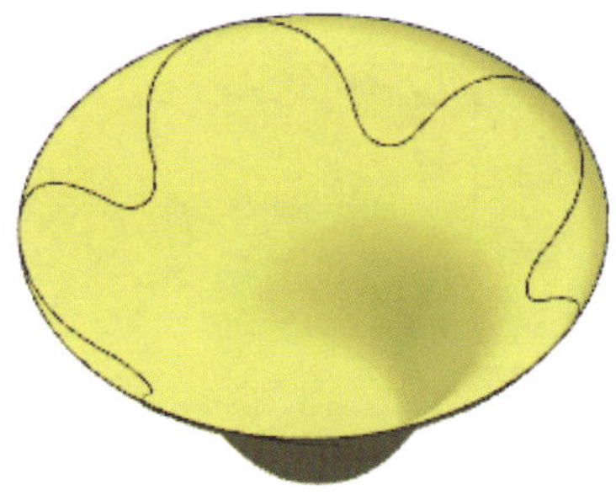

图 4-49 “取消修剪”操作

（2）单击选择修剪后的曲面，单击“确定”按钮即可取消曲面的修剪。

2. 拆分体

（1）单击“曲面操作”工具栏中“更多”下方的箭头，在展开菜单中选择“拆分体”，弹出如图 4-50 所示“拆分体”对话框。

（2）单击选择曲面，“工具选项”中选择“**面或平面**”，单击选择“*ZX*”平面，单击“确定”按钮即可完成曲面拆分，拆分后增加了拆分边界线。

3. 编辑曲面显示颜色

（1）单击 [菜单（M）] / [编辑（E）] / [对象显示(J)...]，弹出如图 4-51 所示的“类选

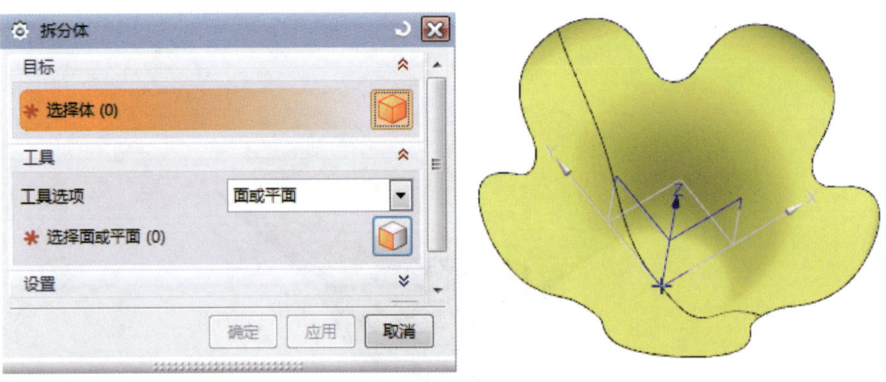

图 4-50 “拆分体”对话框

择”对话框。

（2）单击选择拆分后的左侧曲面，单击对话框中“颜色过滤器”右侧图标“”，弹出“颜色”对话框，选择相应的颜色后单击“确定”按钮，返回“类选择”对话框。

（3）单击“确定”按钮，弹出“编辑对象显示”对话框，再次单击“确定”按钮，完成曲面显示颜色的编辑。

图 4-51 “类选择”对话框

拓展练习

1. 完成如图 4-52 所示曲面的三维建模。

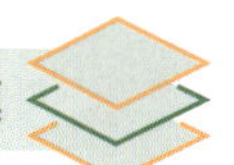

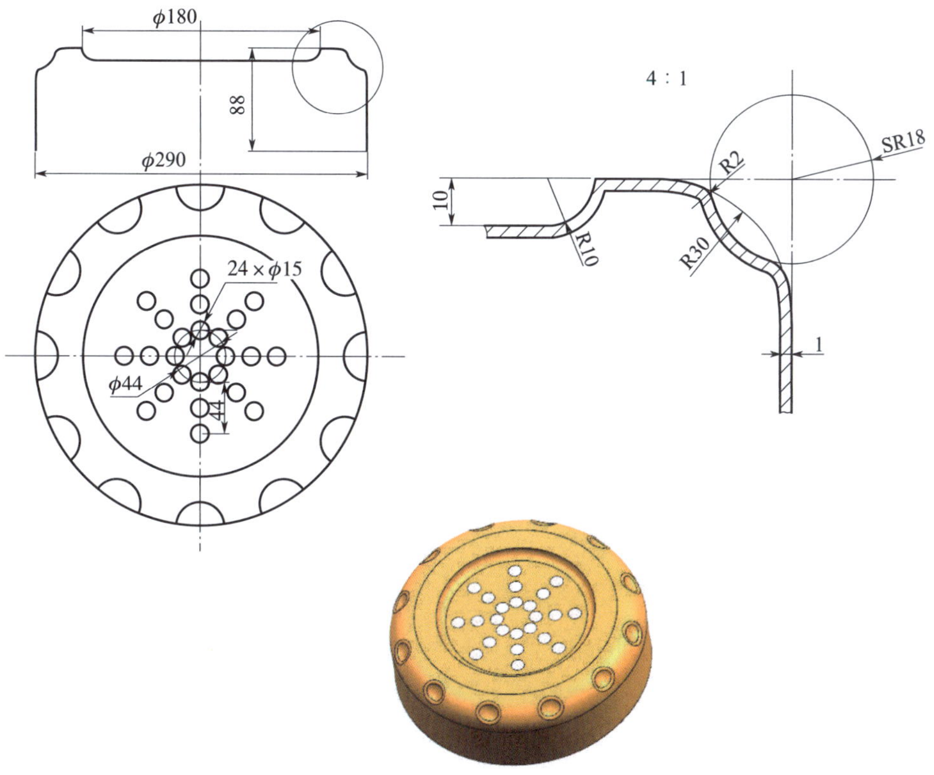

图 4-52　拓展练习 1

2. 完成如图 4-52 所示曲面的三维建模。

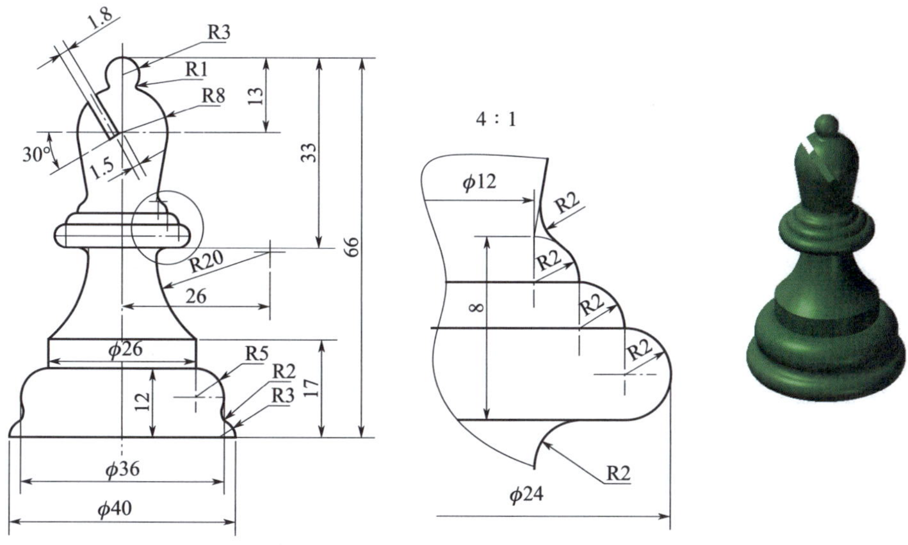

图 4-53　拓展练习 2

任务 3　扫掠曲面

学习目标

1. 掌握扫掠曲面的建模方法。
2. 掌握相交曲线的建模方法。
3. 掌握旋转曲面的建模方法。

任务描述

完成如图 4-54 所示零件的曲面造型。

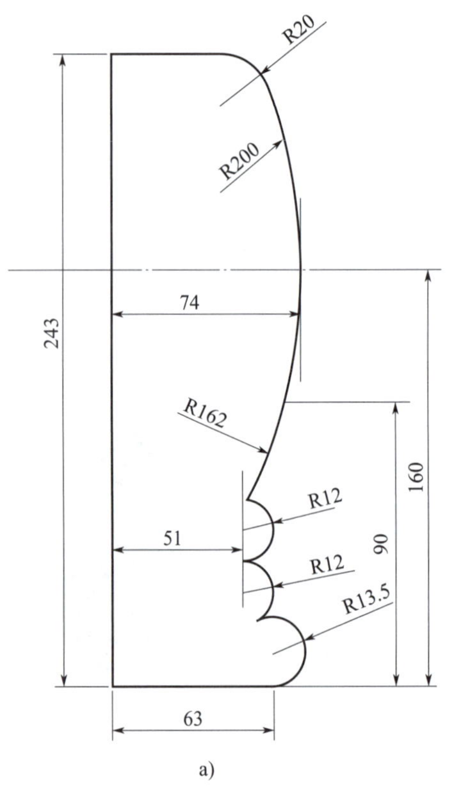

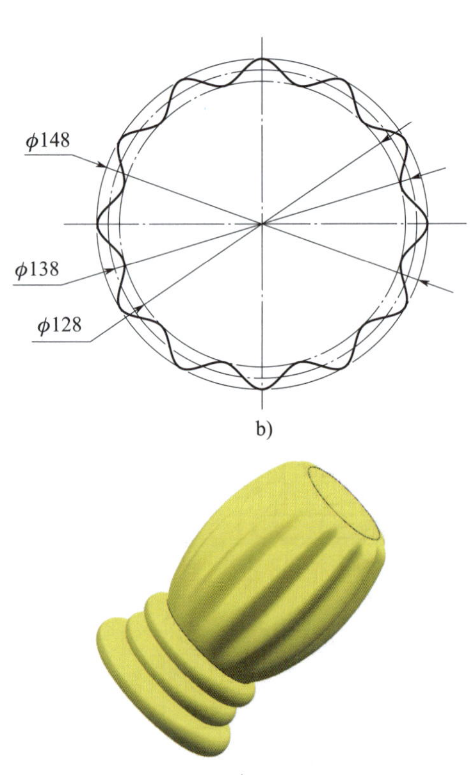

图 4-54　扫掠曲面实例
a）扫掠草图　b）断面图　c）造型实物图

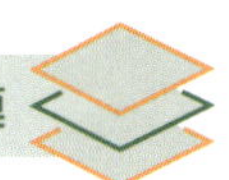

任务实施

1. 绘制草图

（1）绘制扫掠引导线

1）单击“新建”按钮“”，选择实体建模工作界面。

2）单击“草图”按钮“”，选择“*YZ*”基准平面作为草图工作平面。

3）单击“直线”按钮“”，绘制如图 4-55 所示直线。单击按钮“”，完成尺寸约束。

4）单击“圆”按钮“”，绘制两个圆，完成尺寸约束和几何约束，结果如图 4-56 所示。

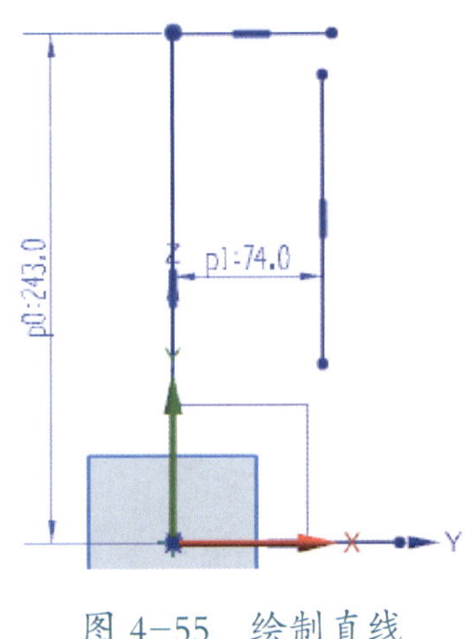

图 4-55　绘制直线

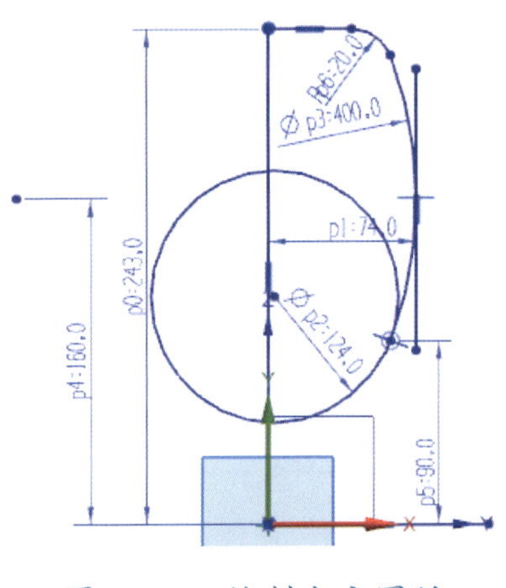

图 4-56　绘制上方圆弧

5）隐藏前图中的尺寸标注，单击“圆”按钮“”，绘制下方三个圆，完成尺寸约束和几何约束，结果如图 4-57 所示。

6）单击“快速修剪”按钮“”，依次修剪多余的线条，完成后单击“结束草图”按钮“”，结果如图 4-58 所示。

（2）绘制扫掠截面线

1）单击“基准平面”按钮“”，弹出“基准平面”对话框，选择构建基准平面方式为“按某一距离”；单击选择“*XY*”平面，输入偏移距离为“160”，单击“确定”按钮，生成如图 4-59 所示的基准平面。

2）单击“草图”按钮“”，选择新构建的基准平面作为草图工作平面。

3）单击“圆”按钮“”，绘制两个圆，以原点为圆心绘制三个同心圆，直径分别是“148”“138”“128”。单击“直线”按钮“”，绘制过原点的垂直线，分别与三个圆相交，结果如图 4-60 所示。

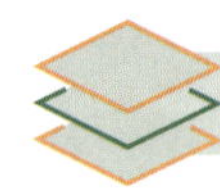

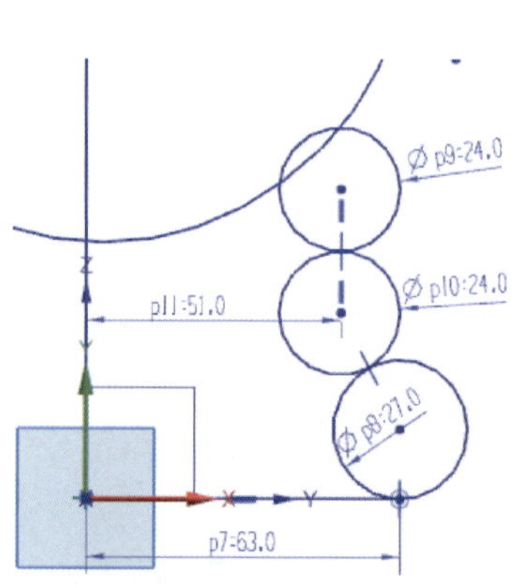

图 4-57　绘制下方圆

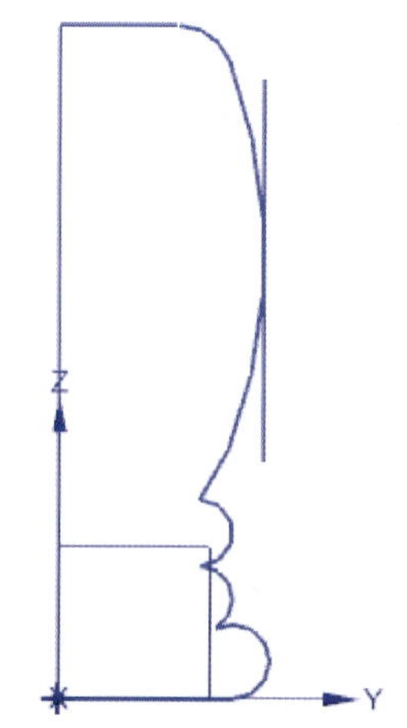

图 4-58　绘制扫掠引导线

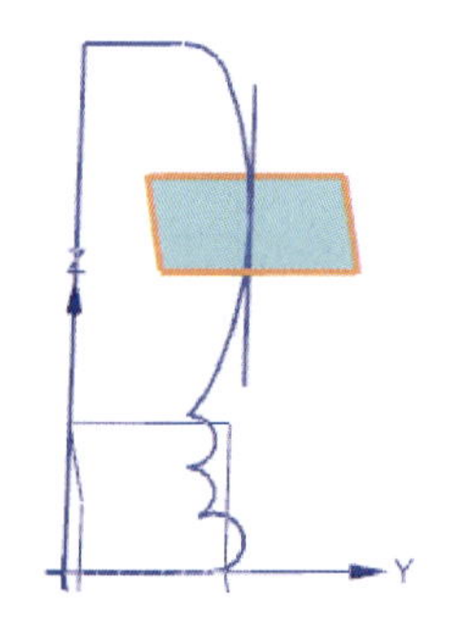

图 4-59　构建基准面

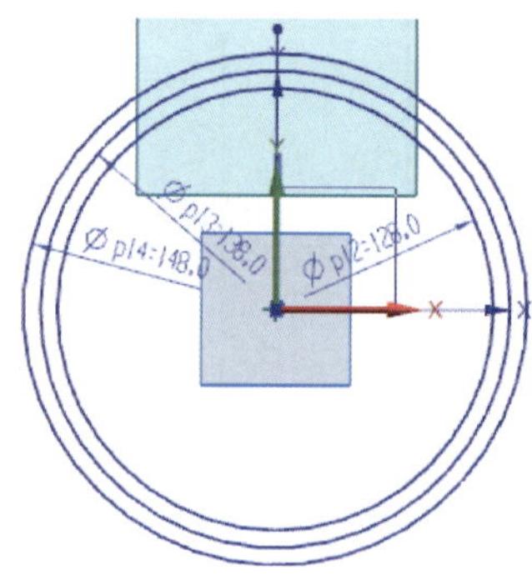

图 4-60　绘制圆和直线

4）单击“更多曲线”工具栏中的“阵列曲线”按钮“”，弹出“阵列曲线”对话框。选择“ 圆形”方式，设定数量参数为“3”、节距角参数为“7.5”，选择垂直线作为阵列曲线，原点为回转中心，单击“确定”按钮，完成圆周阵列，结果如图 4-61 所示。

5）单击“曲线”工具栏中的“点”按钮“”，绘制如图 4-62 所示三处交点。

6）将直线和圆转换为参考线，单击“阵列曲线”按钮“”，对三个交点分别阵列，结果如图 4-63 所示。

7）单击“更多曲线”工具栏中的“艺术样条”按钮“”，弹出“艺术样条”对话框，绘制如图 4-64 所示的艺术样条曲线。

提示

为了正确实施后续的扫掠操作，样条曲线的起点应位于圆与 X 轴线的交点处。同时为了确保样条曲线首尾相连，须选中对话框中的“封闭”。

8）隐藏点和基准面，单击“结束草图”按钮“”。

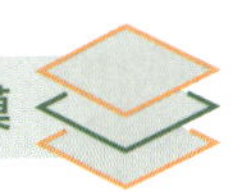

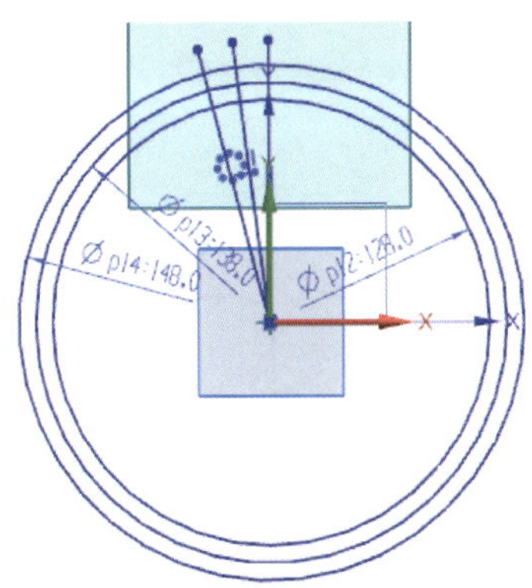

图 4-61　圆周阵列直线

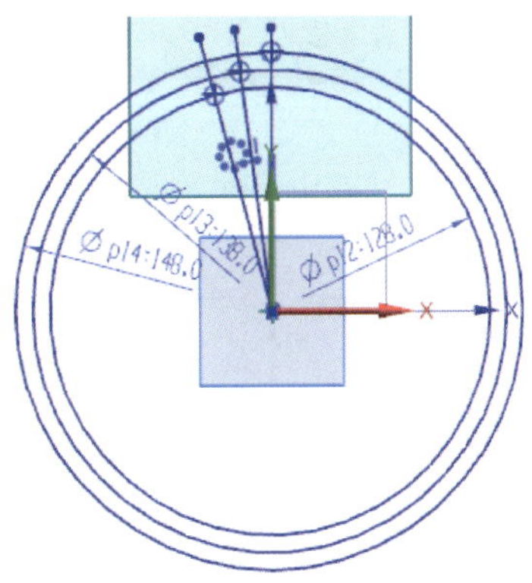

图 4-62　绘制交点

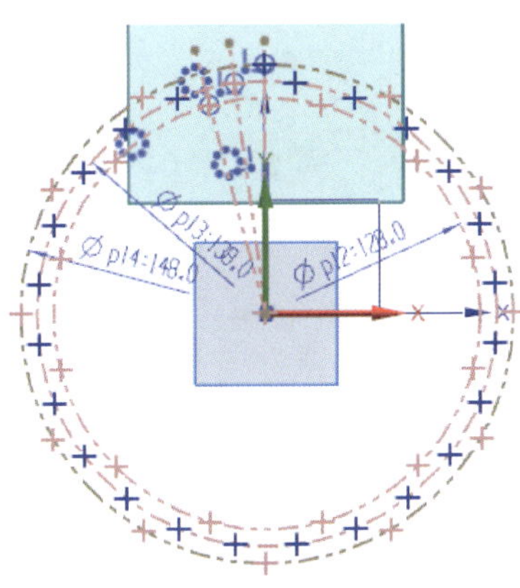

图 4-63　圆周阵列点

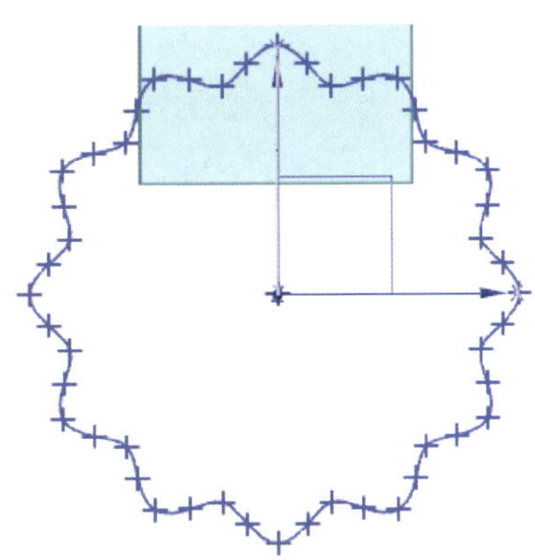

图 4-64　绘制样条曲线

2. 绘制曲面

（1）绘制旋转曲面

1）单击“曲面”工具栏中的“旋转”按钮，弹出“旋转”对话框，单击对话框左上角图标“”，在弹出的展开菜单中选择“旋转（更多）”。

2）在对话框下方单击“设置”，设置“体类型”为“片体”。

3）单击“选择曲线 (0)”右侧按钮“”，单击选择上方水平线；在“指定矢量”中选择“ZC”；在“指定点”中选择坐标原点。

4）单击“确定”按钮，完成旋转曲面绘制，结果如图 4-65 所示。

5）用同样的方法绘制下部的旋转曲面，结果如图 4-66 所示。

（2）绘制扫掠曲面

1）单击“扫掠”按钮“扫掠”，弹出如图 4-66 所示的“扫掠”对话框，单击对话框左上角图标“”，在弹出的展开菜单中选择“扫掠（更多）”。

2）在对话框下方单击“设置”，设置“体类型”为“片体”。

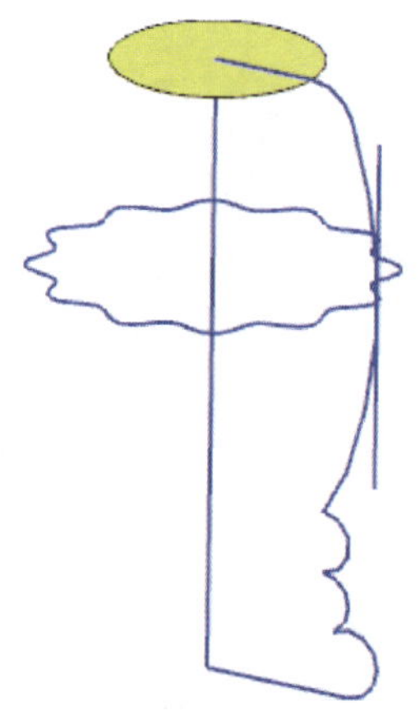

图 4–65　绘制上部旋转曲面

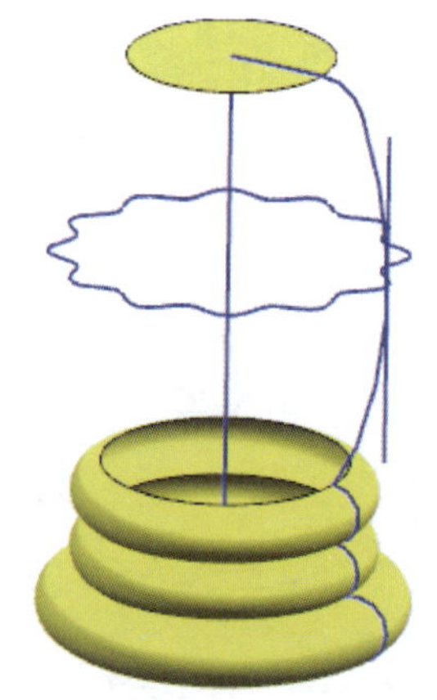

图 4–66　绘制下部旋转曲面

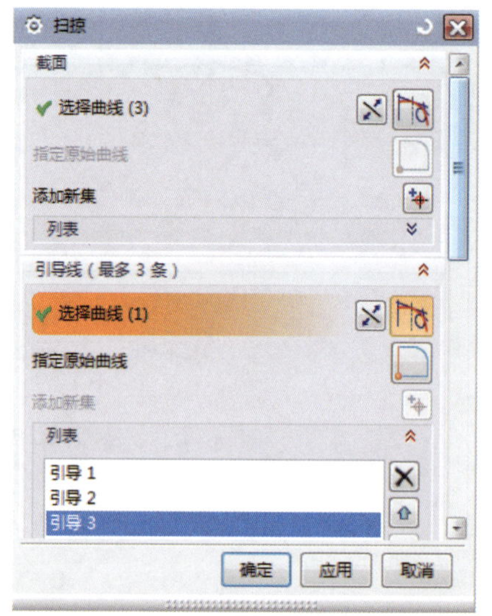

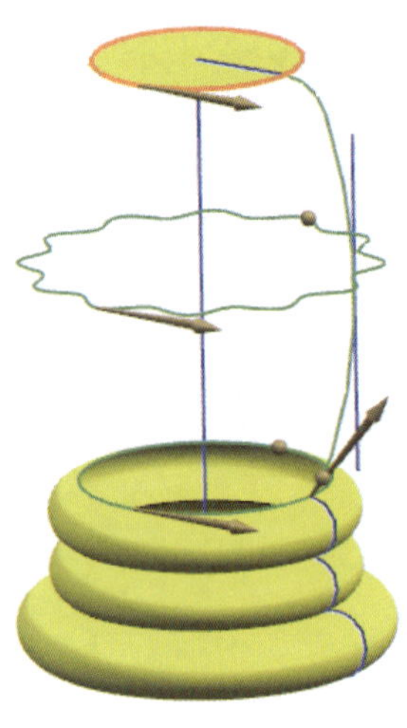

图 4–67　“扫掠”对话框

3）在对话框中单击“截面”下方的“选择曲线 (0)”，采用“单条曲线”方式依次单击三条圆弧。

4）在对话框中单击“引导线（最多 3 条）”下方的“选择曲线 (0)”，单击下方旋转曲面的边界圆。

5）在对话框中单击“添加新集”右侧图标“”，选择样条曲线。再次单击“选择新集”右侧图标“”，选择上方旋转曲面的边界圆。

提示

选择截面曲线时，一定要注意所选择的曲线及起点位置要对应，以保证曲线的连接起点

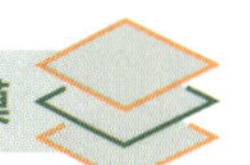

及方向一致。

6）单击“确定”按钮，完成扫掠曲面绘制，隐藏草图，结果如图 4-68 所示。

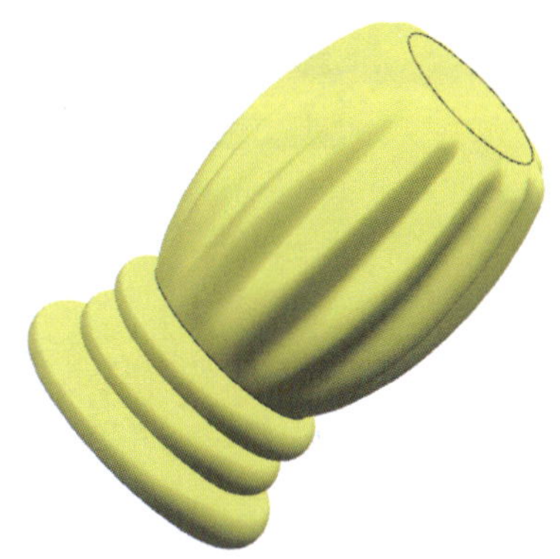

图 4-68　完成曲面建模

知识与技能拓展

1. 偏置曲面

（1）为了清楚显示曲面偏置，先将中间的扫掠曲面沿“*ZX*”平面拆分体。

（2）单击“曲面操作”工具栏中“偏置曲面”图标“ ”，弹出如图 4-69 所示的“偏置曲面”对话框。

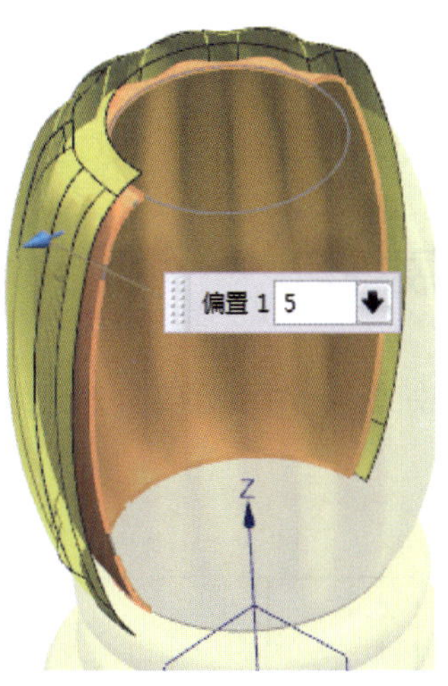

图 4-69　“偏置曲面”对话框

（3）设定相应的偏置参数后，单击“选择面 (1)”后的图标“ ”，选择相应需要偏置的曲面，单击“确定”按钮即可完成偏置曲面操作。

提示

对于具有曲率半径的曲面，偏置后的曲率半径不能小于“0”，否则不能进行偏置操作。

2. 缝合曲面

（1）单击“曲面操作”工具栏中的“缝合”按钮“缝合”，弹出如图 4-70 所示的“缝合”对话框。

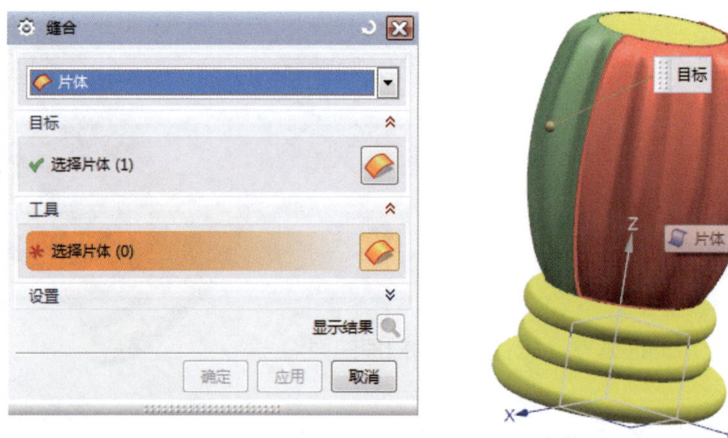

图 4-70 “缝合”对话框

（2）“目标”选择左侧扫掠曲面，“工具”选择右侧扫掠曲面。

（3）单击“确定”按钮即可完成曲面缝合，缝合后外观无变化，本例缝合处仍保留边界线，但缝合成整体曲面后，无法对单个曲面进行选择或操作。

 拓展练习

1. 完成如图 4-71 所示实体的三维建模。

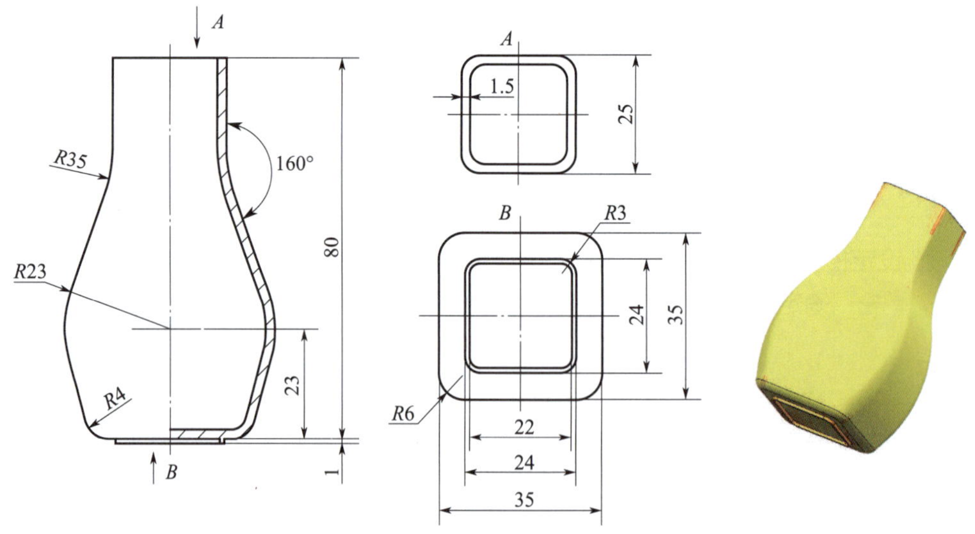

图 4-71 拓展练习 1

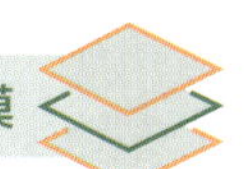

2. 完成如图 4-72 所示曲面的三维建模。

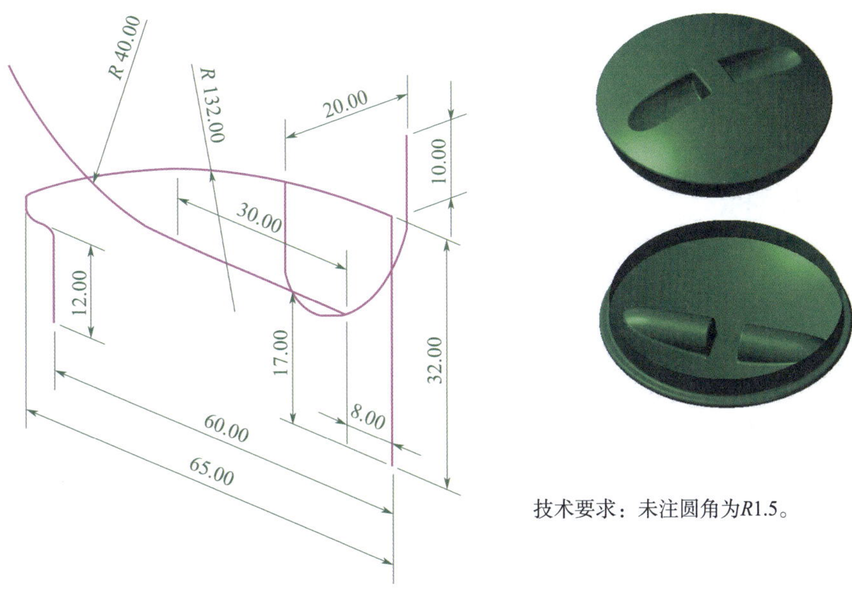

图 4-72 拓展练习 2

3. 完成如图 4-73 所示实体的三维建模。

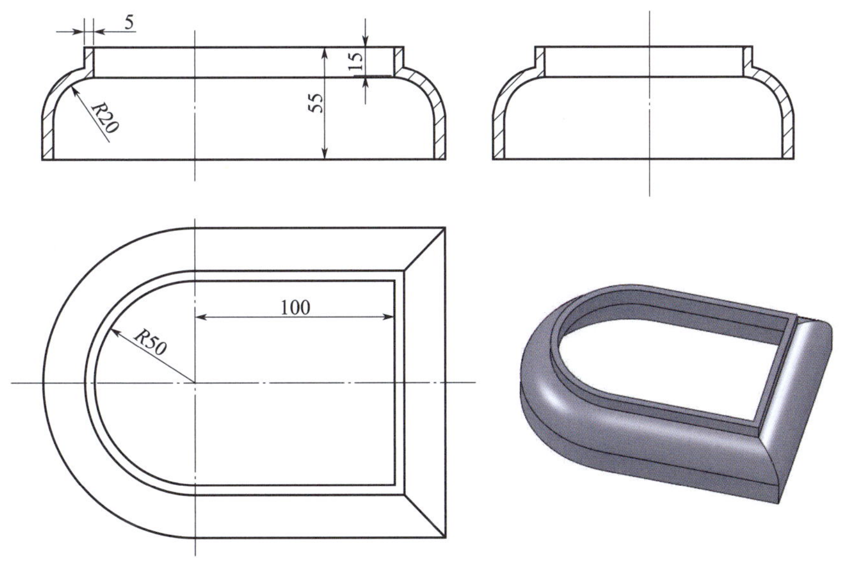

图 4-73 拓展练习 3

任务 4　空间曲线构成曲面

学习目标

1. 掌握填充曲面的建模方式。
2. 掌握曲线网格曲面的建模方式。
3. 掌握曲线组曲面的建模方式。
4. 掌握直纹曲面的建模方式。

任务描述

空间曲线构成曲面的方式有填充曲面、曲线网格曲面、曲线组曲面和直纹曲面等多种形式。下面用几个实例来说明采用空间曲线构成曲面的建模方式。

任务实施

1. 填充曲面建模

实例：采用填充曲面建模方式完成如图 4-74 所示曲线的三维建模。

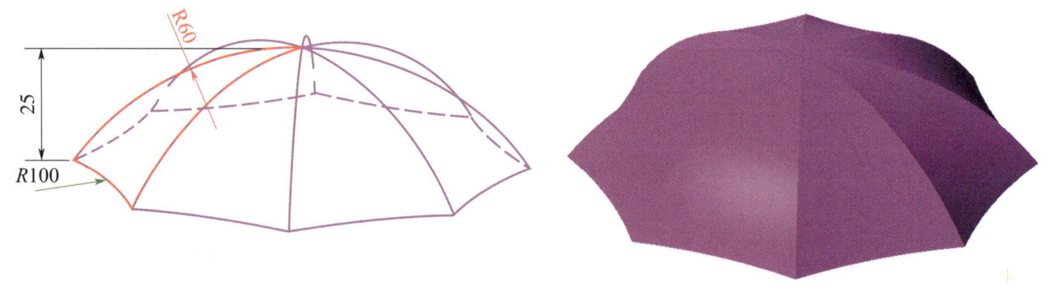

图 4-74　实例 1

（1）绘制填充曲面的曲线

1）单击“新建”按钮“ ”，选择实体建模工作界面。

2）单击“草图”按钮“ ”，选择“*YZ*”基准平面作为草图工作平面。

3）单击“圆弧”按钮“ ”，在弹出的对话框中选择“ ”方式，绘制如图 4-75 所示圆弧，完成尺寸约束和几何约束。

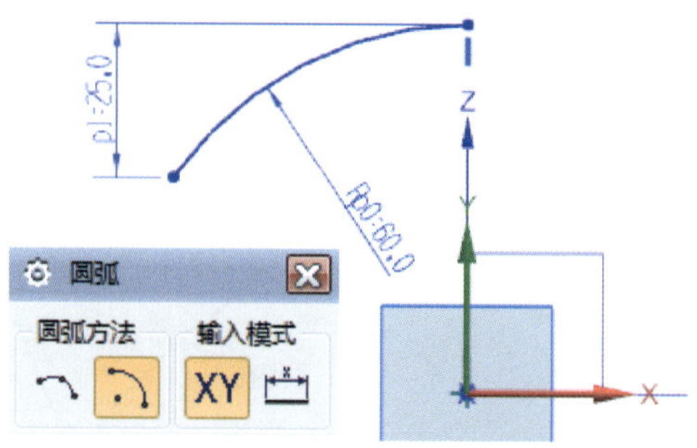

图 4-75　绘制圆弧

4）单击 [菜单（M）] / [插入（S）] / [关联复制（A）] / [阵列特征(A)...]，弹出“阵列特征”对话框，在对话框中单击“选择特征 (1)”右侧的按钮“ ”，选择圆弧；在“指定矢量”中选择“ZC”；在“指定点”中选择坐标原点；设置旋转参数，单击“确定”按钮，完成曲线阵列，结果如图 4-76 所示。

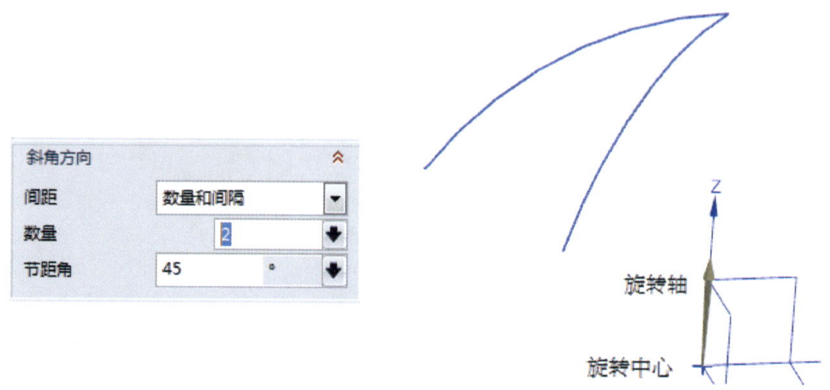

图 4-76　阵列复制曲线

提示

绘制另一条圆弧时，也可以“*YZ*”平面为基础，旋转 45° 创建新的基准面，再在该基准面上绘制相同的圆弧。

5）单击“基准平面”按钮“ ”，弹出“基准平面”对话框，选择构建基准平面方式为“按某一距离”；单击选择“*XY*”平面，输入偏移距离为“35”，单击“确定”按钮，生成如图 4-77 所示的基准平面。

6）单击“草图”按钮“ ”，单击选择新创建的基准平面作为草图工作平面。

7）单击“圆弧”按钮“ ”，在弹出的对话框中选择“ ”方式，绘制通过两条圆弧端点的 R100 圆弧，完成尺寸约束和几何约束，结果如图 4-78 所示。

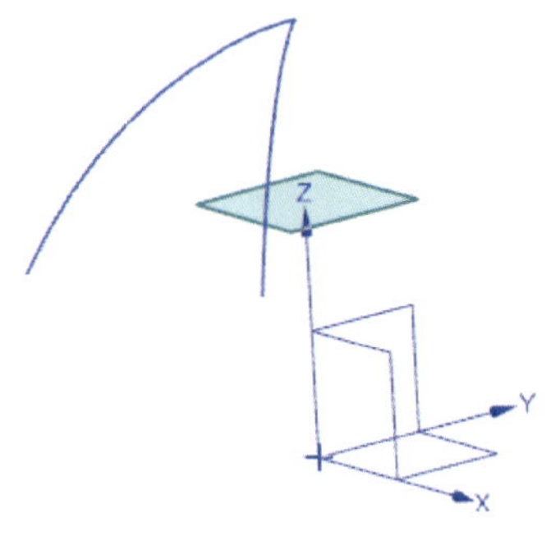

图 4-77　创建基准面

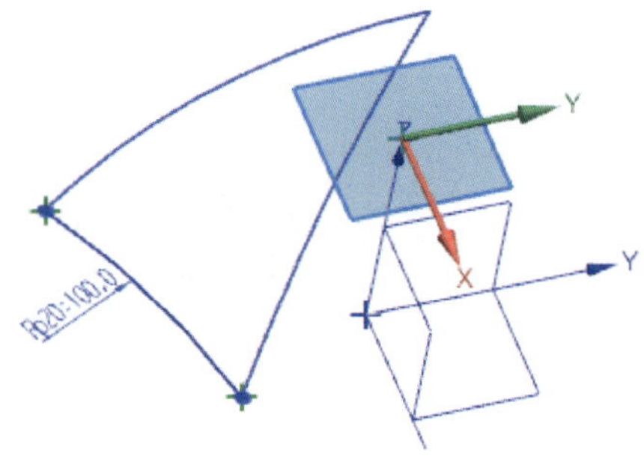

图 4-78　绘制圆弧

（2）填充曲面

1）单击“曲面”工具栏中的“ 填充曲面”按钮，弹出如图 4-79 所示的“填充曲面”对话框。

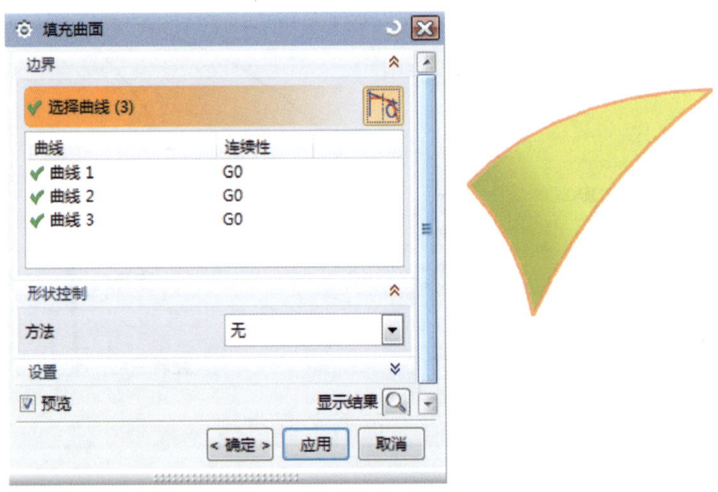

图 4-79　“填充曲面”对话框

2）直接单击图中的相连曲线，单击“确定”按钮即可完成填充曲面的绘制。

提示

填充曲面是指通过首尾相边的空间曲线生成的曲面，空间曲线不能为交叉曲线，是首尾相连的单线串曲线。

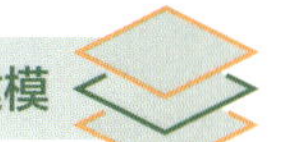

3）单击 [菜单（M）] / [插入（S）] / [关联复制（A）] / [阵列特征(A)...]，弹出“阵列特征”对话框，在对话框中单击“选择特征 (1)”右侧的按钮“”，选择曲面；在“指定矢量”中选择“ZC”；在“指定点”中选择坐标原点；设置旋转参数，单击“确定”按钮，完成曲线阵列，结果如图 4-80 所示。

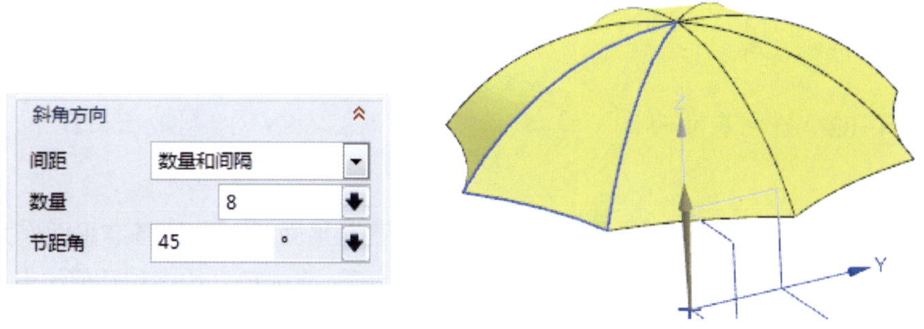

图 4-80　阵列曲面

2. 曲线网格曲面建模

实例：采用曲线网格曲面建模方式完成如图 4-81 所示曲线的三维建模。

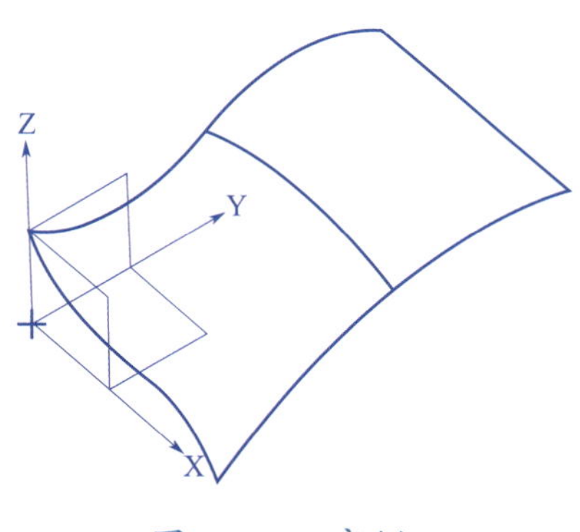

图 4-81　实例 2

（1）绘制曲线

1）单击“基准平面”按钮“”，弹出“基准平面”对话框，选择构建基准平面方式为“按某一距离”；单击选择“*ZX*”平面，分别输入偏移距离为“75”和“150”，创建两个与“*ZX*”平面平行的基准面。单击选择“*YZ*”平面，输入偏移距离为“100”，创建与“*YZ*”平面平行的基准面，结果如图 4-82 所示。

2）单击“草图”按钮“”，选择基准平面“*ZX*”平面作为草图工作平面。

3）单击“圆弧”按钮“”，在弹出的对话框中选择“”方式，绘制两条 *R*50 的圆弧，完成尺寸约束和几何约束，结果如图 4-83 所示。

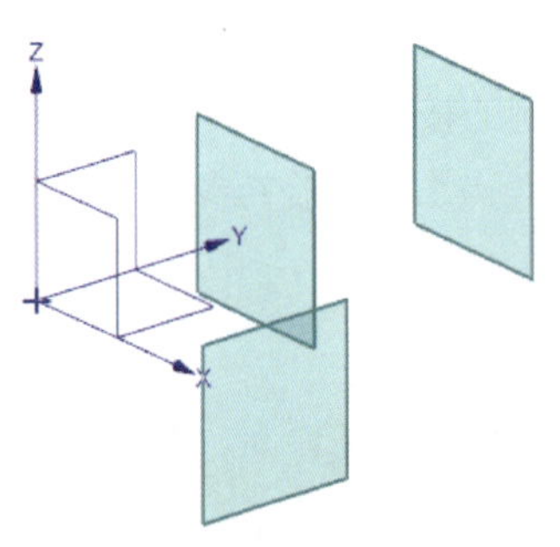

图 4-82　绘制基准面

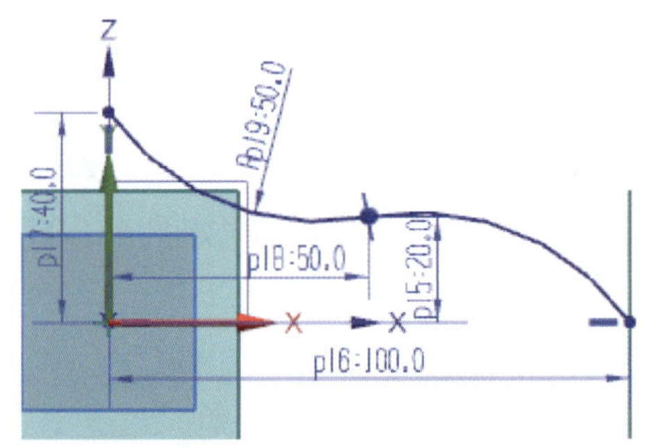

图 4-83　绘制截面曲线 1

4）单击“草图”按钮“ ”，选择距“*ZX*”基准平面“75”的基准平面作为草图工作平面。单击“圆弧”按钮“ ”，绘制 *R*120 的圆弧，完成尺寸约束和几何约束，结果如图 4-84 所示。

5）单击“草图”按钮“ ”，选择距“*ZX*”基准平面“150”的基准平面作为草图工作平面。单击“直线”按钮“ ”，绘制水平线，完成尺寸约束和几何约束，同时隐藏与“*ZX*”平面平行的基准平面，结果如图 4-85 所示。

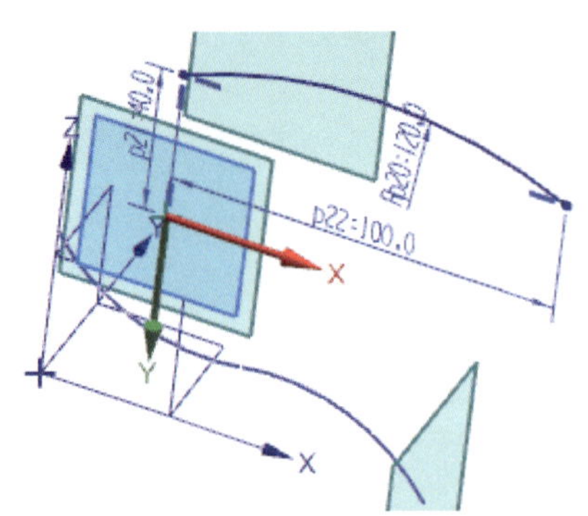

图 4-84　绘制截面曲线 2

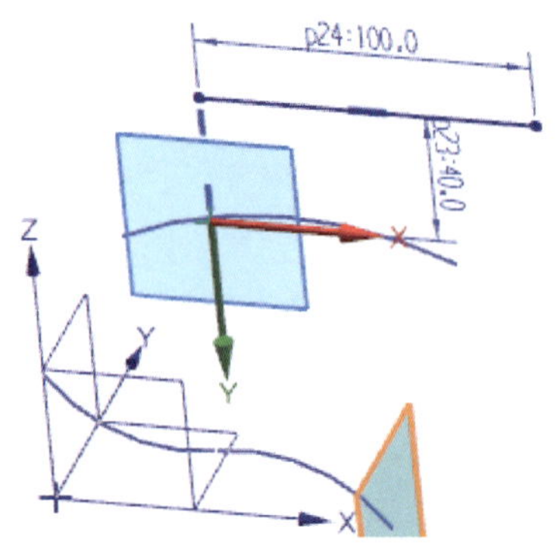

图 4-85　绘制截面曲线 3

6）单击“草图”按钮“ ”，选择“*YZ*”基准平面作为草图工作平面。单击“圆弧”按钮“ ”，绘制两条 *R*65 的圆弧，完成尺寸约束和几何约束，结果如图 4-86 所示。

7）单击“草图”按钮“ ”，选择距“*YZ*”基准平面“100”的基准平面作为草图工作平面。单击“圆弧”按钮“ ”，绘制通过三个曲线端点的圆弧，同时隐藏与“*ZX*”平面平行的基准平面，结果如图 4-87 所示。

（2）通过曲线网格曲面

1）单击［菜单（M）］/［插入（S）］/［网格曲面（M）］/［ 通过曲线网格(M)... ］，弹出如图 4-88 所示的“通过曲线网格”对话框。

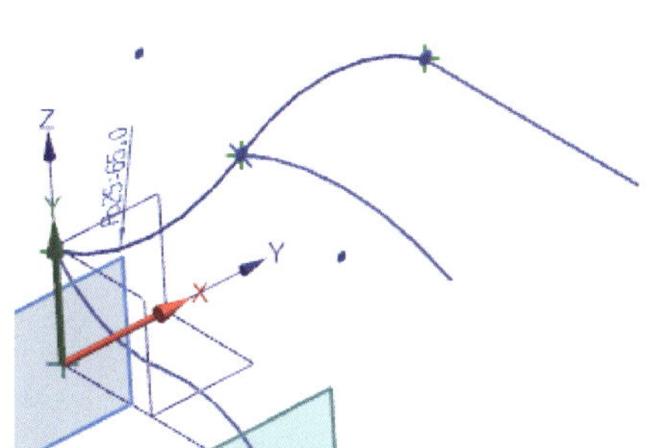

图 4-86　绘制截面曲线 4

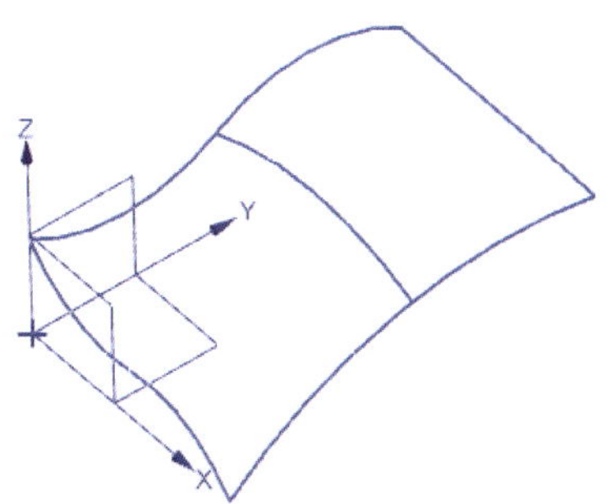

图 4-87　绘制截面曲线 5

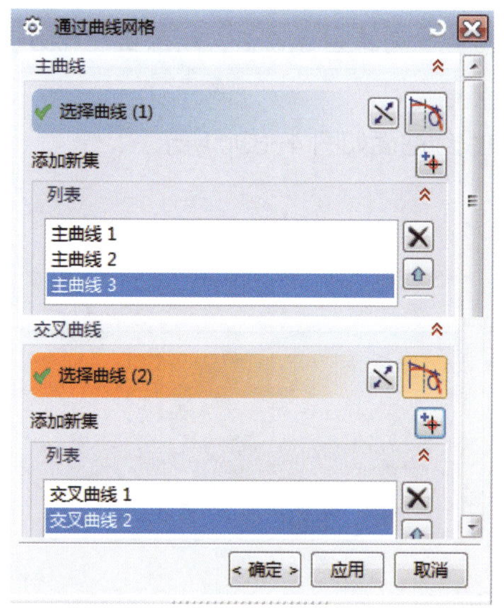

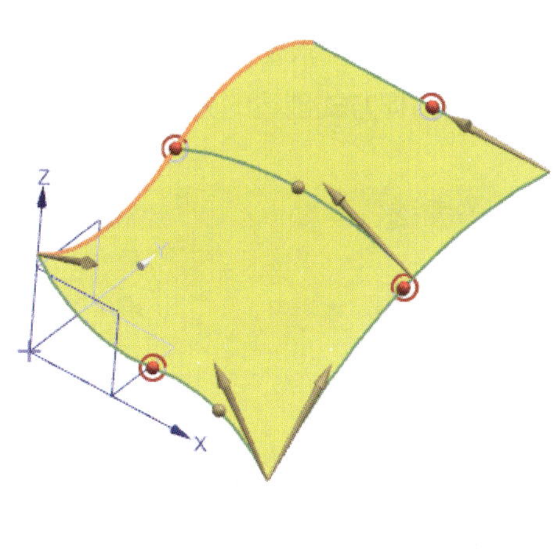

图 4-88　“通过曲线网格”对话框

2）单击对话框中“主曲线”下方“选择曲线 (1)”右侧按钮“”，单击“*ZX*”平面内的曲线。

3）单击“选择新集”右侧按钮“”，依次选择第二条和第三条主曲线。

4）单击对话框中“交叉曲线”下方“选择曲线 (1)”右侧按钮“”，单击“*YZ*”平面内的曲线。

5）单击“选择新集”右侧按钮“”，选择另一条交叉曲线。单击“确定”按钮，创建通过曲线网格曲面。

提示

通过曲线网格曲面是指沿着不同方向的两组线串轮廓生成片体。一组方向的线串定义为主曲线，另一组和主曲线不在同一平面的线串定义为交叉曲线。

3. 曲线组曲面建模

实例：针对如图 4-81 所示曲线，采用曲线组曲面建模方式分别创建两个方向的曲面。

（1）单击 [菜单（M）] / [插入（S）] / [网格曲面（M）] / [通过曲线组(T)...]，弹出如图 4-89a 所示的“通过曲线组”对话框。

（2）单击对话框中“截面”下方“选择曲线 (1)”右侧按钮“ ”，单击“*ZX*”平面内的曲线。

（3）单击“选择新集”右侧按钮“ ”，依次选择第二条和第三条截面曲线。

（4）单击“确定”按钮即可创建通过曲线组曲面，结果如图 4-89b 所示。

通过曲线组曲面是指通过同一方向上的一组曲线轮廓创建曲面，轮廓曲线称为截面线串，截面线串可由单个或多个对象组成。

（5）采用同样方式创建的另一方向的通过曲线组曲面如图 4-89c 所示。

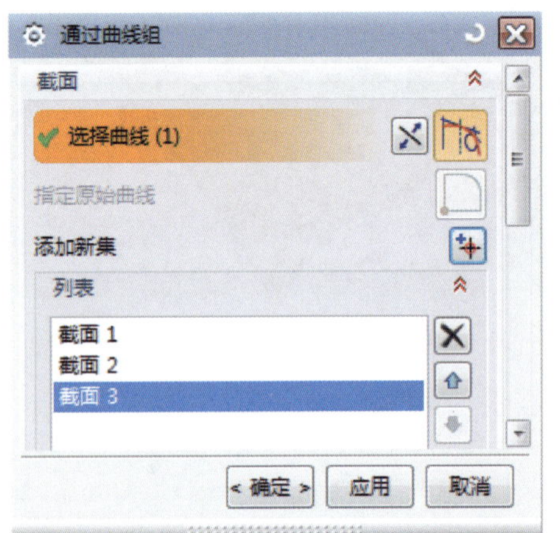

a）

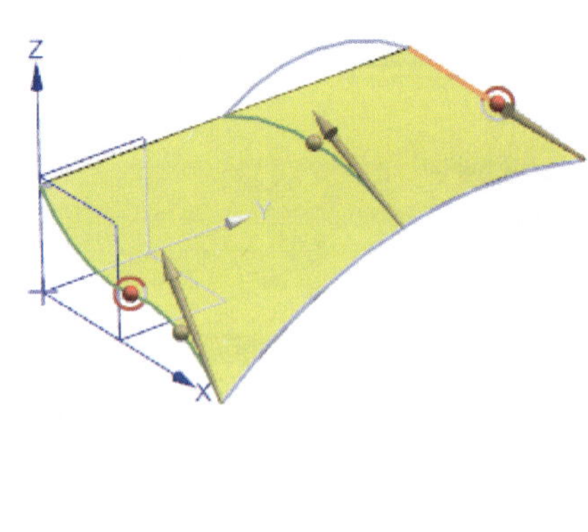

b）

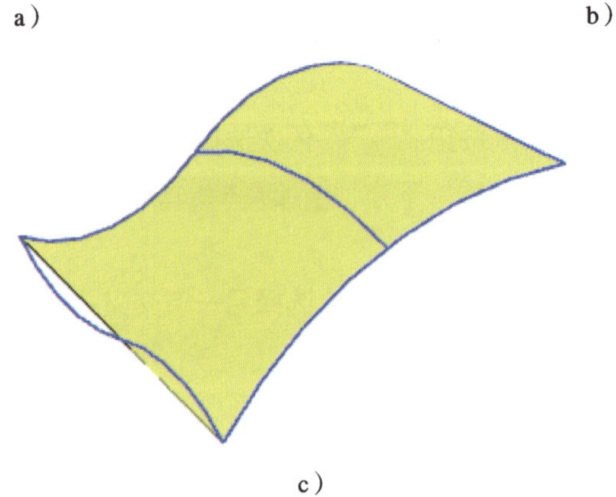

c）

图 4-89 “通过曲线组”建模

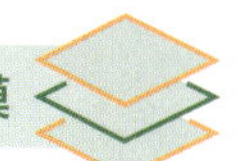

4. 直纹曲面建模

实例：采用直纹曲面建模方式完成如图 4-90 所示托盘（高度 25）建模。

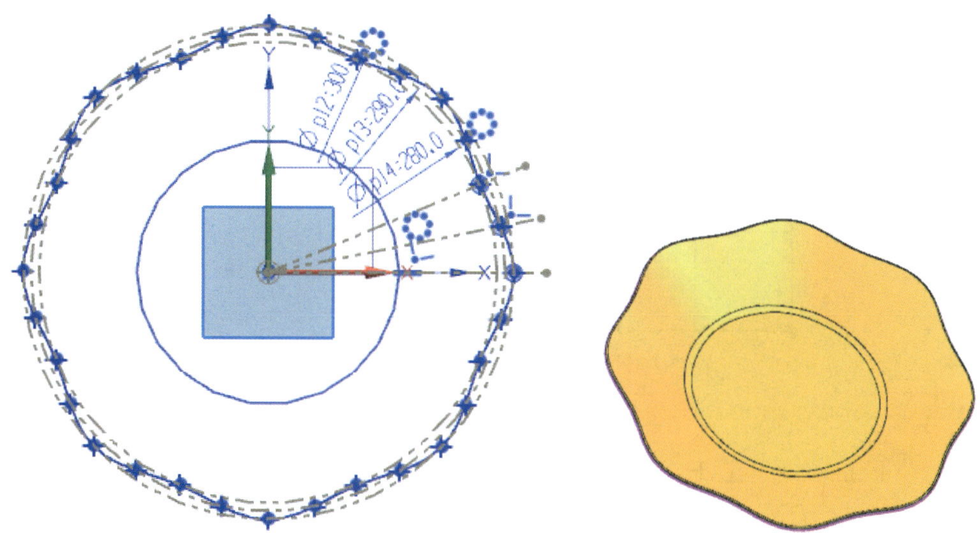

图 4-90　实例 3

（1）绘制截面曲线

1）单击“草图”按钮“ ”，选择“*XY*”基准平面作为草图工作平面。

2）单击“圆”按钮“ ”，以原点为圆心绘制三个同心圆，直径分别是“300”“290”“280”。单击“直线”按钮“ ”，绘制过原点的垂直线，分别与三个圆相交，将圆和直线转化为参考线，结果如图 4-91 所示。

3）单击“阵列曲线”按钮“ ”，在“阵列曲线”对话框中选择“ 圆形”方式，设定数量参数为“3”、节距角参数为“11.25”，圆周阵列水平线。单击“点”按钮“ ”，分别绘制直线和圆的交点，结果如图 4-92 所示。

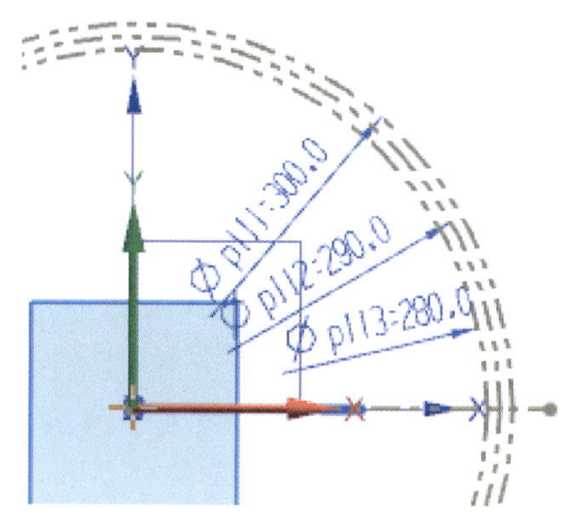

图 4-91　绘制参考线

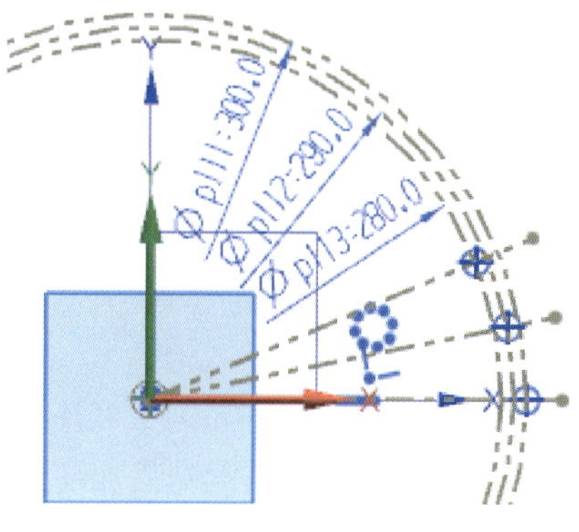

图 4-92　绘制交点

4）单击“阵列曲线”按钮“”，对三个交点分别圆周阵列，其阵列个数分别为“8”“16”“8”，完成后退出草图，结果如图 4-93 所示。

5）选择“曲线”选项卡，在展开的“曲线”工具栏中单击“艺术样条”按钮“”，绘制样条曲线，隐藏草图，结果如图 4-94 所示。

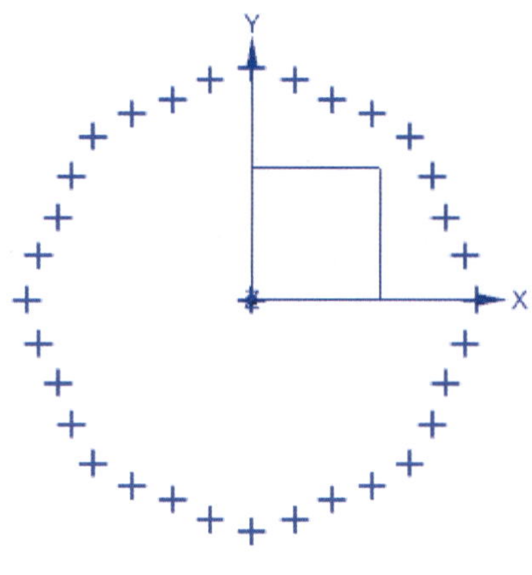

图 4-93　圆周阵列点

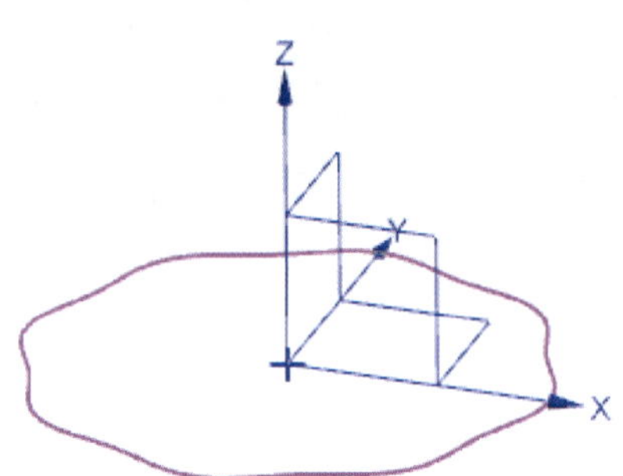

图 4-94　绘制空间样条线

6）单击“基准平面”按钮“”，弹出“基准平面”对话框，选择构建“基准平面”方式为“按某一距离”；单击选择“*XY*”平面，输入偏移距离为“25”，创建平行于“*XY*”平面的基准面。

7）在该基准面中，以原点为圆心绘制 ϕ120 的圆，结果如图 4-95 所示。

图 4-95　绘制圆

（2）绘制直纹曲面

1）单击“曲面”工具栏中的“更多”下方的向下箭头，在弹出的展开菜单中单击“直纹”，弹出如图 4-96 所示的“直纹”对话框。

2）单击对话框中“截面线串 1”下方“选择曲线或点 (0)”右侧按钮“”，单击空间样条线。

3）单击对话框中“截面线串 2”下方“选择曲线 (0)”右侧按钮“”，单击圆。单击“确定”按钮，完成直纹曲面的绘制。

提示

直纹曲面是指通过一系列直线连接两组线串而形成的曲面。选择截面线串时，应注意两个截面线串的连接方向和起始点相一致。

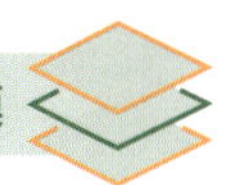

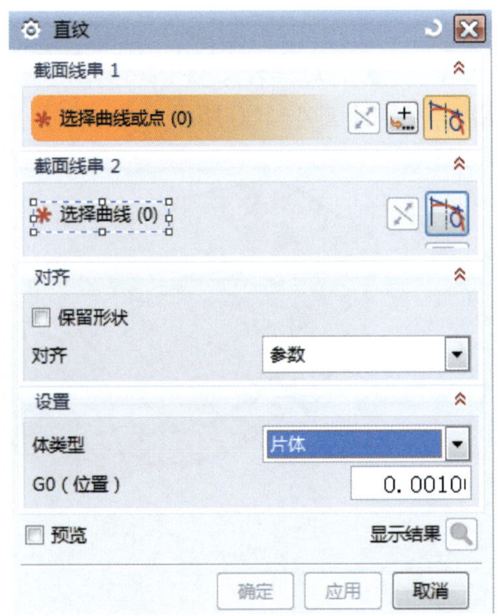

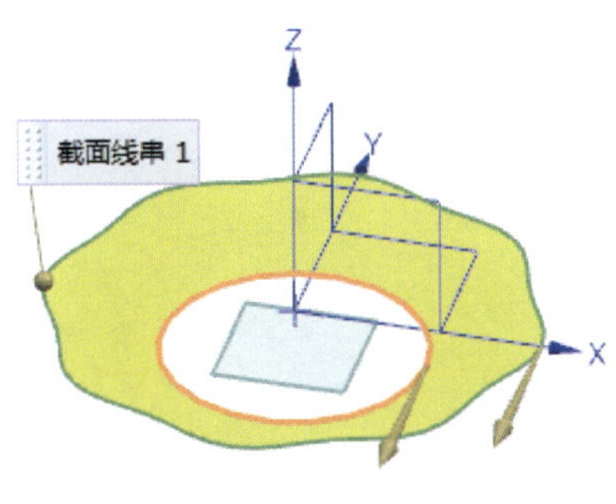

图 4-96 “直纹”对话框

（3）绘制其他图素

1）单击“曲面”工具栏中的“更多”下方的向下箭头，在弹出的展开菜单中单击“有界平面”。直接单击直纹曲面底部边界圆，单击“确定”按钮，生成有界平面，完成后如图 4-97 所示。

2）单击“曲面”工具栏中的“面倒圆”图标“面倒圆”，弹出“面倒圆”对话框。单击“选择面 1 (1)”，选择底平面；单击“选择面 2 (0)”，选择直纹面。输入半径为“20”，单击“确定”按钮生成面圆角，完成后如图 4-98 所示。

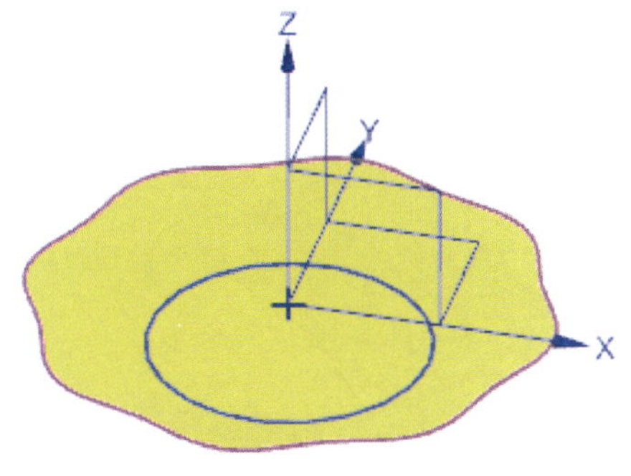

图 4-97 绘制有界平面

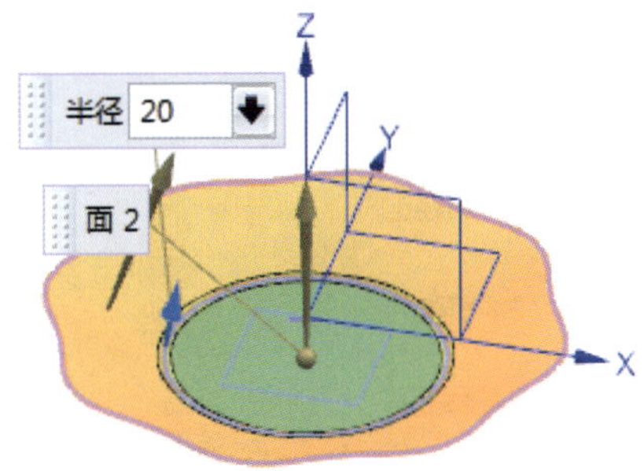

图 4-98 面圆角

3）单击“曲面操作”工具栏中的“加厚”按钮“加厚”，弹出“加厚”对话框。输入“偏置 1”值为“3”，选中前面生成的所有曲面，单击“确定”按钮，完成曲面加厚，结果如图 4-99 所示。

4）单击“特征”工具栏中的“边倒圆”按钮“”，选择外侧两个实体边，输入“半径”值为“1”，单击“确定”按钮，完成倒圆角，结果如图 4-100 所示。

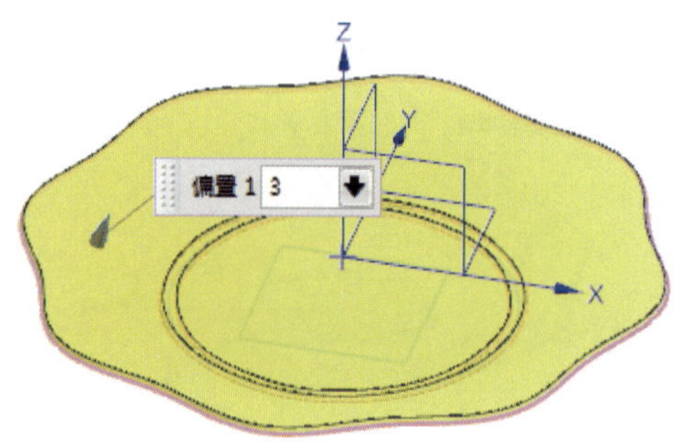

图 4-99　曲面加厚

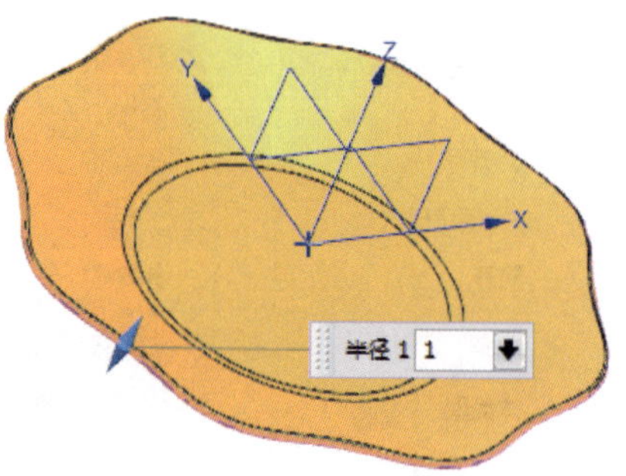

图 4-100　实体倒圆角

知识与技能拓展

1. 扩大曲面

扩大曲面可在已有曲面基础上，进一步更改片体或面的大小，创建关联的新特征。其操作流程如下：

（1）单击“编辑曲面”工具栏中的“扩大”按钮“”，弹出如图 4-101 所示的对话框。

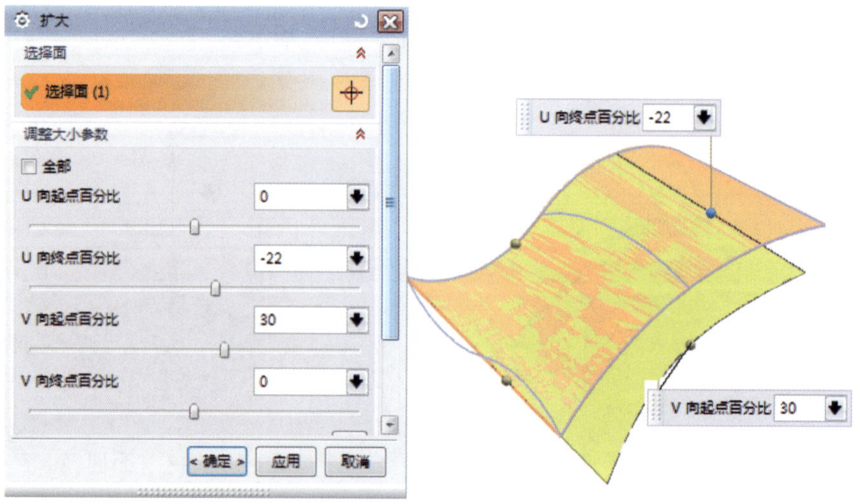

图 4-101　“扩大”对话框

（2）在相应的输入栏中输入相应的百分比（既可是正值，也可是负值），或是拖动相应

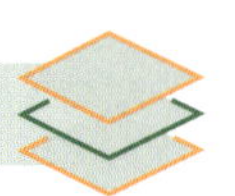

的偏置值按钮至需要的百分比，即可改变片体或面的大小。

（3）单击“确定”按钮，完成曲面扩大。

2. 曲面动态变形

曲面动态变形有“X型”和“I型”等多种形式，可通过实时拖动手柄使曲面实现动态变形，以“I型”为例，其操作流程如下：

（1）单击“编辑曲面”工具栏中的“I型”按钮“I型”，弹出如图4-102所示的对话框。

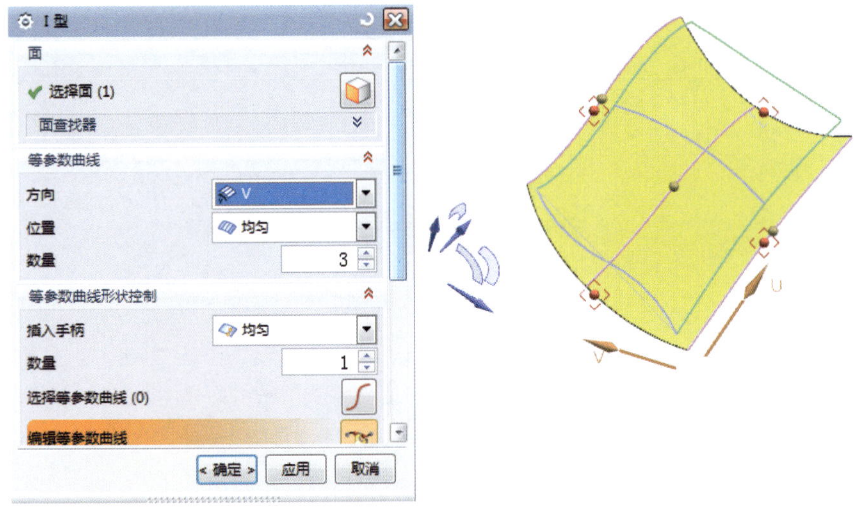

图 4-102 “I型”对话框

（2）直接拖动曲面上的手柄即可实现曲面动态变形。

拓展练习

1. 完成如图4-103所示的“五角星”曲面的三维建模（外接圆直径为100，高度为20）。

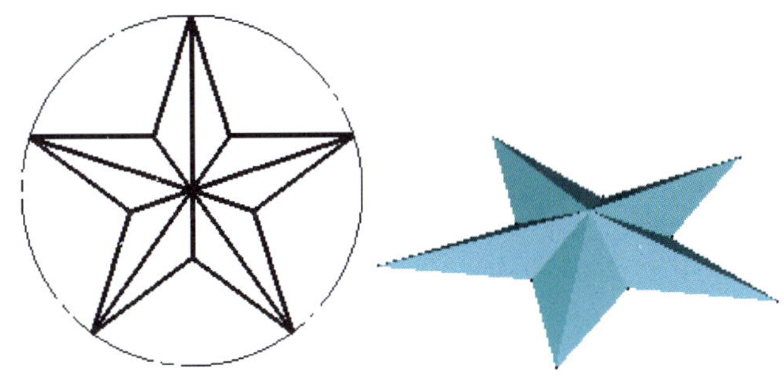

图 4-103 拓展练习 1

2. 完成如图 4-104 所示曲面的三维建模。

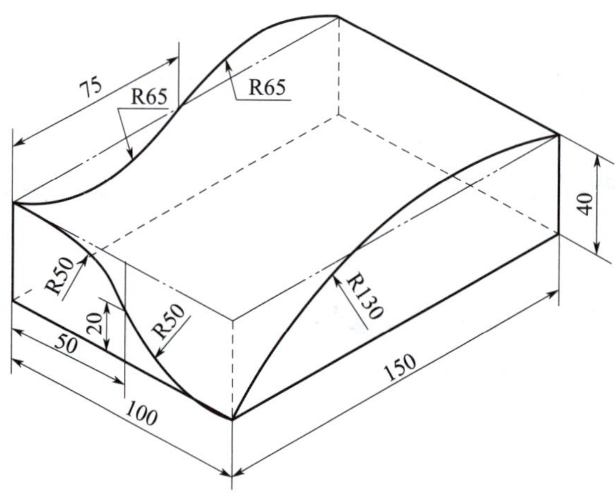

图 4-104　拓展练习 2

项目五

建模综合实训

任务 1　创建空间曲线

学习目标

1. 掌握创建相交曲线的方法。
2. 掌握创建复合曲线的方法。
3. 掌握创建投影曲线的方法。
4. 掌握创建螺旋线的方法。

任务描述

空间曲线除采用前述方式直接绘制外，还可通过曲面或实体方式创建空间曲线，常用的创建方式有相交曲线、复合曲线、投影曲线等。下面用几个实例分别说明其创建流程。

任务实施

1. 相交曲线的创建

实例：采用相交曲线方式创建如图 5-1 所示的空间曲线，完成该空间曲线的管道建模。

（1）绘制旋转曲面

1）单击“新建”按钮“ ”，选择实体建模工作界面。

2）单击“草图”按钮“ ”，选择“*ZX*”平面作为草图工作平面。

3）通过原点绘制垂直线。

4）单击“圆弧”按钮“ ”，绘制半径为 200 的圆弧。约束圆心位置，结果如图 5-2 所示。

5）单击“曲面”工具栏中的“更多”下方的向下箭头，在弹出的展开菜单中单击“ 旋转”。

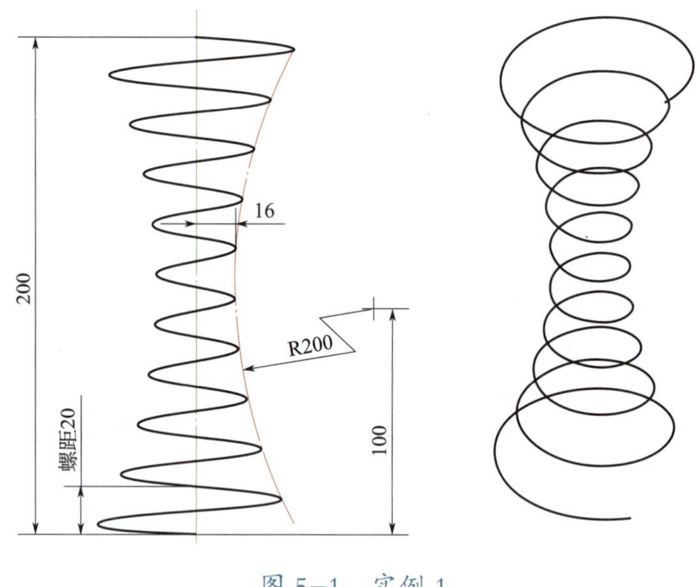

图 5-1　实例 1

6）设置“体类型”为“片体”，选择圆弧线为截面线，选择垂直线为“ZC”旋转矢量方向，选择坐标原点为指定点。单击“确定”按钮，绘制旋转曲面，结果如图 5-3 所示。

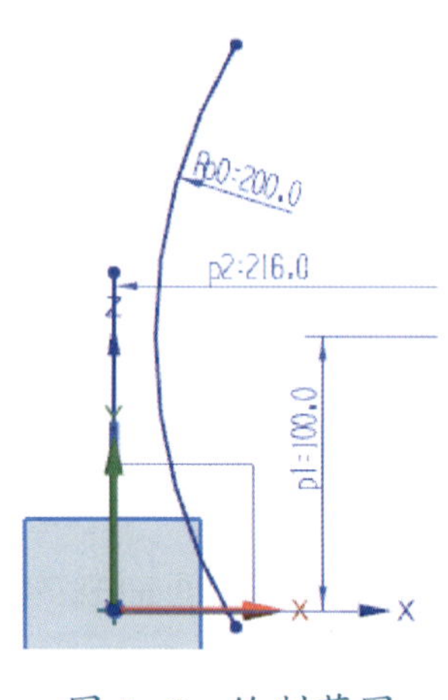

图 5-2　绘制草图

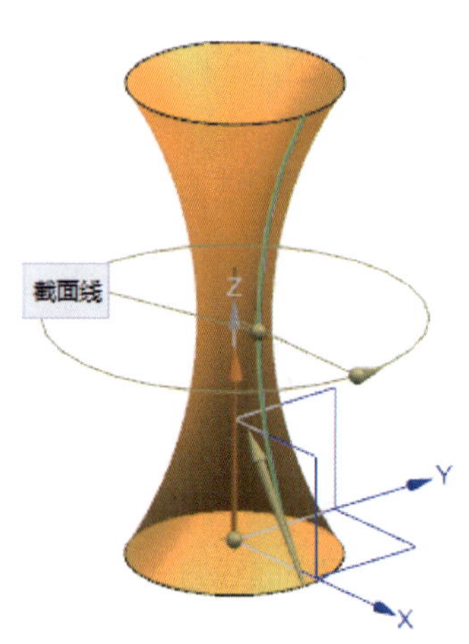

图 5-3　绘制旋转曲面

（2）绘制扫掠曲面

1）单击“曲线”工具栏中的“螺旋”按钮“螺旋”，弹出如图 5-4 所示的“螺旋”对话框。

2）设置“直径”“螺距”“长度”等螺旋线参数，选择坐标原点为起始点，单击“确定”按钮，生成螺旋曲线。

3）选择“*XY*”平面作为草图工作平面，螺旋线端点为起点，绘制长度为“45”的水

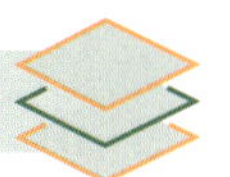

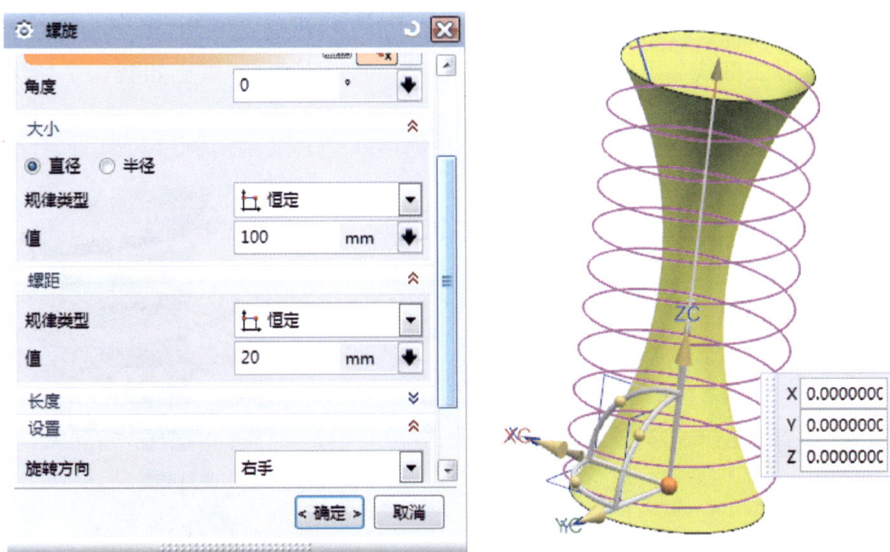

图 5-4 “螺旋”对话框

平线，结果如图 5-5 所示。

4）单击“曲面”工具栏中的“扫掠”按钮“扫掠”，弹出“扫掠”对话框。选择水平线作为“截面”线，选择螺旋线作为“引导线”，设置“定向方法”下的“方向”参数为“**矢量方向**”，设置“体类型”为“片体”。

5）单击“确定”按钮，完成曲面扫掠，结果如图 5-6 所示。

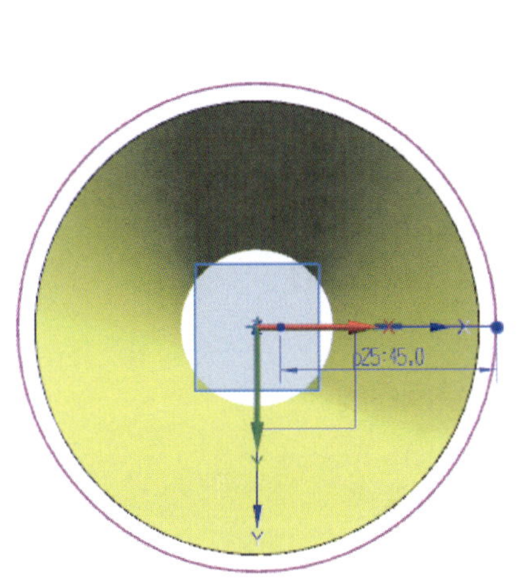

图 5-5 绘制扫掠截面线

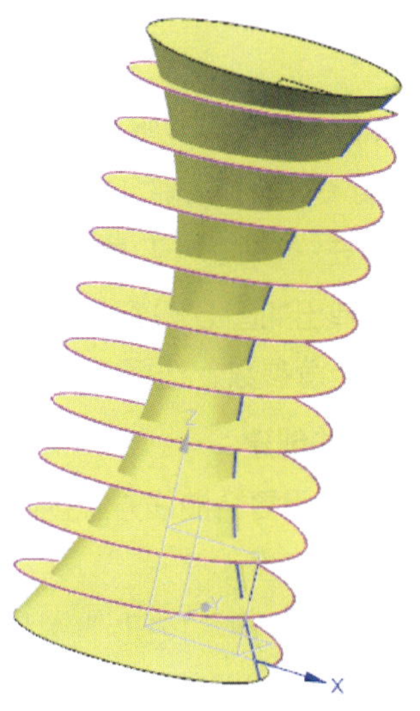

图 5-6 扫掠曲面

（3）生成相交曲线

1）单击“派生曲线”工具栏中的“相交曲线”按钮“ ”，弹出如图 5-7 所示的“相交曲线”对话框。

图 5-7 “相交曲线”对话框

2）“第一组”曲面选择旋转曲面，“第二组”曲面选择扫掠曲面。单击“确定”按钮，生成相交曲线，隐藏其他图素，结果如图 5-8 所示。

“相交曲线”可以提取两组面（面包括实体面、片体和基准平面等）相交之处的相交线，相交曲线是关联的，会根据定义对象的更改而改变。

3）单击“曲面”工具栏中“更多”下方的向下箭头，在弹出的展开菜单中选择“ 管”弹出如图 5-9 所示的“管”对话框。

4）设定管参数，选择曲线，单击“确定”按钮，生成管实体。

2. 复合曲线的创建

实例：采用复合曲线方式创建如图 5-10 所示的空间曲线。

（1）绘制草图

1）单击“新建”按钮“ ”，选择实体建模工作界面。

2）单击“草图”按钮“ ”，选择“*XY*”基准平面作为草图工作平面。

3）单击按钮“○”，绘制直径为 120 的圆。

4）选择“*ZX*”平面作为草图工作平面，以圆弧象限点为起点，绘制长度为“15”的垂直线，结果如图 5-11 所示。

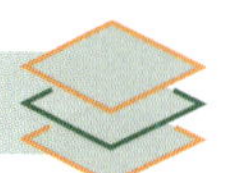

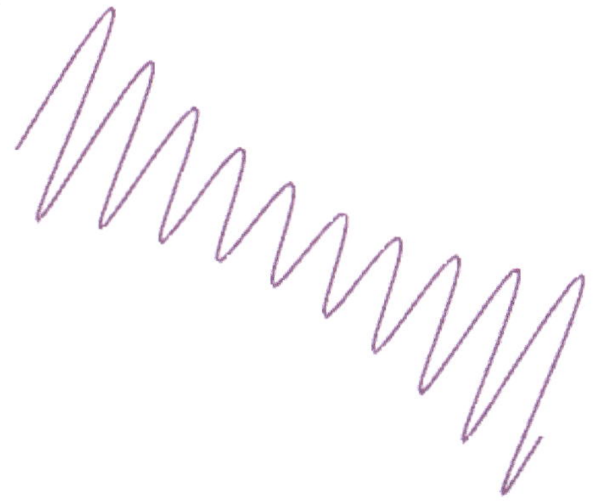

图 5-8 绘制相交曲线

图 5-9 “管”对话框

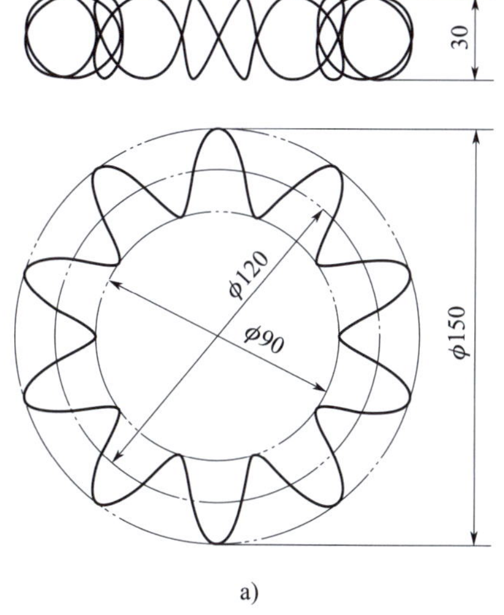

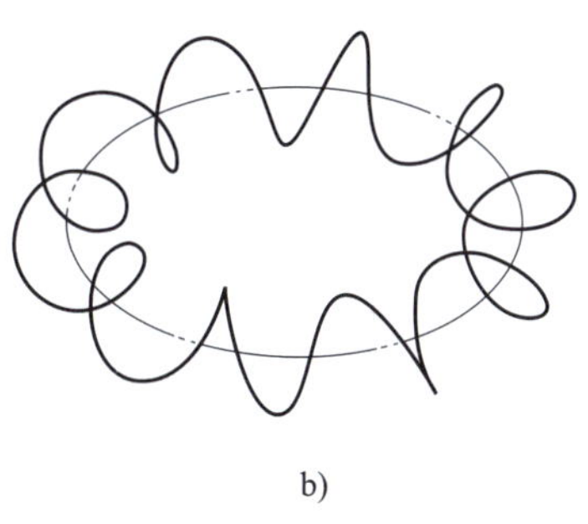

图 5-10 实例 2

a）主俯视图 b）空间曲线

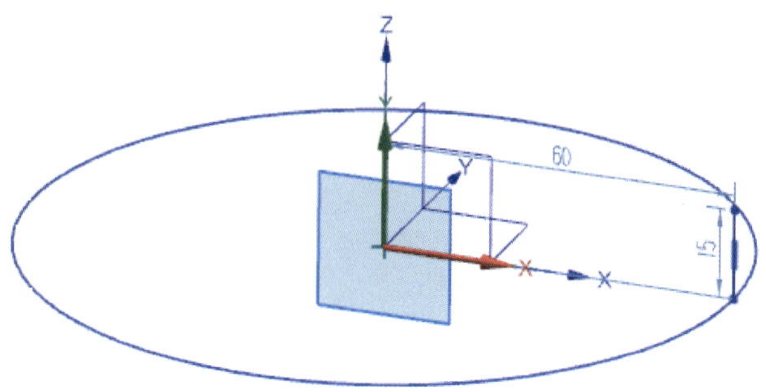

图 5-11 绘制草图

（2）扫掠曲面

1）单击“曲面”工具栏中的“扫掠”按钮“扫掠”，弹出“扫掠”对话框。

2）在对话框中选择垂直线作为“截面线”，选择圆作为“引导线”。

3）设置如图 5-12 所示“截面选项”参数，同时设置“体类型”为“片体”。

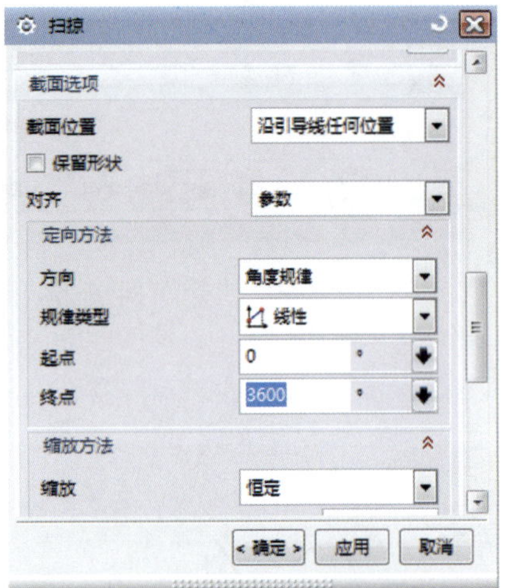

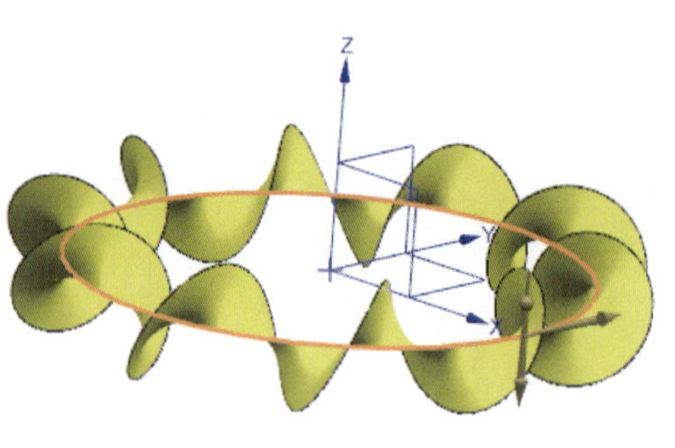

图 5-12　设置“截面选项”参数

4）单击“确定”按钮，完成曲面扫掠。

（3）生成复合曲线

1）单击“派生曲线”工具栏中的“复合曲线”按钮“复合曲线”，弹出如图 5-13 所示的“复合曲线”对话框。

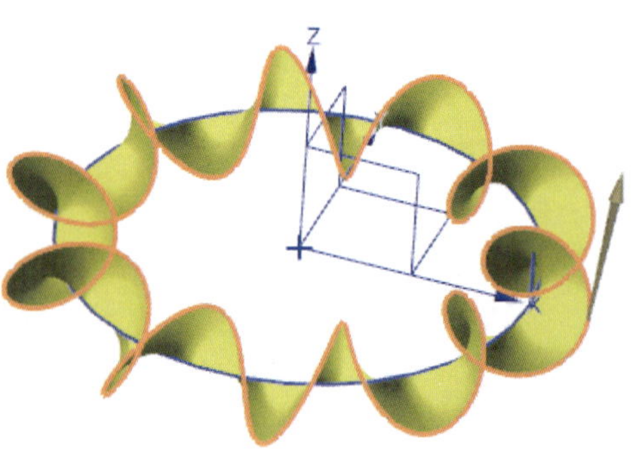

图 5-13　“复合曲线”对话框

2）单击扫掠曲面的边界线。

3）单击“确定”按钮，生成复合曲线，隐藏其他图素，结果如图 5-14 所示。

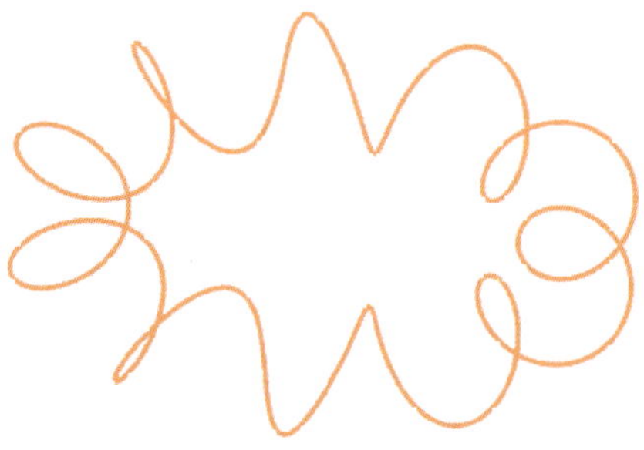

图 5-14　复合曲线

“复合曲线”命令主要用于复制曲线，输入曲线可以是单条曲线、边缘、多条曲线或尾部相连的曲线链，允许选择自相交链。

3. 投影曲线的创建

实例：采用投影曲线方式完成如图 5-15 所示回形针的基体曲线。

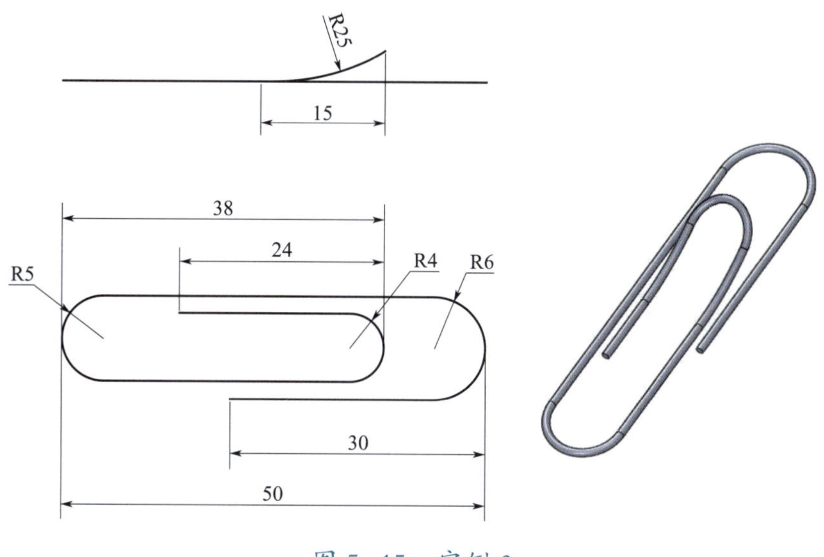

图 5-15　实例 3

（1）绘制有界平面

1）单击“新建”按钮“ ”，选择实体建模工作界面。

2）单击“草图”按钮“ ”，选择“*XY*”平面作为草图工作平面。

3）绘制如图 5-16 所示草图。

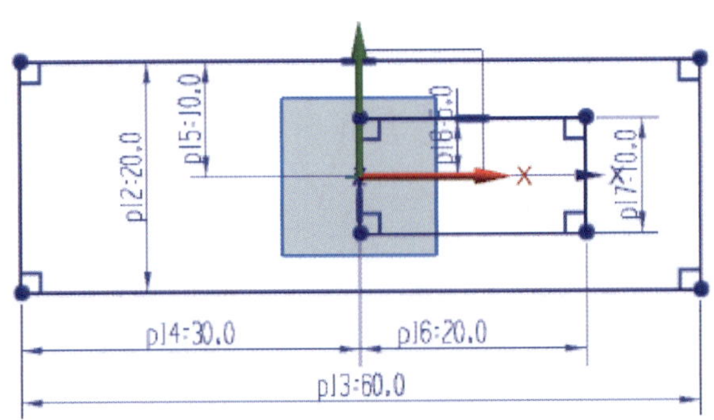

图 5-16　绘制草图

4）单击“曲面”工具栏中的“更多”下方的向下箭头，在弹出的展开菜单中单击“有界平面”，弹出“有界平面”对话框。

5）分别单击两个长方形轮廓曲线，单击“确定”按钮，生成如图 5-17 所示有界平面。

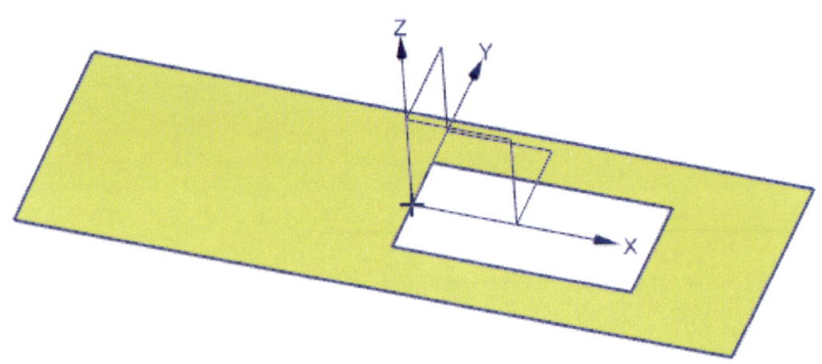

图 5-17　绘制有界平面

（2）绘制拉伸曲面

1）单击“草图”按钮“”，选择“*ZX*”平面作为草图工作平面。

2）绘制如图 5-18 所示草图。

3）单击“曲面”工具栏中的“更多”下方的向下箭头，在弹出的展开菜单中单击“拉伸”，采用双向拉伸方式创建如图 5-19 所示拉伸曲面。

4）单击“曲面”工具栏中的“缝合”按钮“缝合”，完成有界平面和拉伸曲面的缝合。

（3）投影曲线

1）单击“草图”按钮“”，选择“*XY*”平面作为草图工作平面。

2）绘制如图 5-20 所示草图。

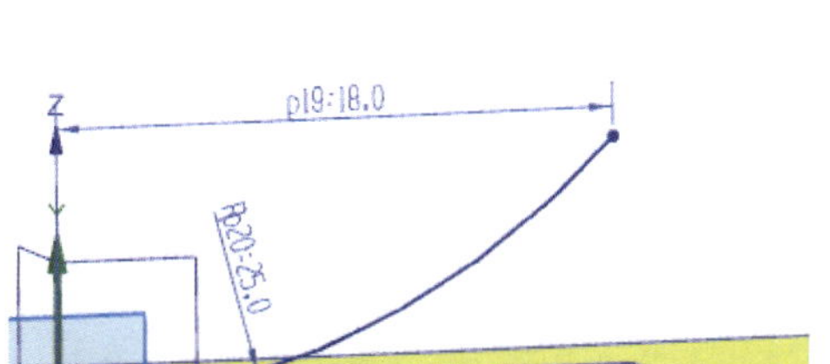

图 5-18 绘制草图

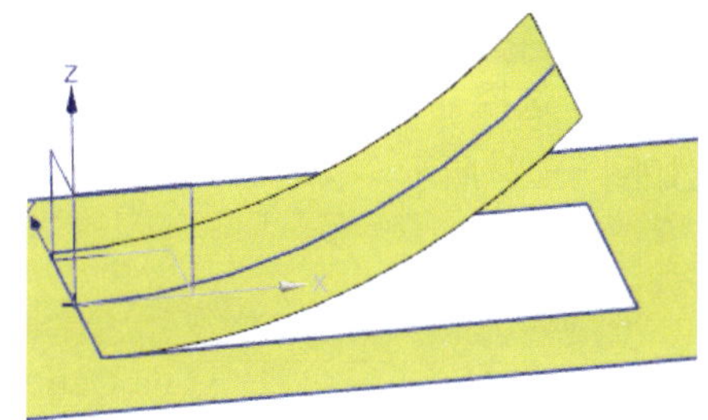
图 5-19 绘制拉伸曲面

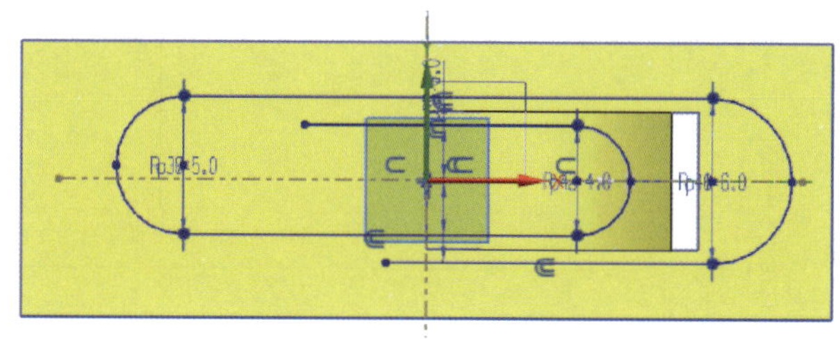
图 5-20 绘制草图

3）选择“曲线”选项卡，单击“派生曲线”工具栏中的“投影曲线”按钮“ ”，弹出“投影曲线”对话框。

4）单击对话框中的“选择曲线或点 (0)”，选择草图曲线；单击“选定对象”，选择缝合曲面；单击“指定矢量”，选择“ZC”为投影方向；单击“应用”按钮，完成曲线投影，隐藏其他图素，结果如图 5-21 所示。

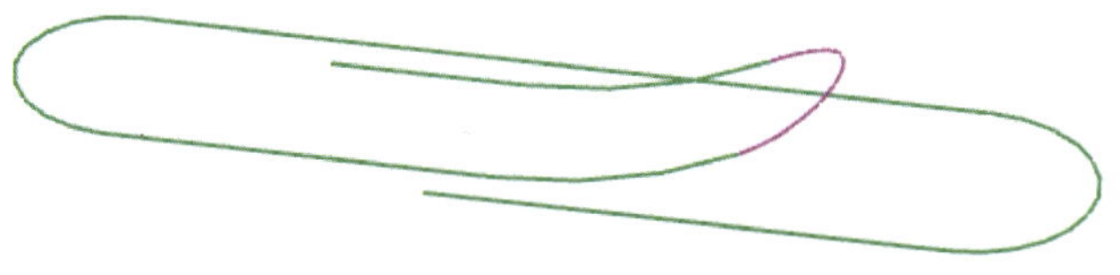
图 5-21 投影曲线

提示

读者可进一步采用扫描建模方式绘制回形针实体。

知识与技能拓展

1. 规律曲线

规律曲线通过定义“*X*”“*Y*”“*Z*”的分量并指定每个分量的规律来创建具备一定规律的曲线，如正余弦曲线、渐开线等。现以创建长度为 20、振幅为 3、周期为 5、相位角为 0

的正弦曲线为例，介绍规律曲线的创建过程。

（1）选择“工具”选项卡，单击“实用工具”工具栏中的“表达式”按钮“〓”，弹出如图 5-22 所示“表达式”对话框。

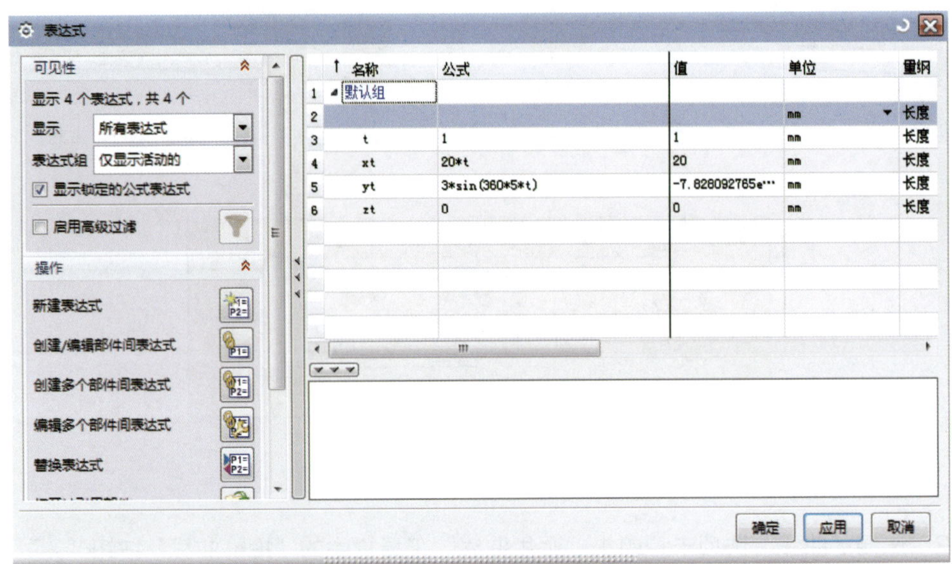

图 5-22 “表达式”对话框

（2）在“名称”列中双击文本框并输入“*t*”，在对应的“公式”列中双击文本框并输入“1”，完成“*t*=1”的公式。

（3）在左侧“操作”选项中单击“新建表达式”按钮“P2=”，输入公式“*xt*=20*t*”。用同样的方法输入公式“*yt*=3sin（360*5*t*）”“*zt*=0”。表中的“值”列中的数值是自动生成的，无须输入。

“*xt*=20*t*”表示 *X* 值的变化范围为 0～20，“*yt*=3sin（360*5*t*）”表示在 20 长度内生成 5 个周期的正弦曲线，其振幅为 3。

（4）单击“确定”按钮，完成表达式设置。

（5）单击 [菜单（M）]/[插入（S）]/[曲线（C）]/[规律曲线(W)...]，弹出如图 5-23 所示的“规律曲线”对话框。

（6）“规律类型”选择“根据方程”，函数分别选择“*xt*”“*yt*”“*zt*”。

（7）单击“确定”按钮，生成正弦曲线。

2. 以数学形式定义的曲线

以数学形式定义的曲线主要包括“直线”“圆弧 / 圆”“椭圆”“抛物线”“双曲线”等。

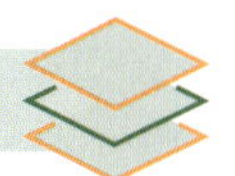

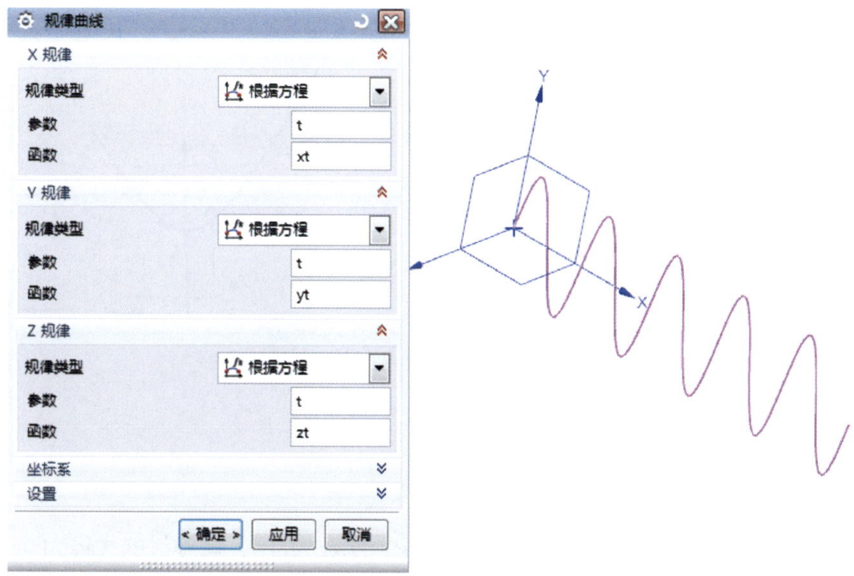

图 5-23 “规律曲线”对话框

下面分别以“抛物线”和“双曲线”为例说明其绘制流程。

（1）绘制抛物线

1）单击 [菜单（M）]/[插入（S）]/[曲线（C）]/[抛物线(O)...]，弹出“点”对话框，选择原点作为“抛物线”的基点。

2）单击“确定”按钮，弹出如图 5-24 所示的“抛物线”对话框，设置相应的参数后单击“确定”按钮，生成图中的抛物线。

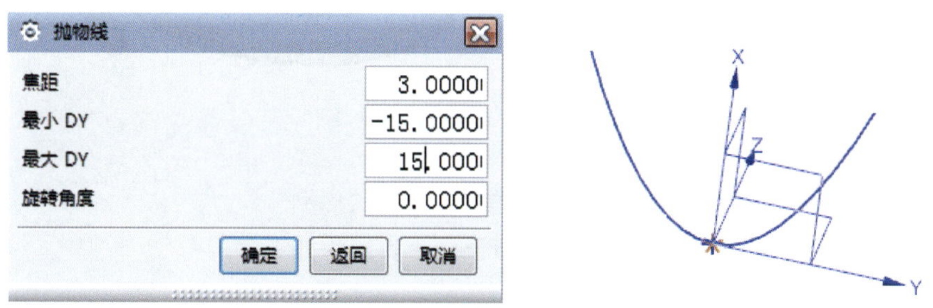

图 5-24 “抛物线”对话框

（2）绘制双曲线

1）单击 [菜单（M）]/[插入（S）]/[曲线（C）]/[双曲线(H)...]，弹出“点”对话框，选择原点作为“双曲线”的基点。

2）单击“确定”按钮，弹出如图 5-25 所示的“双曲线”对话框，设置相应的参数后单击“确定”按钮，生成图中的双曲线。

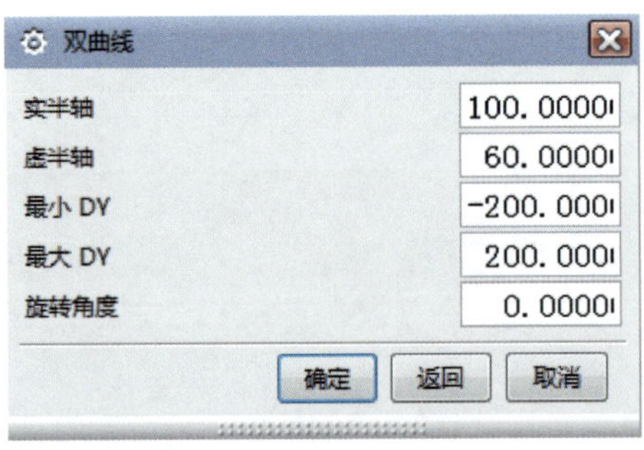

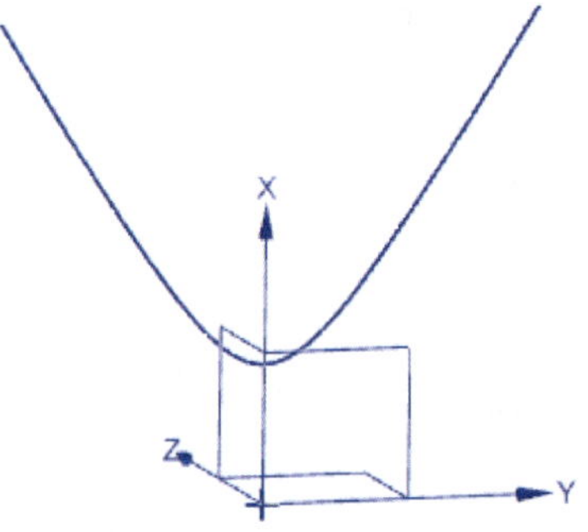

图 5-25 “双曲线”对话框

拓展练习

1. 完成如图 5-26 所示圆锥弹簧（螺距为 12，圈数为 10，螺旋线的大径为 100，小径为 20）的三维建模（起点直径为 8，终点直径为 1）。

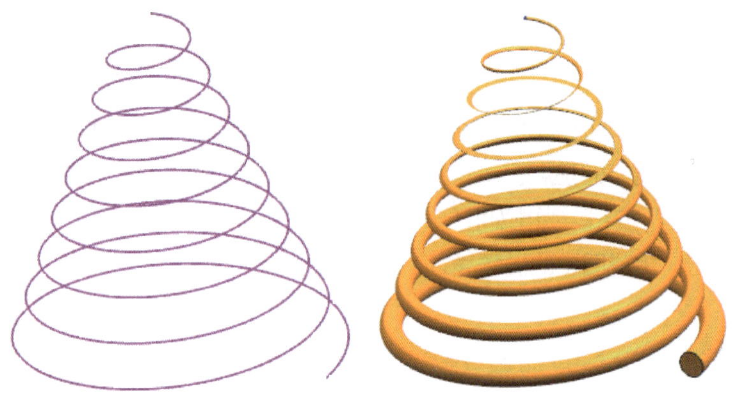

图 5-26 拓展练习 1

2. 完成如图 5-27a 所示盆架的三维建模。

建模思路：盆架的建模思路如图 5-27b 所示，其流程如下：

（1）拉伸实体，完成实体倒圆角。

（2）创建复合曲线。

（3）隐藏实体。

3. 完成如图 5-28a 所示“环连环”零件的三维建模。

建模思路：“环连环”零件的建模思路如图 5-29b 所示，其流程如下：

（1）创建两个圆柱曲面，直径分别为 ϕ120 和 ϕ46。

（2）创建相交曲线。

（3）创建扫掠实体。

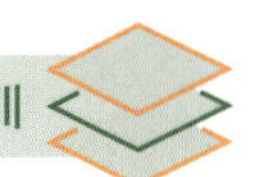

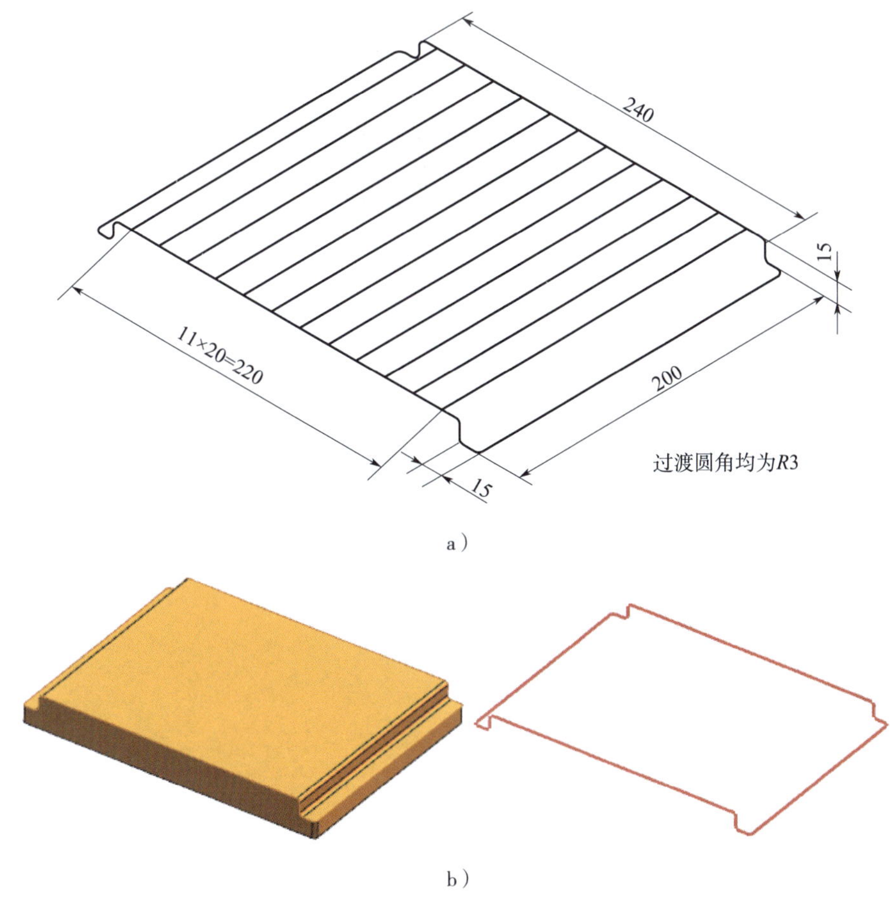

a）

b）

图 5-27 拓展练习 2

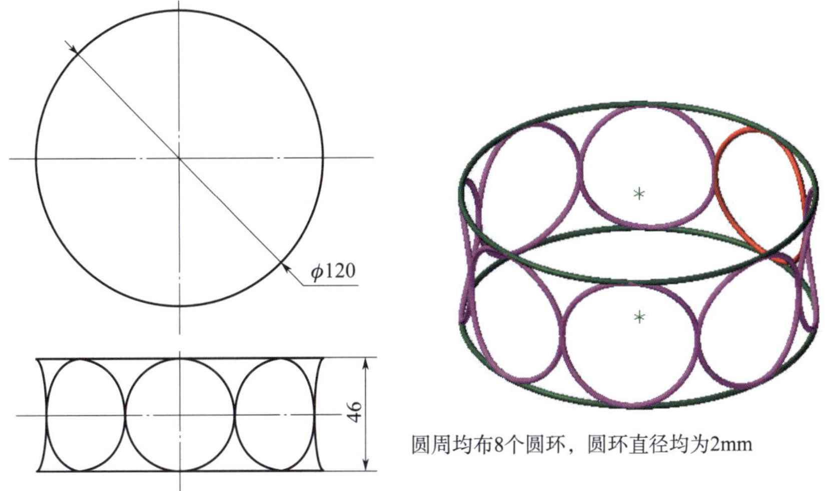

a）

b）

图 5-28　拓展练习 3

任务 2　创建花篮模型

学习目标

1. 掌握空间曲线的综合运用方法。
2. 掌握曲面建模的综合运用方法。
3. 掌握实体建模的综合运用方法。

任务描述

完成如图 5-29 所示花篮的实体建模。

图 5-29　花篮

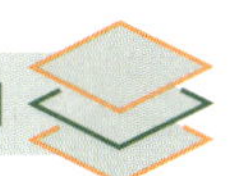

任务实施

1. 创建花篮花边轮廓

（1）绘制草图

1）单击“新建”按钮“ ”，选择实体建模工作界面。

2）单击“草图”按钮“ ”，选择“*ZX*”平面作为草图工作平面。

3）绘制如图 5-30 所示草图。

4）单击“草图”按钮“ ”，选择“*XY*”平面作为草图工作平面。

5）以原点为圆心，绘制如图 5-31 所示的 9 个圆。内侧 4 个圆的直径分别为“ϕ40”“ϕ60”“ϕ80”和“ϕ100”，外侧的 5 个圆分别以“B1”“B2”“B3”“B4”“B5”作为象限点。

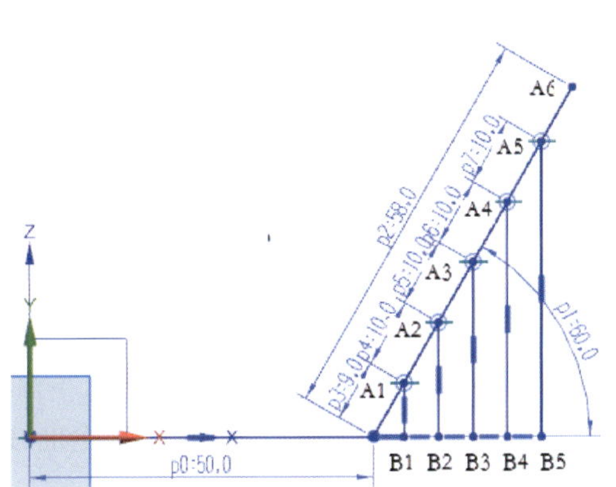

图 5-30　在“*ZX*”平面绘制草图

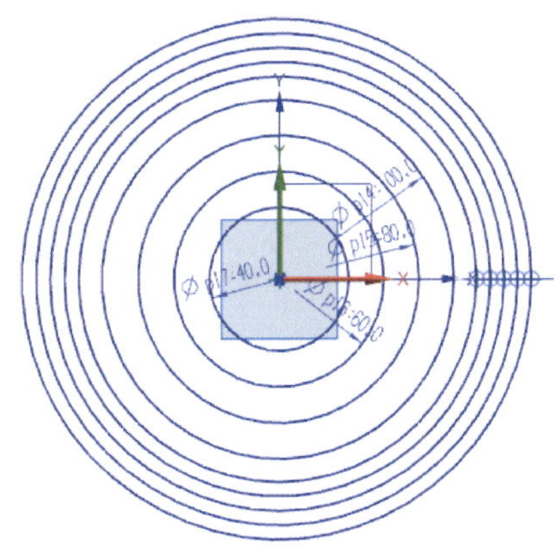

图 5-31　在“*XY*”平面绘制草图

6）单击“基准平面”按钮“ ”，弹出“基准平面”对话框，选择构建“基准平面”方式为“点和方向”，“指定矢量”为“ZC”，分别选择“A1”至“A6”点创建如图 5-32 所示的 6 个基准面。

7）单击“草图”按钮“ ”，选择“A6”点所在的基准平面作为草图工作平面。

8）以原点为圆心，以“A6”点为象限点绘制圆，同时以“A6”点为端点，绘制长为“3”的水平线，如图 5-33 所示。

（2）绘制上下花边轮廓

1）单击“曲面”工具栏中的“扫掠”按钮“扫掠”，弹出“扫掠”对话框。上方的基准平面中选择水平线作为“截面”线，选择圆作为“引导线”。

2）设置如图 5-34 所示参数，单击“确定”按钮，完成图中的曲面扫掠。

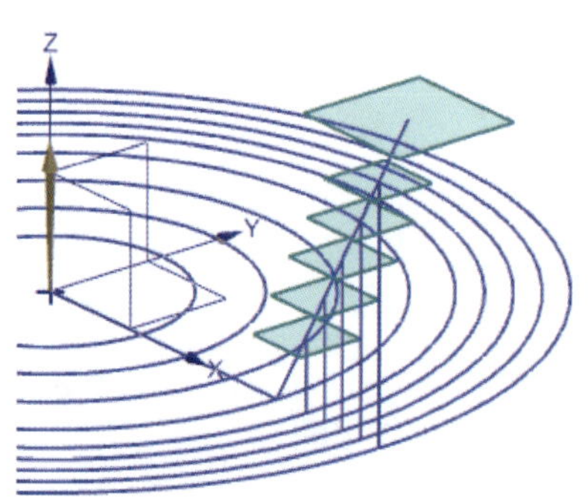

图 5-32　绘制基准平面

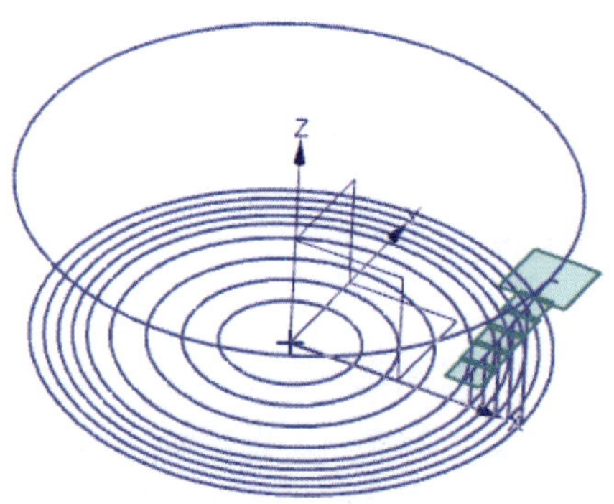

图 5-33　绘制上方圆和直线

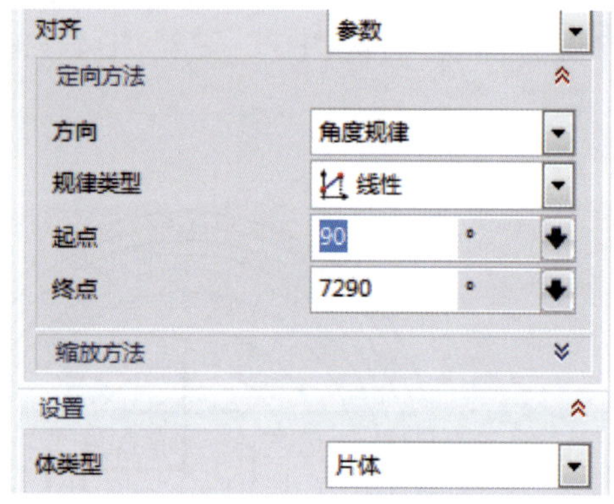

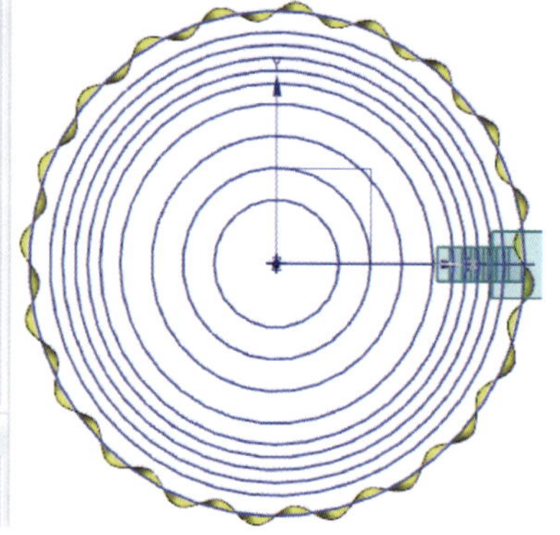

图 5-34　绘制扫掠曲面

3）单击“派生曲线”工具栏中的“复合曲线”按钮“复合曲线”，弹出“复合曲线”对话框，单击扫掠曲面的边界线。

4）单击“确定”按钮，生成复合曲线，隐藏其他图素，结果如图 5-35 所示。

5）单击“曲面”工具栏中“更多”下方的向下箭头，在弹出的展开菜单中选择“管”弹出“管”对话框。设定“外径”参数为“1.5”，选择曲线，单击“确定”按钮，生成管实体。

6）单击［菜单（M）］/［插入（S）］/［关联复制（A）］/［镜像特征(R)...］，弹出如图 5-36 所示的“镜像几何体”对话框。

7）单击“要镜像的几何体”下方的“选择对象”，单击生成的管实体，单击对话框中的“指定平面”，单击上方的基准面，单击“确定”按钮，完成实体镜像。

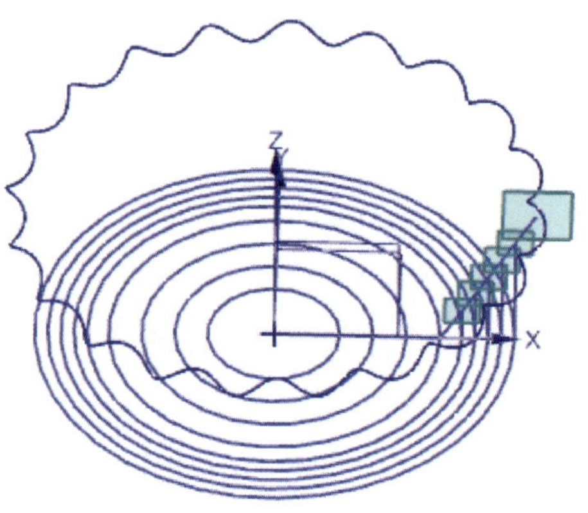

图 5-35　绘制复合曲线

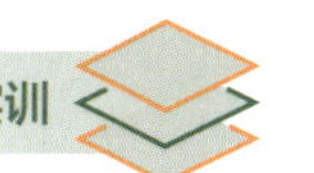

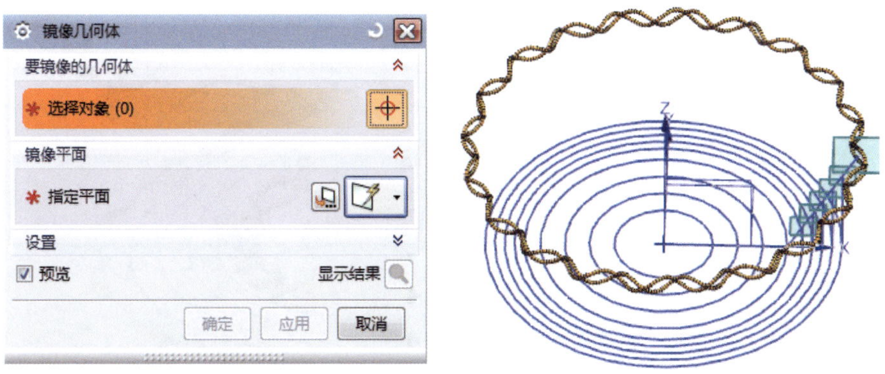

图 5-36　镜像几何体

8）采用同样的方法绘制下方花边轮廓，其扫掠截面长度为“2”，隐藏相关图素，结果如图 5-37 所示。

2. 创建花篮侧边轮廓

（1）绘制复合曲线

1）在“部件导航器”中双击“*XY*”平面对应的草图“草图 (13) "SKETCH_... ”，进入草图编辑状态。

2）分别以外侧 5 个圆左侧象限点为起点，绘制长度为 2 的水平线，结果如图 5-38 所示。

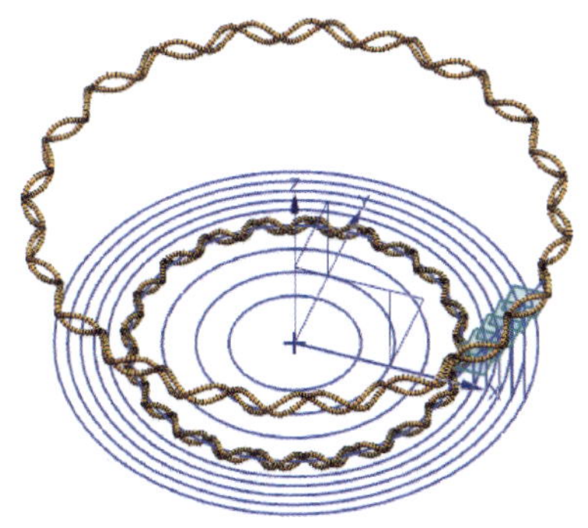
图 5-37　绘制下方花边轮廓

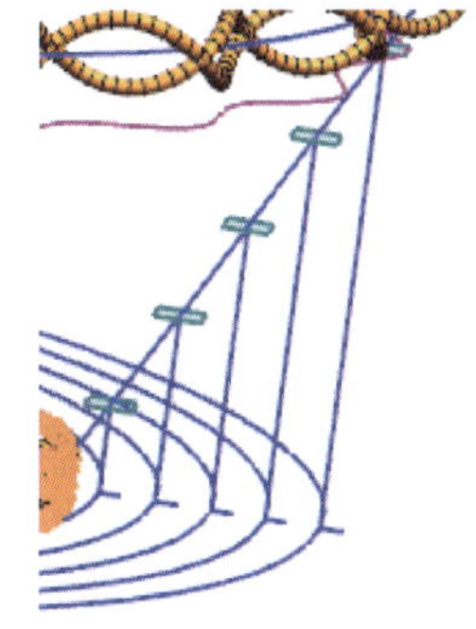
图 5-38　绘制直线

3）单击“扫掠”按钮“扫掠”，选择水平线作为“截面线”，选择圆作为“引导线”。设置如图 5-39 所示参数，单击“确定”按钮，完成图中的曲面扫掠。

4）单击“派生曲线”工具栏中的“复合曲线”按钮“复合曲线”，弹出“复合曲线”对话框，单击扫掠曲面的边界线。单击“确定”按钮，生成复合曲线，隐藏其他图素，结果如图 5-40 所示。

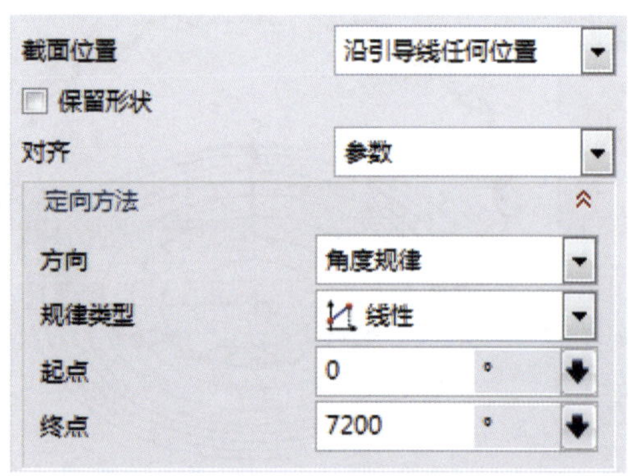

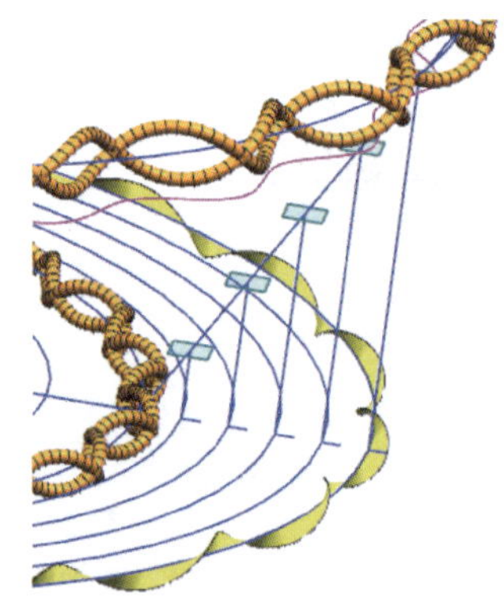

图 5-39　绘制扫掠曲面

5）用同样的方法绘制其他复合曲线，其中第 2 和第 4 复合曲线的“起点”为“180°”“终点”为“7380°”，结果如图 5-41 所示。

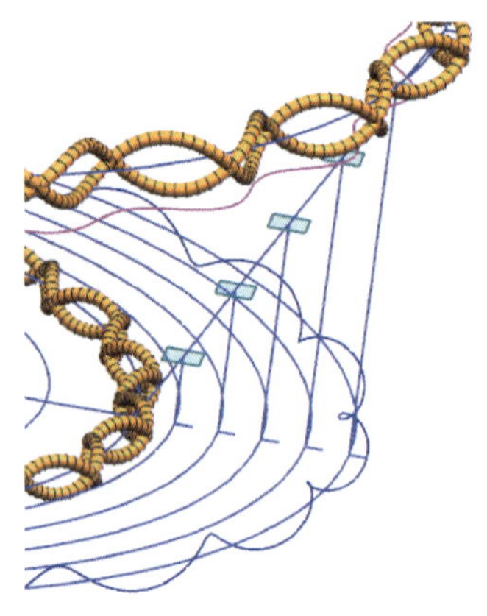

图 5-40　绘制复合曲线

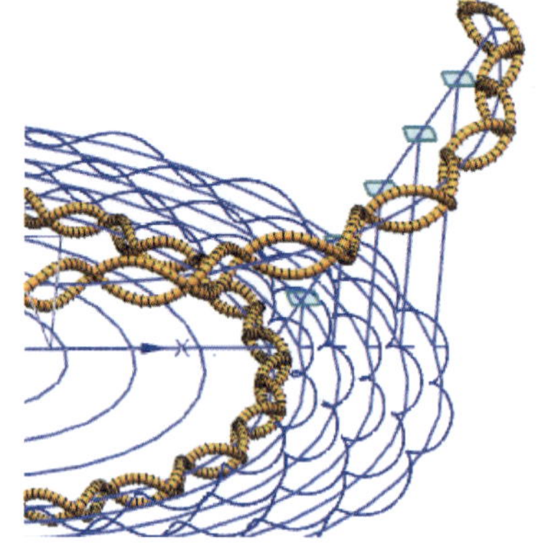

图 5-41　绘制其他复合曲线

提示

这了确保支架位于扫描曲面的交叉空隙位置，在绘制第 2 条和第 4 条复合曲线时，其相位角偏移了 180°。

（2）绘制投影曲线

1）选择“曲线”选项卡，单击“派生曲线”工具栏中的“投影曲线”按钮“ ”，弹出“投影曲线”对话框。

2）单击对话框中的“选择曲线或点 (0)”，选择外侧的复合曲线；单击“选定对象”，选择上方与之对应的基准平面；单击“指定矢量”，选择“ZC”为投影方向。单击“应用”按钮完成曲线投影，隐藏复合曲线等其他图素，结果如图 5-42 所示。

3）采用同样的方法，将其他 4 条复合曲线投影至对应的基准平面，隐藏复合曲线等其

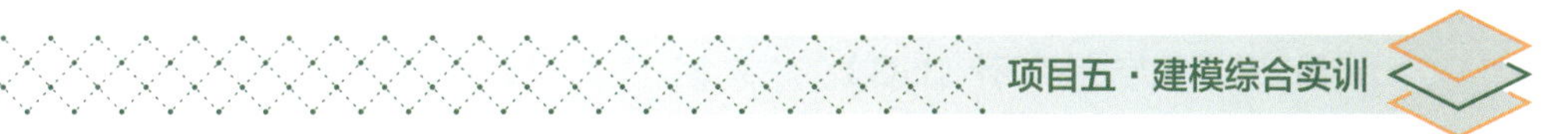

他图素，完成后结果如图 5-43 所示。

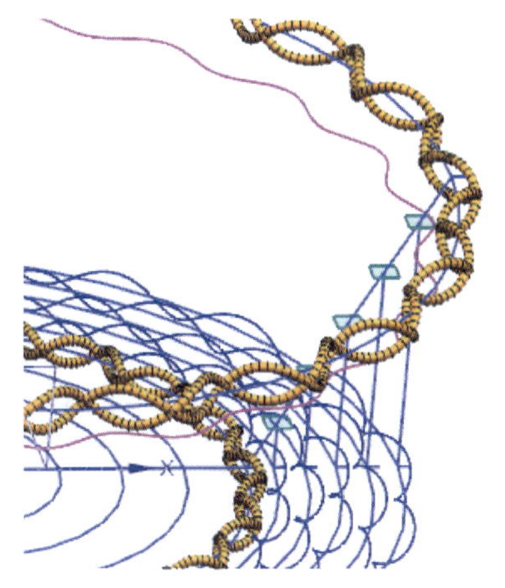

图 5-42　绘制投影曲线

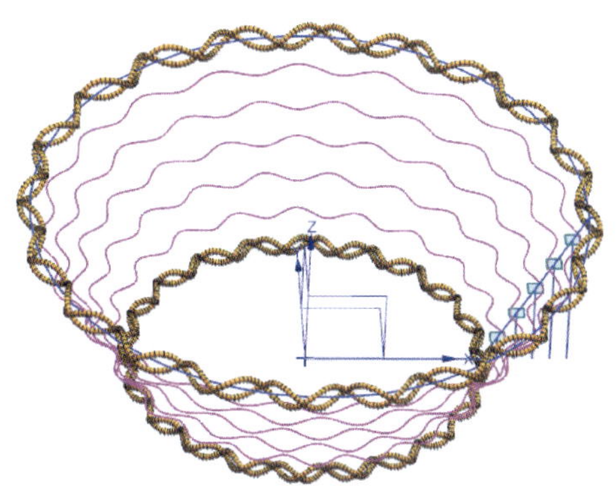

图 5-43　绘制其他投影曲线

（3）扫掠花篮侧边

1）再次选择“*ZX*”平面作为草图工作平面。

2）分别通过 5 条垂直线的上方端点绘制长度为 2 的水平线，其中“D1”“D3”“D5”在右，“D2”“D4”在左。

3）分别以水平线的端点为基准点，绘制如图 5-44 所示的扫掠截面轮廓，其中“D5”处轮廓与“D1”轮廓呈上下对称分布。

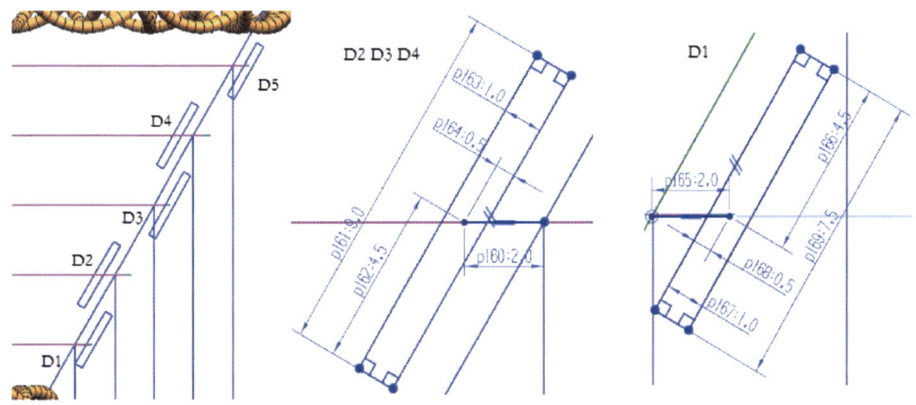

图 5-44　绘制扫掠截面轮廓

4）单击“曲面”工具栏中的“扫掠”按钮“扫掠”，选择“D5”处长方形作为“截面线”，选择“D5”处投影线作为“引导线”；“方向”选择“固定”，“规律类型”选择“固定”，设置“体类型”为“实体”；单击“确定”按钮，完成实体扫掠，结果如图 5-45

所示。

5）采用同样方式，完成其他侧边扫掠，结果如图 5-46 所示。

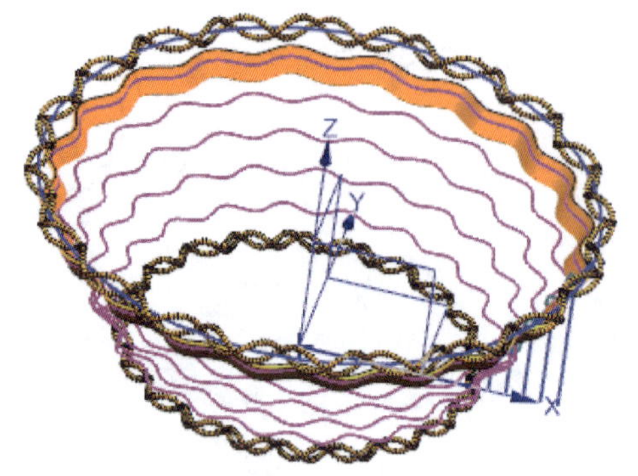

图 5-45　完成上方实体扫掠

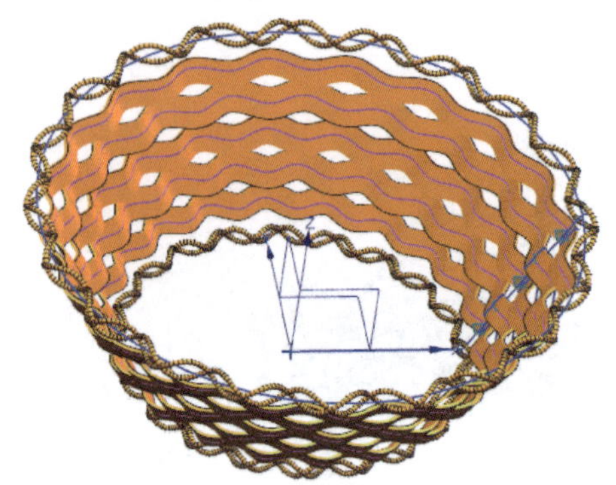

图 5-46　完成其他实体扫掠

3. 创建花篮支架

（1）创建阵列支架

1）在“部件导航器”中双击草图“草图 (1) "SKETCH_0...”，进入草图编辑状态，在水平线和 60° 斜直线之间倒“*R*1”的圆角。

2）单击“设计特征”工具栏中的按钮“球”，弹出“球”对话框，在 60° 斜直线的端点处创建直径为“3.5”的球体。

3）单击“曲面”工具栏中“更多”下方的向下箭头，在弹出的展开菜单中选择“管”，在水平线和 60° 斜直线上创建“外径”为“1.5”的管，结果如图 5-47 所示。

4）单击 [菜单（M）]/[插入（S）]/[关联复制（A）]/[阵列特征(A)...]，弹出“阵列几何体”对话框，分别阵列支架和球，结果如图 5-48 所示。

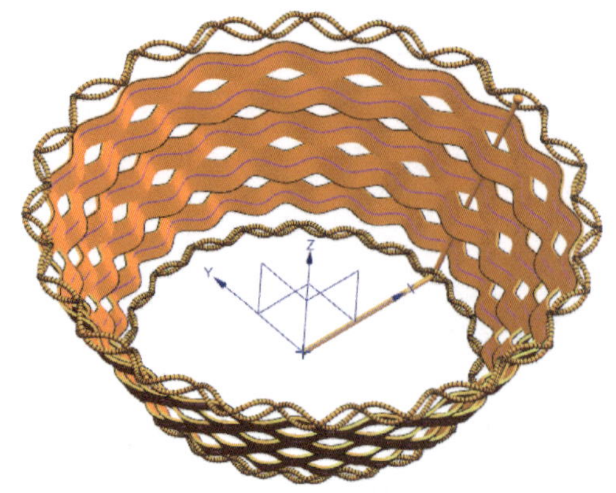

图 5-47　创建单个支架

图 5-48　阵列支架和球

（2）创建底部圆管

1）在“部件导航器”中右键单击草图“☑ 草图 (13) "SKETCH_... ✔”，取消隐藏。

2）单击“曲面”工具栏中“更多”下方的向下箭头，在弹出的展开菜单中选择“管”，创建“ϕ40”“ϕ60”和“ϕ80”圆的管，其“外径”为“1”，隐藏其他图素，结果如图 5-49 所示。

图 5-49　完成花篮创建

知识与技能拓展

1. 截面曲线

截面曲线是指在指定的平面与体、面和曲线之间创建相交几何体，平面与曲线相交将创建一个或多个点。使用截面曲线有 4 个子类型：选定的平面、平行平面、径向平面、垂直于曲线的平面。现以如下实例来说明其创建过程。

（1）采用旋转建模方式创建如图 5-50 所示的曲面。

（2）创建如图 5-51 所示与“*XY*”平面夹角 150° 的基准平面。

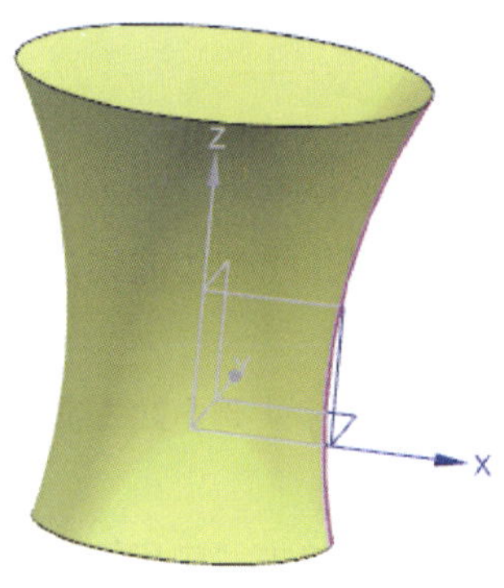

图 5-50　创建旋转曲面

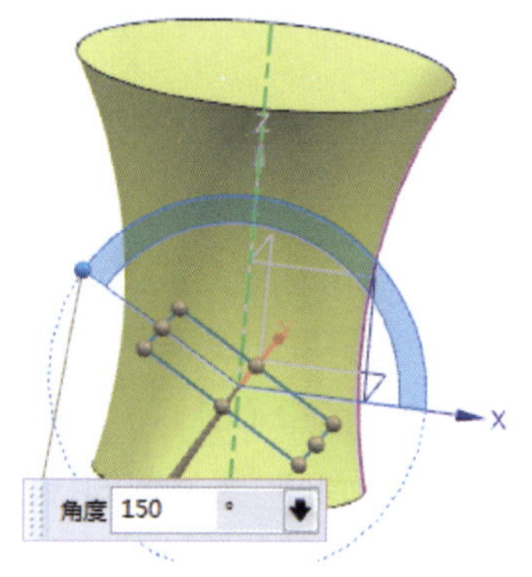

图 5-51　创建基准平面

（3）单击［菜单（M）］/［插入（S）］/［派生曲线（U）］/［ 截面(N)... ］，弹出如图 5-52 所示的“截面曲线”对话框。

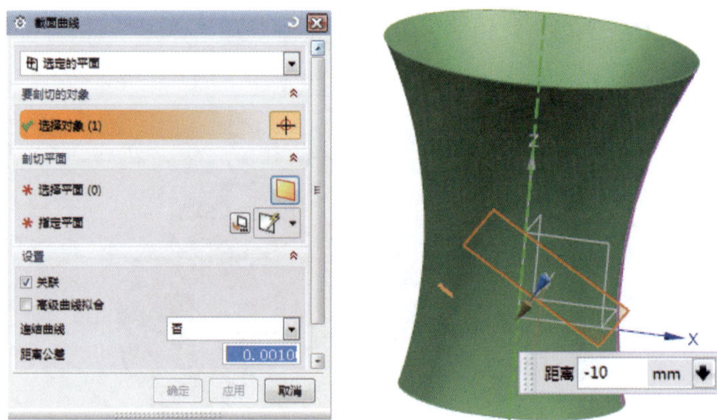

图 5-52 “截面曲线”对话框

（4）“要剖切对象”选择旋转曲面，“剖切平面”选择新建的基准平面并输入偏移距离为“-10”，使剖切平面向上偏移 10。

（5）单击“应用”按钮，生成截面曲线，隐藏其他图素，结果如图 5-53 所示。

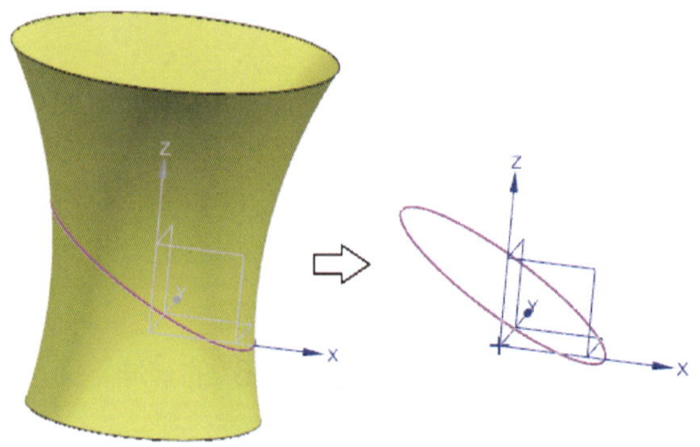

图 5-53 生成截面曲线

2. 抽取曲线

抽取曲线是指从一个或多个现有体的边和面创建曲线。抽取曲线有边曲线、等参数曲线、轮廓线、等斜度曲线等多个子类型。其创建流程如下：

（1）单击［菜单（M）］/［插入（S）］/［派生曲线（U）］/［ 等参数曲线(A)... ］，弹出如图 5-54 所示的“等参数曲线”对话框。

（2）设置“位置”“数量”和“方向”参数，选择旋转曲面，单击“应用”按钮即可生成图中的等参数曲线。

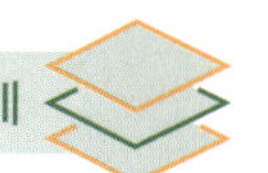

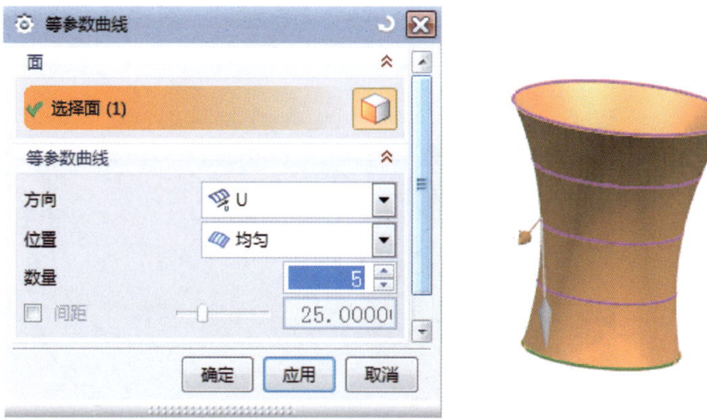

图 5-54 “等参数曲线”对话框

拓展练习

1. 完成如图 5-55 所示节能灯的三维建模。

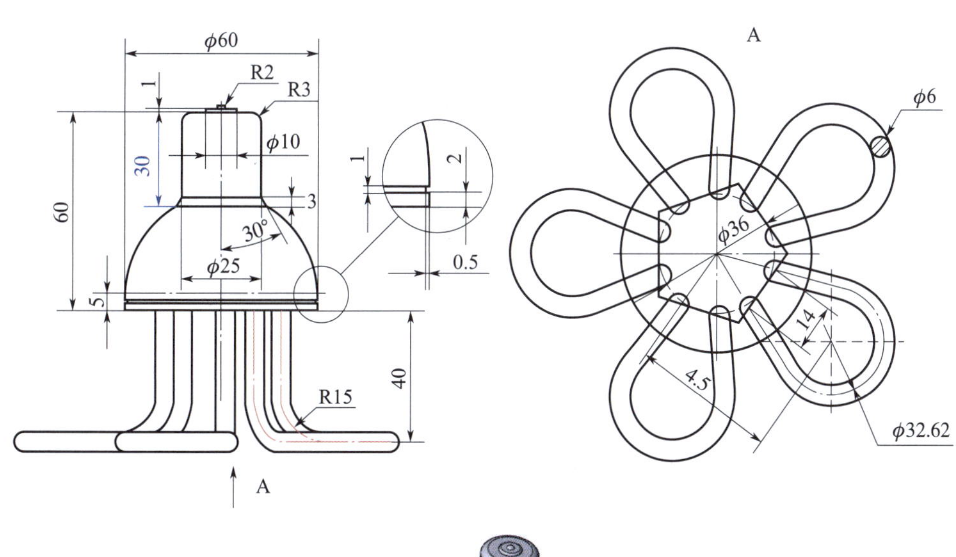

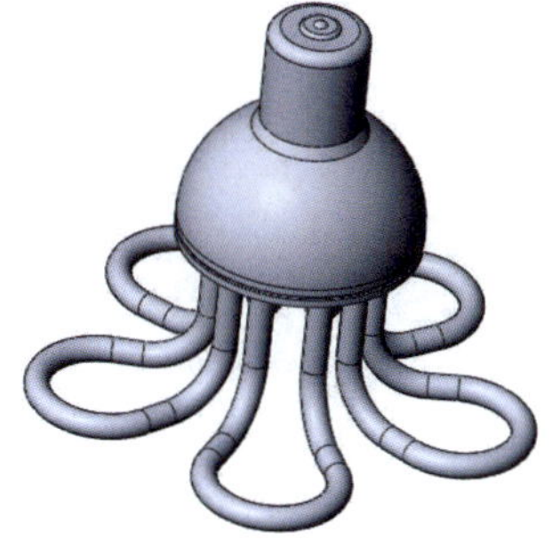

图 5-55 拓展练习 1

建模思路：灯管部分的曲线采用“相交曲线”方式绘制，其建模思路如图 5-56 所示。

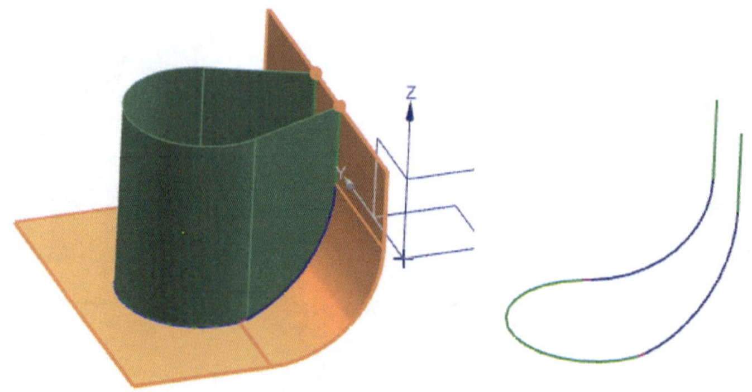

图 5-56　建模思路

2. 完成如图 5-57 所示空间管道（圆角均为 R15）的三维建模。

图 5-57　拓展练习 2

建模思路：管实体的基线采用“复合曲线”方式绘制，其建模思路如图 5-58 所示，首先绘制两个重叠在一起的实体，再通过“派生曲线”组中的“圆形圆角曲线”绘制空间圆弧线，连接相关圆弧线生成管实体的基线。

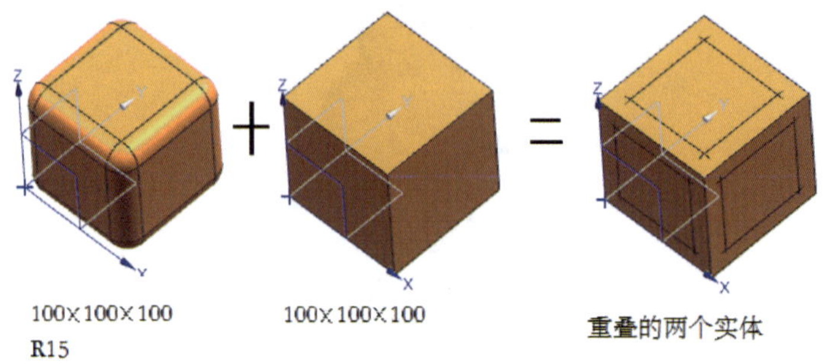

绘制两个重叠在一起的实体

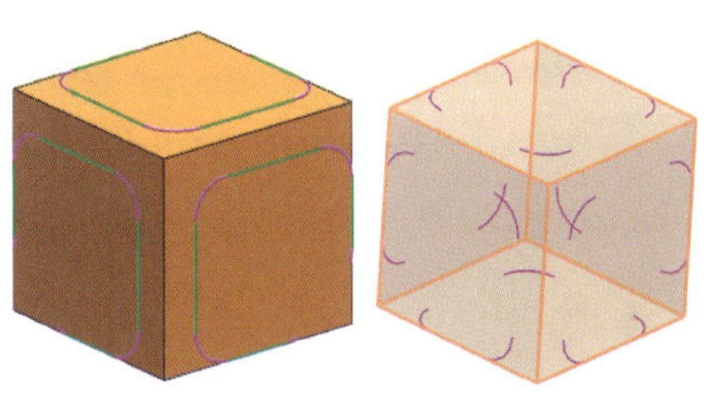

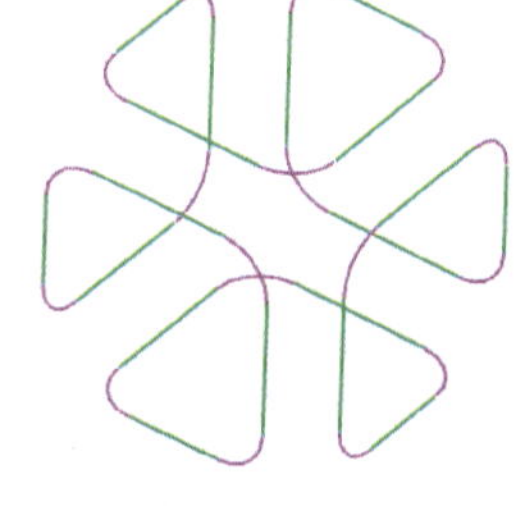

图 5-58 建模思路

任务 3 创建花边桶模型

学习目标

1. 掌握缠绕 / 展开曲线的综合运用方法。
2. 掌握公式曲线的综合运用方法。
3. 掌握曲面加厚的综合运用方法。
4. 掌握关联复制的综合运用方法。

任务描述

完成如图 5-59 所示椭圆花边桶（椭圆短半轴与长半轴分别为 15 和 25，轮廓边形状为正弦曲线，其振幅为 1.5）的实体建模。

任务实施

1. 创建花边桶曲面

（1）单击“新建”按钮“ ”，选择实体建模工作界面。

（2）单击“草图”按钮“ ”，选择“ZX”平面作为草图工作平面。

（3）单击“更多曲线”工具栏中的“椭圆”按钮“ ”，弹出“椭圆”对话框。设置如图 5-60 所示参数，单击“确定”按钮，生成图中的椭圆弧。

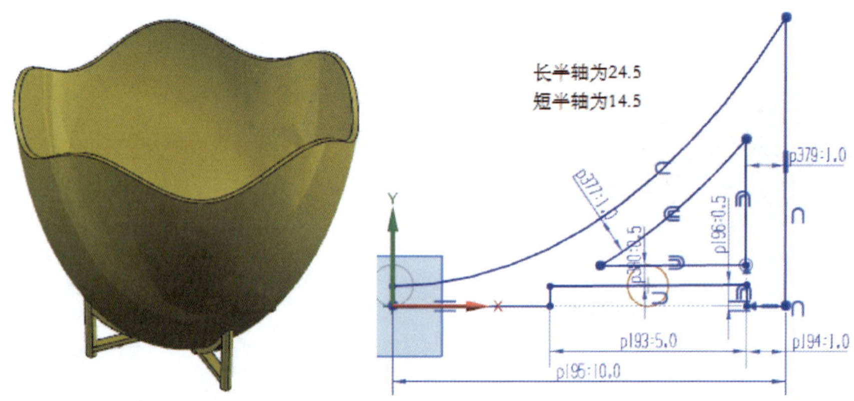

图 5-59　椭圆花边桶

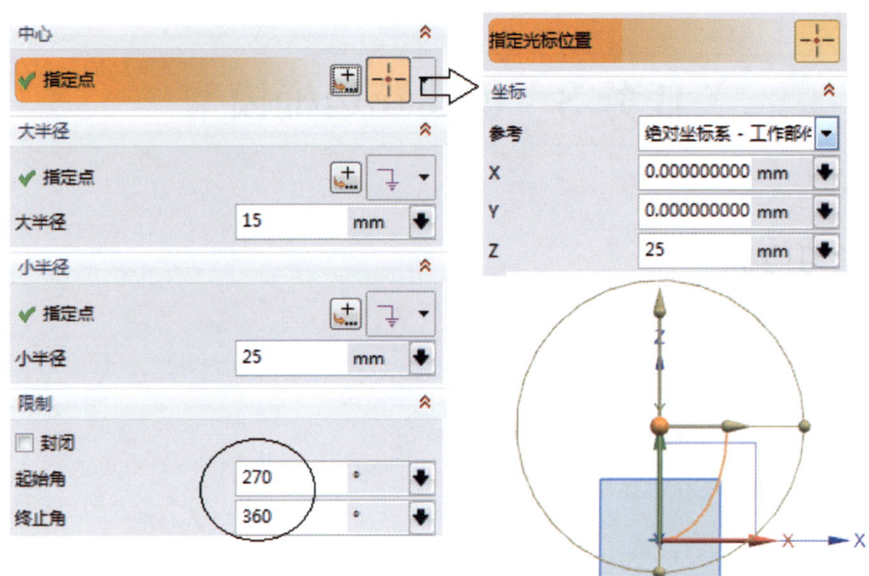

图 5-60　绘制椭圆弧

（4）单击“特征”工具栏中的“旋转”按钮“旋转”，弹出“旋转”对话框。设置如图 5-61 所示参数，单击“确定”按钮生成图中的旋转曲面。

2. 创建花边

（1）生成展开曲线

1）单击［菜单（M）］/［插入（S）］/［派生曲线（U）］/［截面(N)...］，弹出“截面曲线”对话框。

2）选择如图 5-62 所示的对象参数，输入偏移距离为“23.5”，单击“确定”按钮，生成图中的截面曲线。

3）单击“特征”工具栏中的“拉伸”按钮“”，弹出“拉伸”对话框。设置如

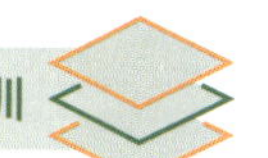

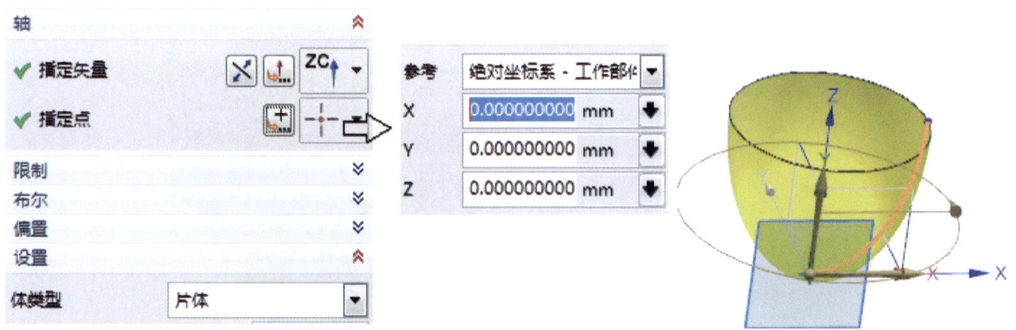

图 5-61　绘制旋转曲面

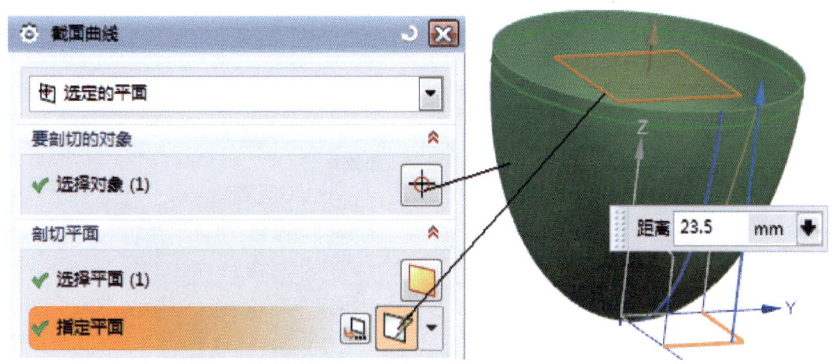

图 5-62　绘制截面曲线

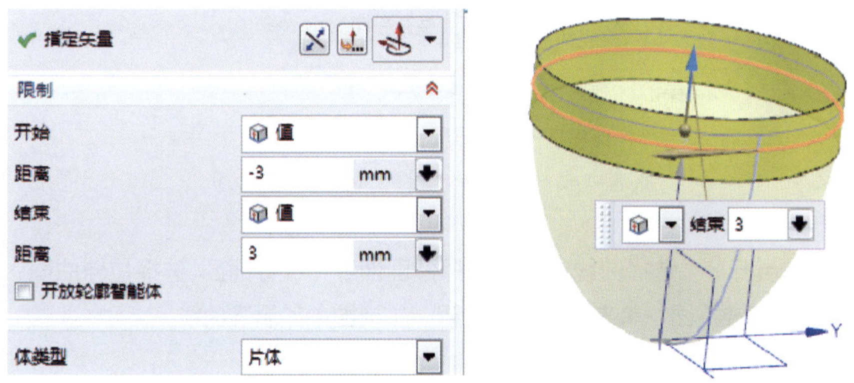

图 5-63　拉伸曲面

图 5-63 所示参数，单击“确定”按钮生成图中的拉伸曲面。

4）单击“基准平面”按钮“□”，弹出“基准平面”对话框，设置如图 5-64 所示参数，单击“确定”按钮生成图中的基准平面。

5）单击 [菜单（M）] / [插入（S）] / [派生曲线（U）] / [缠绕/展开曲线(W)...]，弹出如图 5-65 所示的“缠绕 / 展开曲线”对话框。

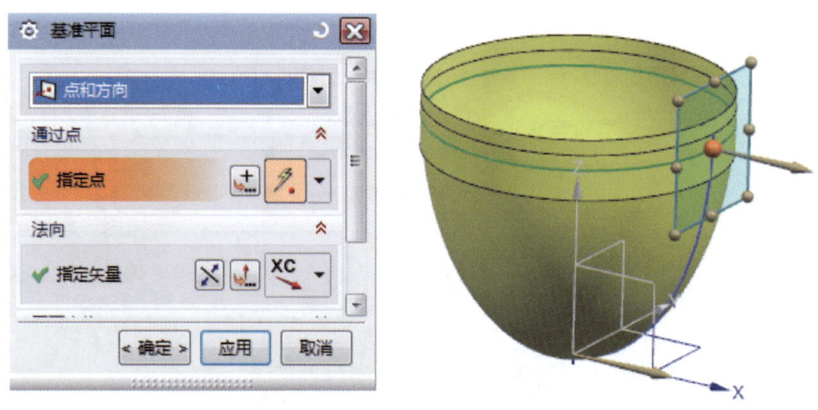

图 5-64　创建基准平面

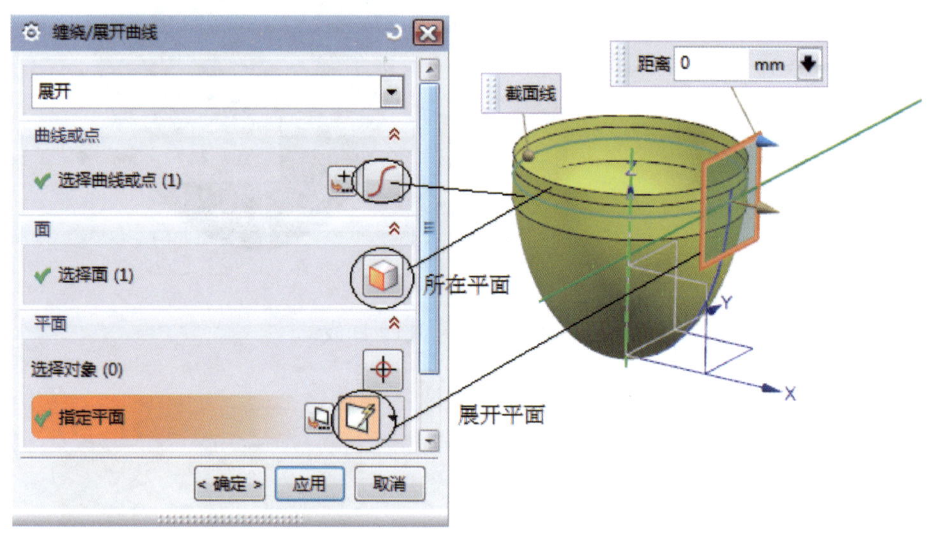

图 5-65　“缠绕 / 展开曲线”对话框

6）选择“展开”，“选择曲线或点”选择截面曲线，“选择面”选择拉伸曲面，“指定平面”选择相切的基准平面，单击“确定”按钮，生成图中的展开曲线。

提示

缠绕曲线是指将曲线从一个平面缠绕到一个圆柱面或圆锥面上，展开曲线是指将圆柱面或圆锥面上的曲线展开到一个平面上。缠绕 / 展开曲线的对象要求比较严格，曲线必须在一个基准平面上，且基准平面必须和圆柱或圆锥相切。

（2）生成缠绕曲线

1）测量展开直线长度为“94.07798064755”。可以在对应的草图平面中绘制同长度直线（或将该直线直接投影到草图平面），标注尺寸即可得到直线长度。

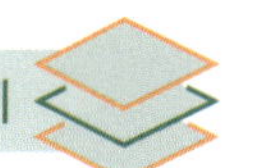

2）选择“工具”选项卡，单击“实用工具”工具栏中的“表达式”按钮“ ”，弹出“表达式”对话框，创建如图 5-66 所示表达式。

16	t	1	1	mm
17	xt	0	0	mm
18	yt	-94.07798064755/2+94.07798064755*t	47.03899032	mm
19	zt	23.5+1.5*sin(360*5*t)	23.5	mm

图 5-66　创建表达式

3）单击 [菜单（M）]/[插入（S）]/[曲线（C）]/[规律曲线(W)...]，弹出“规律曲线”对话框。“根据方程”函数分别选择“*xt*”“*yt*”“*zt*”，单击“确定”按钮，生成如图 5-67 所示的正弦曲线。

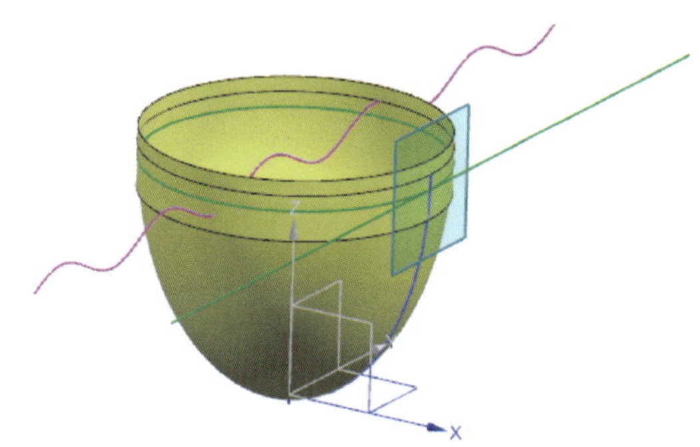

图 5-67　创建正弦曲线

4）单击“派生曲线”工具栏中的“投影曲线”按钮“ ”，弹出“投影曲线”对话框，绘制如图 5-68 所示的投影曲线。

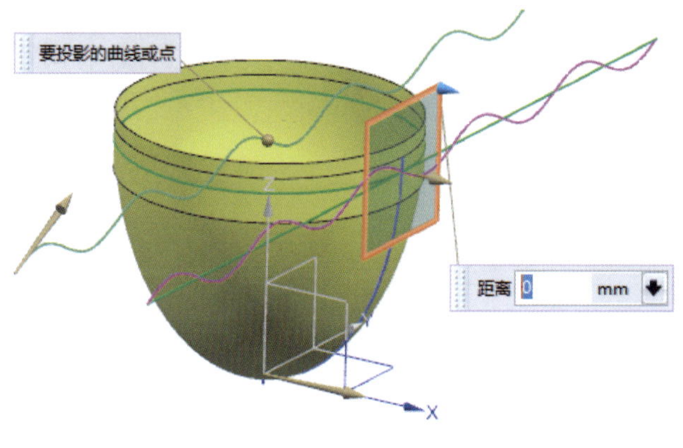

图 5-68　投影曲线

5）隐藏局部暂时不用的图素，单击“派生曲线”工具栏中的“缠绕/展开曲线(W)...”，弹出“缠绕 / 展开曲线”对话框。设置如图 5-69 所示参数，单击“确定”按钮，生成图中的缠绕曲线。

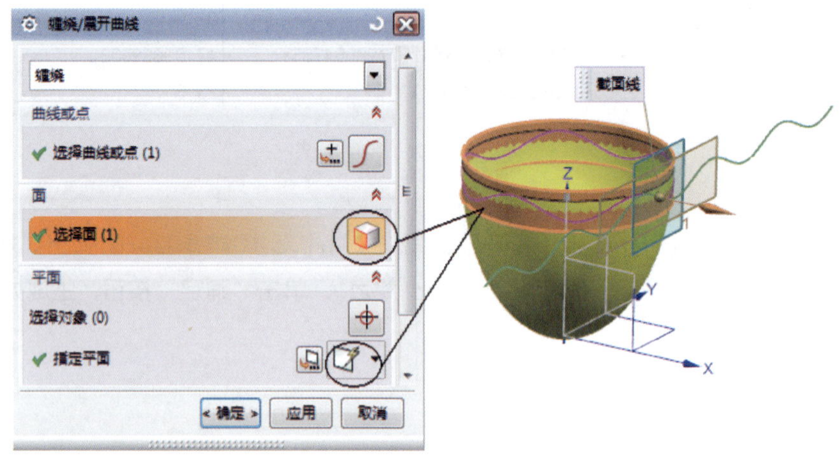

图 5-69　设置缠绕曲线参数

（3）生成实体花边

1）隐藏拉伸圆柱曲面等图素，单击“拉伸”按钮“”，弹出“拉伸”对话框，选择缠绕曲线，绘制如图 5-70 所示的拉伸曲面。

2）单击“曲面操作”工具栏中“偏置曲面”按钮“”，弹出“偏置曲面”对话框。选择前图中生成的拉伸曲面，向外偏置“3”，结果如图 4-71 所示。

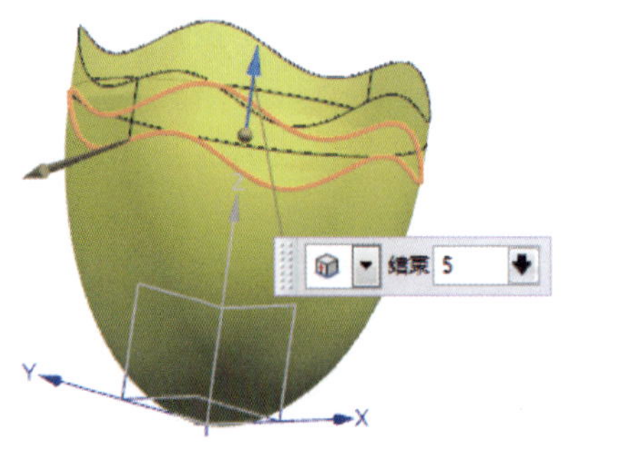

图 5-70　绘制拉伸曲面

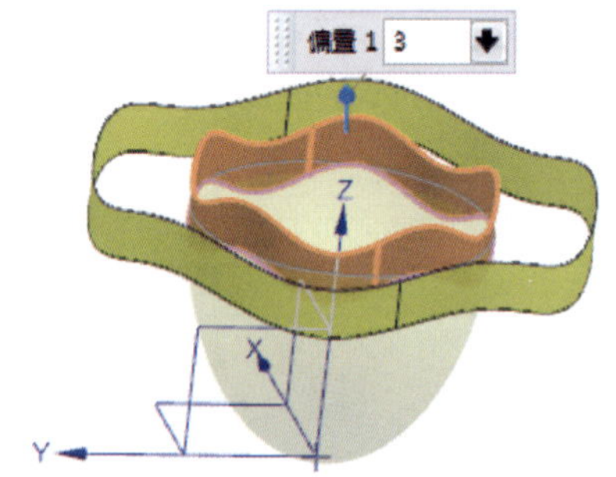

图 5-71　偏置曲面

3）再次隐藏拉伸曲面等图素，单击“曲面操作”工具栏中的“加厚”按钮“加厚”，弹出“加厚”对话框。单击选择椭圆曲面，向内加厚“0.5”，单击“应用”按钮，生成如图 5-72 所示的加厚实体。

4）单击选择偏置后的曲面，设置如图 5-73 所示参数，单击“确定”按钮，生成图中的加厚实体。

5）隐藏偏置曲面和旋转曲面等图素，结果如图 5-74 所示。

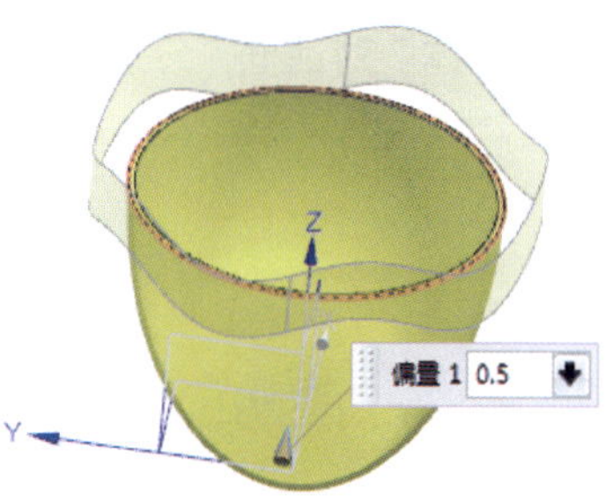

图 5-72 加厚椭圆曲面

3. 绘制支架

（1）单击“草图”按钮“ ”，选择“ZX”平面作为草图工作平面。

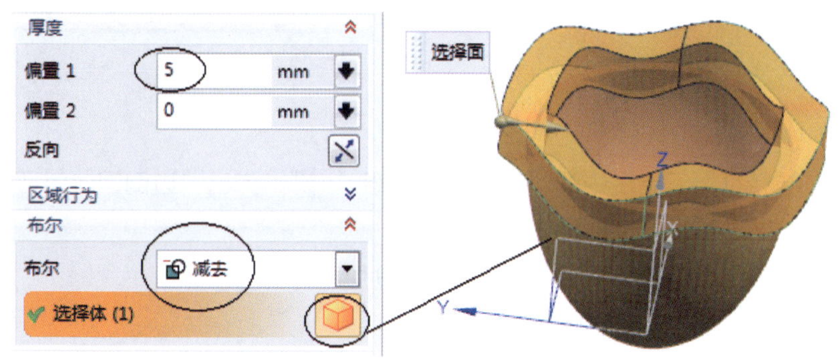

图 5-73 加厚偏置曲面

（2）绘制如图 5-75 所示草图。

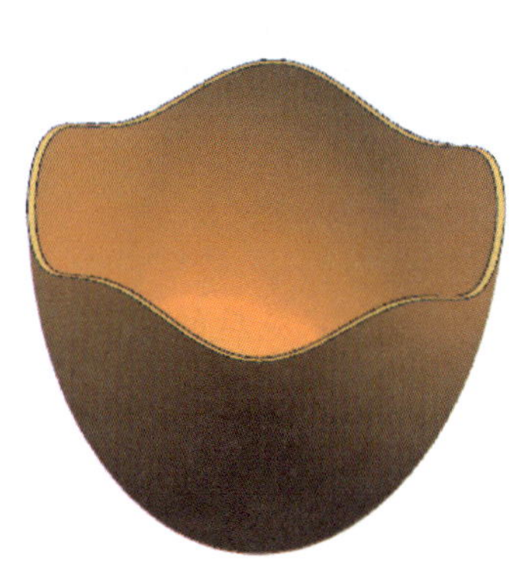
图 5-74 创建花边

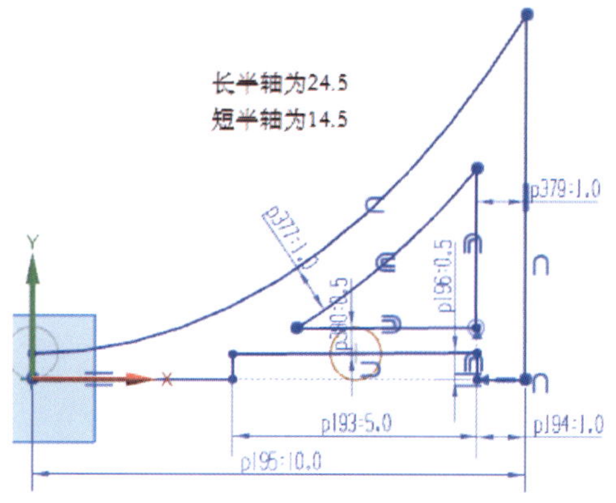

图 5-75 绘制草图

（3）单击“拉伸”按钮“ ”，弹出“拉伸”对话框，采用双向拉伸方式拉伸厚度为“1”的支架。单击“特征”工具栏中的“ 球”，以指定的中点为球心，绘制直径为“1”球。完成后的结果如图 5-76 所示。

（4）单击 [菜单（M）]/[插入（S）]/[关联复制（A）]/[阵列特征(A)...]，弹出“阵

列几何体”对话框，分别阵列支架和球，结果如图 5-77 所示。

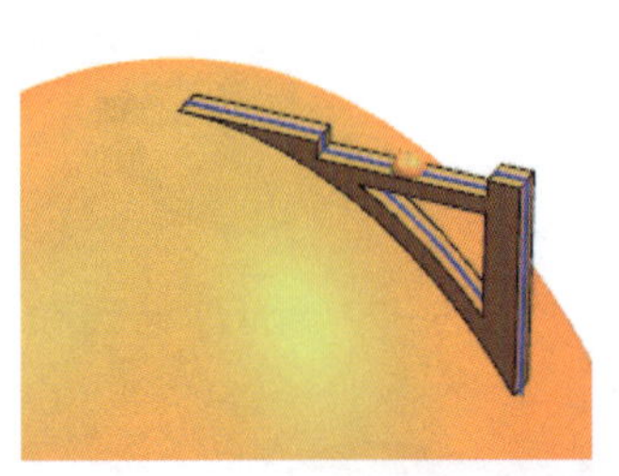
图 5-76　绘制单个支架

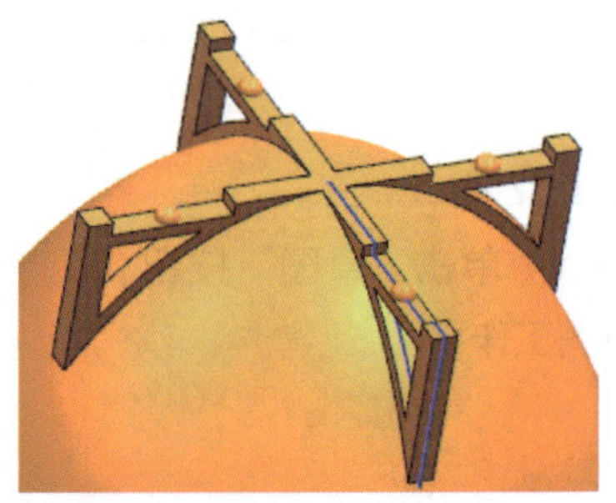
图 5-77　阵列支架

（5）单击“特征”工具栏中的“边倒圆”按钮“”，弹出“边倒圆”对话框，完成实体边倒圆角，结果如图 5-78 所示。

（6）隐藏相关图素，完成后的实体如图 5-79 所示。

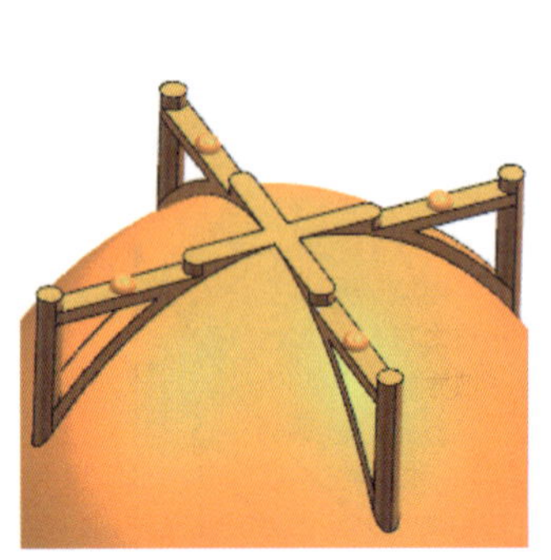
图 5-78　倒圆角

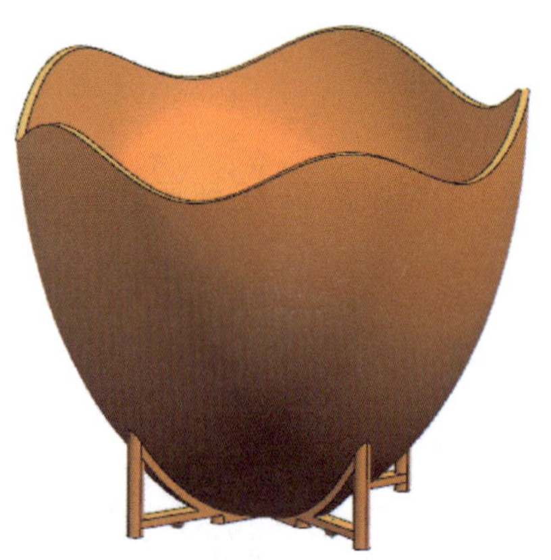
图 5-79　完成后的实体

 知识与技能拓展

1. 真实着色

真实着色可实现逼真的视觉效果，这些效果包括阴影、反射、打光和材料。其操作流程如下：

（1）选择“视图”选项卡，出现如图 5-80 所示“真实着色设置”工具栏。

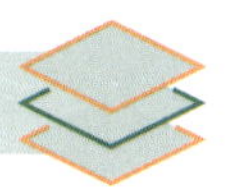

图 5-80 “真实着色设置”工具栏

（2）单击“全局材料”向下箭头，在展开工具栏中选择相应的全局材料，同时还可进行“显示阴影”“显示地板反射”“显示地板栅格”等效果设置。如图 5-81 所示为分别选择“全局材料透明塑料”和“全局材料黄色亮泽塑料”后的着色效果。

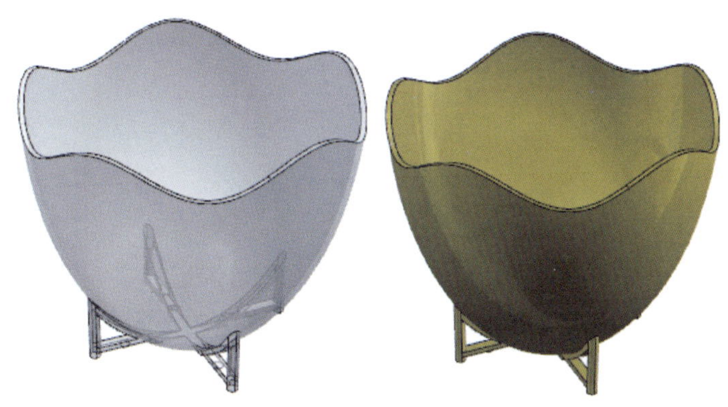

图 5-81 真实着色效果

2. 艺术外观任务

艺术外观任务是在精加工艺术外观环境中利用光线追踪艺术进行的高级艺术外观渲染。其操作流程如下：

（1）选择“渲染”选项卡，出现如图 5-82 所示的“渲染”工具栏。

图 5-82 “渲染”工具栏

（2）单击“艺术外观任务”按钮，弹出如图 5-83 所示的“系统艺术外观材料”对话框。单击“玻璃”文件夹，展开玻璃样式选择对话框，选中实体后选择“玻璃 - 蓝色”，实体显示图中的渲染效果。

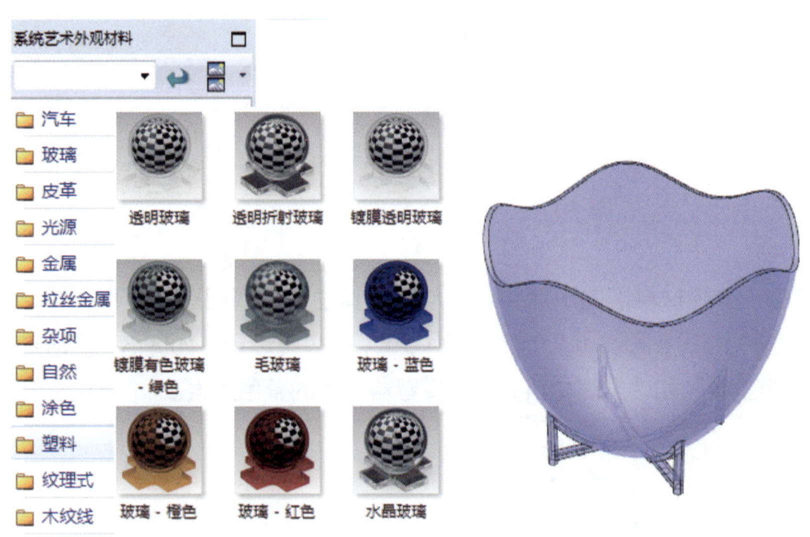

图 5-83　“系统艺术外观材料”对话框

拓展练习

1. 完成如图 5-84 所示“咖啡杯”的三维建模（杯口圆角为 $R0.5$），并完成“真实着色”渲染。

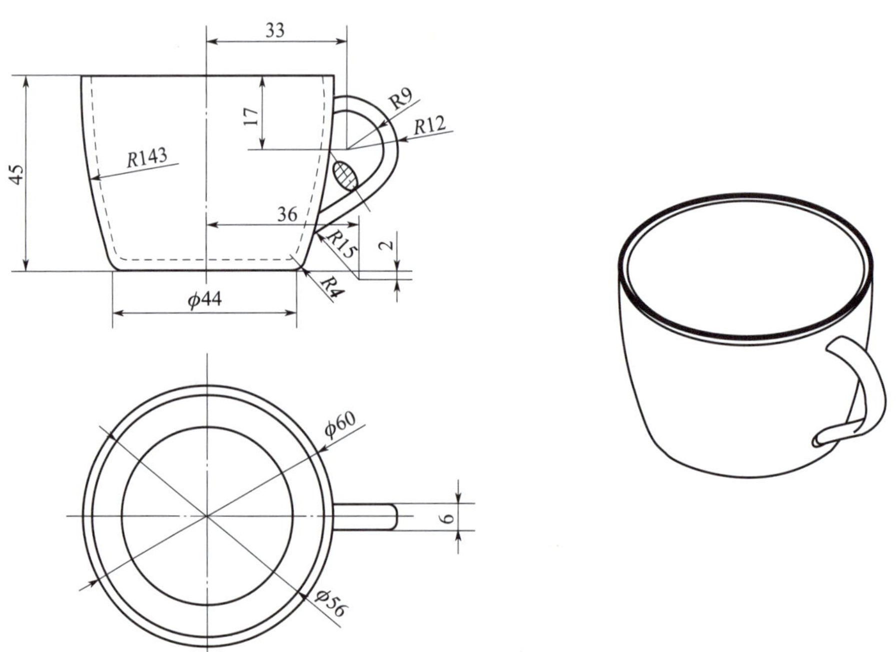

图 5-84　拓展练习 1

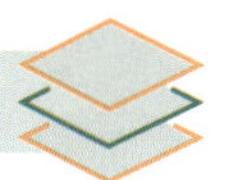

2. 完成如图 5-85 所示“玻璃杯”的三维建模，并完成“艺术外观任务”渲染。

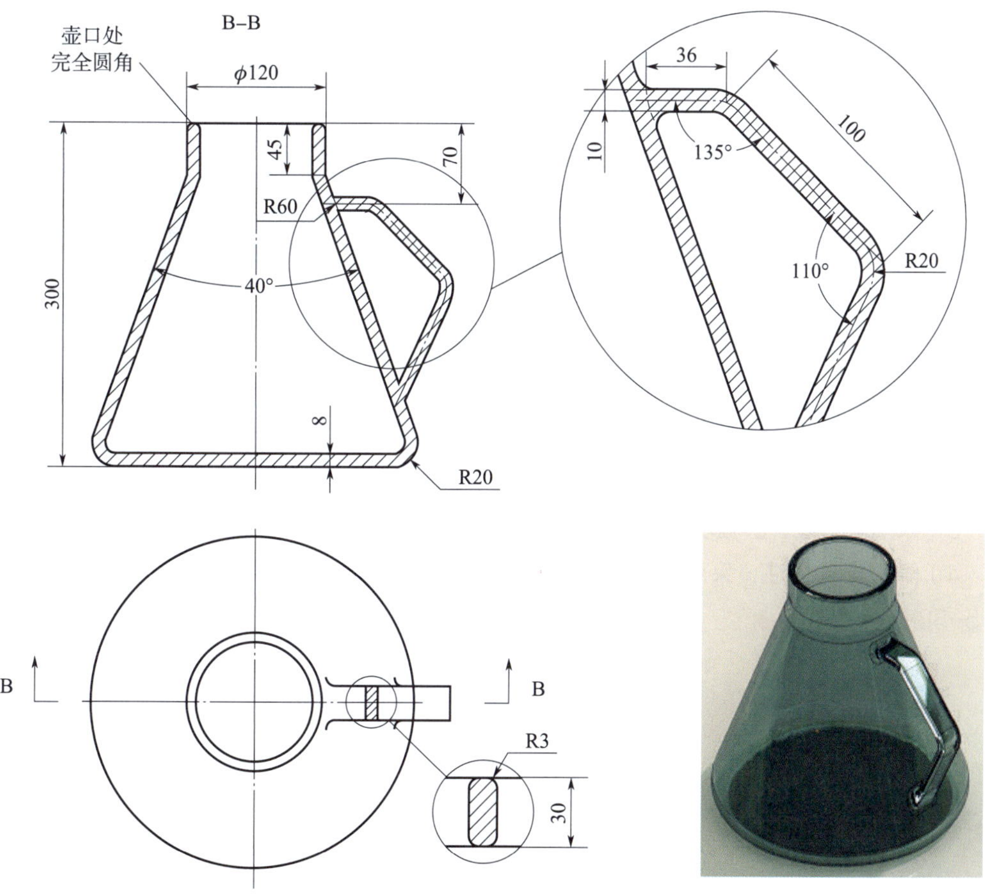

图 5-85　拓展练习 2

任务 4　创建轮胎模型

学习目标

1. 掌握“修剪体”和“拆分体”的运用方法。
2. 掌握缠绕 / 展开曲线的建模方法。

3. 掌握关联复制的综合运用方法。

4. 掌握曲面与实体建模的综合运用方法。

任务描述

完成如图 5-86 所示玩具车轮胎的实体建模。

图 5-86　玩具车轮胎

任务实施

1. 基体建模

（1）轮胎建模

1）单击“新建”按钮“ ”，选择实体建模工作界面。

2）单击“草图”按钮“ ”，选择“*ZX*”平面作为草图工作平面。

3）采用画直线、圆弧功能和草图约束功能绘制如图 5-87 所示草图。

4）隐藏尺寸标注，采用修剪功能和倒圆角（半径为 *R*2）功能完成草图修整，结果如图 5-88 所示。

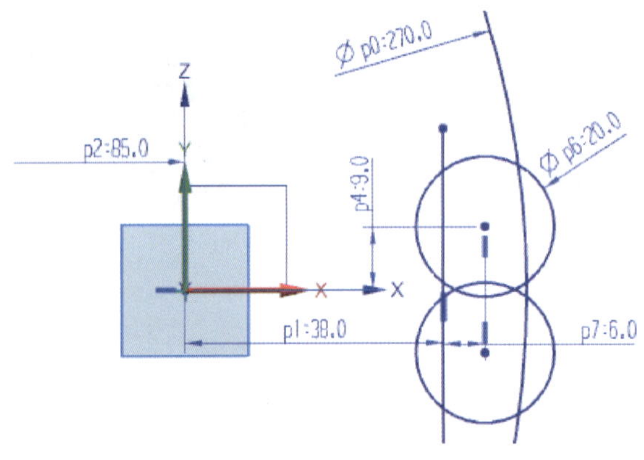

图 5-87　绘制草图

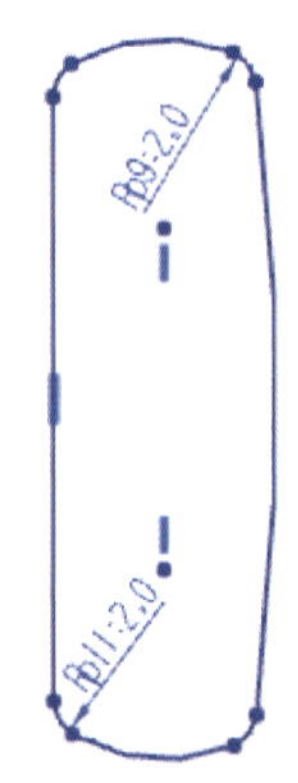

图 5-88　修整曲线

5）以外圆圆心为端点，绘制 3 条斜直线通过外侧圆弧。单击“镜像”按钮“ ”，以水平线为镜像轴镜像 3 条斜直线。再以外圆圆心为中心，绘制半径为 *R*133 的圆弧，结果如图 5-89 所示。

6）先通过尺寸约束确定直线的位置，再实施草图修剪，结果如图 5-90 所示。

7）单击“特征”工具栏中的“旋转”按钮“ 旋转”，弹出“旋转”对话框。以 *Z* 轴为旋转中心，绘制如图 5-91 所示旋转实体。

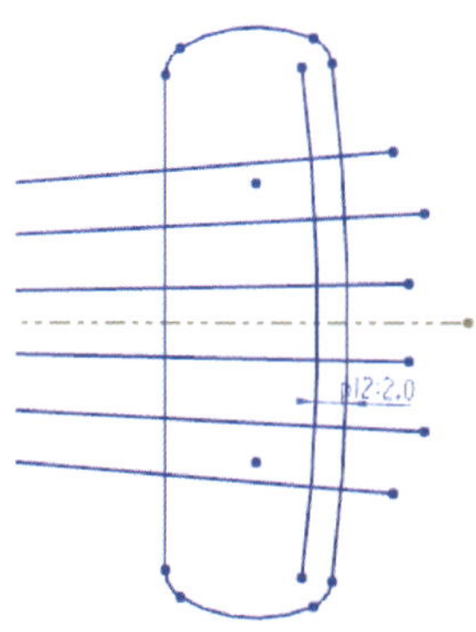

图 5-89　绘制槽曲线

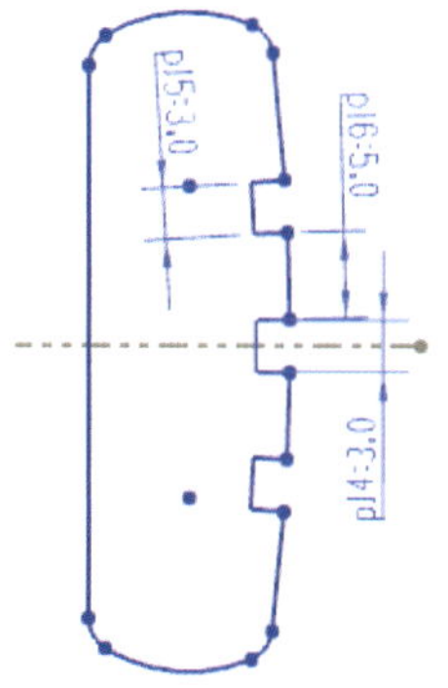

图 5-90　修剪曲线

提示

尺寸约束时，标注的尺寸均指两点间的弦长。单击“快速尺寸”右侧向下箭头，选择“线性尺寸”，弹出“线性尺寸”对话框，在“测量”下方的“方法”中选择“点到点”。

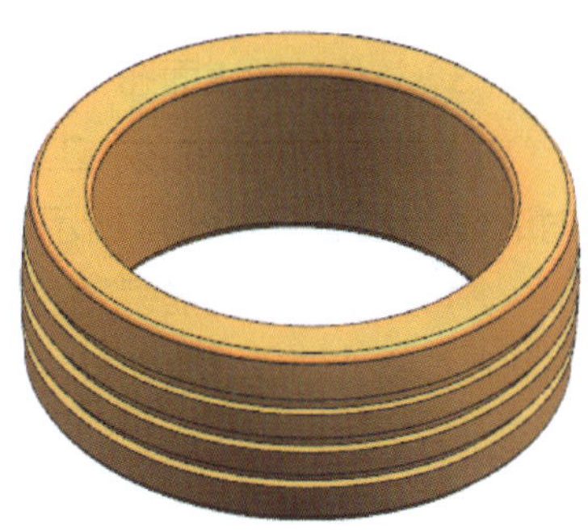
图 5-91　创建轮胎模型

（2）轮毂建模

1）单击“草图”按钮“ ”，选择“*ZX*”平面作为草图工作平面。

2）采用画直线、圆弧功能和草图约束功能绘制如图 5-92 所示草图。

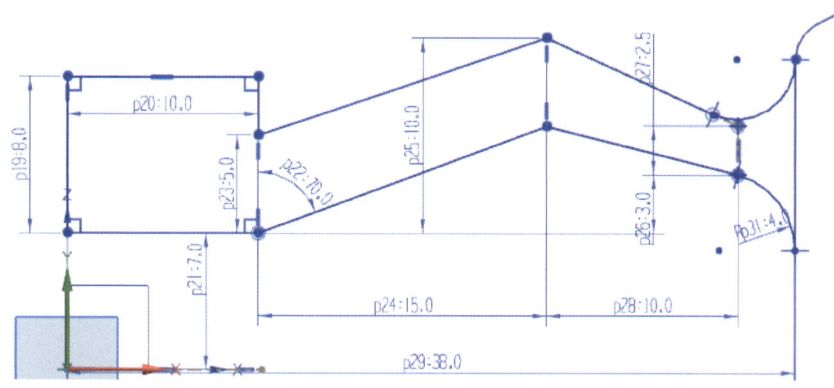

图 5-92　绘制草图

3）单击“特征”工具栏中的“旋转”按钮“旋转”，弹出“旋转”对话框。设置如图 5-93 所示参数，单击“确定”按钮，绘制图中的旋转实体。

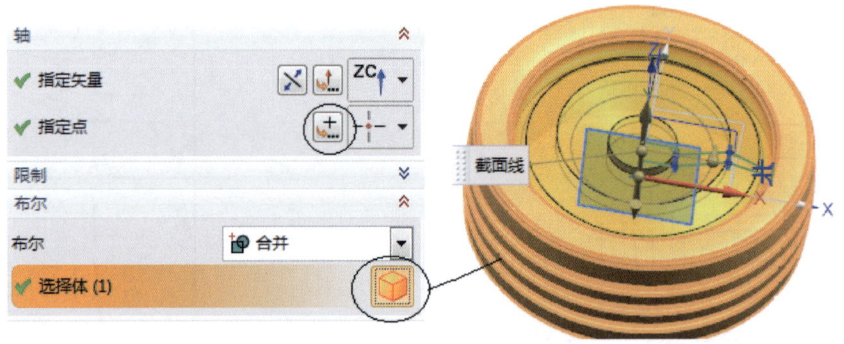

图 5-93　创建轮毂模型

4）单击“特征”工具栏中的“边倒圆”按钮“”，弹出“边倒圆”对话框，对轮毂上下表面实施 *R*10 的边圆角。

（3）拉伸轮毂表面孔

1）单击“派生曲线”工具栏中的“复合曲线”按钮“复合曲线”，弹出“复合曲线”对话框，单击如图 5-94 所示位置处的圆，生成复合曲线。

2）单击“派生曲线”工具栏中的“投影曲线”按钮“”，弹出“投影曲线”对话框。选择两条复合曲线，投影至“*XY*”平面，隐藏相关图素，结果如图 5-95 所示。

图 5-94　绘制复合曲线

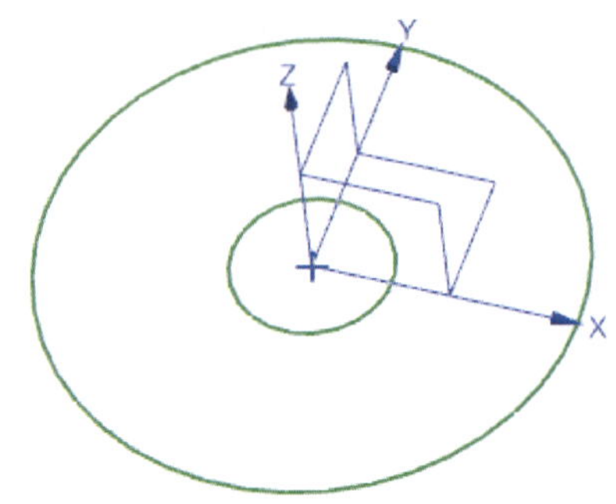

图 5-95　绘制投影曲线

3）单击“草图”按钮“”，选择“*XY*”平面作为草图工作平面。

4）采用画直线、圆弧功能和草图约束功能绘制如图 5-96 所示草图。

5）修剪草图，同时将草图中的部分图素转化为参考线，结果如图 5-97 所示。

提示

由于投影曲线和复合曲线无法在相关草图平面内实施修剪等编辑操作，所以在草图平面内绘制了相同直径的圆。

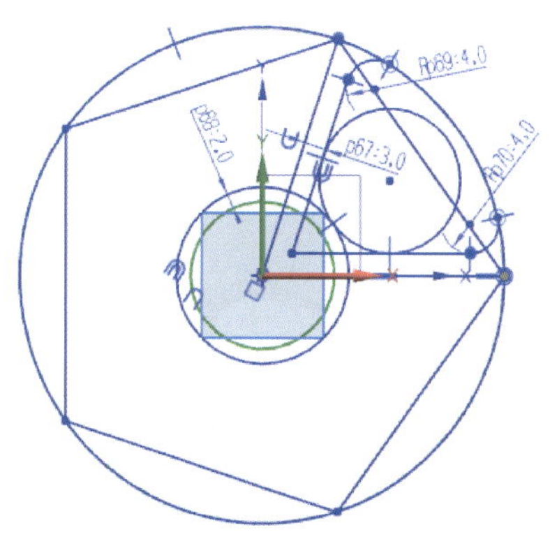

图 5-96　绘制草图

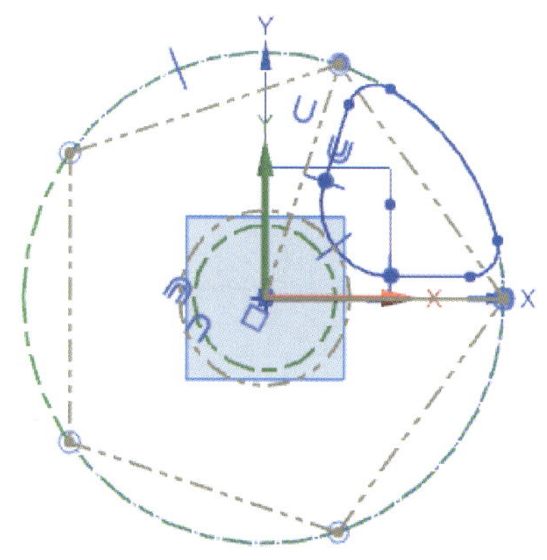

图 5-97　修剪草图

6）显示实体，单击“拉伸”按钮“”，弹出“拉伸”对话框，拉伸切除轮毂，结果如图 5-98 所示。

7）单击 [菜单（M）] / [插入（S）] / [关联复制（A）] / [阵列特征(A)...]，弹出“阵列几何体”对话框，阵列 5 个拉伸切除实体，结果如图 5-99 所示。

图 5-98　拉伸切除轮毂

图 5-99　阵列切除

（4）创建中间螺栓孔

1）单击“基准平面”按钮“”，弹出“基准平面”对话框，选择中间凸台上表面作为基准平面。

2）选择新建的基准平面作为草图平面，绘制如图 5-100 所示草图。

3）单击“拉伸”按钮“”，弹出“拉伸”对话框，拉伸切除中间轮廓，“开始”和“结束”右侧的选项选择“贯通”，“距离”分别为“2”“4”。

4）单击“特征”工具栏中的“边倒圆”按钮“”，弹出“边倒圆”对话框，对螺栓孔上下表面实施 *R*0.5 的边圆角，如图 5-101 所示。

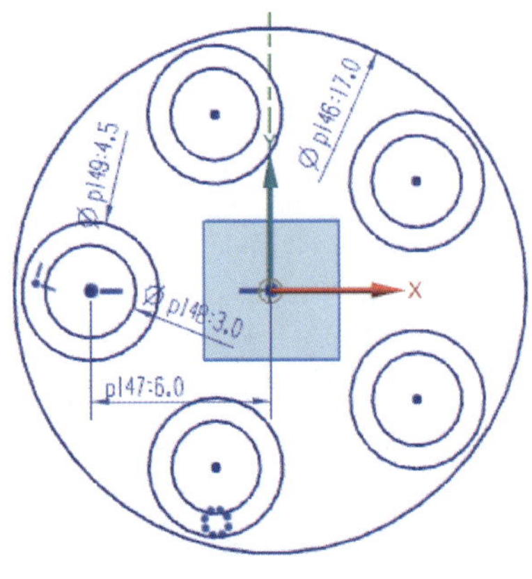

图 5-100　绘制草图

图 5-101　完成螺栓孔创建

2. 创建横向槽

（1）创建缠绕曲线

1）隐藏实体，单击“草图”按钮“ ”，选择“*ZX*”平面作为草图工作平面。

2）采用画直线、圆弧功能和草图约束功能绘制如图 5-102 所示草图。

3）单击“拉伸”按钮“ ”，弹出“拉伸”对话框。双向拉伸“10”，创建如图 5-103 所示的圆柱曲面。

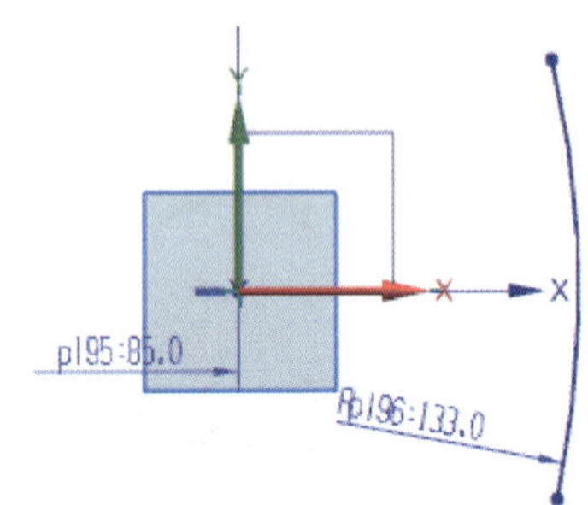

图 5-102　绘制草图

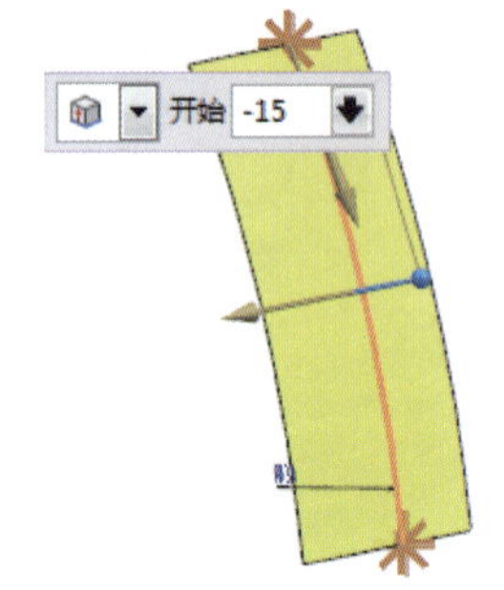

图 5-103　拉伸圆柱曲面

4）单击“特征”工具栏中的“旋转”按钮“ 旋转”，弹出“旋转”对话框。设置如图 5-104 所示参数，单击“确定”按钮，绘制图中的旋转实体。完成后将该曲面暂时隐藏，以备后用。

5）单击“基准平面”按钮“ ”，弹出“基准平面”对话框，创建平行于“*YZ*”平面且距离为“48”的基准平面。

6）在新建的基准面上绘制如图 5-105 所示的草图。

7）单击“派生曲线”工具栏中的“ 缠绕/展开曲线(W)...”，弹出“缠绕 / 展开曲线”对话框。将前图中的曲线缠绕至圆柱面，结果如图 5-106 所示。

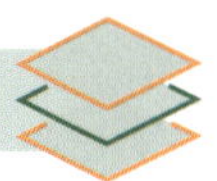

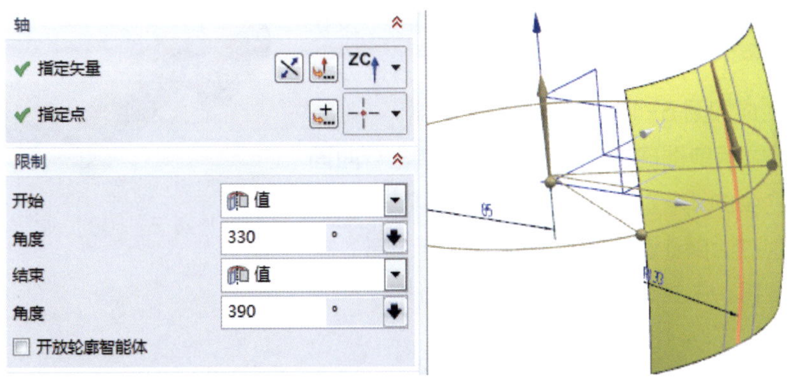

图 5-104　创建旋转曲面

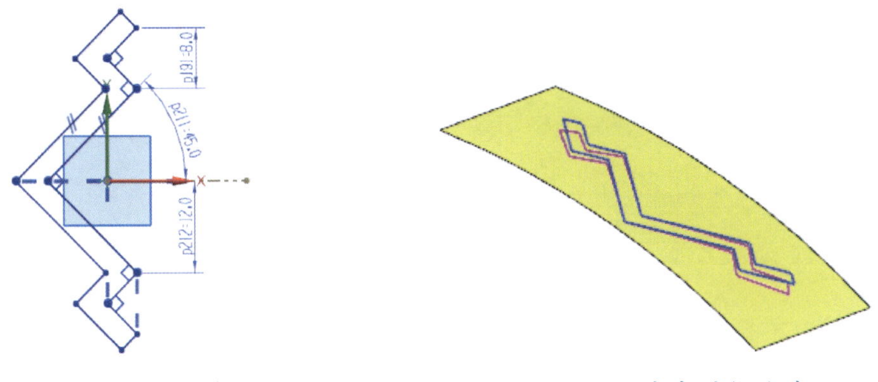

图 5-105　绘制草图　　　　图 5-106　生成缠绕曲线

（2）生成横向槽

1）单击“曲面操作”工具栏中的“修剪片体”按钮“修剪片体”，弹出“修剪片体”对话框，设置如图 5-107 所示参数。单击“确定”按钮，绘制图中的修剪片体。

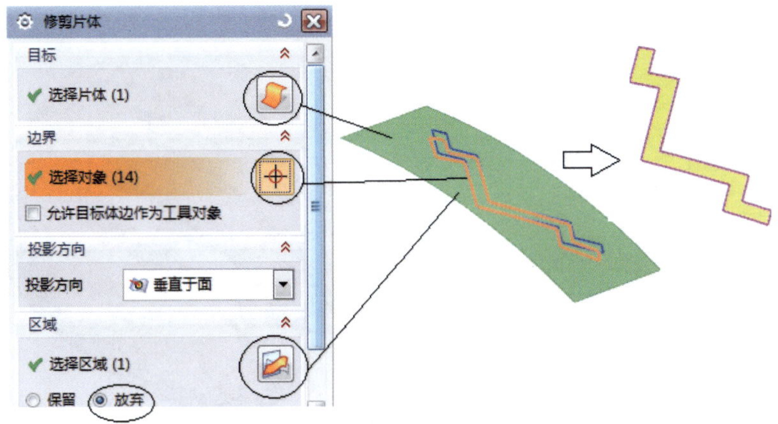

图 5-107　修剪片体

2）单击“曲面操作”工具栏中的“加厚”按钮“加厚”，弹出“加厚”对话框。向两个方向分别加厚“3”，生成如图 5-108 所示的加厚实体。

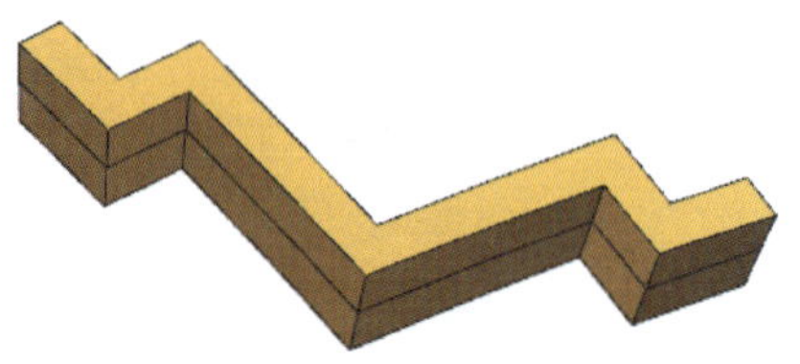
图 5-108　曲面加厚

3）重新显示前图隐藏的旋转曲面。单击“曲面操作”工具栏中的“修剪体”按钮“修剪体”，弹出“修剪体”对话框。设置如图 5-109 所示参数，单击“确定”按钮，生成图中实体上方的修剪体。

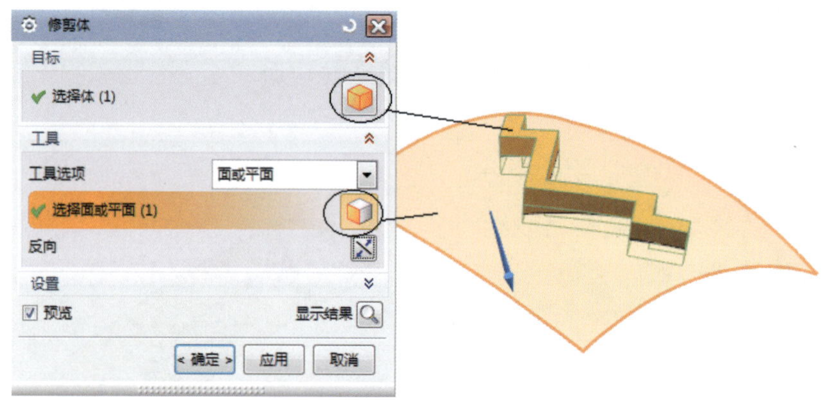

图 5-109　修剪体

提示

“修剪体”操作过程中，箭头指向切除的方向，如果切除方向相反，则可单击按钮“”改变切除方向。

4）重新显示前图隐藏的实体。单击“特征”工具栏中的“减去”按钮“”，弹出“减去”对话框。单击轮胎基体作为“目标体”，单击加厚实体作为“工具体”，单击“确定”按钮，生成如图 5-110 所示的实体。

图 5-110　“布尔减”实体

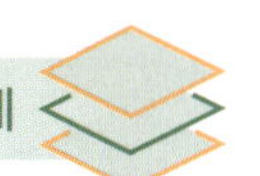

5）单击 [菜单（M）]/[插入（S）]/[关联复制（A）]/[阵列特征(A)...]，弹出“阵列几何体”对话框，设置如图 5-111 所示参数，单击选择“部件导航器”中的“减去 (35)”，单击“确定”按钮，生成图中的实体。

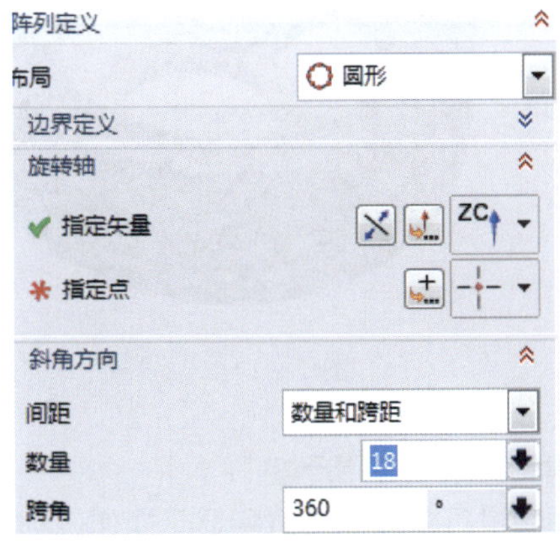

图 5-111　阵列特征

知识与技能拓展

1. 拆分体

“拆分体”类似于“修剪体”，不同之处在于“拆分体”分割实体后，两部分均保留。而“修剪体”分割实体后，只保留其中的一个部分。下面以分割本例中的轮胎和轮毂为例说明“拆分体”的操作流程。

图 5-112　绘制分割曲面

（1）绘制如图 5-112 所示的用于分割轮胎和轮毂的曲面。

（2）单击“曲面操作”工具栏中的“拆分体”按钮“拆分体”，弹出如图 5-113 所示的“拆分体”对话框。选择整个实体作为“目标体”，选择新建圆柱面作为“工具体”，单击“确定”按钮，完成轮胎和轮毂的“拆分体”操作。

（3）隐藏分割曲面。选择“渲染”选项卡，单击“艺术外观任务”按钮，分别选用不同的材质渲染实体，结果如图 5-114 所示。

2. 显示和隐藏

在建模操作过程中，为了方便快捷地选择对象，可将暂时不用的图素隐藏，以避免相互之间的干涉，在需要时再将其显示。通常的操作是：对准某个图素或部件导航器中的某项操

图 5-113 “拆分体”对话框

图 5-114 渲染

作单击右键，在弹出的右键菜单中选择“隐藏(H)”或“显示(S)”。

如果要对建模过程中的某些相类同类型的图素进行整体的隐藏和显示操作，则可按下“Ctrl+W”组合键，弹出如图 5-115 所示的“显示和隐藏”对话框，通过对话框实现隐藏和显示整体操作。

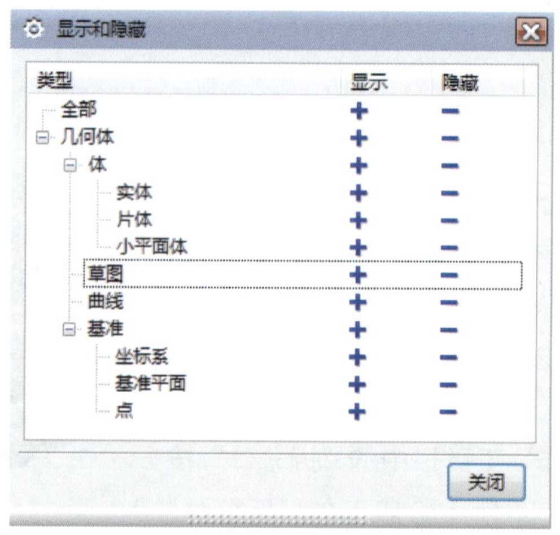

图 5-115 “显示和隐藏”对话框

例如，单击草图后的“+”，则显示实例建模过程中使用的所有草图。单击“−”，则隐藏实例建模过程中使用的所有草图。

拓展练习

1. 完成如图 5-116 所示实体的三维建模（厚度为 1mm）。

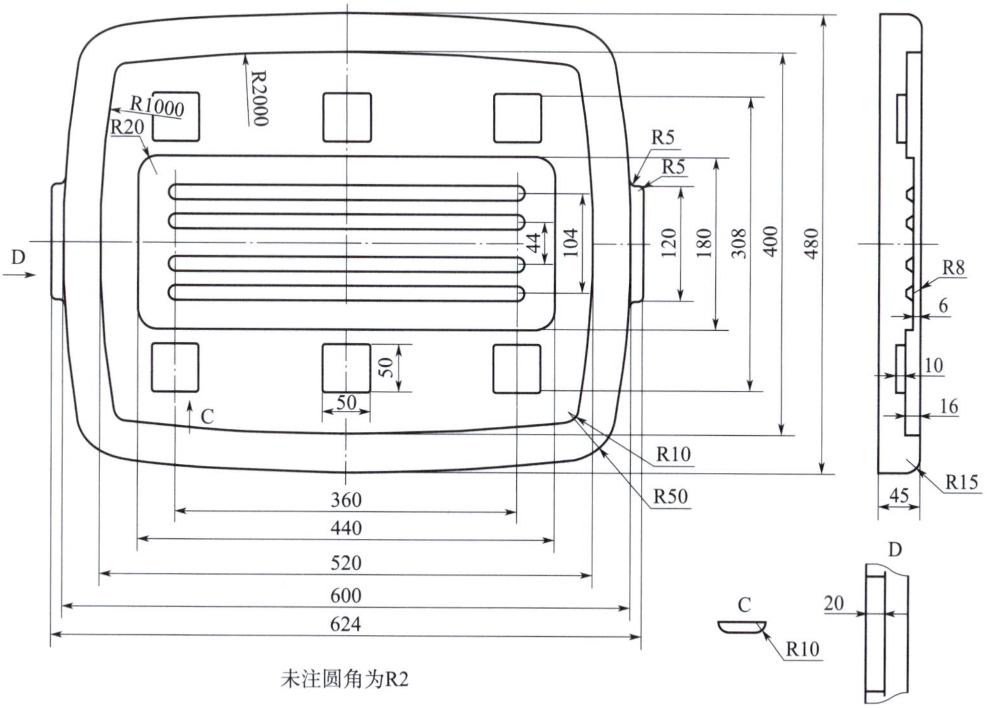

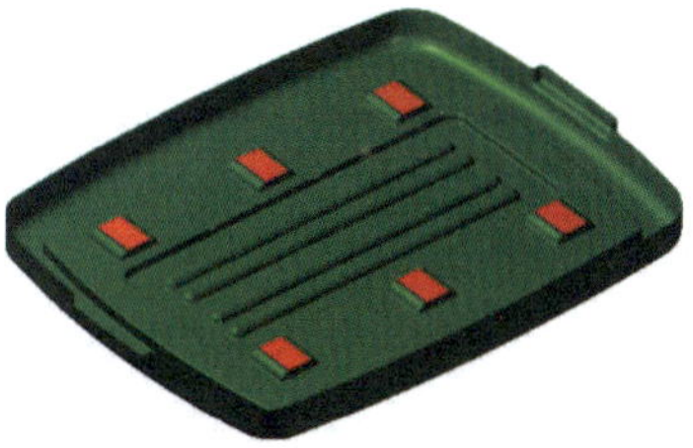

未注圆角为R2

图 5-116　拓展练习 1

2. 绘制如图 5-117 所示实体的三维建模。

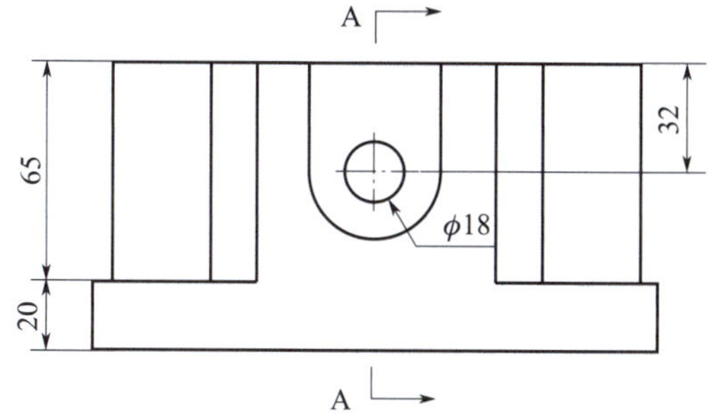

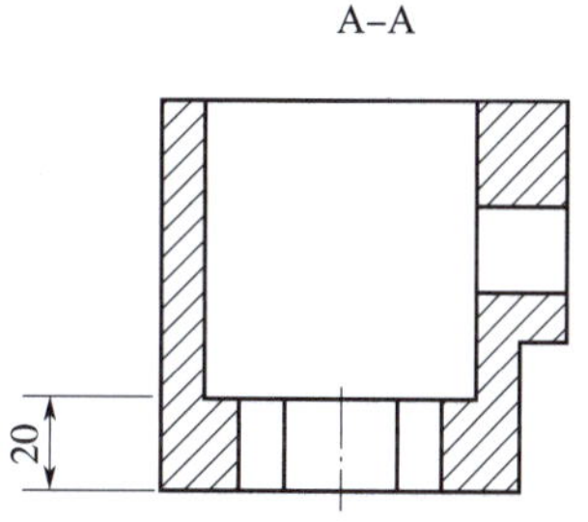

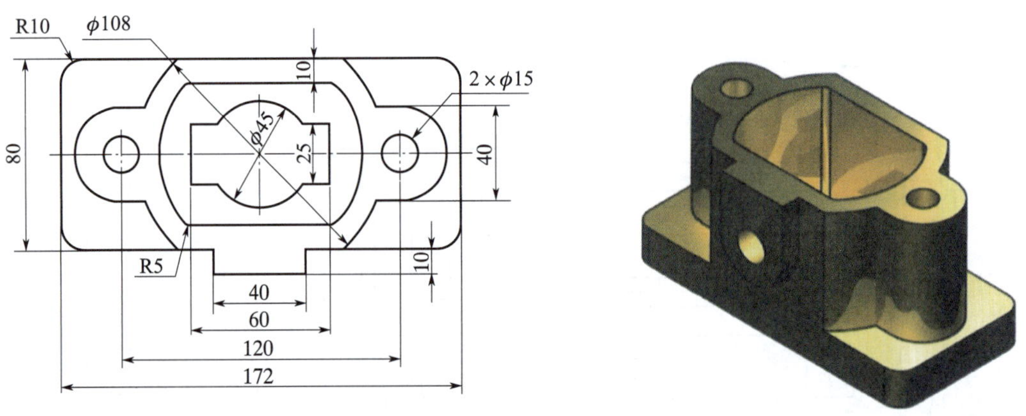

图 5-117　拓展练习 2

3. 完成如图 5-118 所示实体的三维建模。

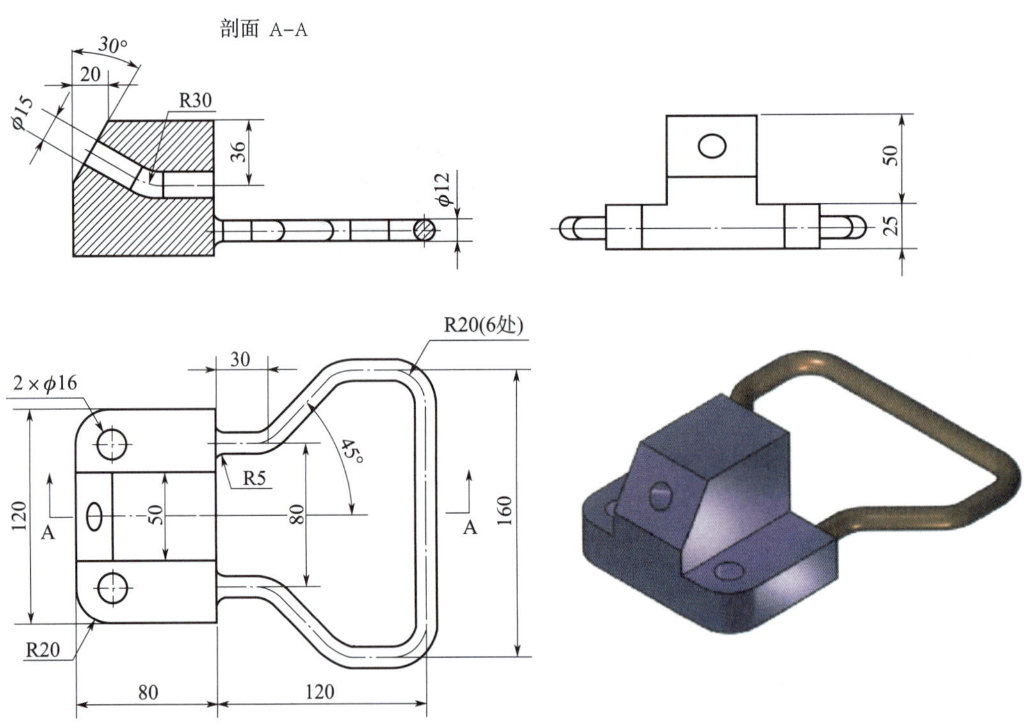

图 5-118　拓展练习 3

任务 5　创建喷淋接头模型

学习目标

1. 掌握分割体的综合运用方法。
2. 掌握关联复制、抑制的综合运用方法。
3. 掌握数据转换的综合运用方法。
4. 掌握曲面与实体建模的综合运用方法。

任务描述

完成如图 5-119 所示喷淋接头（接口部分为 M64×1.5 深 3 的螺纹）的实体建模。

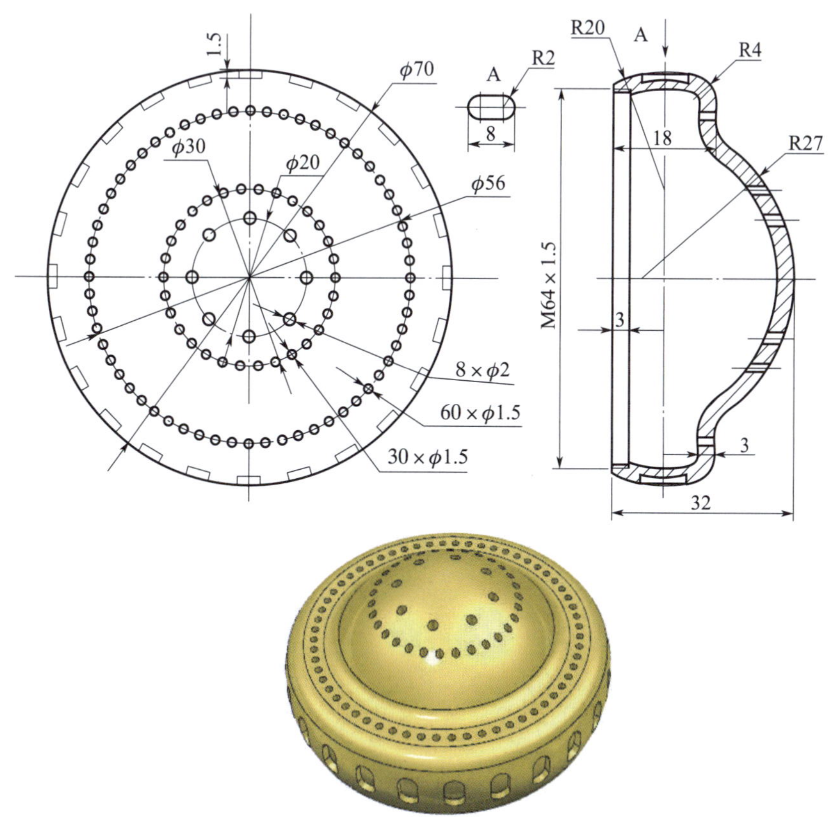

图 5-119　喷淋接头

任务实施

1. 基体建模

（1）旋转实体

1）单击“新建”按钮“ ”，选择实体建模工作界面。

2）单击“草图”按钮“ ”，选择“*ZX*”平面作为草图工作平面。

3）采用画直线、圆弧功能绘制如图 5-120 所示草图。

4）采用尺寸标注、几何约束、修剪、倒圆角等功能完成草图修整，结果如图 5-121 所示。

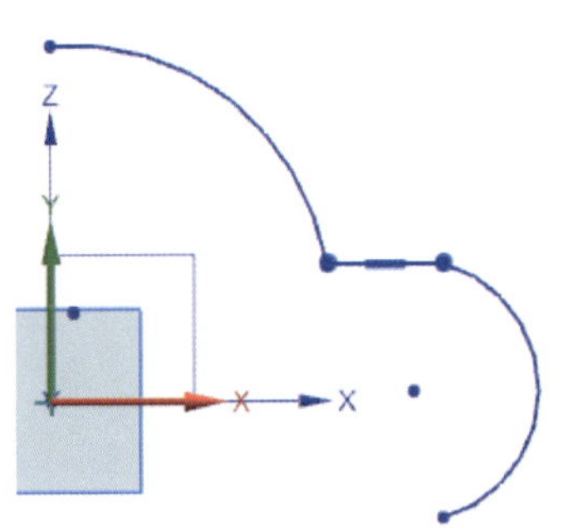

图 5-120　绘制草图

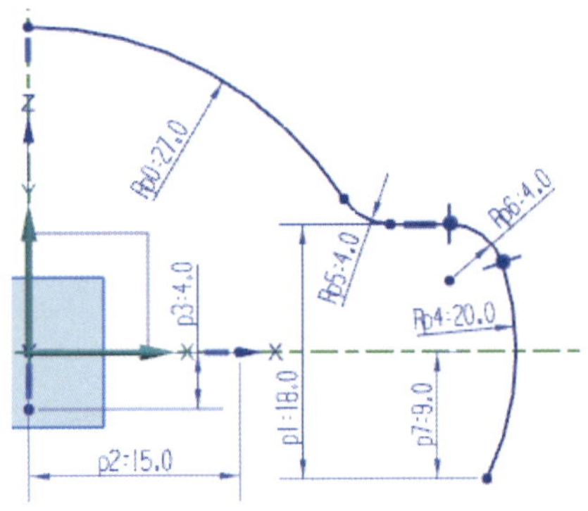

图 5-121　修整草图

5）单击“偏置曲线”按钮“ ”，将草图向内偏置“3”，再以原曲线的两个端点分别绘制水平线垂直线，结果如图 5-122 所示。

6）分别单击“快速修剪”按钮“ ”和“快速延伸”按钮“ ”修整草图，使其成为封闭曲线，完成后单击“结束草图”按钮“ ”，结果如图 5-123 所示。

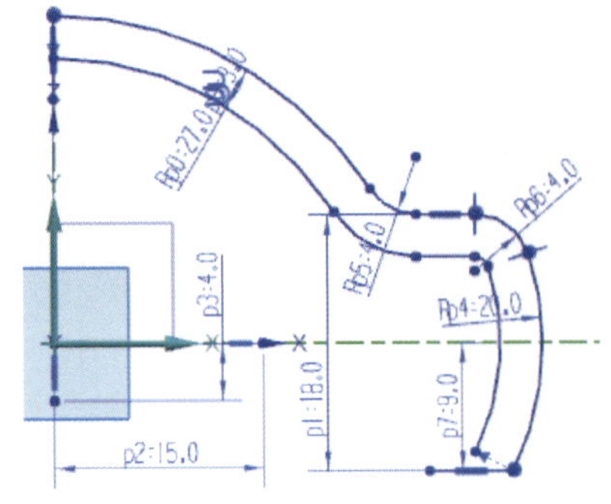

图 5-122　偏置曲线

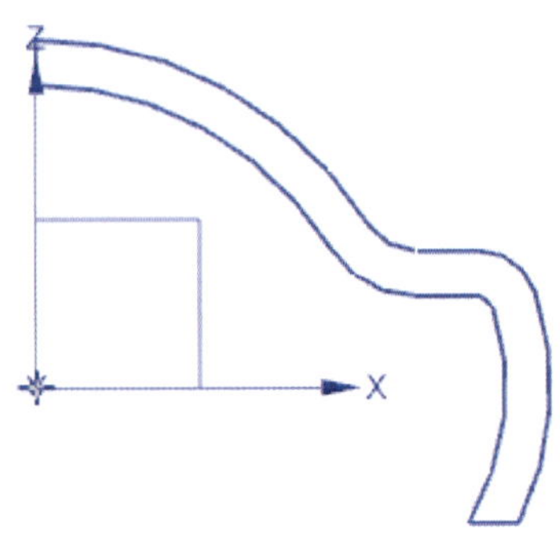

图 5-123　完成后的草图

提示

先绘制草图，再进行尺寸约束和几何约束，然后根据需要进行草图修整，会达到事半功倍的效果。

7）单击“特征”工具栏中的“旋转”按钮“旋转”，弹出“旋转”对话框。以Z轴为旋转中心，绘制如图5-124所示旋转实体。

（2）拉伸切除

1）单击“草图”按钮“ ”，选择“XY”平面作为草图工作平面。

2）采用画圆弧功能绘制 Φ62 的圆，结果如图5-125所示。

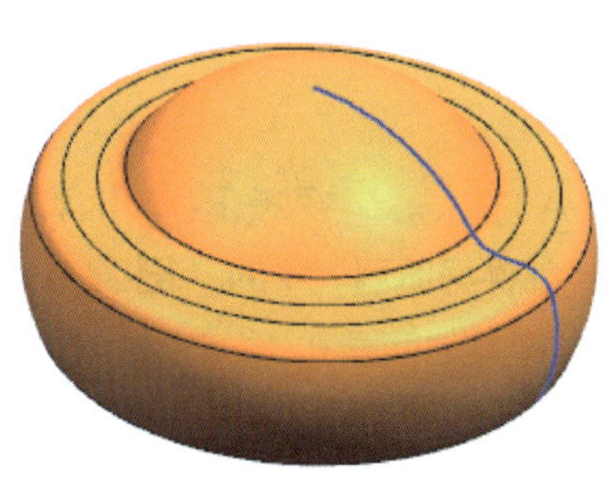

图5-124　创建旋转实体

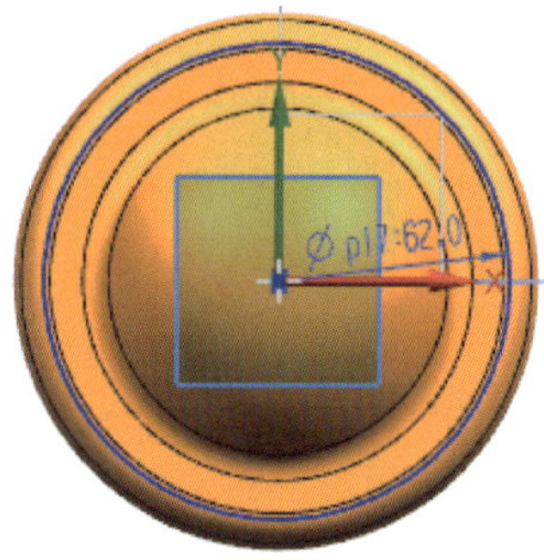

图5-125　绘制草图

3）单击“拉伸”按钮“ ”，弹出“拉伸”对话框。设置如图5-126所示参数，单击“确定”按钮，完成实体的拉伸切除。

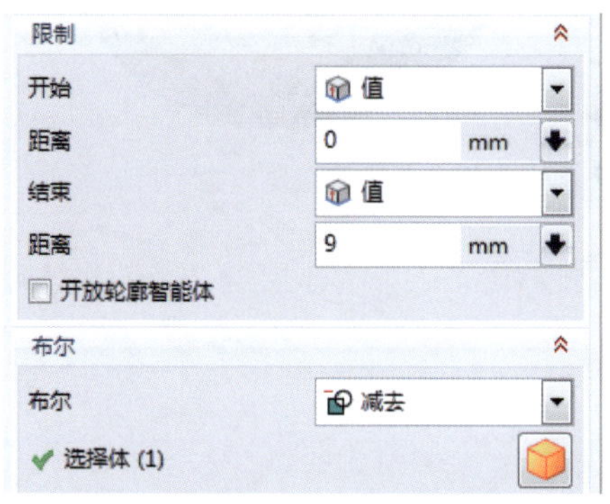

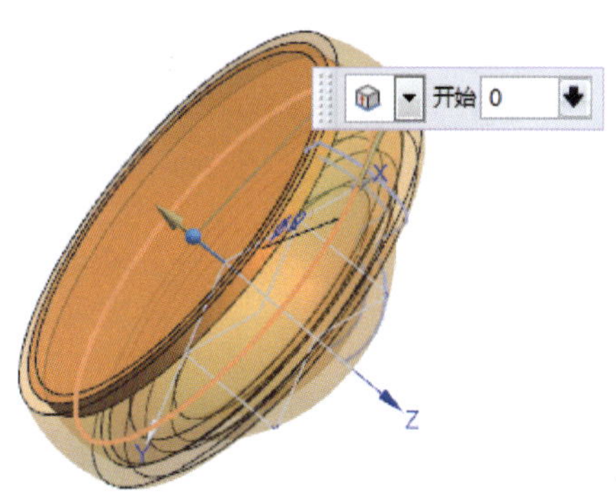

图5-126　拉伸切除

（3）阵列孔

1）单击“草图”按钮“ ”，选择“XY”平面作为草图工作平面。

2）采用画直线、圆弧功能和草图约束功能绘制如图 5-127 所示草图。

3）单击“拉伸”按钮“ ”，分别拉伸切除三个孔，结果如图 5-128 所示。

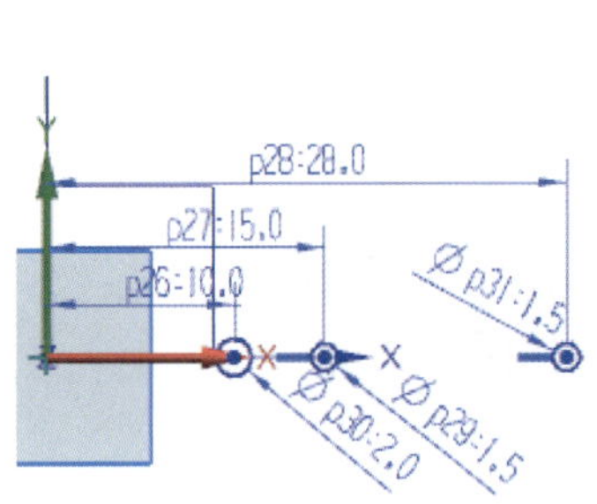

图 5-127　创建旋转实体

图 5-128　拉伸切除单个孔

4）单击［菜单（M）］/［插入（S）］/［关联复制（A）］/［ 阵列特征(A)... ］，弹出“阵列几何体”对话框，设置如图 5-129 所示参数，选择“部件导航器”中的“ 拉伸 (6)”，单击“应用”按钮，生成图中第一圈孔。用同样的方法创建其他两圈孔。

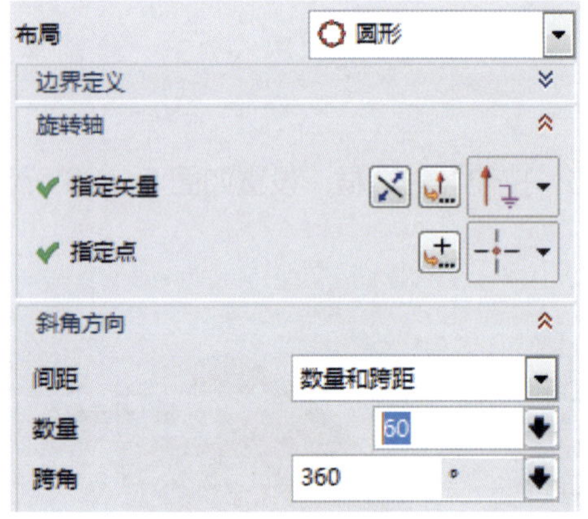

图 5-129　阵列孔

2. 辅助轮廓建模

（1）侧边槽建模

1）选择“曲面”选项卡，在展开的“曲面操作”工具栏中单击“抽取几何特征”按钮“ ”，弹出如图 5-130 所示的“抽取几何特征”对话框。选择几何特征的类别为“ 面 ”。单击“设置”，在其展开项中关闭“ 关联 ”。

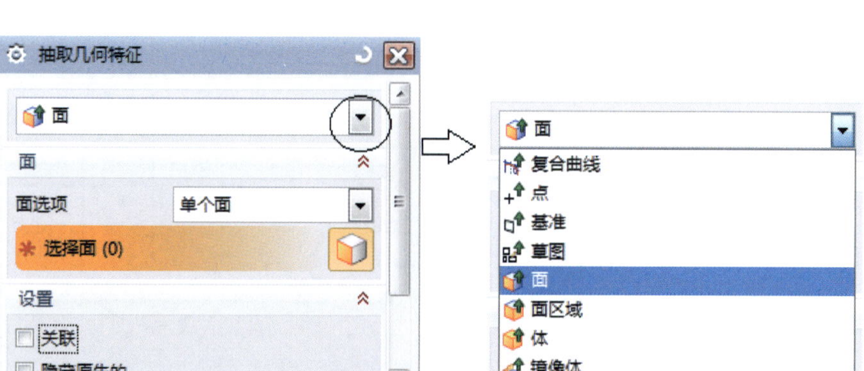

图 5-130 “抽取几何特征”对话框

2）单击实体中的侧边曲面后单击“确定”按钮，隐藏实体等图素，仅保留曲面，结果如图 5-131 所示。

提示

本例抽取曲面操作过程中，一定要取消关联，否则在后续的拉伸切除操作时，会由于破坏了关联曲面而产生操作错误报警。

3）单击“曲面操作”工具栏中单击“偏置曲面”按钮“”，将抽取曲面向内偏置“1.5”，结果如图 5-132 所示。

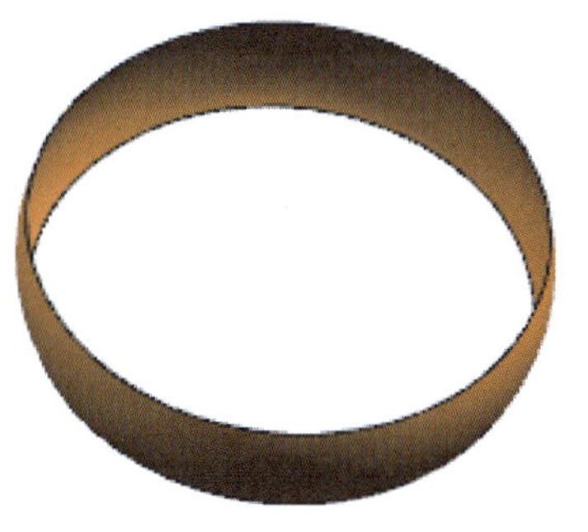

图 5-131 抽取曲面

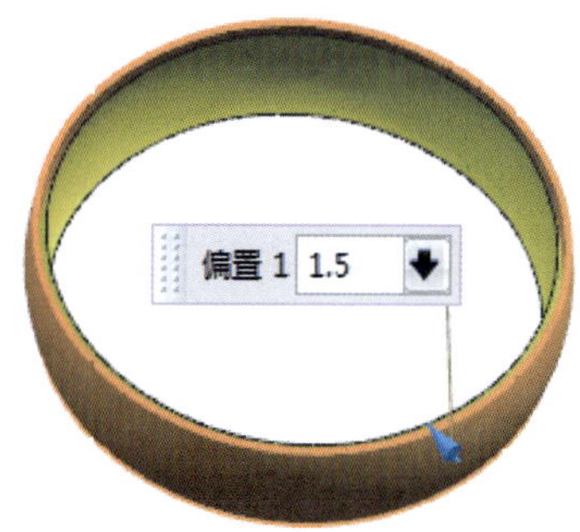

图 5-132 偏置曲面

4）单击“基准平面”按钮“”，创建平行于“*YZ*”平面且距离为“36”的基准平面，隐藏抽取曲面，结果如图 5-133 所示。

5）以该基准平面作为草图平面，绘制如图 5-134 所示草图。

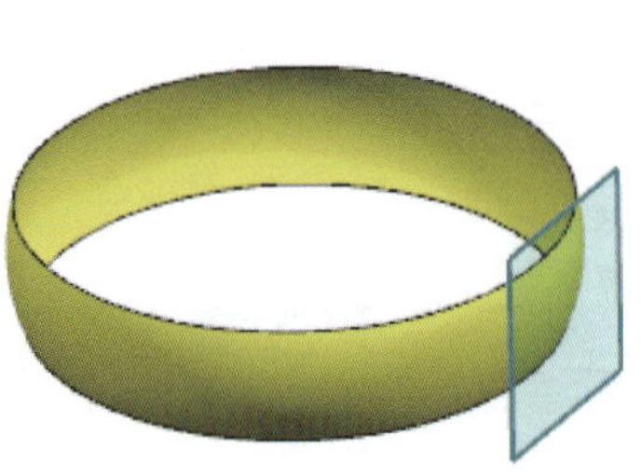

图 5-133　创建基准平面

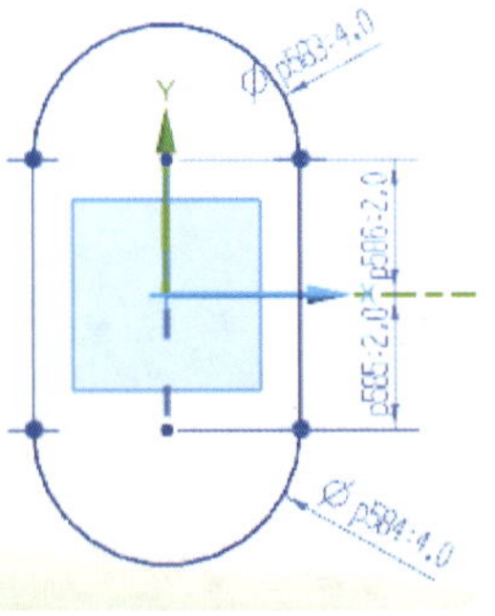

图 5-134　绘制草图

6）单击“拉伸”按钮“”，设置如图 5-135 所示参数，单击“确定”按钮，生成图中的拉伸实体。

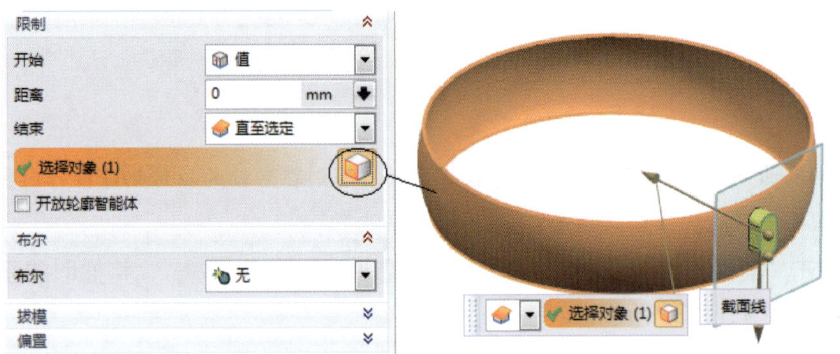

图 5-135　拉伸实体

7）隐藏曲面，显示实体。单击“特征”工具栏中的“减去”按钮“”，弹出“减去”对话框，单击旋转基体作为“目标体”，单击拉伸实体作为“工具体”，单击“确定”按钮，生成如图 5-136 所示的实体。

8）单击 [菜单（M）]/[插入（S）]/[关联复制（A）]/[阵列特征(A)...]，弹出“阵列几何体”对话框，单击选择“部件导航器”中的“**减去 (19)**”，单击“确定”按钮，生成如图 5-137 所示的实体。

（2）创建螺纹

1）单击 [菜单（M）]/[插入（S）]/[设计特征（E）]/[螺纹(T)...]，弹出如图 5-138 所示的“螺纹切削”对话框。

2）螺纹类型选中“详细”，单击选择 Φ62 圆柱面。

3）设置对话框中的参数后，单击“确定”按钮，生成如图 5-139 所示的螺纹。

图 5-136 “布尔减”实体

图 5-137 阵列切除

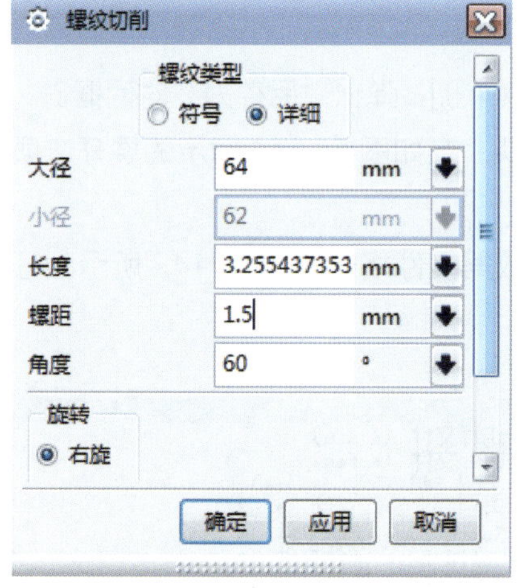

图 5-138 “螺纹切削”对话框

图 5-139 创建螺纹

知识与技能拓展

1. 抑制

在实体建模过程中，有些操作可以单独隐藏，而有些操作则不可以单独隐藏。如本例中的“减去 (17)”“阵列特征 [圆形] (18)”“螺纹 (19)”等操作均不能单独隐藏。采用“抑制”可实现相当于隐藏的效果。如图 5-140 所示，操作时只需对准需要的操作单击右键，在弹出的右键菜单中选择“抑制(S)”即可。如要取消抑制，则可选中已抑制的操作单击右键，在右键菜单中选择“取消抑制(U)”即可。

2. 数据文件转换

UG、Solidworks、Pro/E 等软件均有各自的数据文件。**“部件文件 (*.prt)”**是“UG”专用的数据文件名称，该文件只能在同版本的“UG”软件中打开，既不能被低版本的“UG”软件打开，更不能被其他软件打开，这时就需要进行数据文件转换。数据文件转换的操作流程如下：

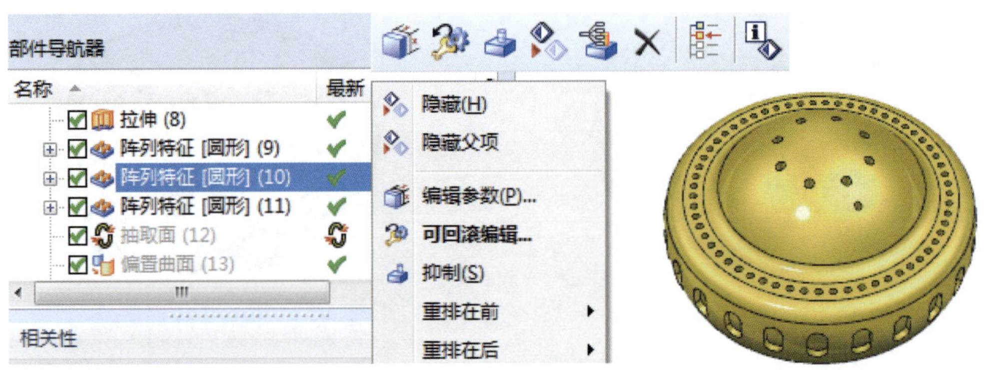

图 5-140　抑制操作

1）单击 [文件（F）] / [保存（S）] / [另存为（A）]，弹出“另存为”对话框。

2）单击对话框中“**保存类型(T):**”右侧向下剪头，在如图 5-141 所示的展开选项中选择相应的数据文件格式，即可实现数据文件的转换。

UG 也可打开其他软件的数据文件，其常用的数据文件格式如图 5-142 所示。打开时只需选中相应的数据文件即可。

部件文件 (*.prt)
部件文件 (*.prt)
IGES 文件 (*.igs)
STEP 文件 (*.stp)
AutoCAD DXF 文件 (*.dxf)
AutoCAD DWG 文件 (*.dwg)
CATIA 模型文件 (*.model)
CATIA V5 文件 (*.catpart)
ACIS 文本文件 (*.sat)
ACIS 二进制文件 (*.sab)
STEP242 压缩文件 (*.stpz)
STEP242 XML 文件 (*.stpx)
STEP242 XML 压缩文件 (*.stpxz)

图 5-141　UG 输出文件格式

部件文件 (*.prt)
仿真文件 (*.sim)
FEM 文件 (*.fem)
装配 FEM 文件 (*.afm)
用户定义特征文件 (*.udf)
Solid Edge 装配文件 (*.asm)
Solid Edge 部件文件 (*.par)
Solid Edge 钣金文件 (*.psm)
Solid Edge 焊接文件 (*.pwd)
书签文件和 PLM XML (*.plmxml)
书签 - NX 4 之前的版本 (*.bkm)
I-deas 交换包 (*.xpk)
JT 文件 (*.jt)
IGES 文件 (*.igs)
IGES 文件 (*.iges)
STEP 文件 (*.stp)
STEP 文件 (*.step)
AutoCAD DXF 文件 (*.dxf)
AutoCAD DWG 文件 (*.dwg)
CATIA 模型文件 (*.model)
CATIA V5 文件 (*.catpart)
CATIA V5 装配 (*.catproduct)
Parasolid 文本文件 (*.x_t)
Parasolid 二进制文件 (*.x_b)
Parasolid 文本文件 (*.xmt_txt)
Parasolid 二进制文件 (*.xmt_bin)
SolidWorks 部件文件 (*.sldprt)
SolidWorks 装配文件 (*.sldasm)
ACIS 文本文件 (*.sat)
ACIS 二进制文件 (*.sab)
STEP242 XML 文件 (*.stpx)
STEP242 压缩文件 (*.stpz)
STEP242 XML 压缩文件 (*.stpxz)
Simcenter 运动模型定义文件 (*.mdef)

图 5-142　UG 输入文件格式

常用于曲面和实体数据文件的格式有“*.stp”“*.igs”“*.x_t”等。其中“*.stp”通常用于实体数据的转换，不建议用来实施曲面数据的转换；*.igs”通常用于曲面数据的转换，转出来的曲面不易变形，但不适合转换实体数据；“*.x_t”只适合转换实体数据。

 拓展练习

1. 完成如图 5-143 所示旋具工具的三维建模。

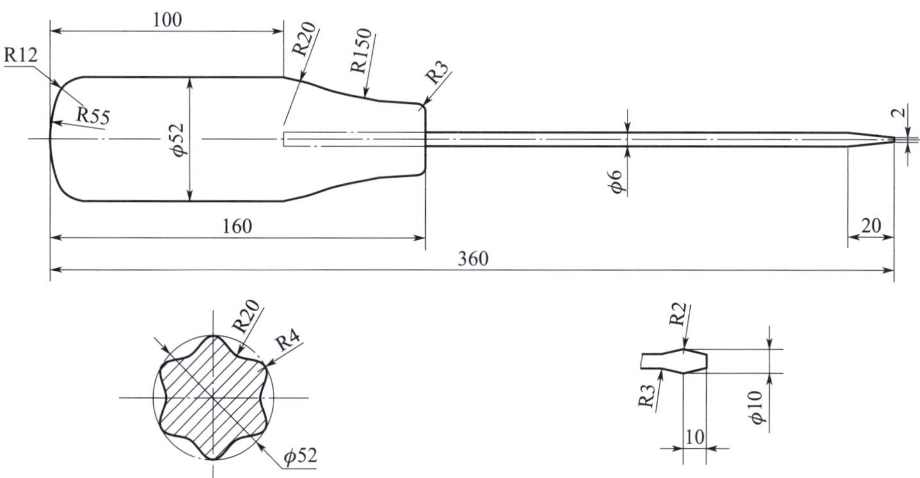

图 5-143　拓展练习 1

2. 完成如图 5-144 所示饮料瓶瓶底的三维建模。

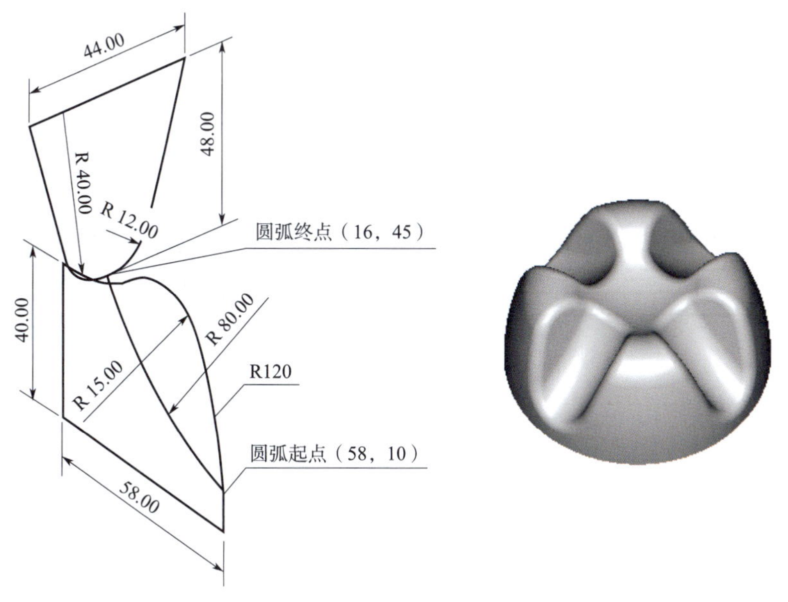

图 5-144　拓展练习 2

3. 试采用曲面分割与布尔运算的建模方法完成图 5-145 所示零件的三维建模。并将这些文件保存为“*.x_t”或“*.stp”文件，然后在其他建模软件中打开。

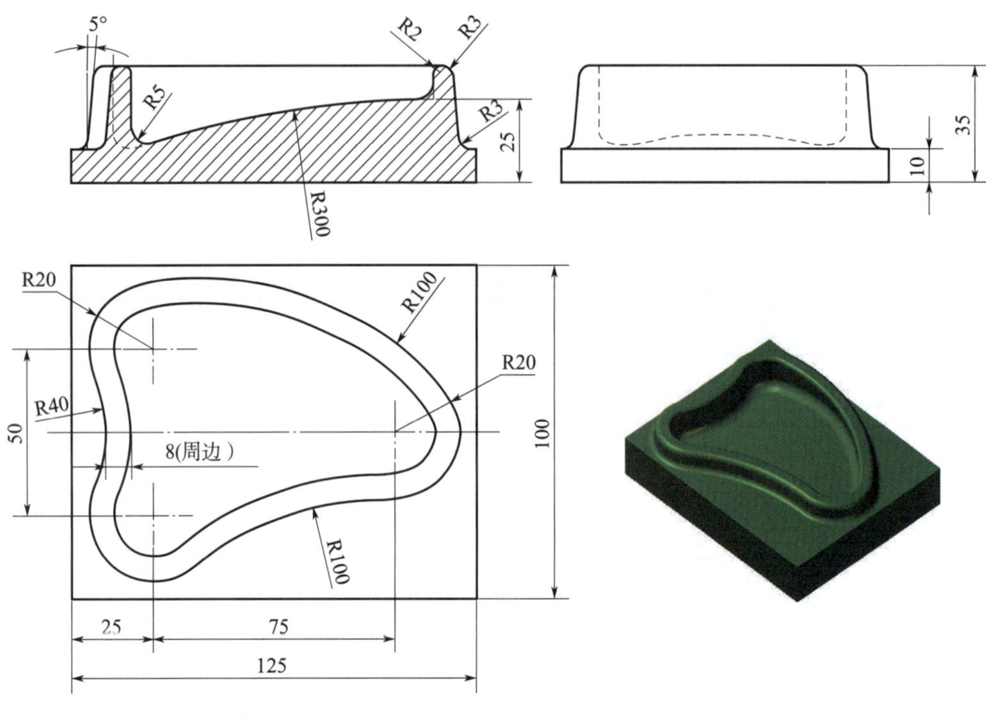

图 5-145 拓展练习 3

4. 完成如图 5-146 所示产品的三维建模。

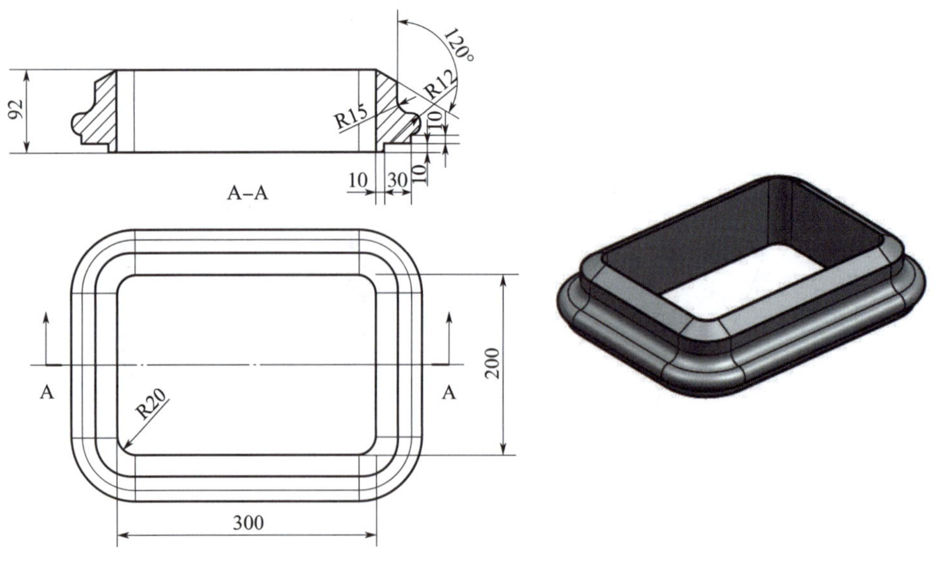

图 5-146 拓展练习 4

项目六

组件装配

任务 1　支撑板模型的装配

学习目标

1. 掌握组件装配文件的创建方法。
2. 掌握插入零部件的方法。
3. 掌握同轴、重合、平行配合方法的应用。
4. 掌握距离、角度等配合方法的应用。

任务描述

完成如图 6-1 所示的“支撑板模型”零件的建模与装配。

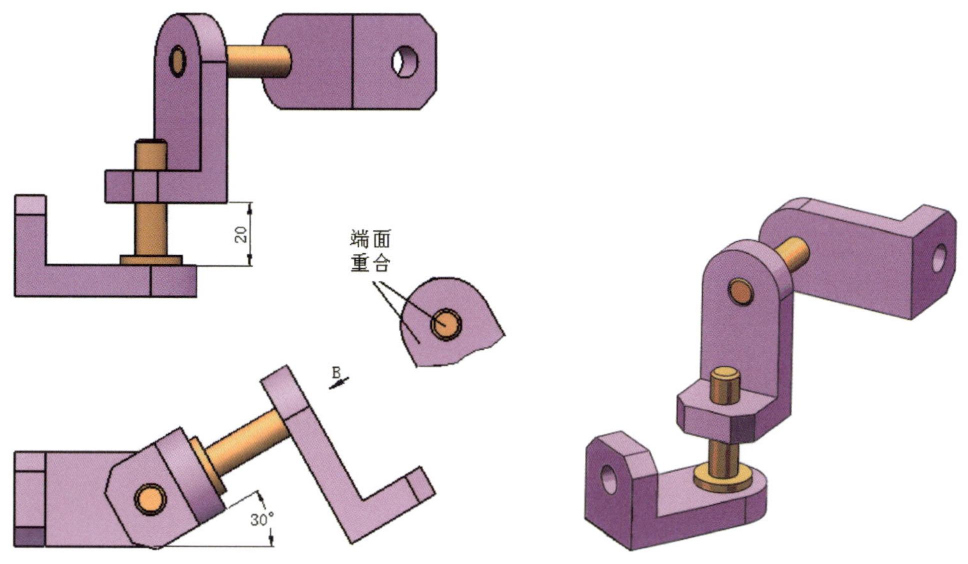

图 6-1　支撑板模型装配体

任务实施

1. 实体建模

完成如图 6-2 所示零件的实体建模，保存文件为“6-2 销”。完成如图 6-3 所示零件的实体建模，保存文件为“6-3 支撑板”。

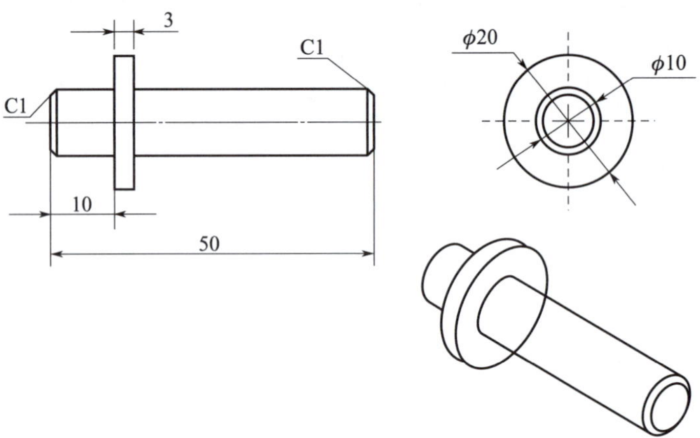

图 6-2　销

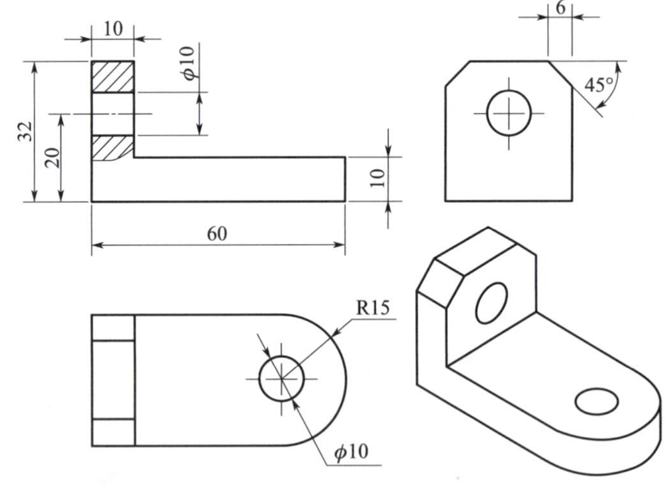

图 6-3　支撑板

2. 部件装配

（1）装配“支撑板 1”

1）单击“新建”按钮“ ”，弹出“新建”对话框，在“过滤器”选项区中选择

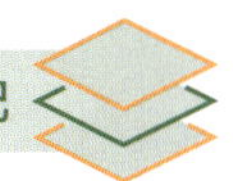

“装配”。

2）在“新文件名”界面的“名称”栏中输入“6-3 部件装配”，单击“确定”按钮，进入装配界面，同时弹出如图 6-4 所示的“添加组件”对话框。

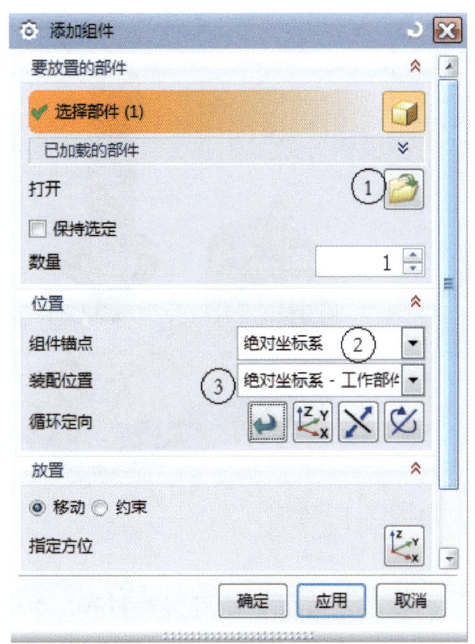

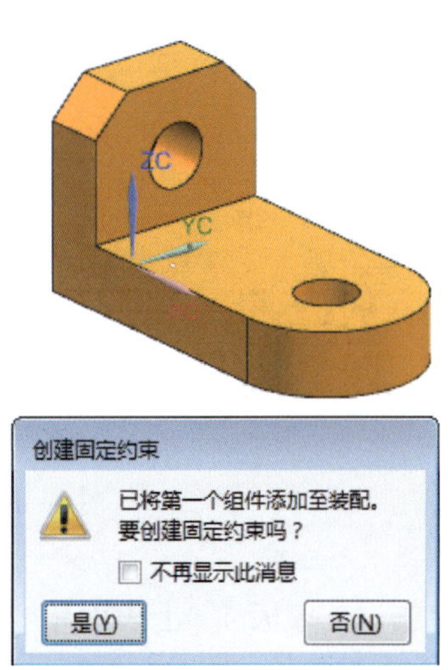

图 6-4 “添加组件”对话框

3）在对话框中单击“打开”按钮“”，选择“6-1支撑板”，在“组件锚点”和“装配位置”中均选择“绝对坐标系”。单击“确定”按钮，弹出“创建固定约束”对话框，单击“是”按钮将第一个组件设定为固定约束。

提示

分别单击“添加组件”对话框中的“循环定向”各按钮“”，即可改变组件在工作界面中的放置位置。

（2）装配“销 1”

1）在“装配”选项卡中单击“添加”按钮“”或单击 [菜单（M）] / [装配（A）] / [组件（A）] / [添加组件(A)...]，弹出“添加组件”对话框，在对话框中单击“打开”按钮“”，选择“6 - 2销”，选中对话框中的“ 移动”后单击“指定方位”，插入的组件显示如图 6-5 所示指定移动方向的坐标系，左键

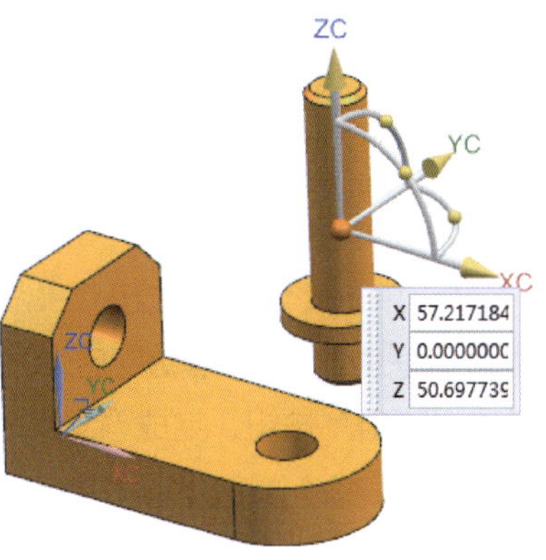

图 6-5 实时平移组件

单击坐标系中心点或箭头不松开并移动鼠标，可实时平移插入的组件。

2）选中“添加组件”对话框中的“ 约束”，弹出如图 6-6 所示的“约束类型”展开菜单，选中“接触对齐”按钮“ ”，分别单击孔和轴的圆柱面，完成孔轴面的对齐，界面中出现“接触对齐”图标“ ”。

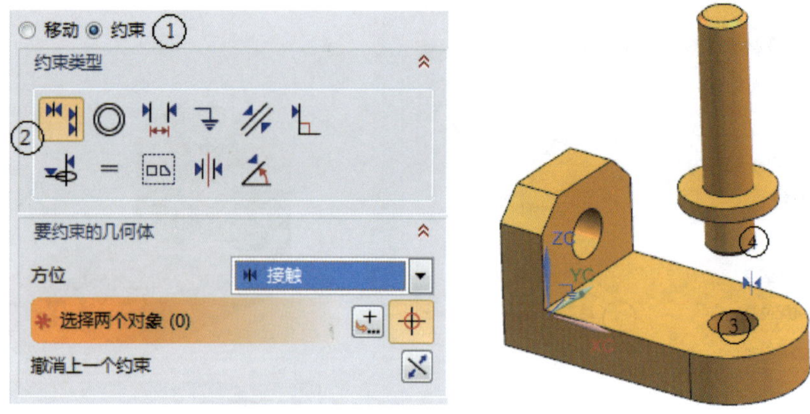

图 6-6 “接触对齐”约束

3）单击“支撑板 1”上表面和“销 1”凸台的下表面，使其接触对齐，单击“确定”按钮，完成销的插入，完成后如图 6-7 所示。

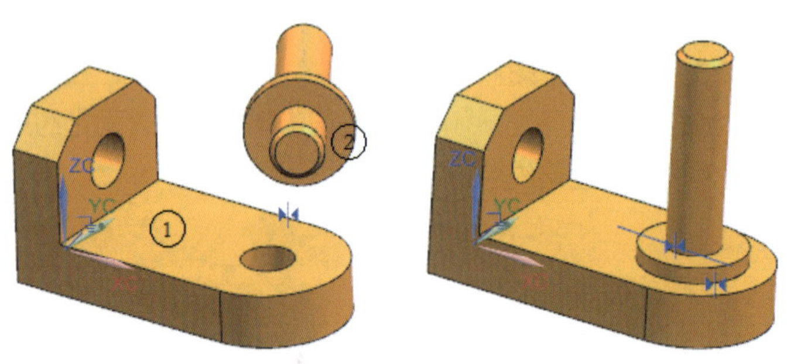

图 6-7 插入组件“销”

（3）装配“支撑板 2”

1）单击“添加”按钮“ ”，弹出“添加组件”对话框，选择打开“ 6-1支撑板”，选中对话框中的“ 移动”后单击“指定方位”，将“支撑板 2”移动至如图 6-8 所示位置，单击“确定”按钮，完成“支撑板 2”插入。

2）单击“装配约束”按钮“ ”，弹出如图 6-9 所示的“装配约束”对话框。

3）单击对话框中的“接触对齐”按钮“ ”，单击前图中的“C”面和“D”面的轴心线，完成接触对齐约束，结果如图 6-10 所示。

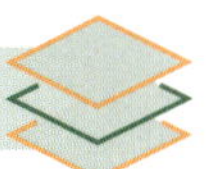

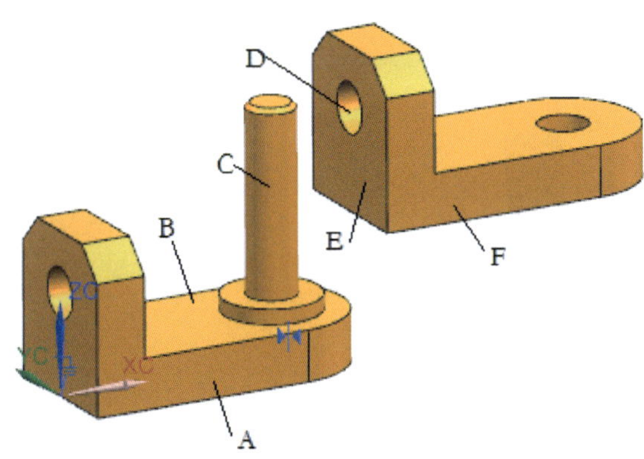

图 6-8　插入组件“支撑板 2”

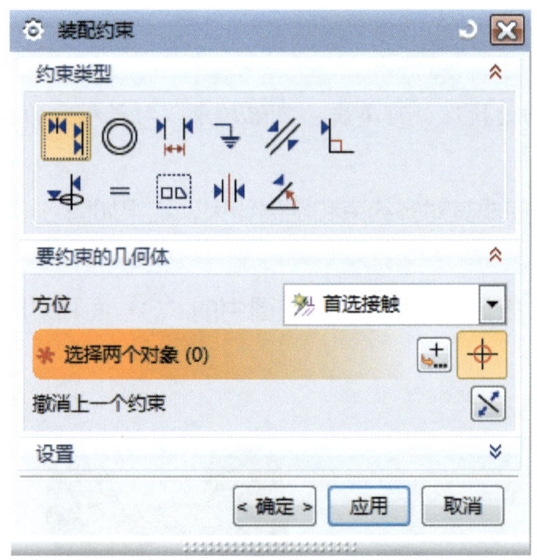

图 6-9　“装配约束”对话框

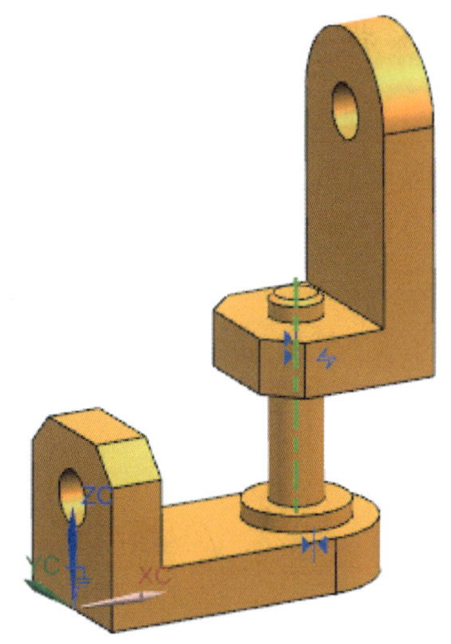

图 6-10　接触对齐约束

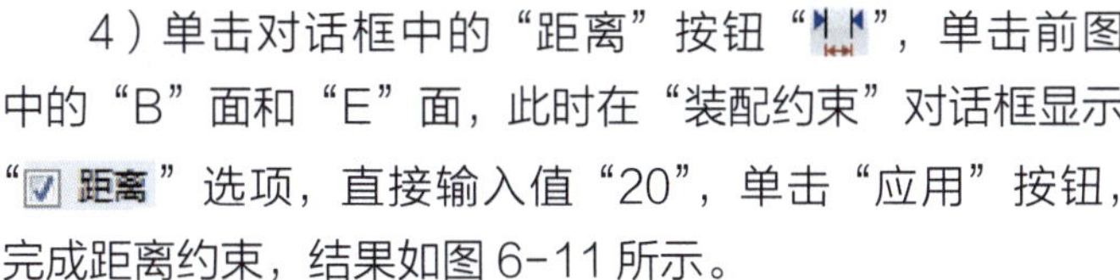

4）单击对话框中的“距离”按钮“ ”，单击前图中的“B”面和“E”面，此时在“装配约束”对话框显示“☑ 距离”选项，直接输入值“20”，单击“应用”按钮，完成距离约束，结果如图 6-11 所示。

5）单击对话框中的“角度”按钮“ ”，单击前图中的“A”面和“F”面，此时在“装配约束”对话框显示“☑ 角度”选项，直接输入值“150”，单击“确定”按钮，完成角度约束，结果如图 6-12 所示。

（4）装配其他组件

1）采用同样的方法插入组件“销 2”，完成其装配，结果如图 6-13 所示。

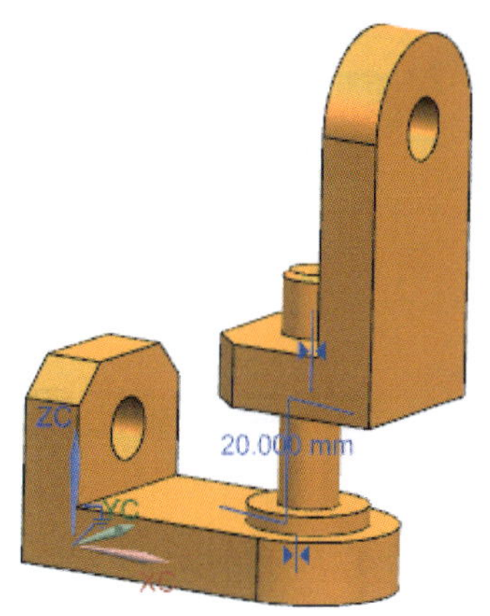

图 6-11　距离约束

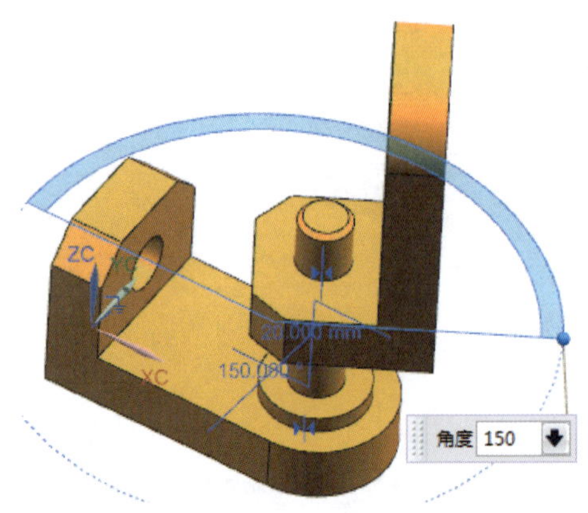

图 6-12　角度约束

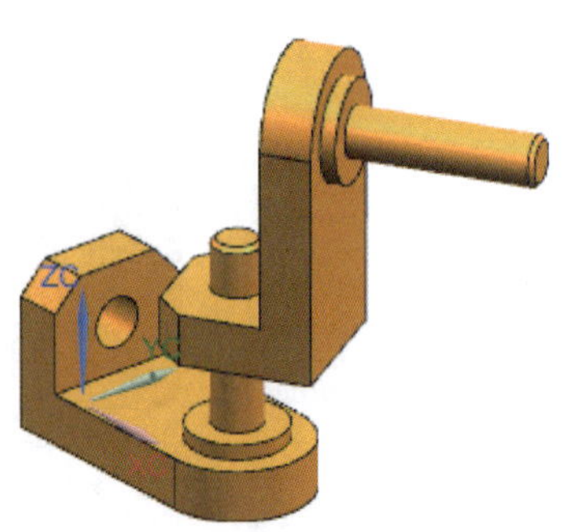

图 6-13　装配“销 2”

 **提示**

在装配约束过程中，如果出现装配组件反向的情况，可单击“装配约束”对话框中的反向按钮“”，使组件整体反转 180°。

2）采用同样的方式插入组件“支撑板 3”，完成其对齐约束和距离约束，结果如图 6-14 所示。

3）单击“装配约束”对话框中的“平行”按钮“”，单击前图中的“G”面和“H”面，完成平行约束，结果如图 6-15 所示。

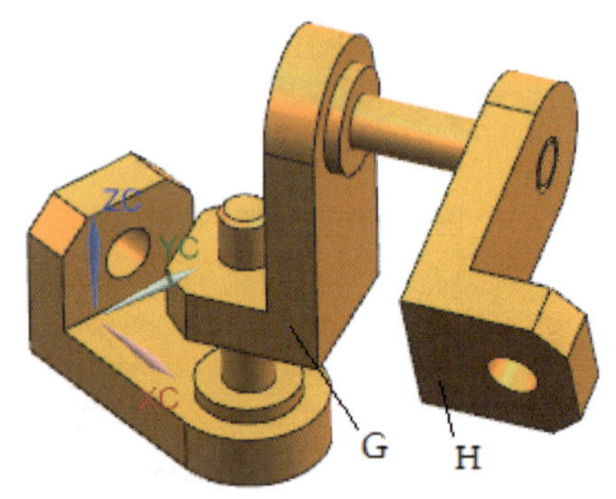

图 6-14　插入“支撑板 3”

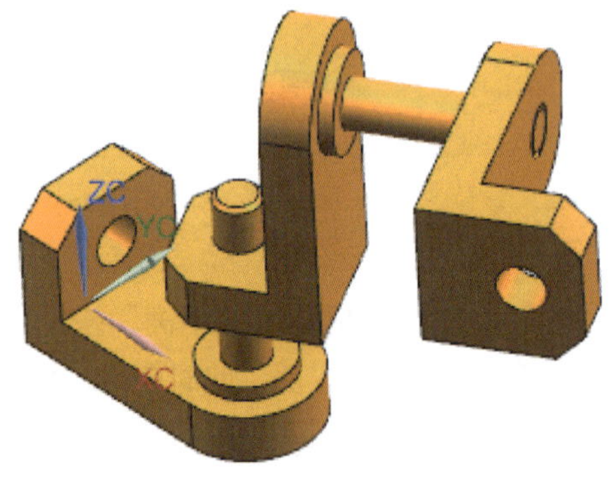

图 6-15　完成后的装配体

知识与技能拓展

1. 关于装配约束的进一步说明

一个产品（组件）通常由多个部件组合（装配）而成，UG NX12.0 中的装配模块用来建立部件间的相对位置关系，从而形成复杂的装配体。需要指出的是，在装配中，部件的几

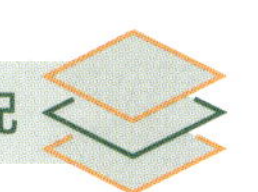

何体是被装配引用，而不是复制到装配中。不管如何编辑部件和在何处编辑部件，整个装配部件都保持关联性，如果某部件被修改，则引用它的装配部件将自动更新，以反映部件的最新变化。

装配过程中部件之间的位置关系主要通过添加约束确定。常用的装配约束类型包括固定、接触对齐、同心、距离和中心等。每个组件都由一个或多个约束组成。每个约束都会限制组件在装配体中的一个或几个自由度。装配约束的类型说明见表 6-1。

表 6-1　装配约束类型说明

<table>
<tr><th>类型</th><th>按钮</th><th>说明</th><th colspan="2">有关选项说明</th></tr>
<tr><td rowspan="2">角度</td><td rowspan="2"></td><td rowspan="2">用于约束两对象间的旋转角</td><td>3D</td><td>该选项用于约束需要“源”几何体和“目标”几何体，不指定旋转轴，可以任意选择满足指定几何体之间角度的位置</td></tr>
<tr><td>方向角度</td><td>该选项用于约束需要“源”几何体和“目标”几何体，还需要一个定义旋转轴的预先约束，否则创建定位角约束失败</td></tr>
<tr><td rowspan="3">中心</td><td rowspan="3"></td><td rowspan="3">该约束用于使一对对象之间的一个或两个对象居中，或使一对对象沿另一个对象居中</td><td>1 对 2</td><td>在后两个所选对象之间使第一个对象居中</td></tr>
<tr><td>2 对 1</td><td>使两个对象沿第三个对象居中</td></tr>
<tr><td>2 对 2</td><td>使两个对象在两个其他对象之间居中</td></tr>
<tr><td>胶合</td><td></td><td colspan="3">该约束用于组件“焊接”在一起</td></tr>
<tr><td>适合窗口</td><td></td><td colspan="3">该约束用于将半径相等的两个圆柱面拟合在一起。此约束对确定孔中销或螺栓的位置很有用</td></tr>
<tr><td>对齐锁定</td><td></td><td colspan="3">对齐不同对象中的两个轴，同时防止绕公轴旋转</td></tr>
<tr><td rowspan="4">接触对齐</td><td rowspan="4"></td><td rowspan="4">该约束用于两个组件，使其彼此接触或对齐</td><td>首选接触</td><td>若选择该选项，则当接触和对齐都可能时显示接触约束（在大多数模型中，接触约束比对齐约束更常用）；当接触约束过度约束装配时，将显示对齐约束</td></tr>
<tr><td>接触</td><td>若选择该选项，则约束对象的曲面法向在相反方向上</td></tr>
<tr><td>对齐</td><td>若选择该选项，则约束对象的曲面法向在相同方向上</td></tr>
<tr><td>自动判断中心 / 轴</td><td>该选项主要用于定义两圆柱面、两圆锥面或圆柱面与圆锥面同轴约束</td></tr>
<tr><td>同心</td><td></td><td colspan="3">该约束用于将两个组件的圆形边界或椭圆边界的中心重合，并使边界的面共面</td></tr>
<tr><td>距离</td><td></td><td colspan="3">该约束用于设定两个接触对象间的最小 3D 距离</td></tr>
</table>

续表

类型	按钮	说明	有关选项说明
固定		该约束用于将组件固定在其当前位置，一般用在第一个装配部件上	
平行		该约束用于使两个目标对象的矢量方向平行	
垂直		该约束用于使两个目标对象的矢量方向垂直	

2. 约束的显示与编辑

在装配过程中可以在窗口中显示对应的约束。其操作流程为：在如图 6-16 所示的“装配导航器”中对准“⊞ 约束”单击右键，在右键菜单中选中“✓ 在图形窗口中显示约束”，即可在工作窗口中显示对应的约束。

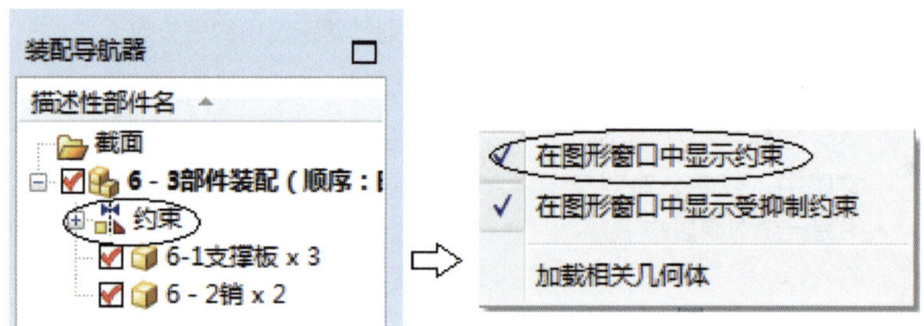

图 6-16　显示约束

对约束进行编辑的操作流程为：在如图 6-17 所示的“约束导航器”中对准相应的约束单击右键，在右键菜单中即可选择执行“重新定义”“编辑”“抑制”等命令。

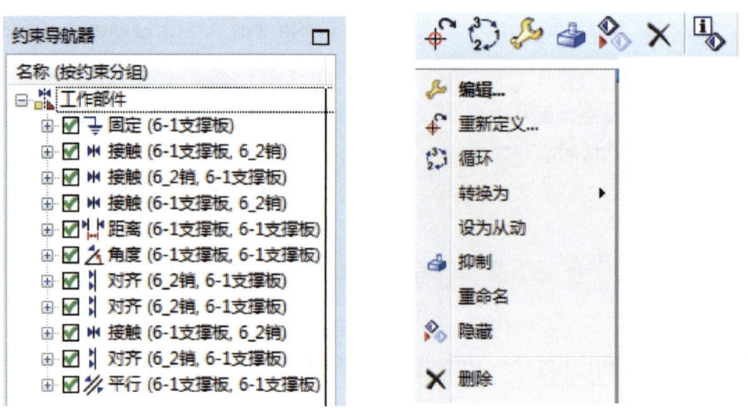

图 6-17　编辑约束

拓展练习

1. 完成如图 6-18 所示“机械手模型”的装配（零件实体建模见电子素材）。
2. 完成如图 6-19 所示“小车轮模型”的装配（零件实体建模见电子素材）。

图 6-18 拓展练习 1

图 6-19 拓展练习 2

任务 2 管钳模型的装配

学习目标

1. 掌握移动、旋转、固定、浮动零部件的方法。
2. 掌握标准件的安装方法。
3. 掌握配合的其他方法。
4. 掌握爆炸视图的生成方法。

任务描述

完成如图 6-20 所示的管钳零部件的建模与装配，并生成爆炸视图。

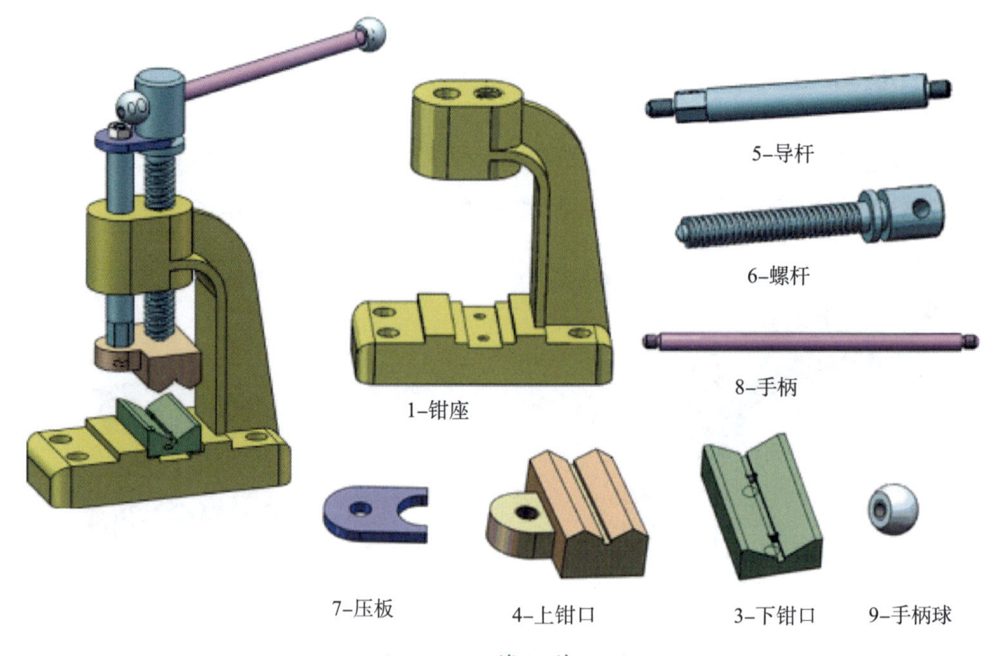

图 6–20　管钳装配体

任务实施

1. 实体建模

完成如图 6–21 所示零件的实体建模，分别保存文件为“6–2 实例—手柄球”和“6–2 实例—压板”；完成如图 6–22 所示零件的实体建模，保存文件为“6–2 实例—钳座”；完成如图 6–23 所示零件的实体建模，分别保存文件为“6–2 实例—上钳口”“6–2 实例—下钳口”“6–2 实例—螺杆”“6–2 实例—导杆”和“6–2 实例—手柄”。

2. 创建装配体

（1）插入组件

1）单击“新建”按钮“ ”，弹出“新建”对话框，在“过滤器”选项区中选择“装配”。

2）在“新文件名”界面的“名称”栏中输入“6–2 实例—装配体”，单击“确定”按钮，进入装配界面，同时弹出“添加组件”对话框。

3）在对话框中单击“打开”按钮“ ”，选择“6 - 2实例 - 钳座”，在“组件锚点”和“装配位置”中均选择“绝对坐标系”。单击“应用”按钮，弹出“创建固定约束”对话框，单击“是”按钮将第一个组件设定为固定约束。

4）再次单击“打开”按钮“ ”，依次选择其他所有装配部件，并将其移动至合适位置，将装配部件插入工作界面，完成后如图 6–24 所示。

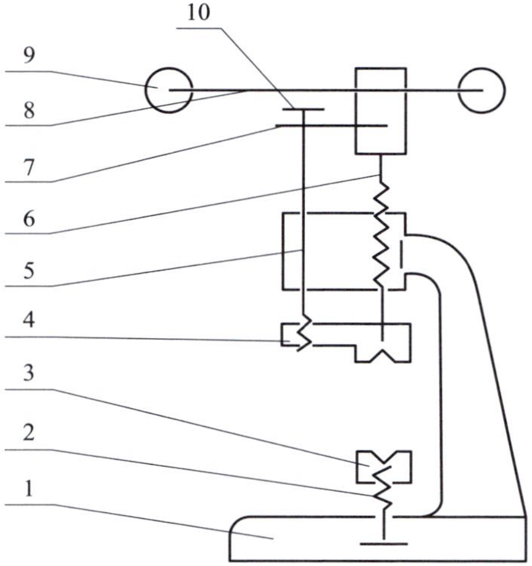

（管钳装配示意图）

10
9
8
7
6
5
4
3
2
1

技术要求

件4上钳口需升降自如

序号	名称	数量	材料	备注
10	螺母M8	1	Q235	GB/T6170-2000
9	手柄球	2	Q235	
8	手柄	1	45	
7	压板	1	Q235	
6	螺杆	1	45	
5	导杆	1	45	
4	上钳口	1	45	
3	下钳口	1	45	
2	螺钉M6×12	2	Q235	GB/T65-2000
1	钳座	1	HT250	
设计		管钳	比例	
制图			重量	

附图1

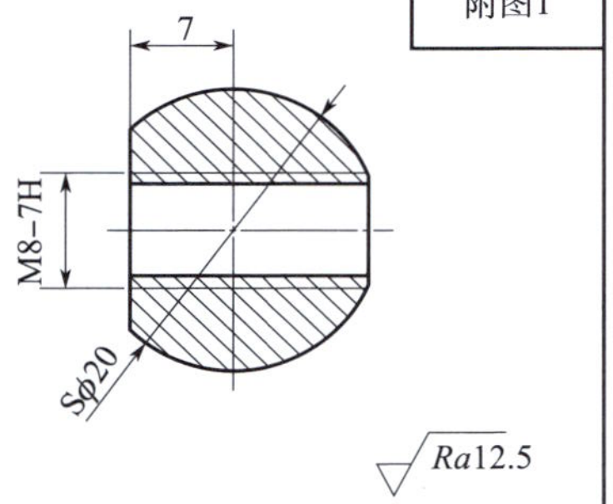

7
M8-7H
Sφ20
Ra12.5

序号	9	手柄球	比例	
材料	Q235		重量	
制图				

5
27
25
R15
φ9
R10
锐边倒钝
Ra12.5

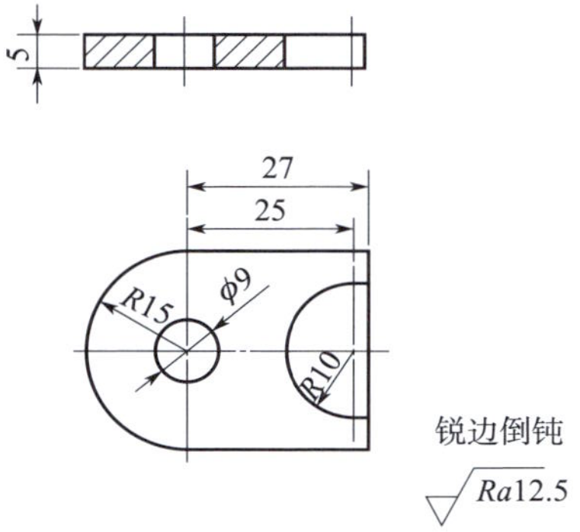

序号	7	压板	比例	
材料	Q235		重量	
制图				

图 6-21 手柄球和压板

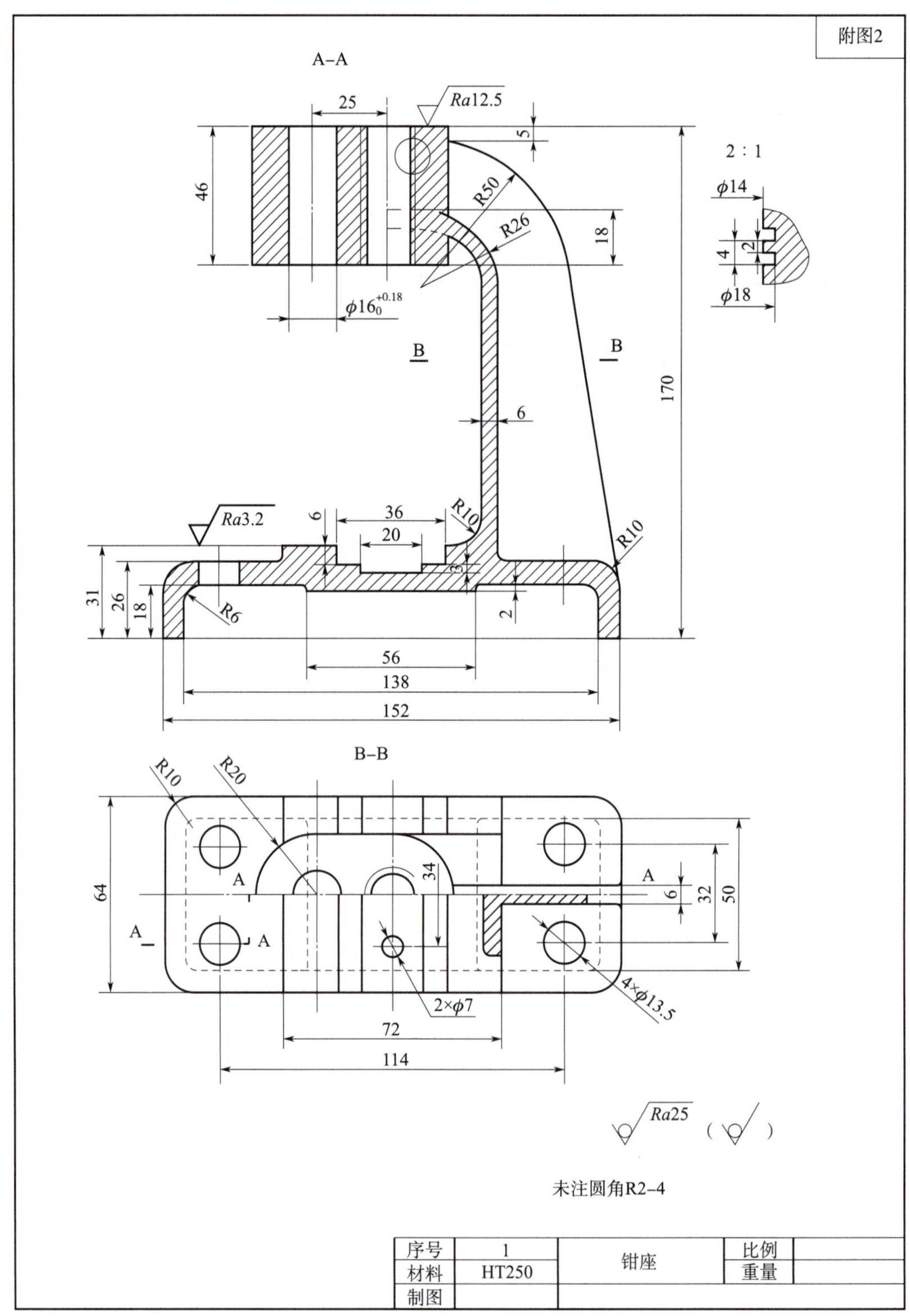

附图2
A–A
25
Ra12.5
5
46
R50
18
R26
170
2 : 1
φ14
2
4
φ18
φ16 +0.18 0
B
B
6
Ra3.2
36
20
6
R10
R10
3
31
26
18
R6
2
56
138
152
B–B
R10
R20
64
A
34
A
6
32
50
A
A
2×φ7
4×φ13.5
72
114
Ra25
未注圆角R2–4
序号
1
钳座
比例
材料
HT250
重量
制图

图 6–22　钳座

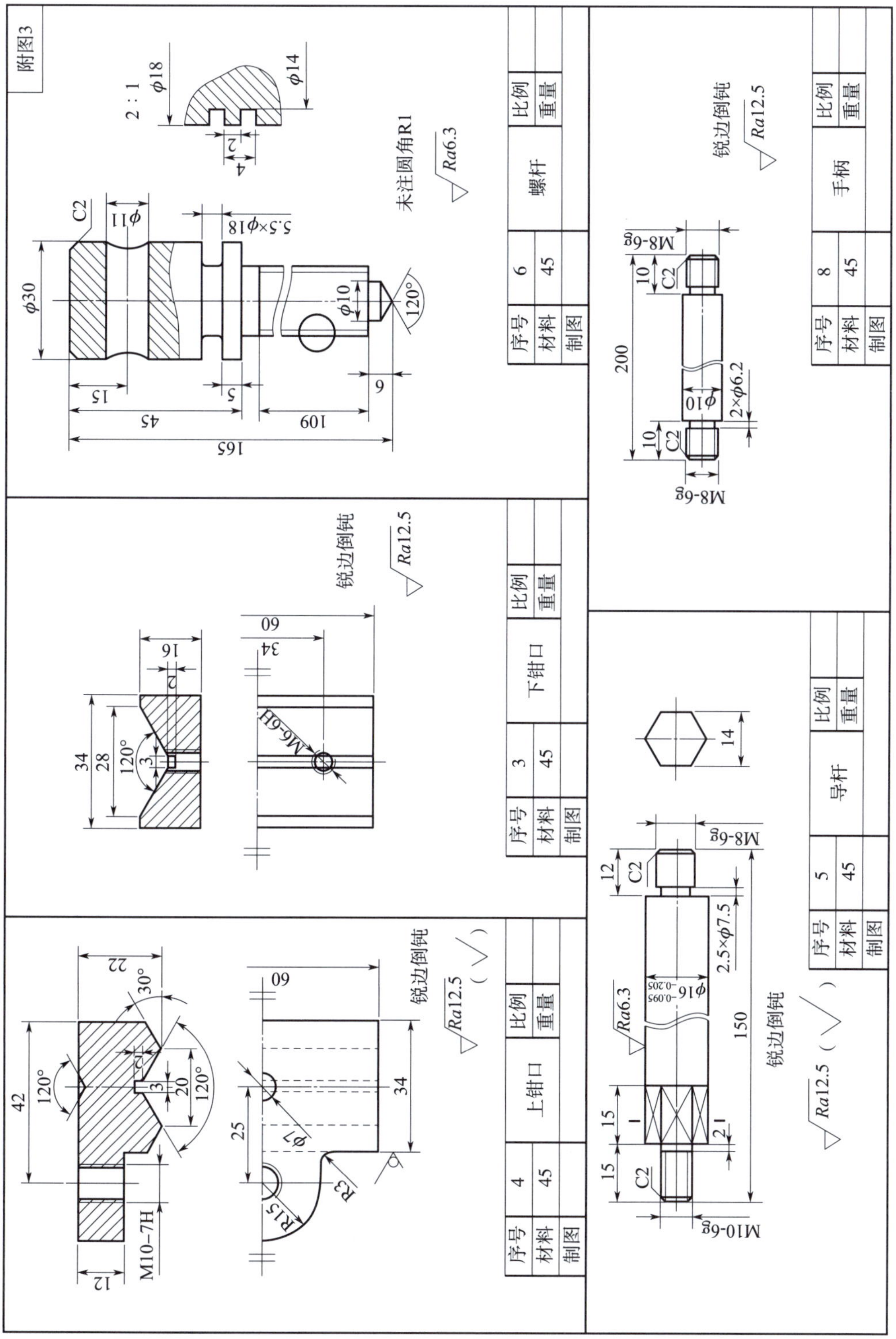

附图3

序号	6	螺杆	比例	
材料	45		重量	
制图				

序号	3	下钳口	比例	
材料	45		重量	
制图				

序号	4	上钳口	比例	
材料	45		重量	
制图				

序号	8	手柄	比例	
材料	45		重量	
制图				

序号	5	导杆	比例	
材料	45		重量	
制图				

图 6–23 上钳口、下钳口、螺杆、导杆和手柄

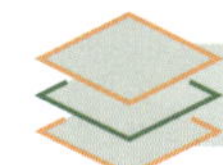

提示

在组件插入过程中，双击某个组件，即可完成该组件的重复插入，如图中的第二个手柄球组件即采用这种方式插入。

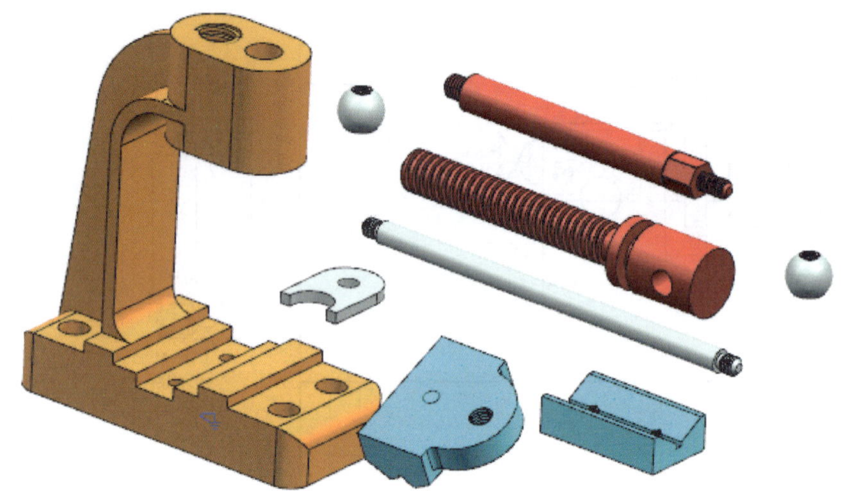

图 6-24　插入组件

（2）装配螺杆、导杆和手柄

1）单击“装配约束”按钮“”，弹出“装配约束”对话框。单击对话框中的“接触对齐”按钮“”，单击螺杆的轴心线和螺杆孔的轴心线完成螺杆装配；单击导杆轴心线和导杆孔轴心线，完成导杆装配。

2）单击螺杆并按住左键，上下移动即可使螺杆上下移动，左右移动即可使螺杆转动，将螺杆和导杆移动至合适位置，结果如图 6-25 所示。

3）采用“接触对齐”方式安装手柄，移动至合适位置。

4）采用同样的方式安装手柄球，完成后如图 6-26 所示。

提示

在装配约束对话框的“布置”选项中，如果选择“动态定位”选项，则完成定位后无法生成相应约束。如果选择“关联”选项，完成定位后会同时生成相应约束。

（3）装配上、下钳口和压板

1）在“装配约束”对话框，选择“接触对齐”“距离”和“平行”方式安装上钳口，约束钳口螺纹中心与压杆螺纹中心重合、钳口侧边与基座侧边平行、钳口上平面距螺杆六边形轮廓端面距离为“2”，完成后如图 6-27 所示。

2）选择“接触对齐”和“平行”方式安装压板，约束压板圆柱孔中心与螺纹轴中心重

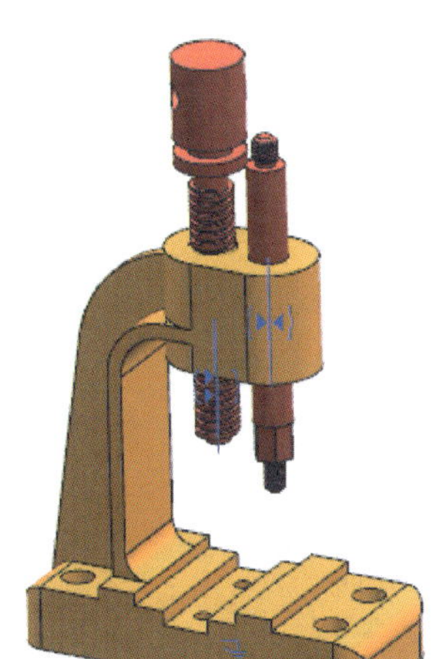
图 6-25　装配螺杆和导杆

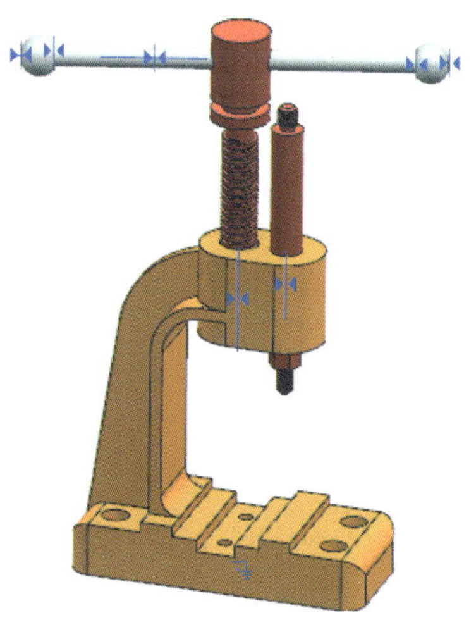
图 6-26　装配手柄和手柄球

合、压板上平面与“A”面重合、压板下平面与“B”面重合、压板侧面与钳座侧面平行。

3）选择“接触对齐”和“平行”方式安装下钳口，约束下钳口圆柱孔中心与钳座圆柱孔中心重合、下钳口底面与钳座表面重合。

4）在“装配导航器”中右键单击“约束”，在右键菜单中单击关闭“在图形窗口中显示约束”，完成后如图 6-28 所示。

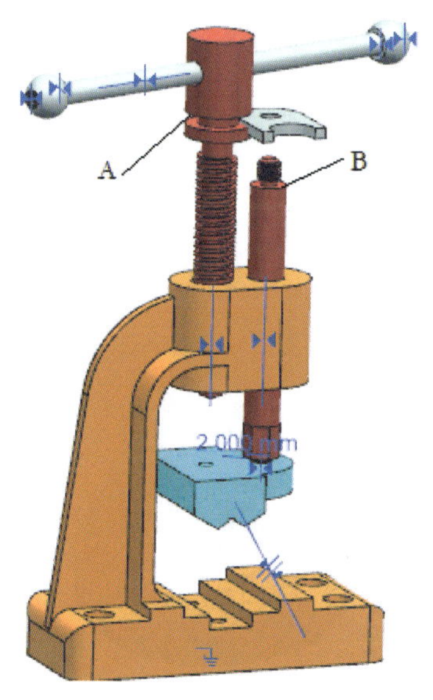

图 6-27　装配上钳口

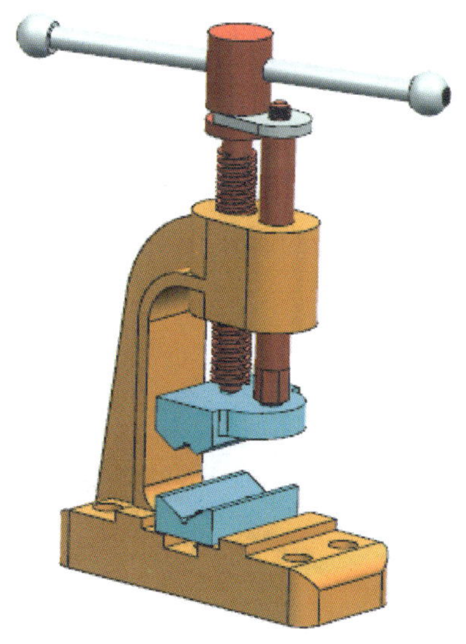
图 6-28　装配压板和下钳口

（4）装配螺栓和螺母

1）单击“资源条选项”中的“重用库”按钮“”，在导航器中弹出如图 6-29 所示“重用库”选项菜单，依次单击 [Reuse Examples] / [Standard Parts] / [ANSI Metric] / [Bolt] 使其展开。

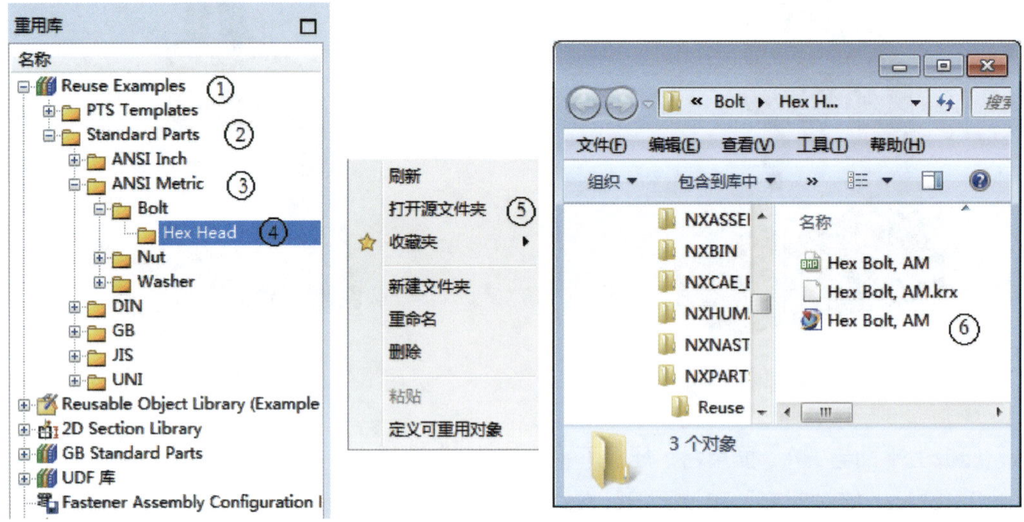

图 6–29 “重用库”选项菜单

2）右键单击展开菜单中的“Hex Head”，在右键菜单中选择“打开源文件夹”，弹出图中的源文件夹对话框，双击“Hex Bolt, AM”，在工作区显示如图 6–30 所示的螺栓，螺纹显示为符号。将该文件另存为“6–2 实例—螺栓”。

3）在“重用库”菜单中依次单击 [Reuse Examples] / [Standard Parts] / [ANSI Metric] / [Nut] 使其展开。右键单击展开菜单中的“Hex”，在右键菜单中选择“打开源文件夹”，在弹出的源文件夹对话框中双击“Hex Nut, Small, 1, AM”，在工作区生成如图 6–31 所示的螺母。将该文件另存为“6–2 实例—螺母”。

图 6–30 “螺栓”标准件建模

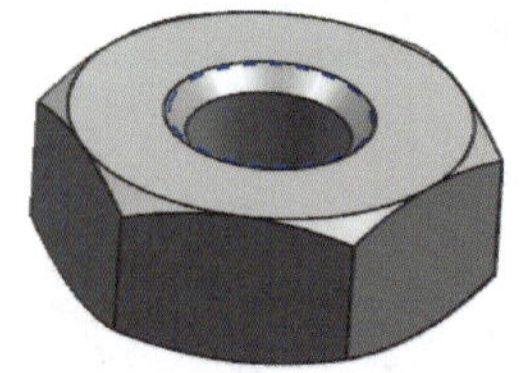

图 6–31 “螺母”标准件建模

4）在装配文件中单击“添加”按钮，在弹出的对话框中选择“6 - 2实例 - 螺栓”，弹出选择如图6–32所示的“选择族成员”对话框，在“匹配成员”中选中

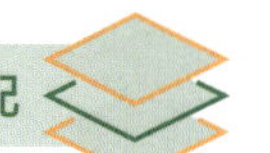

"Hex Bolt, AM,M6x1x12"，单击"确定"按钮将螺栓插入装配工作界面，移动至合适位置。

5）单击"打开"按钮" "，选择" 6 - 2实例 - 螺栓"，弹出"选择族成员"对话框，在"匹配成员"中选中"Hex Nut, Small, 1, AM,M8x1_25"，单击"确定"按钮将螺母插入装配工作界面，移动至合适位置。

6）选择"接触对齐"方式安装螺母，约束螺母孔中心与螺纹轴中心重合、螺母底平面与压板上平面重合。

7）选择"接触对齐"方式安装螺栓，完成后如图 6-33 所示。

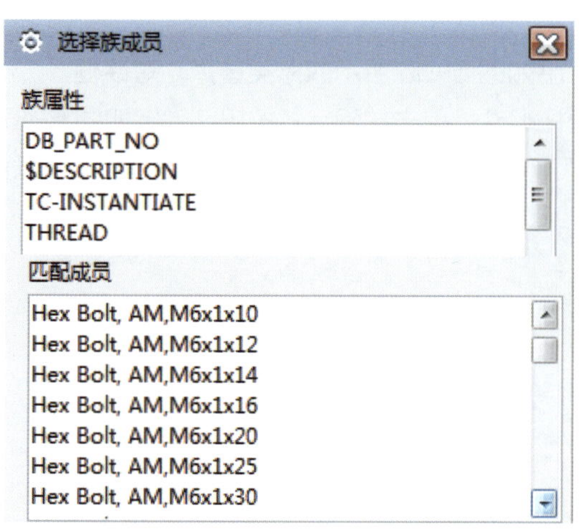

图 6-32 "选择族成员"对话框

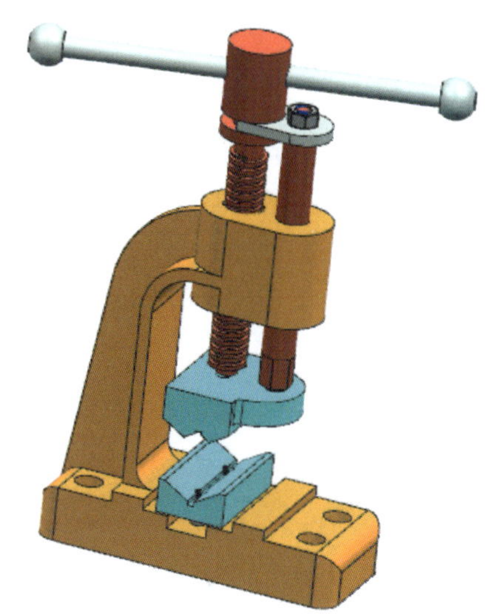

图 6-33 完成"管钳"装配

3. 生成爆炸图

（1）新建爆炸图

1）单击"爆炸图"按钮" "下方的向下箭头，在其展开菜单中单击"新建爆炸图"按钮" "，弹出如图 6-34 所示的"新建爆炸"对话框，输入"6-2 实例—爆炸图"，单击"确定"按钮，进入爆炸图界面。

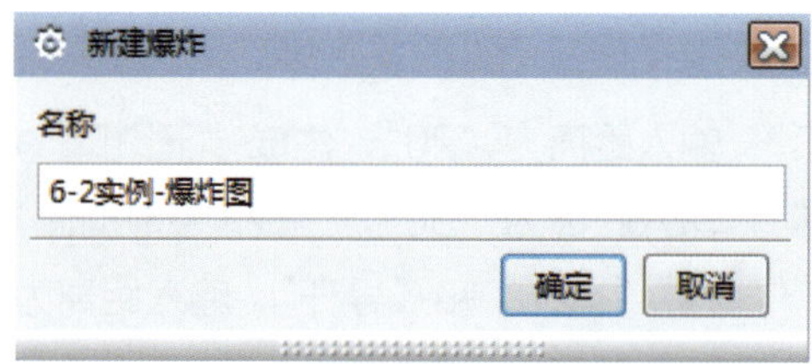

图 6-34 "新建爆炸"对话框

2）再次单击“爆炸图”图标“”下的向下箭头，展开如图 6-35 所示的“爆炸图”工具栏。

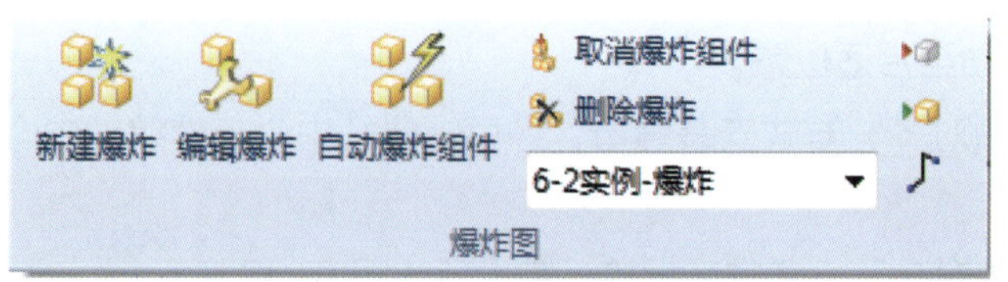

图 6-35 “爆炸图”工具栏

（2）自动爆炸组件

1）单击“自动爆炸组件”按钮“”，弹出如图 6-36 所示的“类选择”对话框。

2）在“装配导航器”中分别单击螺母和螺栓组件，单击“确定”按钮，弹出如图 6-37 所示“自动爆炸组件”对话框，输入距离值“50”，单击“确定”按钮，生成图中的爆炸组件。

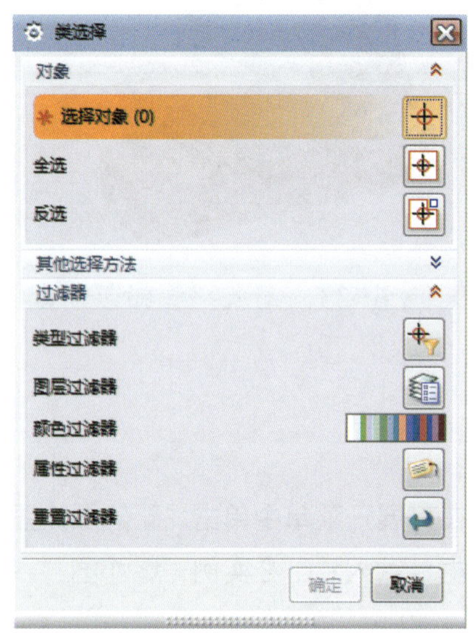

图 6-36 “类选择”对话框

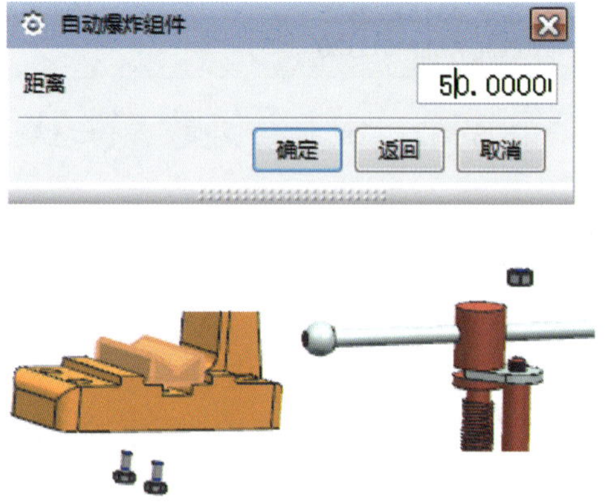

图 6-37 “自动爆炸组件”对话框

3）对象选择“下钳口”，输入距离为“20”，生成“下钳口”爆炸组件图。

4）对象选择“手柄球”，输入距离为“50”，生成“手柄球”爆炸组件图。

5）对象选择“手柄”“压板”“螺杆”和“导杆”，输入距离为“0”，生成对应的爆炸组件图，完成后如图 6-38 所示。

（3）编辑爆炸

1）单击“编辑爆炸”按钮“”，弹出如图 6-39 所示的“编辑爆炸”对话框。

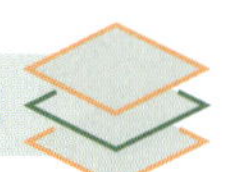

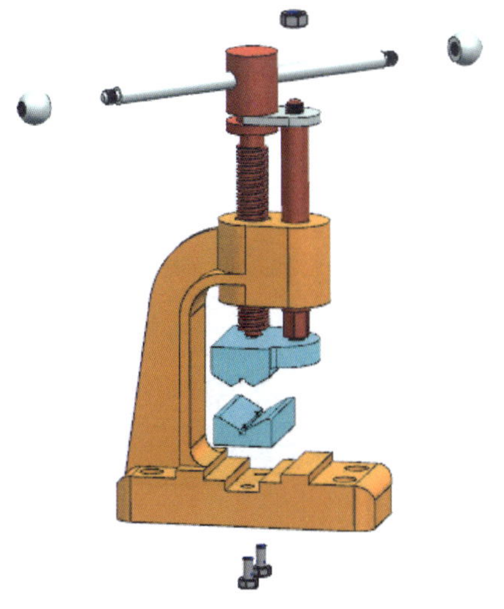

图 6-38 生成爆炸组件图

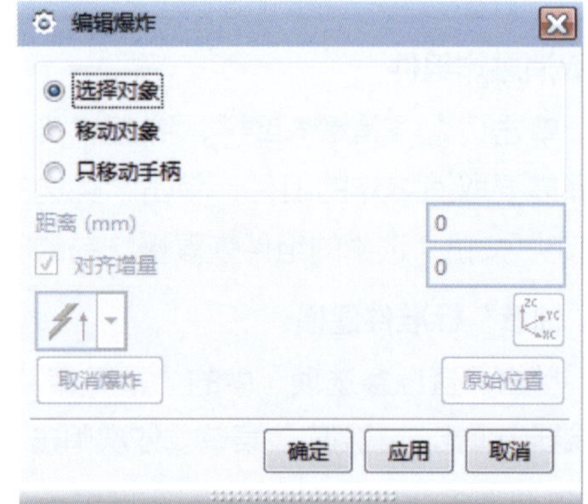

图 6-39 “编辑爆炸”对话框

2）选中对话框中的“选择对象”，选择“导杆”组件，再单击选中“移动对象”，移动“导杆”组件至合适位置放置。

3）用同样的方法移动“螺杆”组件至合适位置放置，完成后如图 6-40 所示。

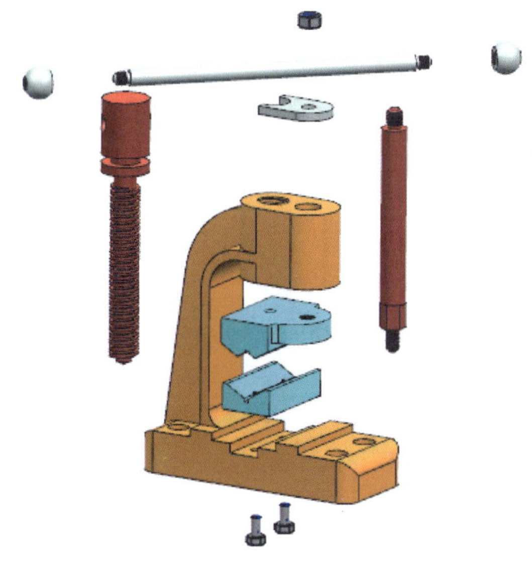

图 6-40 完成爆炸图

提示

自动爆炸只需用户输入很少的内容，就能快速生成爆炸图。但是自动爆炸并不总能获得满意的效果，因此软件提供了编辑爆炸图功能。

知识与技能拓展

1. 取消爆炸组件

单击“取消爆炸组件”，弹出“类选择”对话框，选择需要取消爆炸的组件，单击“类选择”对话框中的“确定”按钮，选中的组件恢复爆炸前的状态。

2.“轴承”标准件建模

图 6-41 “轴承”标准件建模

单击“资源条选项”中的“重用库”按钮“”，在导航器中弹出“重用库”菜单。依次单击 [GB Standard Parts]/[Bearing] 使其展开，右键单击“Cylindrical”，在右键菜单中选择“打开源文件夹”，双击源文件夹中的“Bearing,GB-T283_N-1994”，生成如图 6-41 所示的轴承。

3.“GC 工具箱”建模

GC 工具箱是 UG NX 为中国用户提供的一种基于国标机械设计与制图标准的实用工具箱，可进行齿轮、弹簧、电极等模型的参数化建模。以“齿轮”建模为例，采用“GC 工具箱”的建模流程如下：

（1）单击 [菜单（M）] / [GC 工具箱]，显示如图 6-42 所示的“GC 工具箱”展开选项。

（2）进一步选择 [齿轮建模] / [柱齿轮]，弹出如图 6-43 所示的“渐开线圆柱齿轮建模”对话框，选中“创建齿轮”，单击“确定”按钮，弹出如图 6-44 所示的“渐开线圆柱齿轮类型”对话框。

图 6-42 “GC 工具箱”展开选项

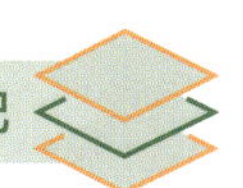

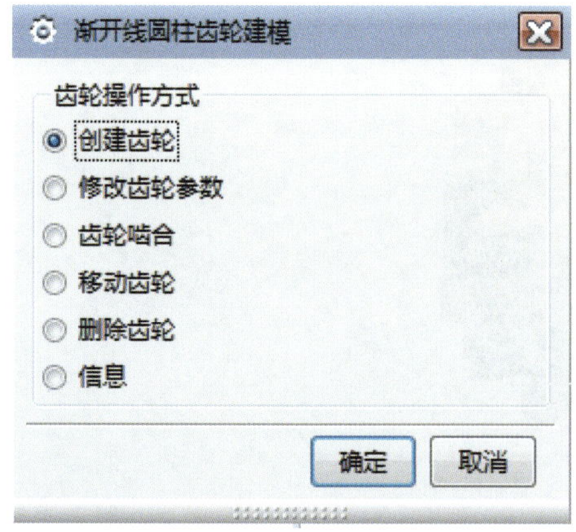

图 6-43 “渐开线圆柱齿轮建模”对话框

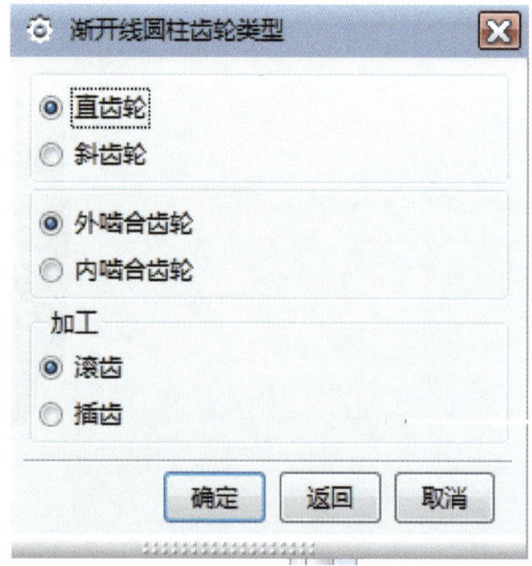

图 6-44 “渐开线圆柱齿轮类型”对话框

（3）选中对话框中的相应选项，单击“确定”按钮，弹出如图 6-45 所示的“渐开线圆柱齿轮参数”对话框。

（4）输入任意名称如“15-2”，根据齿轮要求输入标准齿轮参数，单击“确定”按钮，弹出如图 6-46 所示的“矢量”对话框。

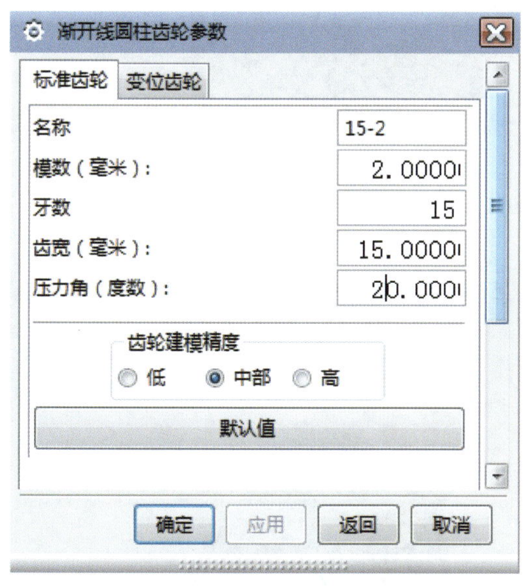

图 6-45 “渐开线圆柱齿轮参数”对话框

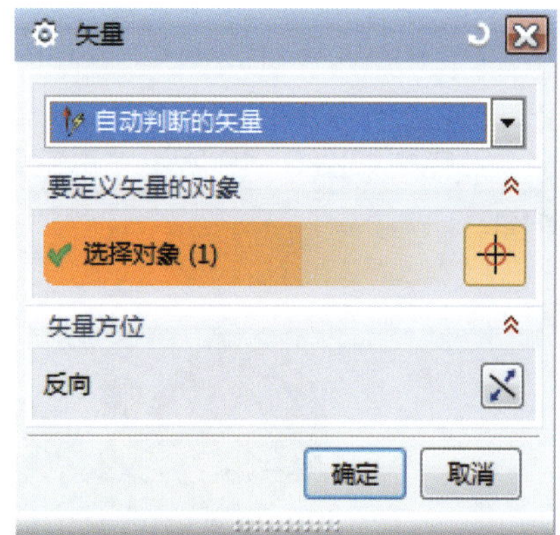

图 6-46 “矢量”对话框

（5）单击坐标系中的“Z”轴后单击“确定”按钮，弹出“点”对话框，选择坐标原点，单击“确定”按钮，生成如图 6-47 所示的直齿圆柱齿轮。

图 6-47　直齿圆柱齿轮

拓展练习

1. 完成如图 6-48 所示“平口钳模型”的装配（零件实体模型见电子素材）。

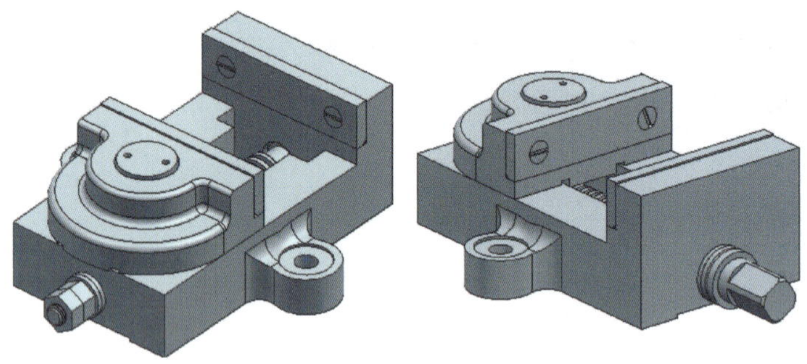

图 6-48　拓展练习 1

2. 完成如图 6-49 所示“真空泵模型”的装配（零件实体模型见电子素材），并生成爆炸图。

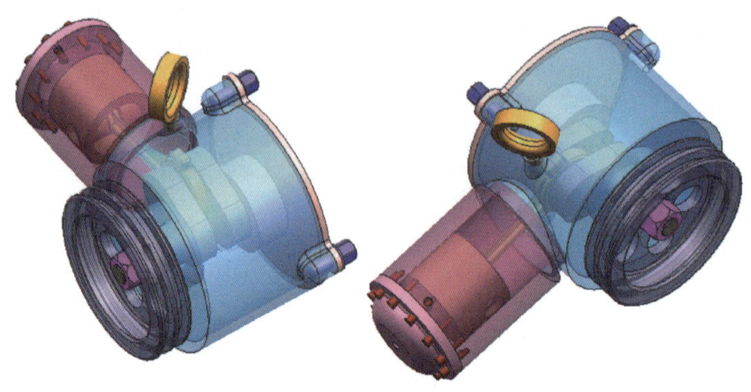

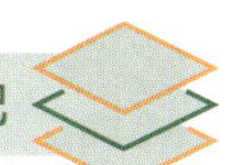

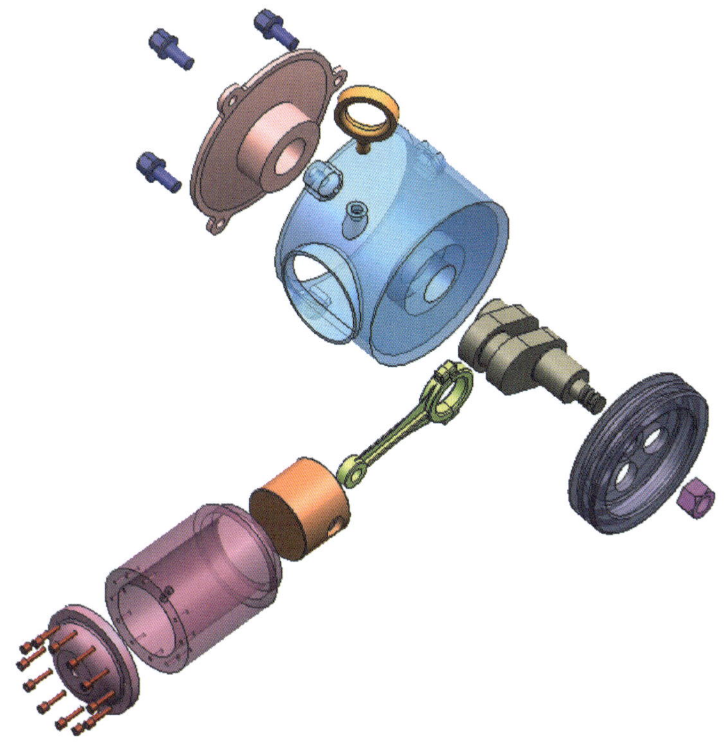

图 6-49　拓展练习 2

项目七

工程图的绘制

任务 1　绘制叉架类零件工程图

学习目标

1. 掌握工程图的生成方法。
2. 掌握基本视图的形成方法。
3. 掌握辅助视图、局部视图的生成方法。
4. 掌握尺寸标注的方法。

任务描述

完成如图 7-1 所示的“弯板”零件的实体建模，并选用 A3 幅面图纸生成工程图。

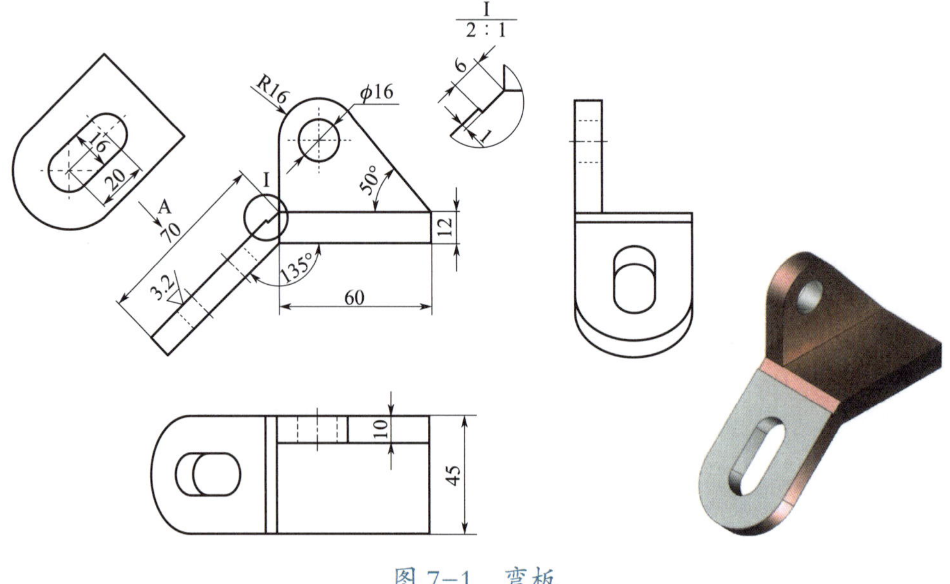

图 7-1　弯板

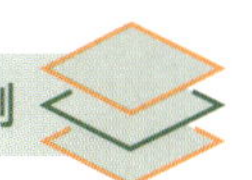

任务实施

1. 创建投影视图

（1）新建视图模板

1）完成“弯板”的建模，保存文件名为“弯板”。

2）单击“新建”按钮“ ”，弹出如图 7-2 所示的“新建”对话框。

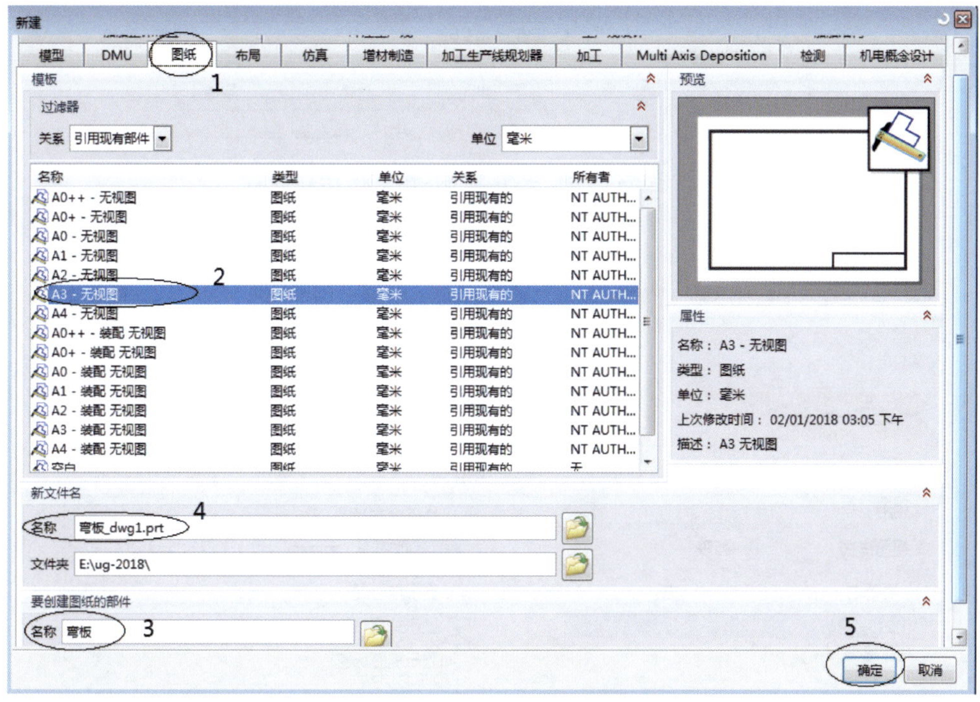

图 7-2 “新建”对话框

3）在对话框中单击“图纸”选项，在“过滤器”选项区中选择“A3 - 无视图”。在“要创建图纸的部件”下方显示当前引用的文件名称“弯板”，则对应的新文件名“名称”为“弯板_dwg1.prt”，单击“确定”按钮进入如图 7-3 所示的“视图创建向导”对话框。

单击“创建视图向导”按钮“ ”，也可进入“视图创建向导”对话框。由于在“过滤器”选项区中的“关系”选项中选择了“引用现有部件”，故可省略选择部件的步骤。

4）分别单击“视图创建向导”对话框中的“部件”“选项”“方向”和“布局”，在对话框的右侧将分别显示相应设置选项，如图 7-4 所示。

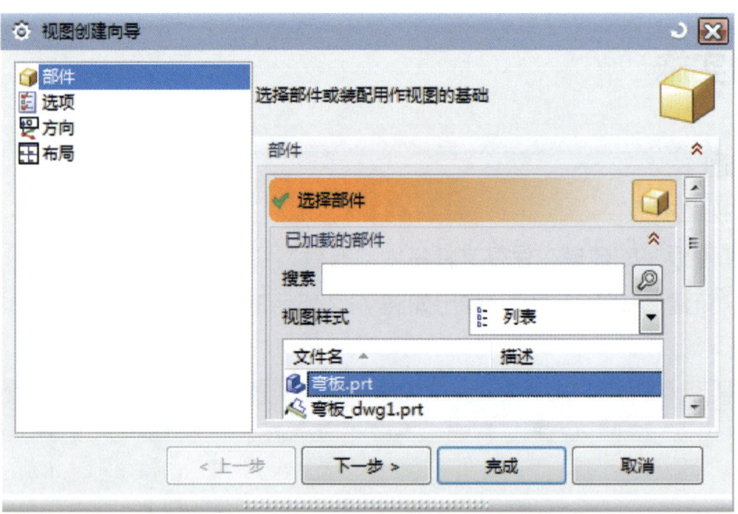

图 7-3 “视图创建向导”对话框

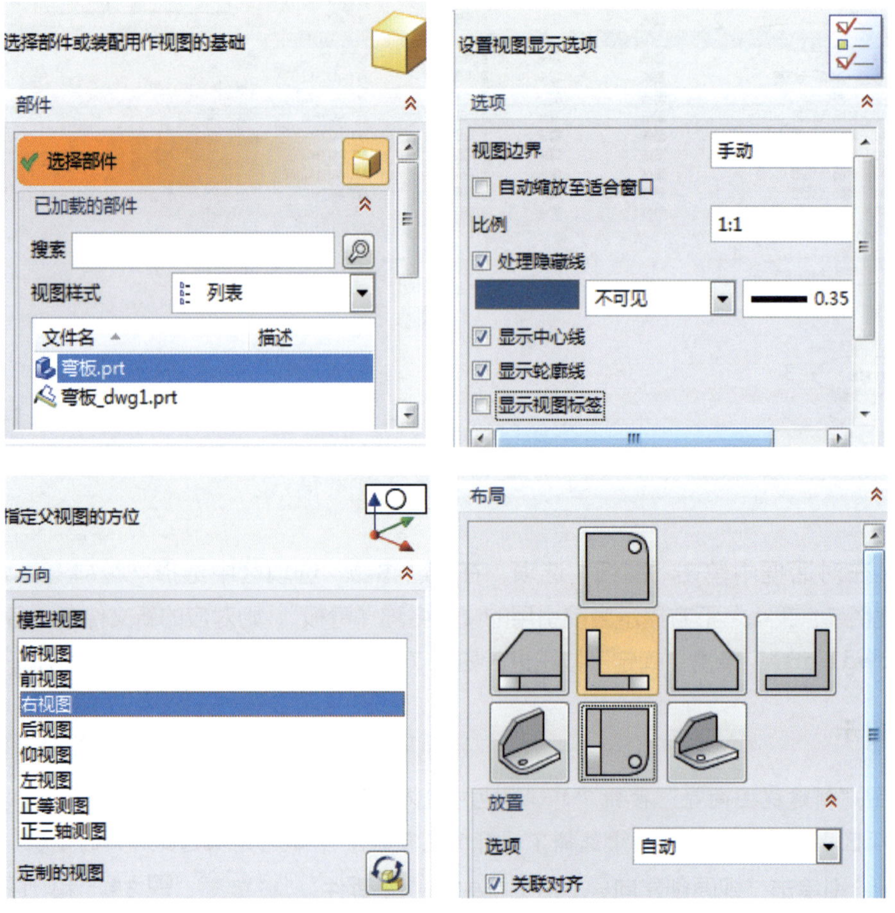

图 7-4 “视图创建向导”中的选项设置

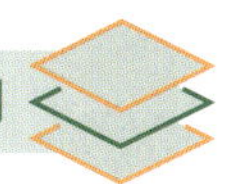

部件：部件中已自动选择了“弯板.prt”，单击“下一步”或“上一步”按钮进入另一个设置选项。

选项：分别选中“☑ 处理隐藏线”“☑ 显示中心线”和“☑ 显示轮廓线”，图纸比例选择“1 : 1”。

方向：选择“右视图”。

布局：选择“主视图”作为投影视图。选中“☑ 关联对齐”使各视图之间保持关联对齐关系。根据需要也可同时选择“左视图”和“俯视图”等多个投影视图。

5）完成设置后单击“完成”按钮，生成如图 7-5 所示的投影图。

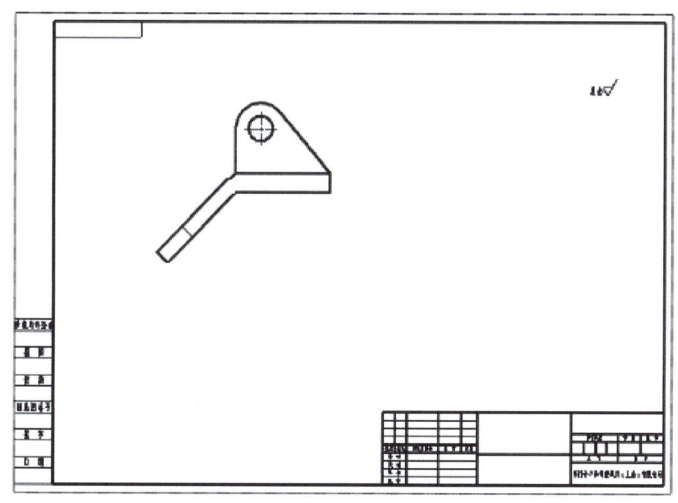

图 7-5 生成投影视图

提示

单击已创建的视图，使其整体选中，可移动该视图的安放位置，如有相关联的视图，则关联视图也将在关联方向上移动位置。

（2）创建投影视图

1）在如图 7-6 所示工程制图常用工具栏中，单击“视图”工具栏中的“投影视图”按钮“”，弹出如图 7-7 所示的“投影视图”对话框。

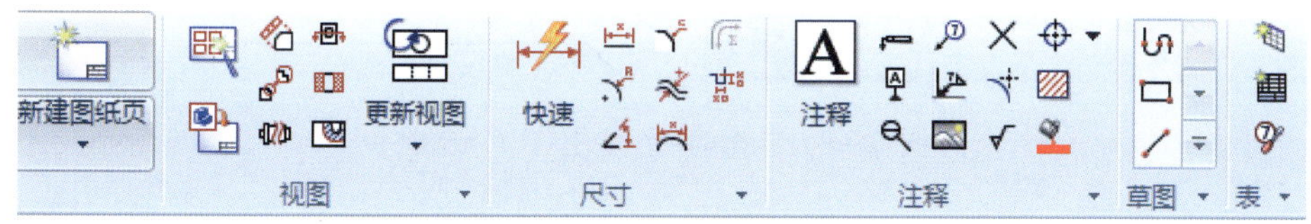

图 7-6 工程制图常用工具栏

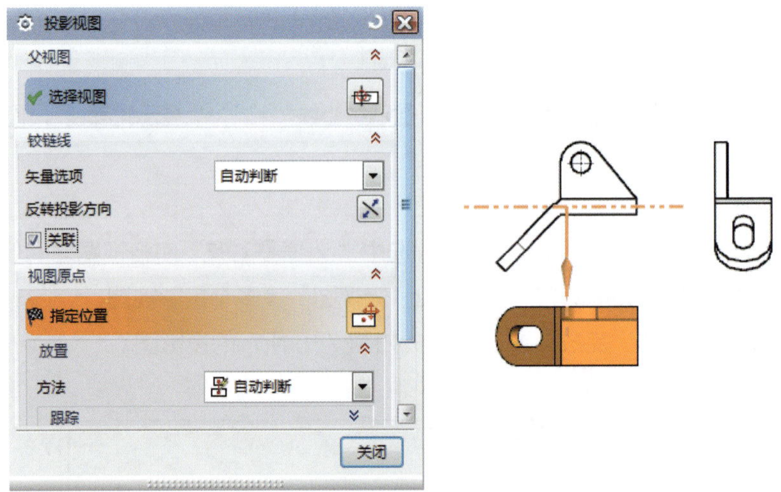

图 7-7 “投影视图”对话框

2）选中对话框中的“☑ 关联”，沿主视图向右水平方向拖动鼠标，出现相对应的光标提示，移动鼠标至适当位置后单击左键，生成图中的“左视图”。

3）用同样的方法生成图中的“俯视图”。单击“关闭”按钮，结束投影视图。

（3）创建局部放大图

1）单击“视图”工具栏中的“局部放大图”按钮“ ”，弹出如图 7-8 所示的“局部放大图”对话框。

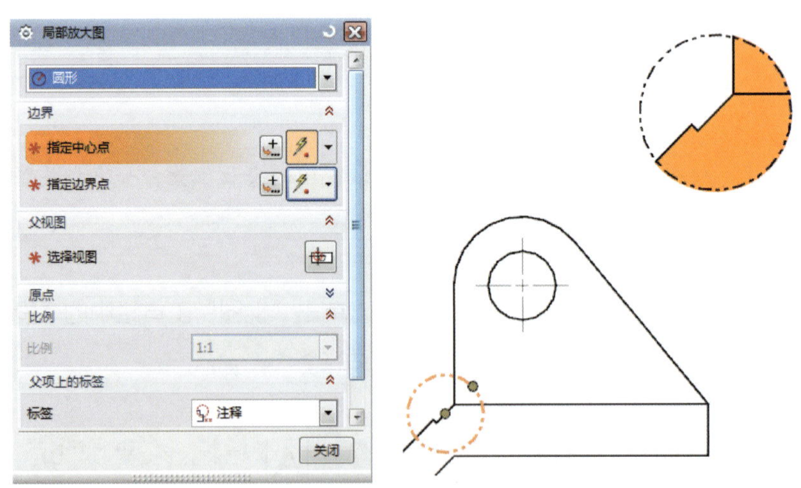

图 7-8 “局部放大图”对话框

2）单击“✱ 指定中心点”右侧按钮，单击局部放大中心位置的直线中点，根据需要绘制一个虚线圆，用于“✱ 指定边界点”。

3）此时对话框中的“比例”可选择，选中“2：1”，移动鼠标至适当位置后单击左键，生成局部放大图，单击“关闭”按钮结束操作。

（4）创建局部视图

1）单击“视图”工具栏中的“投影视图”按钮“”，弹出“投影视图”对话框，沿主视图斜面的垂直方向拖动鼠标，生成如图7-9所示的斜视图。

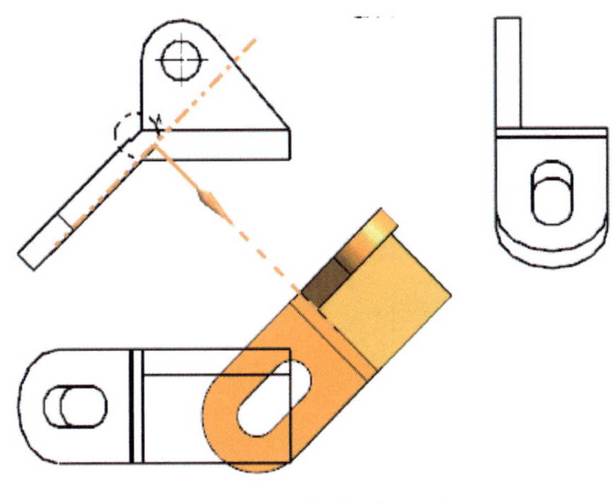

图 7-9　生成斜视图

2）单击[菜单（M）]/[编辑（E）]/[视图（W）]/[边界(B)...]，弹出如图7-10所示的“视图边界”对话框。

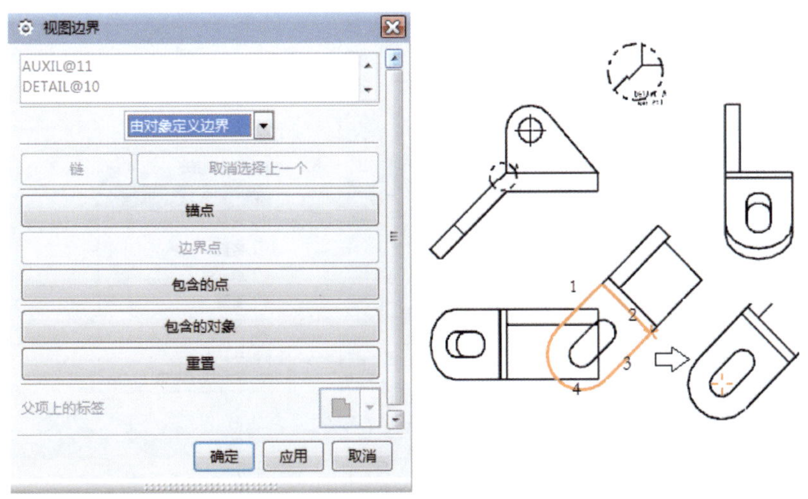

图 7-10　“视图边界”对话框

3）单击选中斜视图，再在对话框的下拉选项中选择“由对象定义边界”，依次单击选中边界，单击“确定”按钮，生成图中的局部视图。

4）对准多余的线条单击右键将其隐藏。单击局部视图，将其移动至主视图左侧斜上方，结果如图 7-11 所示。

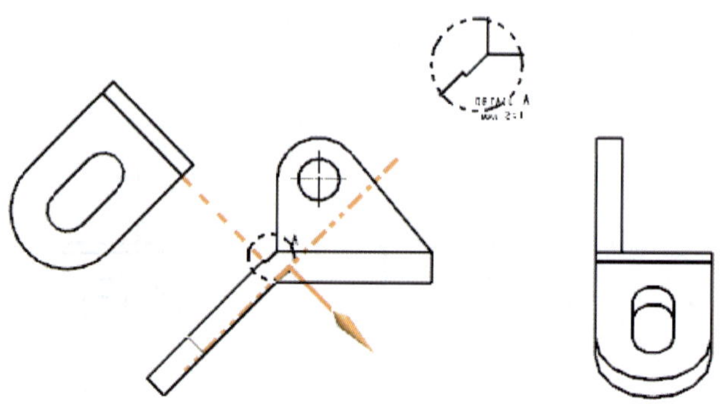

图 7-11　生成局部视图

2. 图形标注

（1）线性标注

1）单击“尺寸”工具栏中的“线性”按钮“”，弹出如图 7-12 所示的“线性尺寸”对话框。

图 7-12　“线性尺寸”对话框

2）依次标注线性尺寸，结果如图 7-13 所示。

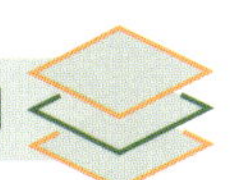

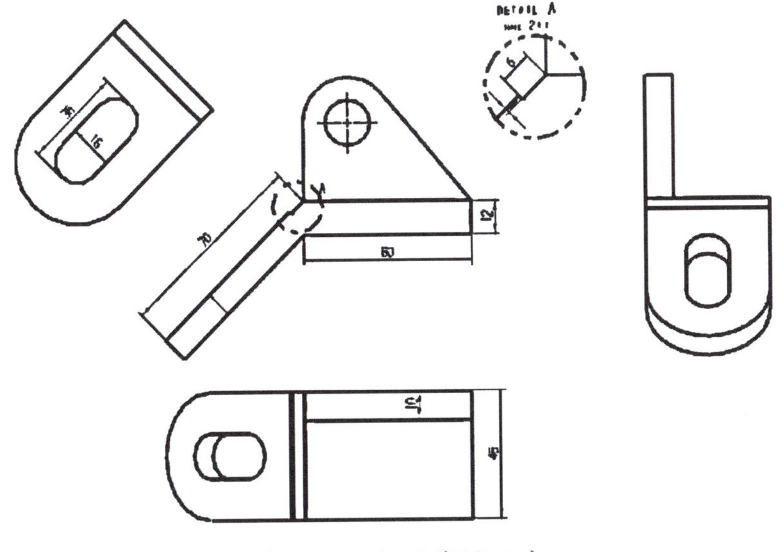

图 7-13　标注线性尺寸

（2）角度标注

1）单击“尺寸”工具栏中的“角度”按钮“ ”，弹出如图 7-14 所示的“角度尺寸”对话框。

2）依次标注角度尺寸，结果如图 7-15 所示。

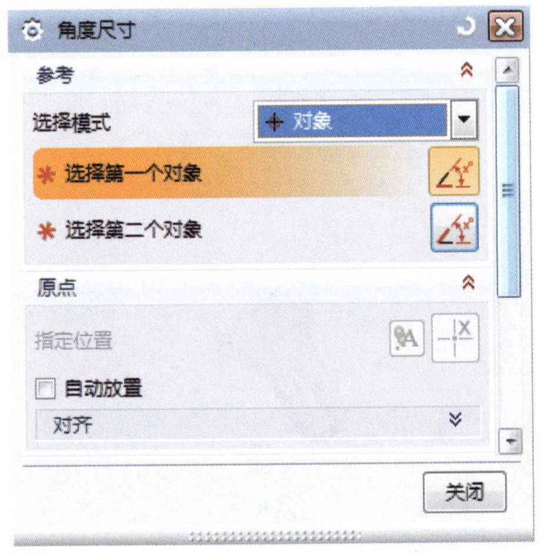

图 7-14　“角度尺寸”对话框

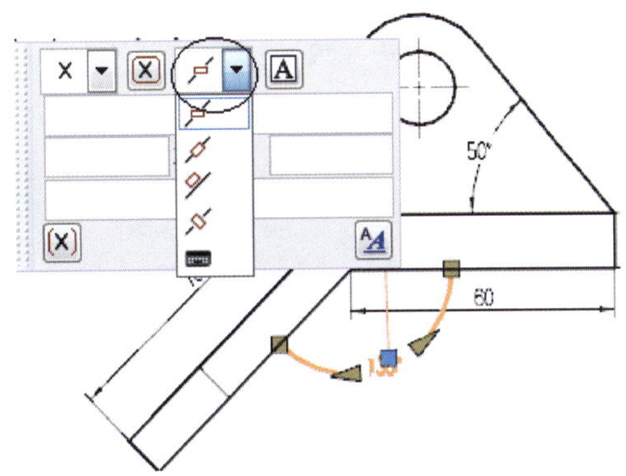

图 7-15　标注角度尺寸

提示

双击已标注的角度尺寸，弹出相应的对话框，选择其中的水平标注图标“ ”，从而使其标注的文字呈水平方式。

（3）径向标注

1）单击“尺寸”工具栏中的“径向”按钮“ ”，弹出如图 7-16 所示的“径向尺寸”对话框。

2）依次标注径向尺寸，结果如图 7-17 所示。

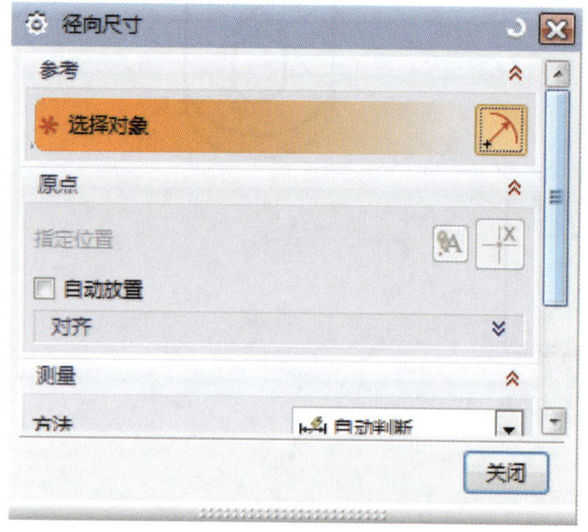

图 7-16 “径向尺寸”对话框

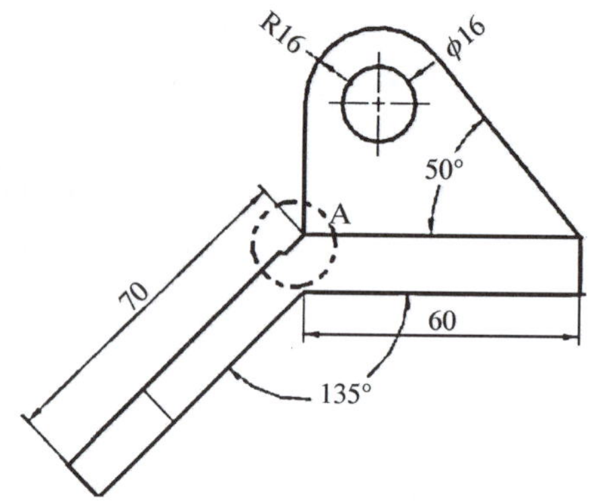

图 7-17 标注径向尺寸

3. 正等测图

（1）单击“视图”工具栏中的“基本视图”按钮“ ”，弹出如图 7-18 所示的“基本视图”对话框。

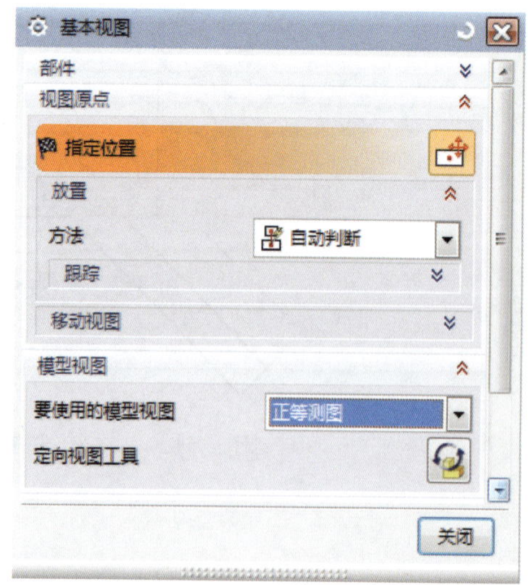

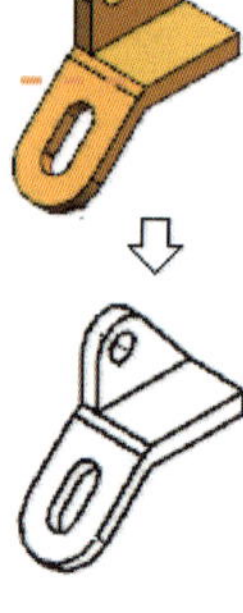

图 7-18 “基本视图”对话框

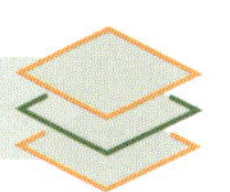

（2）在对话框“要使用的模型视图”选项中选择“正等测图”，移动鼠标至合适位置单击左键，生成图中的正等测图。

（3）单击“关闭”按钮，结束基本视图，完成后的工程图如图 7-19 所示。

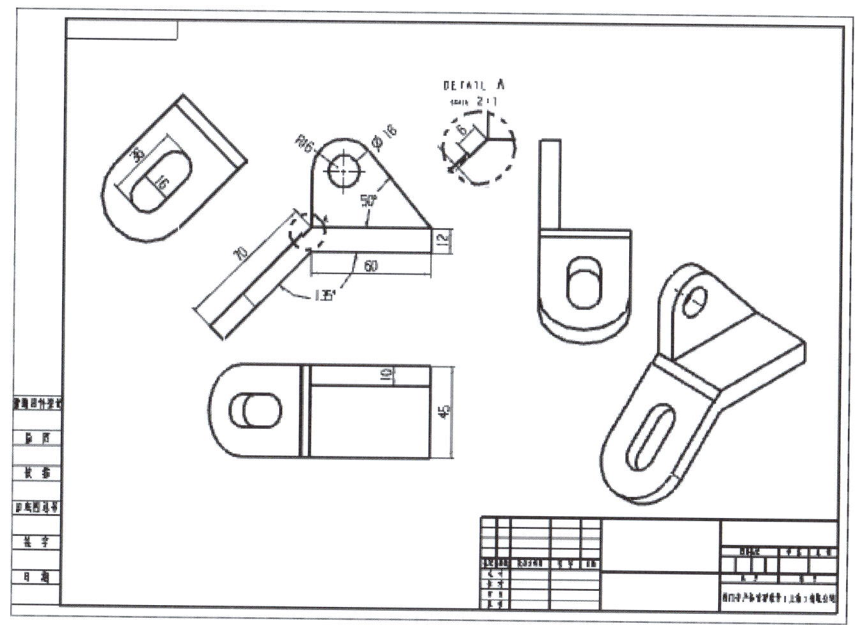

图 7-19　完成后的工程图

知识与技能拓展

1. 关于图纸页的进一步说明

本例中使用的图纸页是根据模板生成的图纸页，也可根据需要自行设置图纸页，其操作流程如下：

（1）单击“新建图纸页”按钮“ ”，弹出如图 7-20 所示的“工作表”对话框。

（2）如选中“ 标准尺寸”，将为用户提供符合国家标准的图纸模板，在“大小”选项中可选择“A0—A4”幅面的图纸模板，并且可以选择图纸的比例、单位和视图投影方式。如选中“ 使用模板”，将为用户提供符合国际标准的图纸模板，其单位为英寸。如选中“ 定制尺寸”则可以自行输入图纸的尺寸，选择图纸的比例、单位、投影方式等。

（3）投影方式有两种选择，一种是我国制图标准采用的第一角投影画法“ ”；另一种是国际标准采用的第三角投影画法“ ”。

2. 制图首选项设置

在绘制工程图的过程中，对于文字高度、箭头大小、线属性、图纸格式、尺寸格式等项目，均可通过制图首选项进行设置，以设置标注尺寸的文字高度为例其操作流程如下：

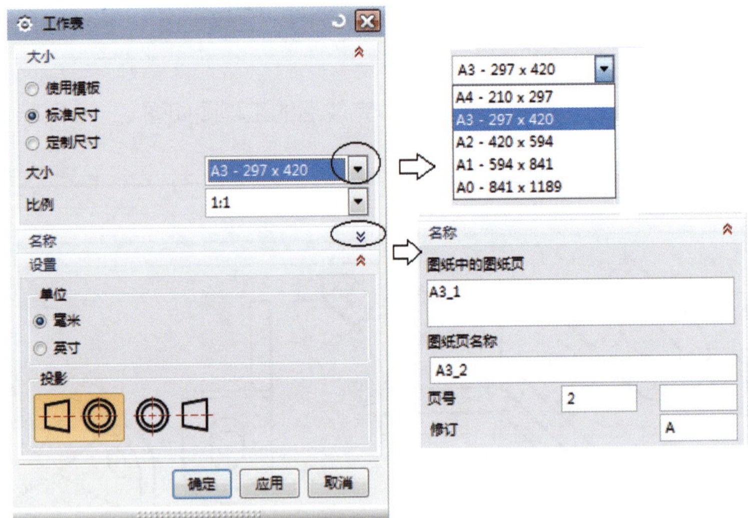

图 7-20 “工作表”对话框

（1）单击［菜单（M）］/［首选项（P）］/［制图(D)...］，弹出如图 7-21 所示的“制图首选项”对话框。

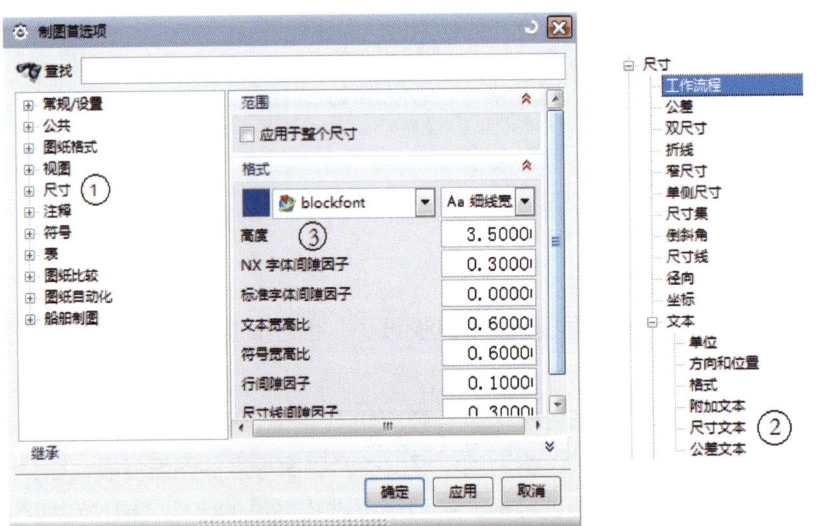

图 7-21 “制图首选项”对话框

（2）单击对话框中的“⊞ 尺寸”，在其展开选项中单击“尺寸文本”，在对话框右侧显示相应的设置选项。

（3）修改其中的“高度”选项中的数值，即可修改标注尺寸的文字高度。

3. 修改图纸背景

（1）单击［菜单（M）］/［首选项（P）］/［可视化(V)...］，弹出如图 7-22 所示的“可

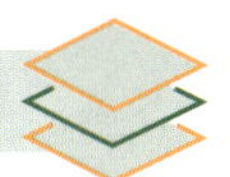

视化首选项”对话框。

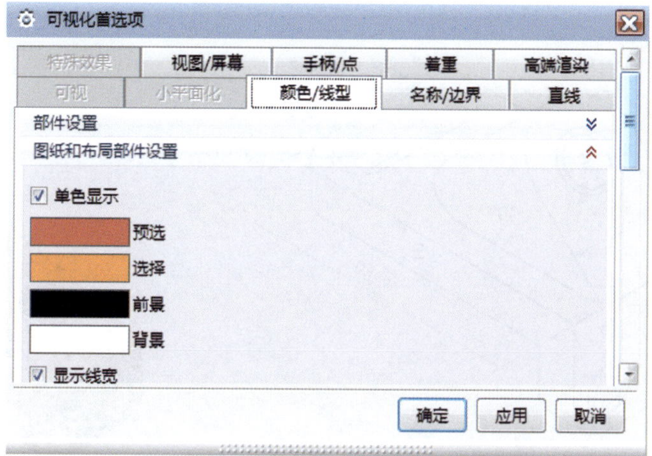

图 7-22 “可视化首选项”对话框

（2）选择“颜色/线型”选项卡，在其展开选项中单击“背景”，修改其颜色即可。

拓展练习

1. 完成如图 7-23 所示零件的建模，并绘制工程图。

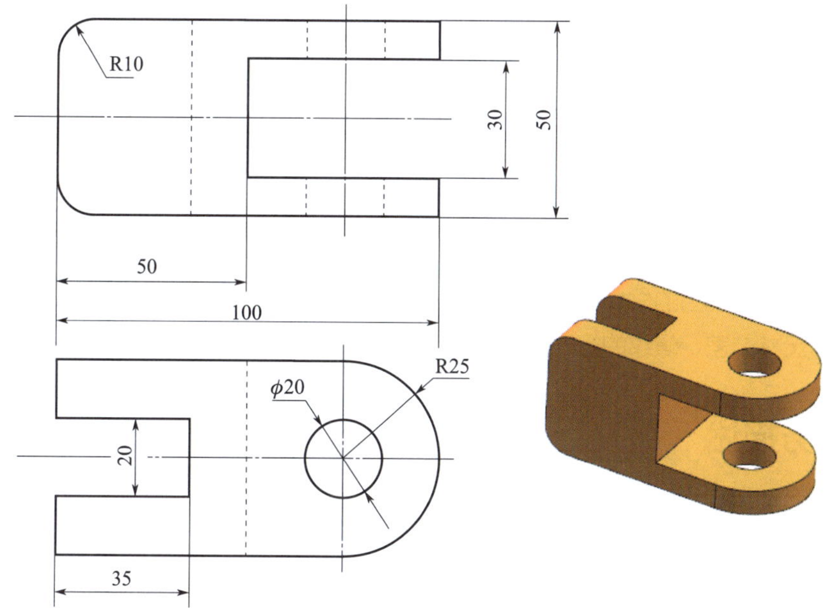

图 7-23 拓展练习 1

2. 完成如图 7-24 所示零件的建模，并绘制工程图。

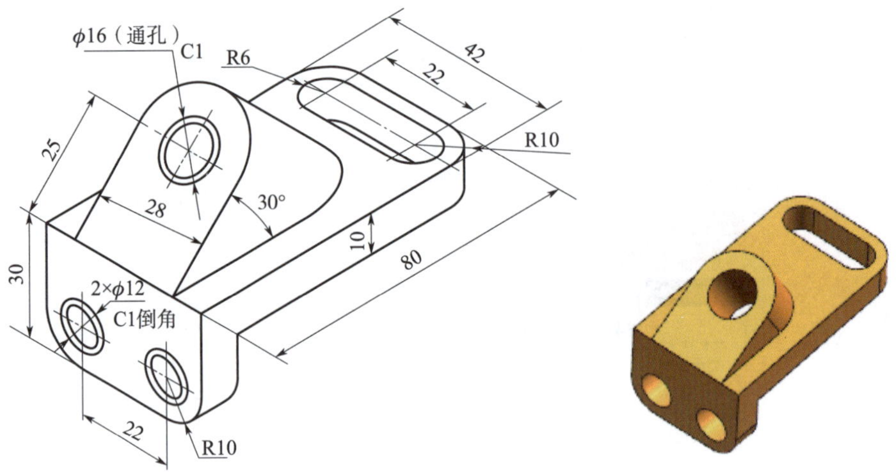

图 7-24 拓展练习 2

任务 2 绘制盘套类零件工程图

 学习目标

1. 掌握全剖视图的生成方法。
2. 掌握半剖视图的生成方法。
3. 掌握局部剖视图的生成方法。
4. 掌握尺寸公差、螺纹的标注方法。

 任务描述

完成如图 7-25 所示“台钳活动钳口”零件的实体建模，并生成工程图。

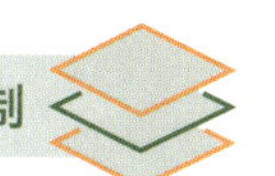

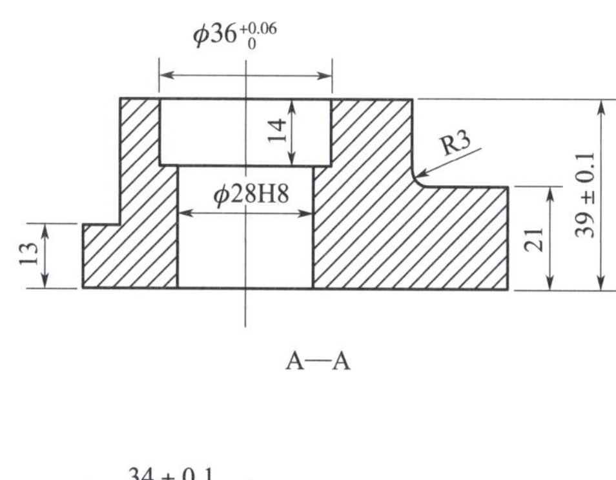

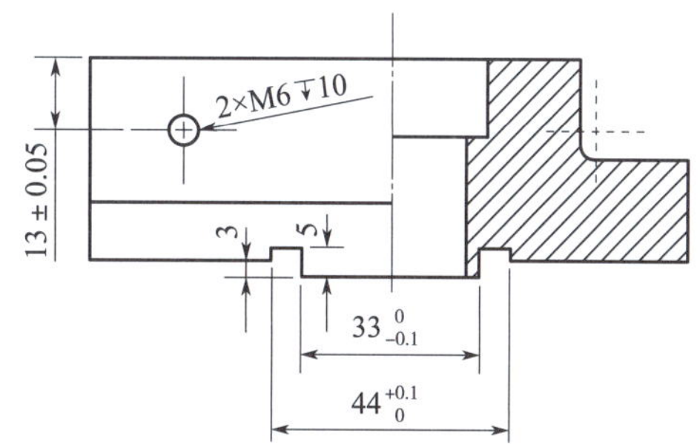

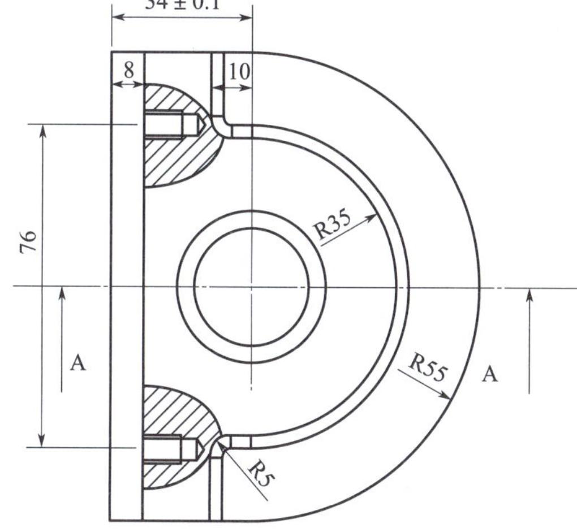

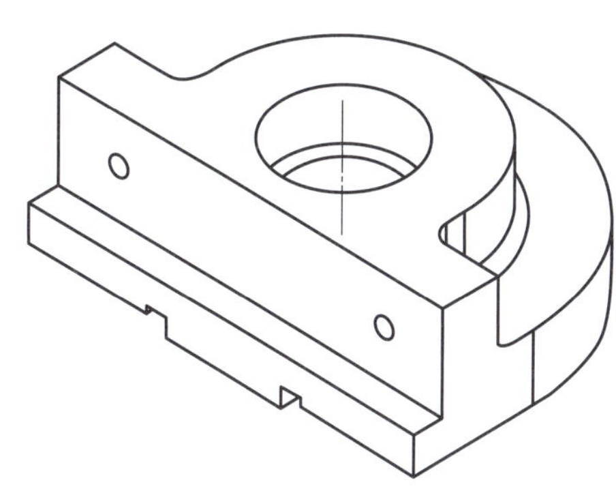

图 7–25 “台钳活动钳口”工程图

任务实施

1. 创建投影视图

（1）新建 A3 幅面空白图纸

1）完成“台钳活动钳口”零件的建模，保存文件名为“7–2 实例”。

2）单击“新建”按钮“ ”，弹出“新建”对话框。

3）在对话框中单击“图纸”选项，在“过滤器”选项区中选择“空白”。在“要创建图纸的部件”下方显示当前引用的文件名称“7–2 实例”，则对应的新文件名“名称”为“7–2 实例 _dwg1.prt”，单击“确定”按钮进入工程图界面，界面仍显示实体模型。

4）单击“新建图纸页”按钮“ ”，弹出“工作表”对话框。选择“A3 - 297 x 420”和第一角投影画法“ ”，单击“确定”按钮进入“视图创建向导”，直接单击“取消”按钮，显示不带标题栏的空白图纸。

（2）创建投影视图

1）单击“视图”工具栏中的“基本视图”按钮“ ”，弹出“基本视图”对话框。

2）在对话框“要使用的模型视图”选项中选择“俯视图”，此时显示如图 7-26 所示的投影示意图，如果移动鼠标至合适位置单击左键，将生成图中俯视图。

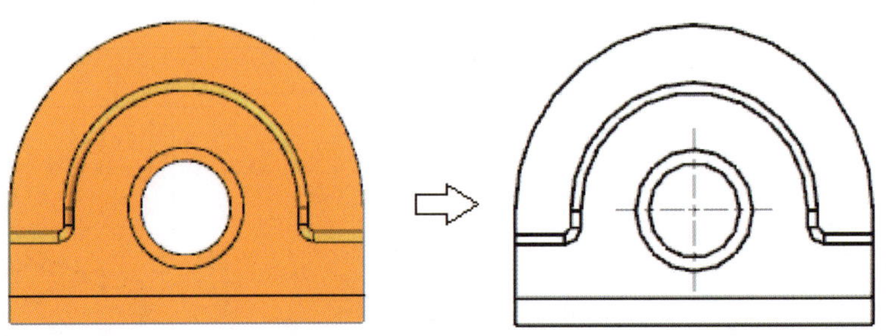

图 7-26 “俯视图”投影示意图

3）单击“基本视图”对话框中“定向视图工具”按钮“”，弹出如图 7-27 所示的“定向视图工具”对话框及如图 7-28 所示的“定向视图”。

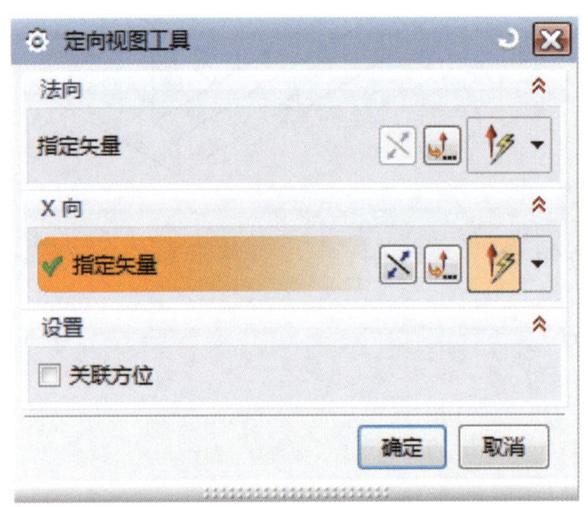

图 7-27 “定向视图工具”对话框

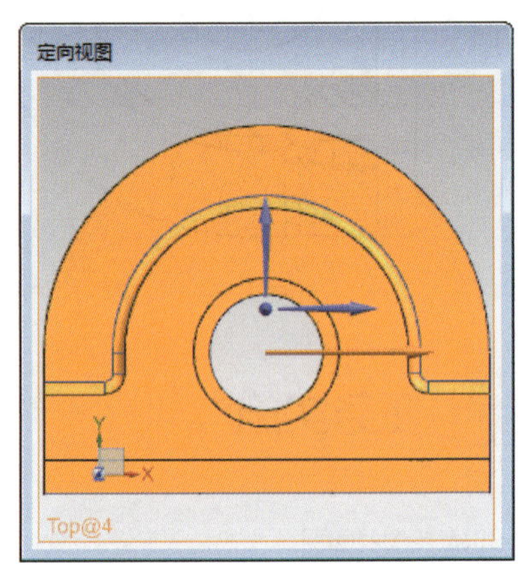

图 7-28 定向视图

4）单击“定向视图工具”对话框中的“X 向”下方的“指定矢量”，再单击“定向视图”中向上的“矢量轴”，视图转换至如图 7-29 所示方位。

5）单击“确定”按钮关闭“定向视图工具”对话框。移动鼠标至合适位置单击左键，生成转换方位后的俯视图，结果如图 7-30 所示。

提示

对于已创建的视图，如果要转换其方位，可单击选中该视图，在弹出的即时菜单中单击“编辑”按钮“”，重新进入“基本视图”对话框，实施转换方位的操作。

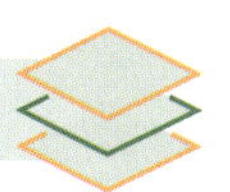

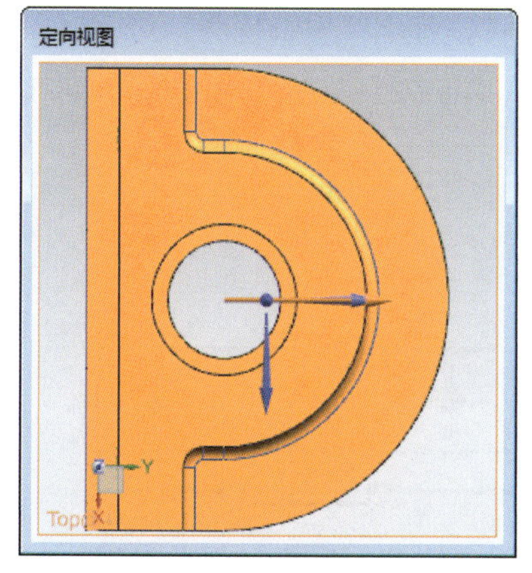

图 7-29　转换方位

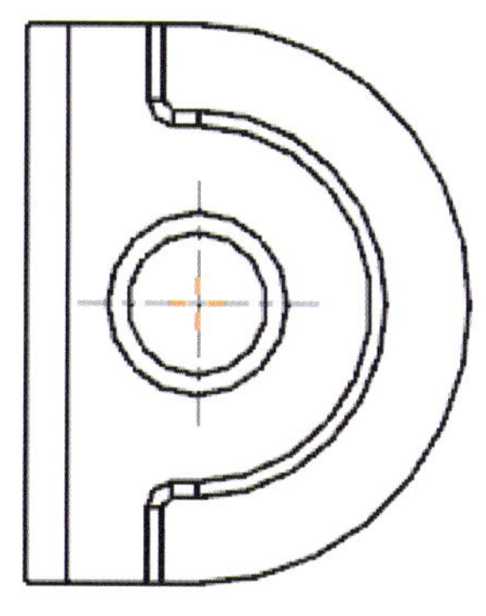

图 7-30　转换方位后的俯视图

（3）创建全剖视图

1）单击“视图”工具栏中的“剖视图”按钮“ ”，弹出如图 7-31 所示“剖视图”对话框。

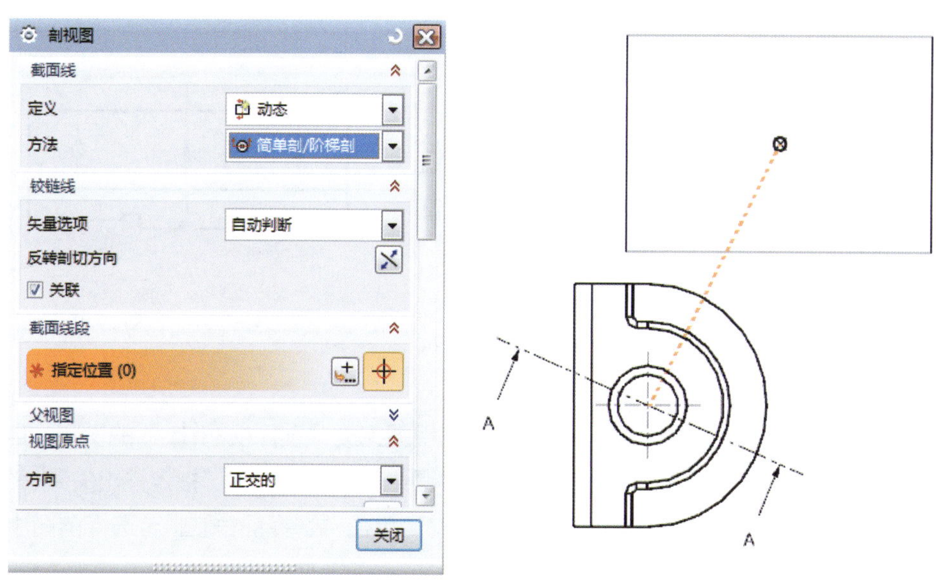

图 7-31　“剖视图”对话框

2）在对话框中“截面线”下方的“方法”选项中选择“ 简单剖/阶梯剖”，显示一条剖切线随鼠标一起移动，单击选择剖切截面的中心点，此时移动鼠标显示剖切方向和剖面图放置位置提示。

3）鼠标移动至俯视图正上方（光标提示位于垂直正交位置）合适位置，单击左键，绘制如图 7-32 所示的全剖主视图。单击“关闭”按钮，结束绘制剖视图。

4）单击“视图”工具栏中的“投影视图”按钮“”，弹出“投影视图”对话框，单击对话框中“父视图”下方的“✔ 选择视图”按钮“”，选中已生成的全剖视图，向右投影如图 7-33 所示的左视图。

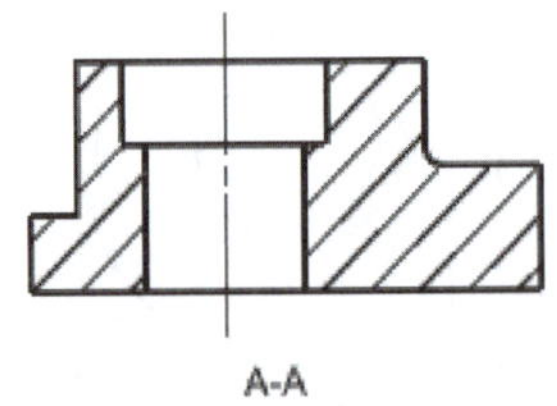

图 7-32　生成全剖主视图

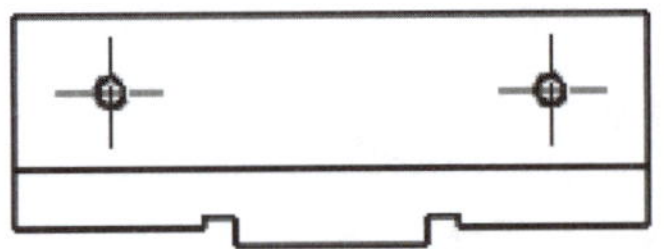
图 7-33　投影生成左视图

（4）创建左视剖视图

1）单击选中左视图，再单击右键，在右键展开菜单中选中“活动草图视图”，激活该视图的活动草图。

提示

活动草图中绘制的草图才能用于局部剖的截面线，活动草图视图四周用虚线框显示。

2）单击“草图”工具栏中的“直线”按钮“”，绘制如图 7-34 所示的草图，其中左侧垂直线位于视图中心位置，单击“”按钮结束草图。

3）单击“视图”工具栏中的“局部剖视图”按钮“”，弹出如图 7-35 所示的“局部剖”对话框。

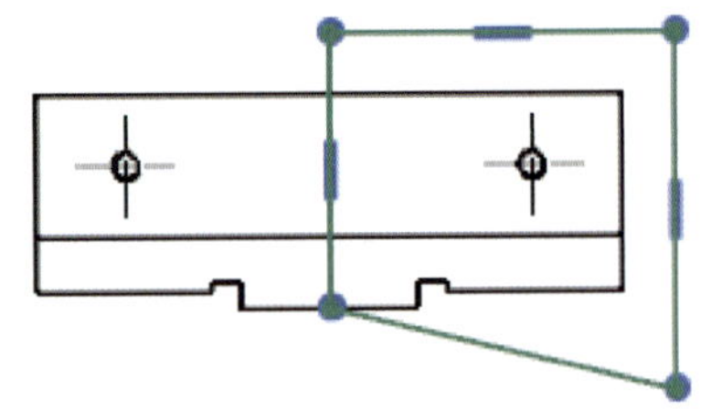
图 7-34　绘制用于局部截面的草图

4）选中对话框中的“◉ 创建”，单击选中左视图完成“选择视图”的设定；自动跳转至“指定基点”项目的设置，选择俯视图中圆中心；自动显时“指定拉出矢量”，可单击对话框中的“矢量反向”来改变拉出矢量方向；单击“选择曲线”，选择前图中绘制的封闭草图曲线；自动跳转至“修改边界曲线”，不作修改。

5）单击“应用”按钮，完成局部剖视图的创建，结果如图 7-36 所示。

6）右键单击视图中心位于交界处的垂直线，在展开菜单中选择“隐藏(H)”，将该直线隐藏。

7）再次右键单击左视图，选择“激活草图”，在视图中心位置绘制垂直线，对准该直线单击右键，在右键菜单中选择“编辑显示(L)...”，弹出“编辑显示”对话框，将该直线的线型转换为“点划线”，结果如图 7-37 所示。

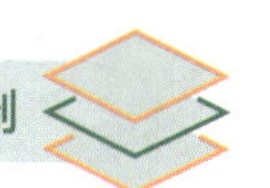

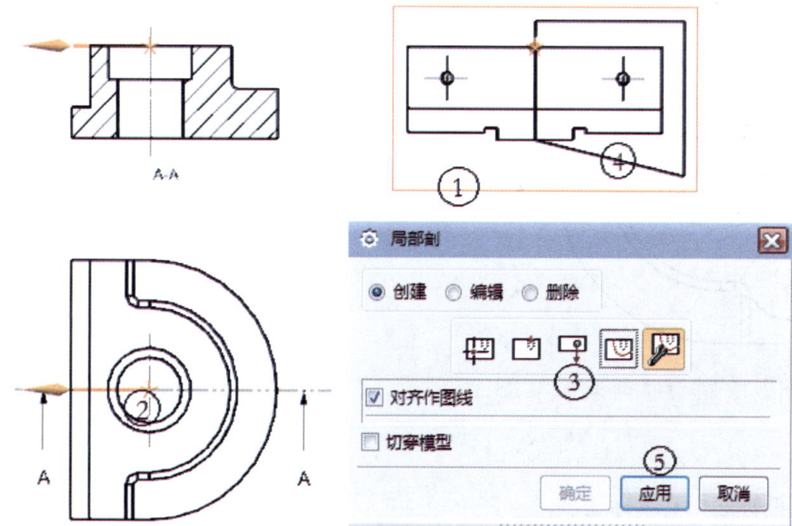

图 7-35　“局部剖”对话框

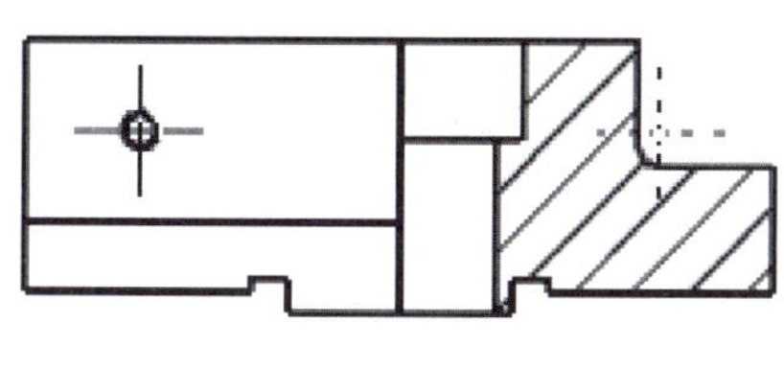

图 7-36　生成局部剖视图

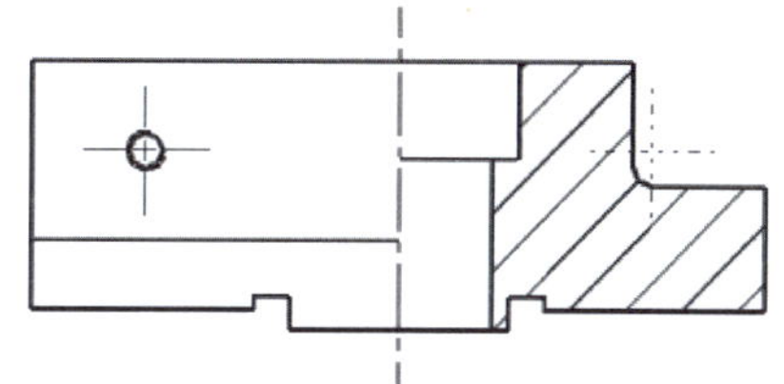

图 7-37　创建半剖边界线

提示

本例中的左视图虽然为半剖视图，但由于无法用半剖视图方式直接创建，故采用局部剖的方式创建。

（5）创建俯视剖视图

1）将俯视图激活成活动草图。

2）单击“草图”工具栏中的“直线”按钮“”，绘制如图 7-38 所示的草图，单击“”按钮结束草图。

3）单击“视图”工具栏中的“局部剖视图”按钮“”，弹出“局部剖”对话框。设置“指定基点”项目时，选择螺纹孔中心，矢量方向向上，其余采用同样的方式设置，完成局部剖视图的绘制，结果如图 7-39 所示。

提示

局部视图的操作实质为：在激活草图状态下绘制用于拉伸切除的截面轮廓，以指定点为起点，沿指定矢量方向拉伸切除后形成的投影图。

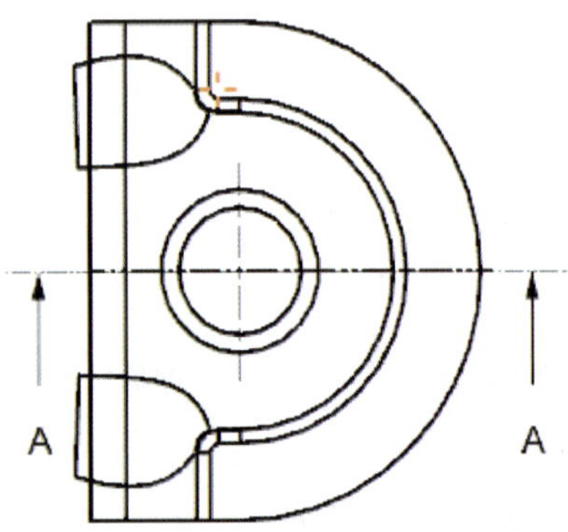

图 7-38　绘制局部剖截面草图

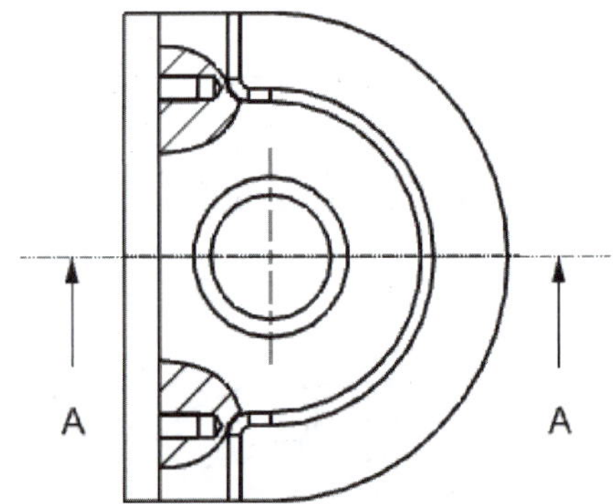

图 7-39　完成局部剖视图

2. 标注尺寸

（1）圆柱标注和文本标注

1）单击“尺寸”工具栏中的“线性”按钮“”，标注主视图中上方圆柱孔，弹出如图 7-40 所示的即时对话框，在第一个展开项中选择“圆柱式”，在第二个展开项中选择“单向正公差”，在对话框第二行“X.XX 0.06”中输入值“0.06”。

2）单击对话框中的“文本设置”按钮“”，弹出“文本设置”对话框，依次单击对话框中的 [文本] / [单位]，在“小数分隔符”选项中选择“• 周期”。单击“关闭”按钮后在合适位置单击左键，完成图中尺寸“$\Phi 36^{+0.06}_{0}$”的标注。

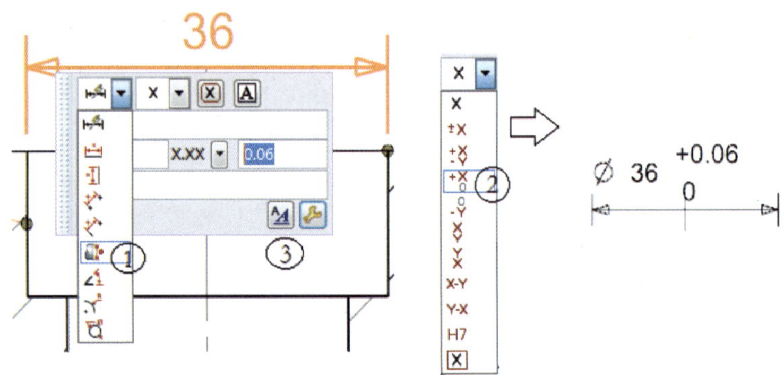

图 7-40　圆柱标注

3）线性标注下方圆柱孔，在如图 7-41 所示的即时对话框中选择“圆柱式”，在对话框第二行“X.XX 0.06”中输入“H8”。将尺寸拖动至合适位置单击，完成尺寸“ϕ28H8”的标注。

4）单击“尺寸”工具栏中的“径向”按钮“”，标注螺纹的径向尺寸，在弹出的即时对话框的底部“前缀”选项中选择“自定义”，删除“ <O>”中的文字，在“2XM X.XX”的“前缀”中输入“2×M”。

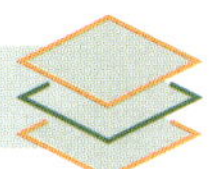

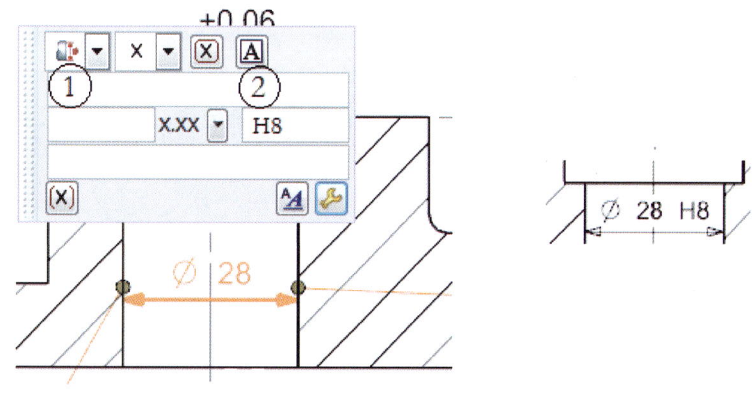

图 7-41 “附加文本”标注

5）在“后缀”中单击，再单击“编辑附加文本”按钮“A”，弹出如图 7-42 所示的“文本”对话框，插入深度符号“↧”，输入深度数值“10”。

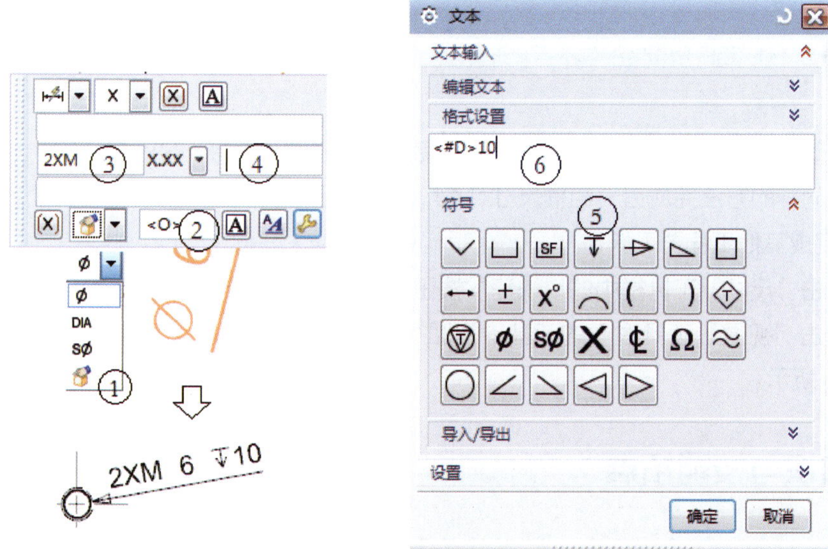

图 7-42 标注螺纹尺寸

6）将尺寸拖动至合适位置单击，完成图中螺纹尺寸的标注。

（2）标注公差

1）单击“尺寸”工具栏中的“线性”按钮“⊢×⊣”，在主视图中标注高度尺寸。如图 7-43 所示，在弹出的即时对话框中的第二个展开项中选择“双向等公差±X”，在对话框第二行“X.XX 0.1”中输入值“0.1”。

2）移动鼠标至在适当的位置单击左键，完成总高尺寸“39±0.10”的标注。

3）采用同样的方式完成左视图中尺寸“13±0.05”和俯视图中尺寸“34±0.10”的

标注。

4）单击“尺寸”工具栏中的“线性”按钮“ ”，在左视图中标注槽的尺寸。如图 7-44 所示，在弹出的即时对话框中的第二个展开项中选择“单向负公差 $^{0}_{-Y}$”，在对话框第二行“X.XX 0.1”中输入值“0.1”。

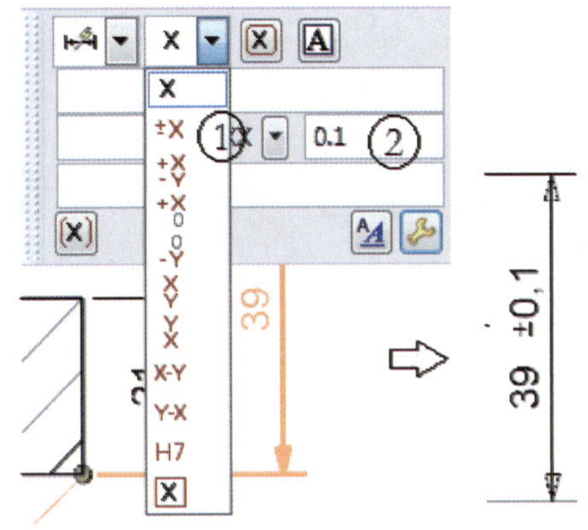

图 7-43　标注双向等公差尺寸

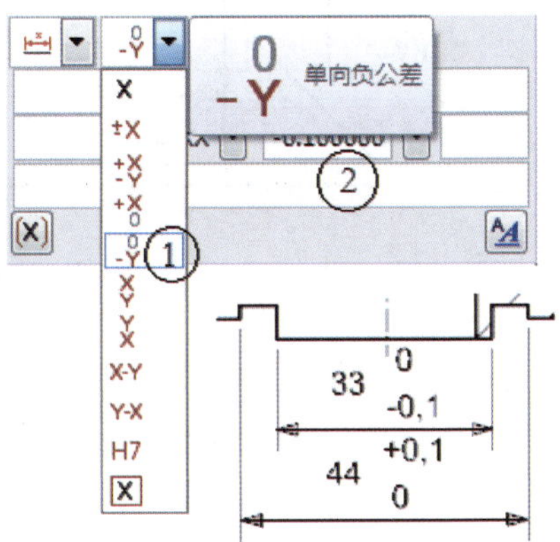

图 7-44　标注单向负公差尺寸

5）移动鼠标至在适当的位置单击左键，完成槽尺寸“$33^{0}_{-0.10}$”的标注。

6）用同样的方法完成另一组槽尺寸“$44^{+0.10}_{0}$”的标注。

（3）完成其他工程图工作

1）单击“尺寸”工具栏中的“快速”按钮“ ”，依次标注图中其他尺寸。

2）单击“视图”工具栏中的“基本视图”按钮“ ”，插入“正等测”视图，完成后如图 7-25 所示。

知识与技能拓展

1. 半部视图

半剖视图的创建流程如下：

（1）单击“视图”工具栏中的“剖视图”按钮“ ”，弹出“剖视图”对话框。

（2）在对话框中“截面线”下方的“方法”选项中选择“ 半剖”，显示一条剖切线随鼠标一起移动。

（3）如图 7-45 所示，单击圆心点，再单击左侧边界的中点，形成用于半剖的剖切线，向右拖动鼠标至合适位置单击，生成图中的半剖视图。

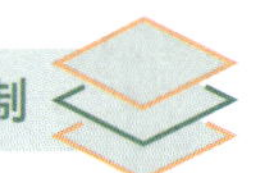

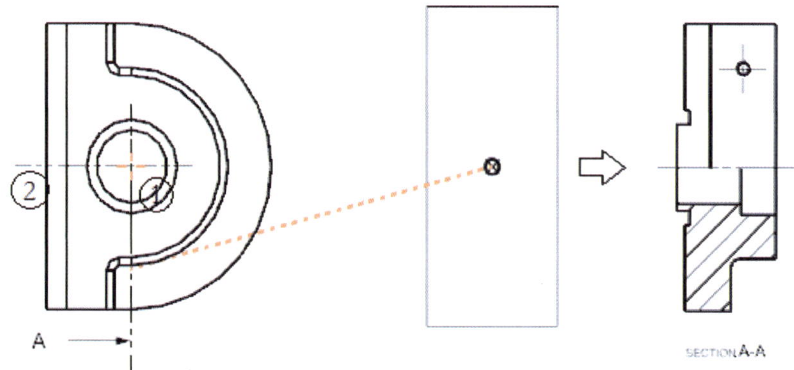

图 7-45　创建半剖视图

2. 旋转剖视图

旋转剖视图的创建流程如下：

（1）单击“视图”工具栏中的“剖视图”按钮“ ”，弹出“剖视图”对话框。

（2）在对话框中“截面线”下方的“方法”选项中选择“ 旋转”，显示两条呈一定角度的剖切线随鼠标一起移动。

（3）如图 7-46 所示，单击圆心点，转动第一条剖切线至合适位置后单击左键，再转动第二条剖切线至合适位置后单击左键，拖动鼠标至合适位置单击，生成图中的旋转剖视图。

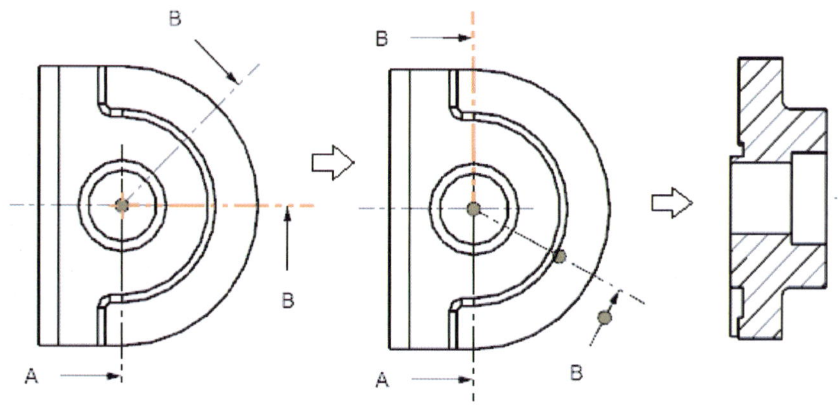

图 7-46　创建旋转剖视图

拓展练习

1. 完成如图 7-47 所示零件的建模，并绘制工程图。

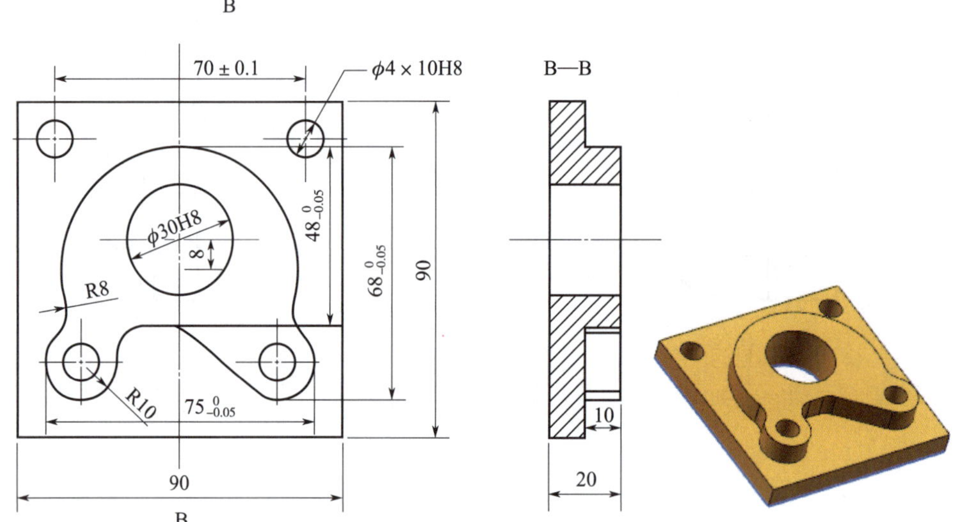

图 7-47　拓展练习 1

2. 完成如图 7-48 所示零件的建模，并绘制工程图。

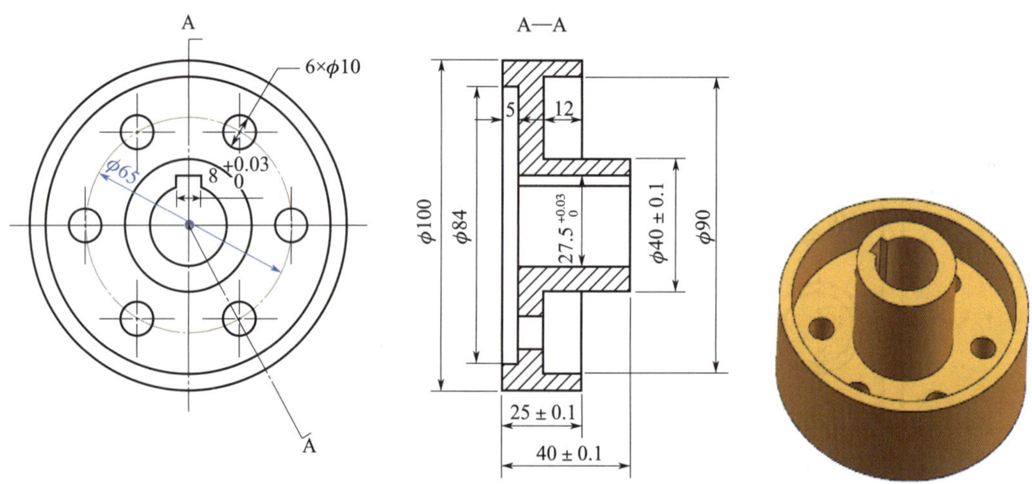

图 7-48　拓展练习 2

任务 3　绘制轴类零件工程图

学习目标

1. 掌握移出断面图的创建方法。
2. 掌握断开视图的创建方法。
3. 掌握形位公差的标注方法。
4. 掌握添加注释的方法。
5. 掌握表面结构等技术要求的标注方法。

任务描述

完成如图 7-49 所示“轴”零件的实体建模，并完成其工程图的绘制。

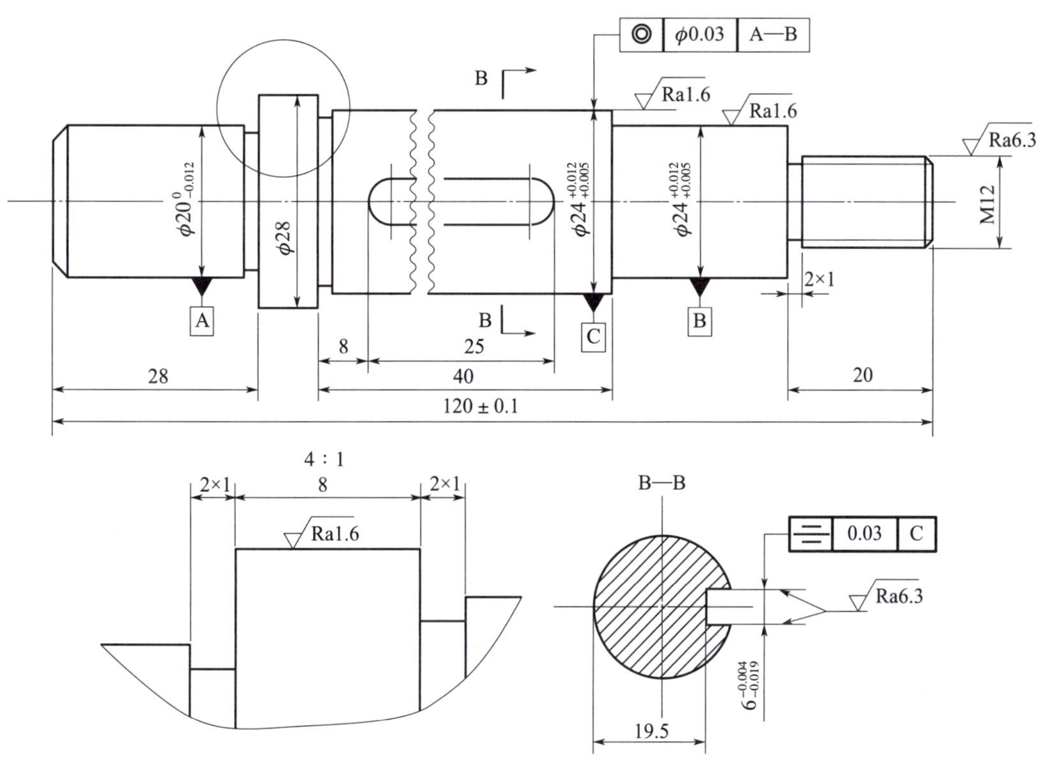

图 7-49　“轴”零件工程图

任务实施

1. 创建投影视图

（1）新建 A3 幅面图纸

1）完成“轴”零件的建模，保存文件名为“7-3 实例”。

2）单击“新建”按钮“ ”，弹出“新建”对话框。

3）在对话框中单击“图纸”选项，在“过滤器”选项区中选择“空白”。在“要创建图纸的部件”下方显示当前引用的文件名称“6-3 实例”，则对应的新文件名“名称”为“6-3 实例 _dwg1.prt”，单击“确定”按钮进入工程图界面，界面仍显示实体模型。

4）单击“新建图纸页”按钮“ ”，弹出“工作表”对话框。选择“A3 - 297 x 420”和第一角投影画法“ ”，单击“确定”按钮进入“视图创建向导”，在“布局”选项中选择主视图，单击“完成”按钮，结果如图 7-50 所示。

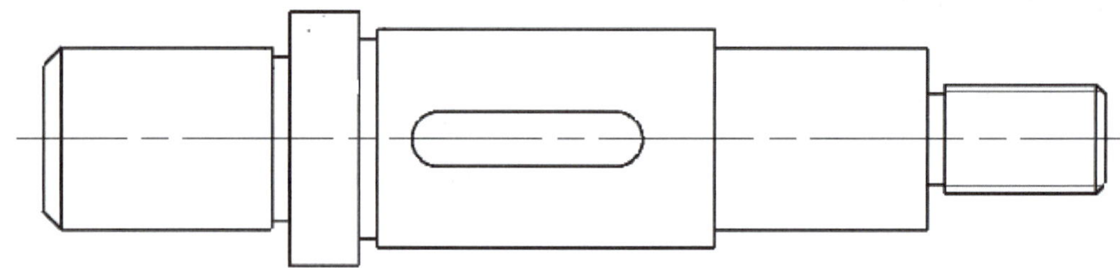

图 7-50　创建主视图投影视图

（2）创建局部放大图

1）单击“视图”工具栏中的“局部放大图”按钮“ ”，弹出“局部放大图”对话框。

2）设置如图 7-51 所示参数：边界类型选择“按拐角绘制矩形”；以两点画矩形方式画矩形，包含需局部放大的部位；在“比例”选项中选择“比率”；输入放大的比率“4 : 1”。

3）移动鼠标至合适位置单击左键，绘制图中的局部放大图。

（3）创建移出断面图

1）单击“视图”工具栏中的“剖视图”按钮“ ”，弹出“剖视图”对话框。

2）在对话框中“截面线”下方的“方法”选项中选择“简单剖/阶梯剖”，关闭对话框中的“关联”选项，显示随鼠标一起移动的剖切线，单击键槽中心点。

3）向右拖动鼠标至合适单击左键，生成剖面图。单击生成的剖面图，将其移动至合适位置，结果如图 7-52 所示。

4）隐藏缺口处的圆弧线。

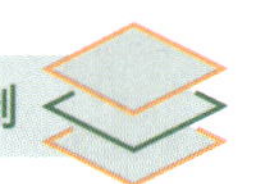

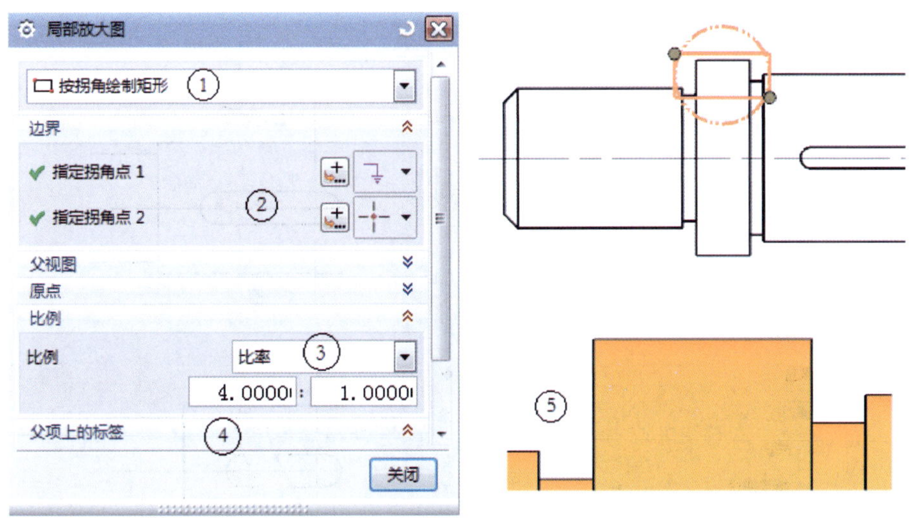

图 7-51 “局部放大图”对话框

5）单击选中该视图后单击右键，在右键展开菜单中选中“活动草图视图”，激活该视图的活动草图，过圆心绘制两条中心线，将其转换成参考线，修改其线宽显示，结果如图 7-53 所示。

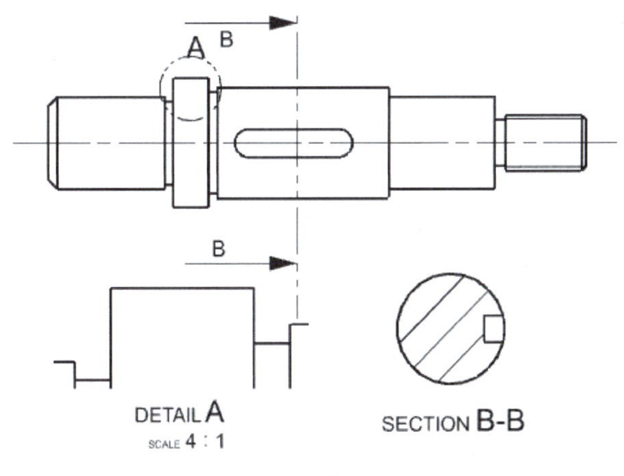

图 7-52 创建全剖视图

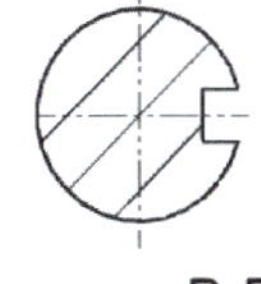

图 7-53 创建移出断面图

提示

由于 UG NX12.0 软件中没有单独的“移出断面图”指令，故采用全剖视图的方式绘制，然后采用修整方式完成移出断面图的创建。

（4）创建断开视图

1）单击“视图”工具栏中的“断开视图”按钮“”，弹出如图 7-54 所示的“断开视图”对话框。

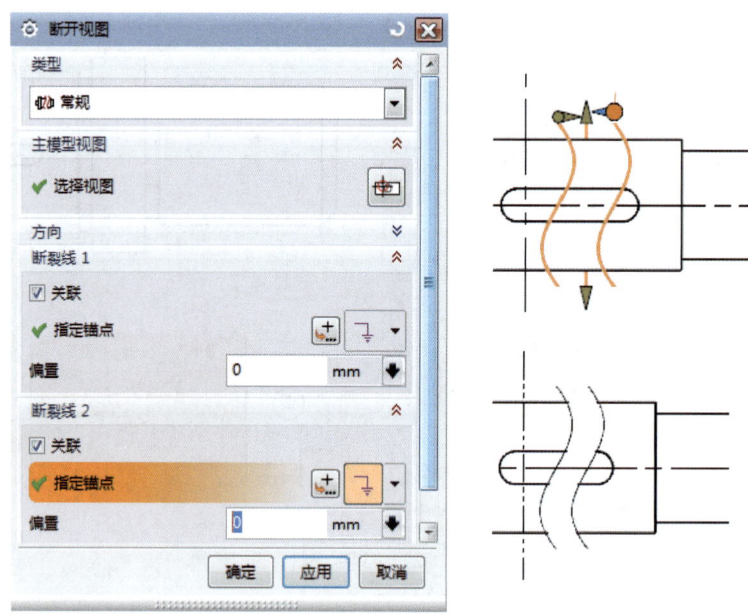

图 7–54　创建断开视图

2）单击对话框中的“✔ 选择视图”，单击选择主视图。此时“断裂线 1”和“断裂线 2”下方的“✔ 指定锚点”可选，分别在断开处的上方单击，绘制出图中的断开线。

3）单击“确定”按钮生成图中的断开视图。

2. 图形标注

（1）标注尺寸

1）单击［菜单（M）］/［首选项（P）］/［制图(D)...］，弹出“制图首选项”对话框。在对话框中依次单击［尺寸］/［公差］，将其展开对话框中的“小数位数”选项修改为“3”，使其显示小数点后三位数字。在首选项中也可设定关于尺寸标注的其他属性。

2）标注带键槽的圆柱面尺寸，在标注即时菜单中选择“”和“”，完成相应尺寸“$\phi 36^{+0.012}_{+0.005}$”的绘制。

3）采用同样的方式，绘制其他带公差的尺寸，结果如图 7–55 所示。

（2）标注表面粗糙度

1）单击“注释”工具栏中的“表面粗糙度符号”按钮“”，弹出如图 7–56 所示的“表面粗糙度”对话框。

2）在“属性”选项中选择“修饰符，需要除料”，再在“波纹（C）”选项中输入“*Ra*1.6”。此时显示相应表面粗糙度标识随光标一起移动。

3）单击选中对话框中的“指定位置”，移动到相应位置单击即可标注相应的表面粗糙度。

4）修改“波纹（C）”选项中值为“*Ra*6.3”，标注螺纹处的表面粗糙度。

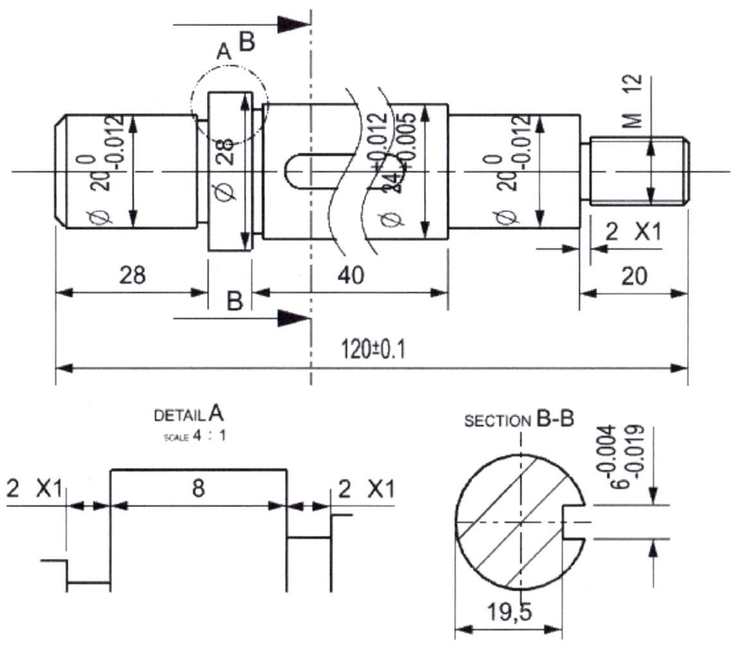

图 7-55　标注尺寸

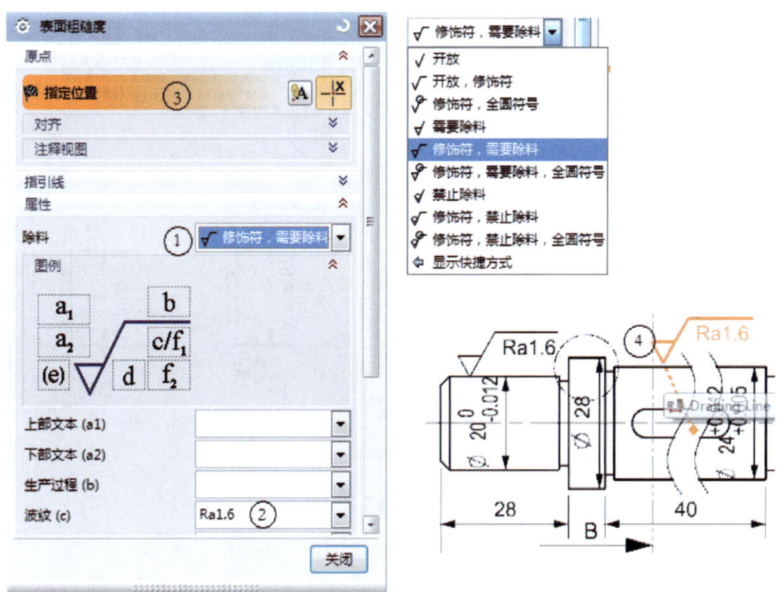

图 7-56　标注表面粗糙度

5）单击对话框中的“指引线”，显示如图 7-57 所示的展开选项，指引线的“类型”设为“普通”。

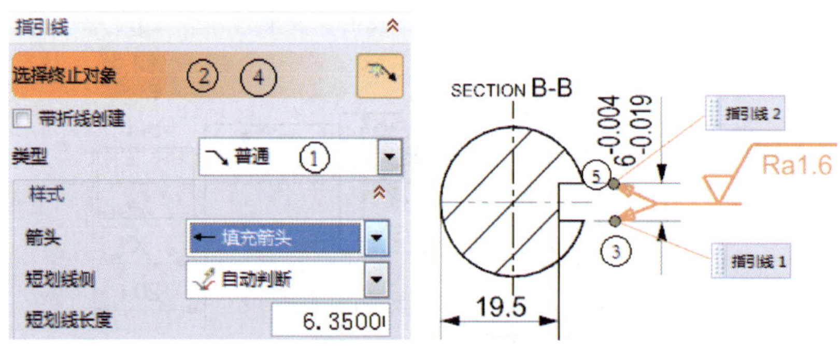

图 7-57 “指引线”标注表面粗糙度

6）单击“选择终止对象”，选择键槽下平面，再次单击“选择终止对象”，选择键槽上平面，向右拖动鼠标，单击左键，绘制图中的表面粗糙度。

（3）标注基准符号

1）单击“注释”工具栏中的“基准特征符号”按钮“ ”，弹出如图 7-58 所示的“基准特征符号”对话框。

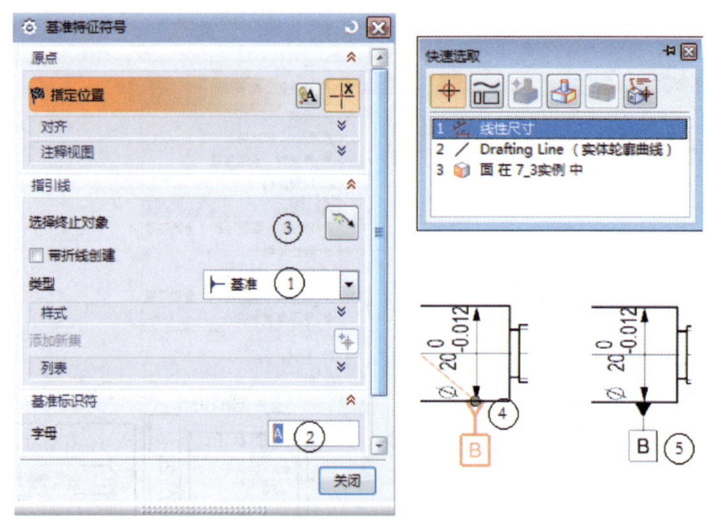

图 7-58 标注基准符号

2）单击对话框中的“指引线”，在“类型”中选择“基准”，在“基准标识符”中输入“*B*”，单击“选择终止对象”。

3）单击图中相应尺寸线的端点部位的轮廓线，弹出“快速选取”即时对话框，选择轮廓线“／ Drafting Line（实体轮廓曲线）”，向下拖动鼠标，生成图中的基准符号。

4）采用同样的方法标注图中的其他基准符号。

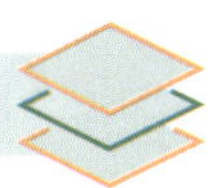

（4）标注形位公差

1）单击“注释”工具栏中的“特征控制框”按钮“ ”，弹出如图 7-59 所示的“特征控制框”对话框。

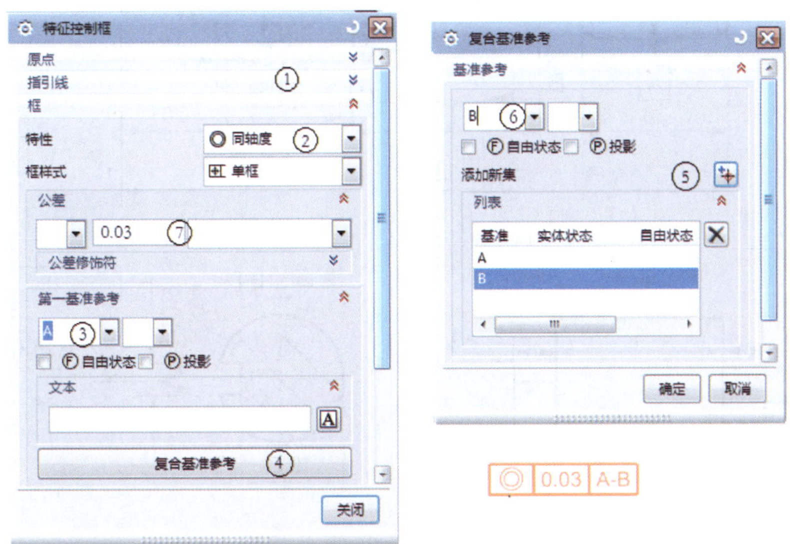

图 7-59　标注形位公差

2）单击对话框中的“ 指引线 ”，在“类型”中选择“ 普通”，在“特性”中选择“ 同轴度”，在“第一参考基准”下方输入“*A*”。

3）单击“ 复合基准参考 ”，弹出“复合基准参考”对话框，单击“添加新集”图标“ ”，在“基准参考”中输入“*B*”。

4）单击“确定”按钮返回“特征控制框”对话框，在公差中输入“0.03”。

5）单击“ 选择终止对象 ”，单击带键槽圆柱面尺寸线的上方端点，向上拖动鼠标后单击左键，生成图中的形位公差。

6）采用同样的方法标注图中的其他形位公差，完成后如图 7-60 所示。

知识与技能拓展

1. 倒斜角尺寸标注

倒斜角尺寸标注的流程如下：

（1）单击“视图”工具栏中的“倒斜角”按钮“ ”，弹出如图 7-61 所示的“倒斜角尺寸”对话框。

（2）在即时菜单中选择“指引线与斜角平行”方式“ ”。

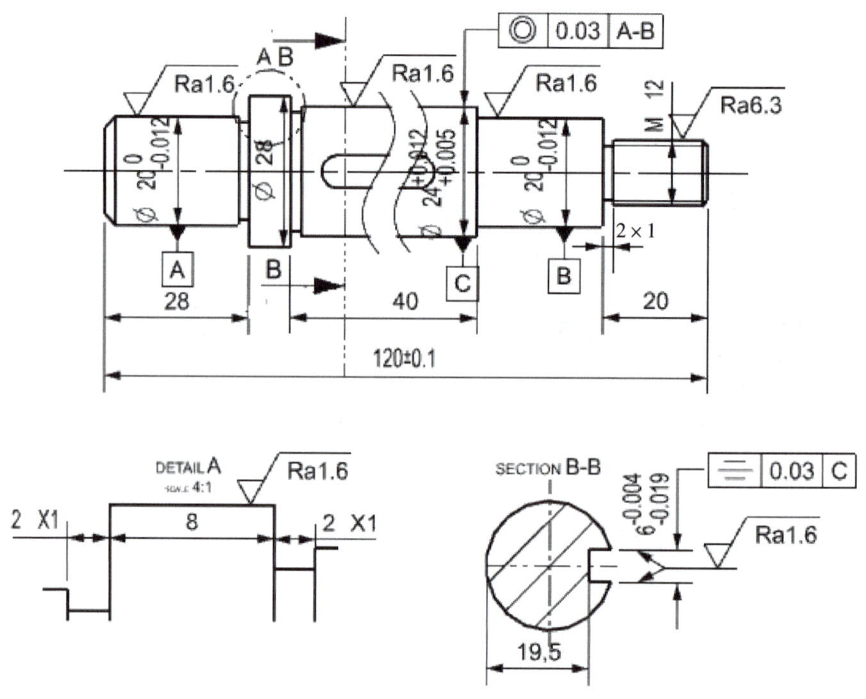

图 7-60　完成后的工程图

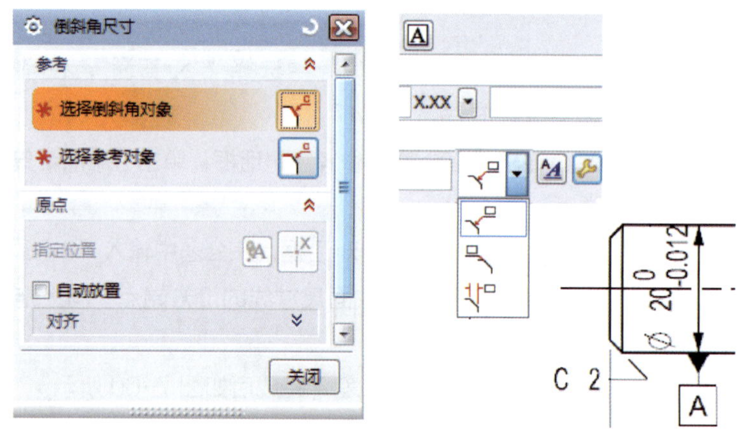

图 7-61　标注倒斜角尺寸

（3）移动鼠标至合适位置单击左键，绘制图中的“C2”倒角。

2. 数据转换

如需在 Auto CAD 或 CAXA 电子图板中打开 UG 工程图，只需将工程图另存为“(*. dxf)”或“(*. dwg)”文件即可。

由于 UG 属于引进软件，其制图规范与国内标准稍有不同，尤其是标注过程中有些特征的标注方法存在很大不同，如局部放大视图和打断视图的标注就和国内的制图规范有较大的差异。因此在实际操作过程中，通常在 UG 工程图中完成图纸的投影、剖视等“视图”操作后，再通过 Auto CAD 或 CAXA 电子图板等软件来完成图纸标注，以解决标注的规范性问题。

拓展练习

绘制如图 7-62 所示“轴”的工程图。

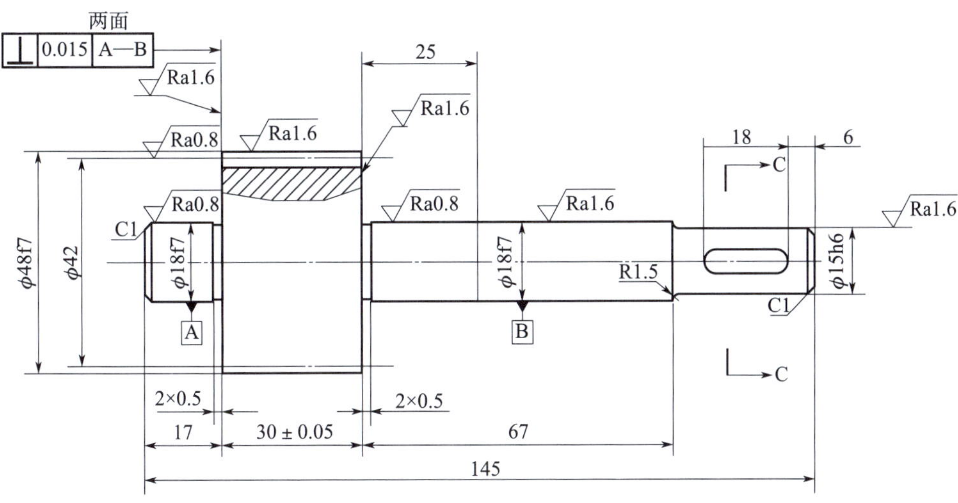

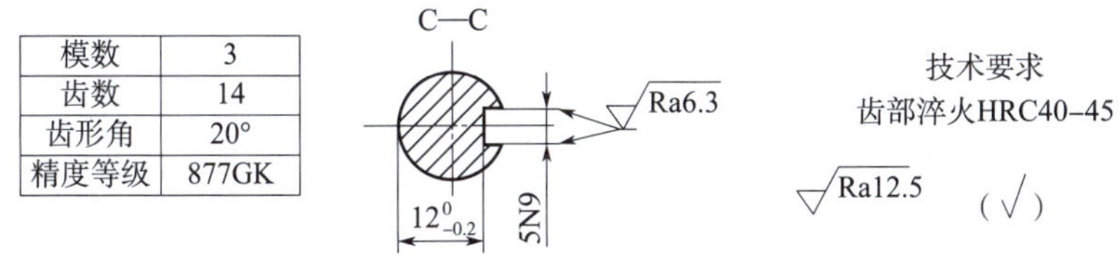

模数	3
齿数	14
齿形角	20°
精度等级	877GK

图 7-62　拓展练习